高等学校电子信息类规划教材

电视原理与现代电视系统(第二版)

裴昌幸　刘乃安　编著

徐国治　主审

西安电子科技大学出版社

内 容 简 介

本书在论述电视基本原理的基础上，结合电视技术发展，分析并讨论了平板显示器件及平板电视、广播电视、有线电视、数字电视及高清晰度电视等现代电视系统的组成、原理及设计特点。全书共分 8 章，内容包括：电视基础知识，彩色电视制式与彩色电视信号，广播电视系统，CRT 彩色电视接收机电路分析，平板显示器与平板电视，有线电视系统，数字电视与高清晰度电视、电视系统的调测与维修。每章都安排有思考题及习题。

本书内容全面新颖、结构安排合理。取材上力求反映现代电视系统的发展和技术水平；写法上力求深入浅出、理论联系实际、说理透彻，具有自己的见解和特色。

本书既可作为电视、图像、通信、电子、生物医电及同类专业的本科生教材，经适当删减后也可作为大专教材，同时还可供从事电视技术研究、生产和维修的科技人员学习参考。

★ 本书配有电子教案，有需要的教师可登录出版社网站，免费下载。

图书在版编目(CIP)数据

电视原理与现代电视系统 / 裴昌幸，刘乃安编著. —2 版.
—西安：西安电子科技大学出版社，2011.8 (2020.5 重印)
高等学校电子信息类规划教材
ISBN 978-7-5606-2627-7

Ⅰ. ① 电…　Ⅱ. ① 裴…　② 刘　Ⅲ. ① 电视—理论—高等学校—教材　② 电视系统—高等学校—教材　Ⅳ. ① TN94

中国版本图书馆 CIP 数据核字(2011)第 134224 号

责任编辑　马武装　高　樱
出版发行　西安电子科技大学出版社(西安市太白南路 2 号)
电　　话　(029)88242885　88201467　　邮　　编　710071
网　　址　www.xduph.com　　电子邮箱　xdupfxb001@163.com
经　　销　新华书店
印刷单位　陕西精工印务有限公司
版　　次　2011 年 8 月第 2 版　2020 年 5 月第 21 次印刷
开　　本　787 毫米×1092 毫米　1/16　印　张　19　插页　1
字　　数　443 千字
印　　数　115 001～117 000 册
定　　价　39.00 元
ISBN 978-7-5606-2627-7/TN
XDUP 2919002-21

第一版出版说明

为做好全国电子信息类专业“九五”教材的规划和出版工作，根据国家教委《关于“九五”期间普通高等教育教材建设与改革的意见》和《普通高等教育“九五”国家级重点教材立项、管理办法》，我们组织各有关高等学校、中等专业学校、出版社，各专业教学指导委员会，在总结前四轮规划教材编审、出版工作的基础上，根据当代电子信息科学技术的发展和面向21世纪教学内容与课程体系改革的要求，编制了《1996—2000年全国电子信息类专业教材编审出版规划》。

本轮规划教材是由个人申报，经各学校、出版社推荐，由各专业教学指导委员会评选，并由我们与各专指委、出版社协商后审核确定的。本轮规划教材的编制，注意了将教学改革力度较大、有创新精神、有特色风格的教材和质量较高、教学适用性较好、需要修订的教材以及教学急需、尚无正式教材的选题优先列入规划。在重点规划本科、专科和中专教材的同时，选择了一批对学科发展具有重要意义，反映学科前沿的选修课、研究生课教材列入规划，以适应高层次专门人才培养的需要。

限于我们的水平和经验，这批教材的编审、出版工作还可能存在不少缺点和不足，希望使用教材的学校、教师、学生和其他广大读者积极提出批评和建议，以不断提高教材的编写、出版质量，共同为电子信息类专业教材建设服务。

电子工业部教材办公室

第二版前言

本教材第一版系按电子工业部工科电子类专业教材 1996—2000 年(“九五”)编审出版规划，由工科电子类电子信息类专业(本科)教材编审委员会征稿并推荐出版。

第一版教材一经出版就深受广大读者的欢迎，截至 2009 年，先后已被数十所院校选作本科生教材，印数近十万册。根据教育部“十二五”对高校教材建设的规划和要求，结合电子、电信、图像和电视技术的发展，以及读者反馈的意见，此次修订我们对原有内容进行了较大幅度的删改和补充。在电视接收系统电路分析一章，删除了很多复杂电路，更加突出了电路原理的分析，并将本章内容规范为 CRT 彩色电视接收机电路分析；考虑到平板电视技术的发展，新增了平板显示器和平板电视一章；结合当前数字电视和数字处理技术的最新成果，对数字电视及高清晰度电视一章进行了重新改写和编排；在电视系统的调测与维修一章删除了电子管、减少了 CRT 电视维修相关内容，增加了平板电视和数字高清电视维修内容。总之，第二版更加凸显了通信、电子及计算机等电子信息的最新技术，以及与之密切相关的图文电视、可视电话、广播电视、有线电视、会议电视、工业电视、平板电视、数字及高清电视等电视技术的不断创新。尤其是平板显示器件和数字处理技术的跨越性发展为电视系统提高性能、扩展功能及应用范围开辟了一条具有革命性的重要途径。因而，本教材更加突出学习和掌握电视基本原理、各种新技术和新器件，以及各种电视系统的组成、原理和特点等。

目前，尽管有关电视的各类书籍较多，但一种类型是只讲原理及电路，对已广泛应用的各种电视系统未作讨论或一带而过；另一种类型却是只对某一系统作深入分析和研讨，对基本的电视原理却不予讨论。所以读者渴望一本既注重原理的分析论述，又对各种系统予以研究的教科书面世。本教材正是为解决这一问题而编写的，且命名为《电视原理与现代电视系统》，它将以一个崭新的面貌与读者见面。

在本书的编写过程中，我们力求理论与实际的密切结合，着力进行内容的精选和提炼。在原理部分增加了有些原理书籍尚未涉及的电视开关电源、遥控装置及平板显示器件；在系统部分注意了发展趋势，各系统的原理、特点及组成的讲述。同时还照顾到各部分的内在联系，使读者在掌握基本原理、基本分析方法的同时，了解各种系统的共性内容及特殊环节。

本教材共分 8 章。第 1～2 章讨论基础知识及电视制式；第 3～7 章讨论电视接收系统电路原理及各种电视系统的组成、原理及特点；第 8 章介绍电视系统的调测与维修。全书篇幅短小，文笔简练，颇具自己的见解和特色。

本教材由裴昌幸教授统稿，并编写第 1、2、4、5 章，刘乃安教授编写第 3、6、7、8 章。教材主审为上海交通大学徐国治教授，徐教授认真仔细地审阅了全稿，提出了许多具有参考价值的宝贵意见，在此表示诚挚的感谢；另外，在本教材的编写过程中还得到陈南教授、朱畅华副教授、易运晖副教授、韩宝彬博士、权东晓博士等各位教师和同学的关心与支持，对他们的辛勤劳动和热心帮助，笔者也在此表示衷心的感谢。

由于电视技术与系统发展较快，内容日新月异，加之编者水平有限，错误和不妥之处在所难免，敬请读者批评指正。

编著者

2011 年 3 月

于西安电子科技大学

第一版前言

本教材系按电子工业部工科电子类专业教材 1992～2000 年编审出版规划，由工科电子类电子信息类专业(本科)教材编审委员会征稿并推荐出版的，责任编辑为李纪澄教授。

本教材由西安电子科技大学裴昌幸教授担任主编，刘乃安副教授和杜武林教授参加编写，由上海交通大学徐国治教授担任主审。

随着通信、电子及计算机技术的发展，与之密切相关的图文电视、可视电话、广播电视、有线电视、会议电视、工业电视等电视系统作为信息终端也得到长足的发展。尤其是数字电视的出现为电视系统提高性能、扩展功能及应用范围开辟了一条具有革命性的重要途径。因而，在学习掌握电视原理的同时，学习各种电视系统的组成、原理及特点是形势发展的需要。

目前，尽管有关电视的各类书籍较多，但一种类型是只讲原理及电路，对已广泛应用的各种电视系统未作讨论或一带而过；另一种类型却是只对某一系统作深入分析和研讨，对基本的电视原理却不予讨论。所以人们急需一本既注重原理的分析论述，又对各种系统予以研究的教科书面世。本教材正是为解决这一问题而编写的，且命名为《电视原理与现代电视系统》，它将以一个崭新的面貌与读者见面。

在本教材的编写过程中，力求理论与实际的密切结合，着力进行内容的精选和提炼。在原理部分增加了有些原理书籍尚未涉及的电视开关电源及遥控装置；在系统部分注意了发展趋势，各系统的原理、特点及组成的讲述。同时还照顾到各部分的内在联系，使读者在掌握基本原理、基本分析方法的同时，了解各种系统的共同内容及特殊环节。

本教材共分 7 章。第 1～2 章讨论基础知识及电视原理；第 3～6 章讨论接收系统常用电路及各种电视系统的组成、原理及特点；最后一章介绍电视系统的调测与维修。全书篇幅短小，文笔简练，颇具自己的见解和特色。

本教材由裴昌幸编写第 1、2、4 章，刘乃安编写第 3、5、7 章，杜武林编写第 6 章。教材主审徐国治教授认真仔细地审阅了全稿，提出许多具有指导性的宝贵的修改意见；责任编委和其他参与出版的同志为本教材出版付出了艰辛的劳动，在此表示诚挚的感谢；在本教材的编写过程中还得到西安电子科技大学通信工程学院电子技术系 104 教研室各位老师的关心和支持，在此表示衷心的感谢。

由于电视技术与系统发展较快，内容日新月异，加之编者水平有限，错误和不妥之处在所难免，敬请读者批评指正。

编　者

1996 年 5 月

于西安电子科技大学

目　录

第 7 章 数字电视与高清晰度电视 220

第 8 章 电视系统的调测与维修 271

参考文献 291

第 1 章　电视基础知识

电视，就是以电信号的方式来传送活动图像并在相应终端上给予重现的技术。为了深入研究电视原理及现代电视系统，首先必须了解光电变换、电子扫描、视频信号、像素及光和彩色等有关的基础知识。

1.1 电 子 扫 描

在学习高频电路时，大家知道，传输语音信号的无线电广播，主要包括发射与接收两大部分。在发端主要完成将语音变为电信号(称音频信号)，并经放大、调制，然后由天线以高频电磁波形式发射出去。收端则正好相反，将收到的高频电磁波经高放、解调、音频放大，最后送扬声器发出声音。图 1-1 给出了无线电音频广播原理图。

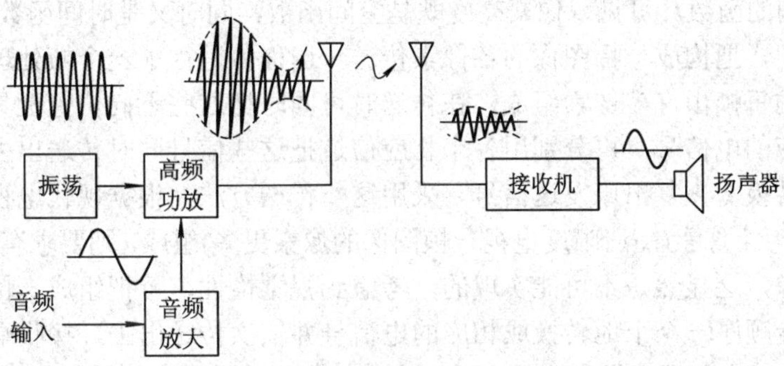

图 1-1　无线电音频广播原理图

电视广播有开路与闭路之分。开路系统，即无线电视广播系统，其原理与音频广播类似，但无论是发端还是收端，都远比音频广播复杂。因为它除了要传送伴音信号外，还要传送图像信号。无线电视广播系统的原理框图如图 1-2 所示。在发端由光电转换设备(摄像管)将图像光信号转变为电信号(称视频信号)，再经过一系列加工处理，然后调制到图像载频上，形成高频图像信号；同时，将伴音信号调制到伴音载频上，形成高频伴音信号。高频伴音与高频图像信号共用一副天线发射出去。在接收端，电视接收天线将高频图像及伴音信号一起接收下来，由接收机分别还原出视频图像信号和伴音信号。前者送电光转换器件(显像管)重现原图像；后者送扬声器恢复伴音。可见，电视图像信号的传送过程，就是在发端将光像转变为电信号，而在收端则是将电信号还原成光像的过程。与开路电视系统相比，闭路电视系统所不同的只是传送电视信号由同轴电缆完成而已。

下面，我们着重讨论在电视传送系统中所涉及到的光电、电光变换，电子扫描，全电视信号及彩色等有关共性的基础知识。

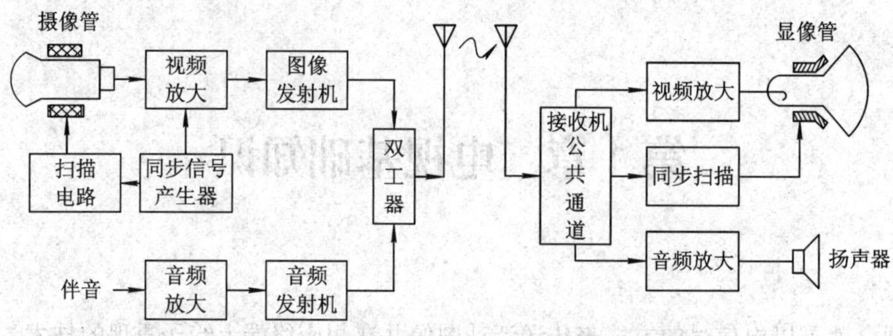

图 1-2 无线电视广播系统原理方框图

1.1.1 像素的概念

一幅图像，根据人眼对细节分辨力有限的视觉特性，总可以看成是由许许多多的小单元组成的。在图像处理中，将这些组成画面的细小单元称为像素。像素越小，单位面积上的像素数目就越多，由其构成的图像就越清晰。

一幅黑白平面图像，表征它的特征参量是亮度。这就是说，组成黑白画面的每个像素，不但有各自确定的几何位置，而且它们各自还呈现着不同的亮度；又由于电视系统传送的是活动图像，因而每个在确定位置上的像素其亮度又随时间不断地变化着，也就是说像素的亮度又是时间的函数。可见，像素亮度既是空间函数，同时又是时间函数。

电视系统中，把构成一幅图像的各像素传送一遍称为进行了一个帧处理，或称为传送了一帧。图像的每帧由许多像素组成，在传送时可同时把这些不同位置上具有不同亮度的像素转变成相应的电信号，再分别用各个相应信道把这些信号同时传送出去；接收端接收后又同时进行转换，恢复出原发送信号。采用这一传送方法，根据现代电视技术水平，一帧图像约由 44 万个像素(高清晰度电视一帧图像的像素更多)组成，则要求有 44 万条通道才能传送一帧图像，这显然是不可能实现的。考虑到视觉惰性，可把组成一帧图像的各个像素的亮度按一定顺序一个个地转换成相应的电信号并依次传送出去，接收端再按同样顺序将各个电信号在对应位置上转变成具有相应亮度的像素，只要这种轮换传送进行得足够快，人眼就会感到重现图像是同时出现的，而无顺序感。传送一帧图像的顺序传送示意图如图 1-3 所示。

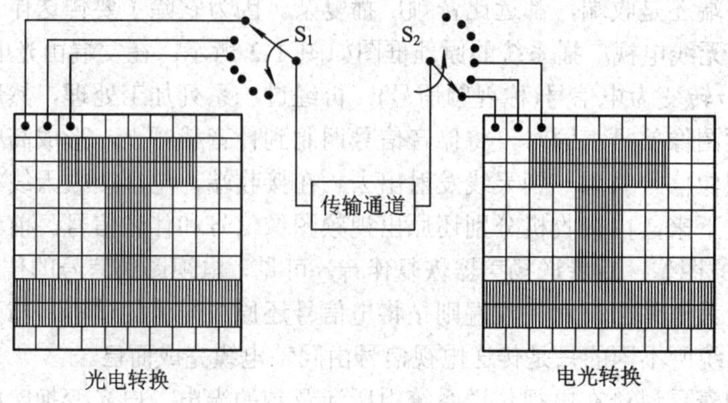

图 1-3 顺序传送像素示意图

这种像素的传送具有以下两个特点：

第一是要求传送速度快。只有传送迅速，传送时间小于视觉暂留时间(约 50～200 ms)，重现图像才会给人以连续、活动且无跳动的感觉；

第二是传送要准确。每个像素一定要在轮到它传送时才被转换、传送和接收，且收、发双方每个像素的几何位置要一一对应。即收发双方应同步工作，同步在电视系统中是至关重要的。

将组成一帧图像的像素，按顺序转换成电信号的过程(或逆过程)称为扫描。扫描的过程和读书时视线从左到右、自上而下依次进行的过程类似。从左至右的扫描称为行扫描；自上而下的扫描称为帧(或场)扫描。在电视系统中，扫描是由电子枪进行的，通常称其为电子扫描。

通过电子扫描与光电转换，就可以把反映一幅图像亮度的空间与时间函数转换为只随时间变化的单值函数的电信号，从而实现平面图像的顺序传送。

1.1.2　光电与电光变换

电视图像的传送，在发端是基于光电转换器件，在收端是基于电光转换器件。实现这两种转换的器件分别称为摄像管和显像管。

1. 摄像管与光电转换

图 1-4 为光电导摄像管，属电真空器件。它主要由镜头、光电靶、聚焦线圈和偏转线圈组成。

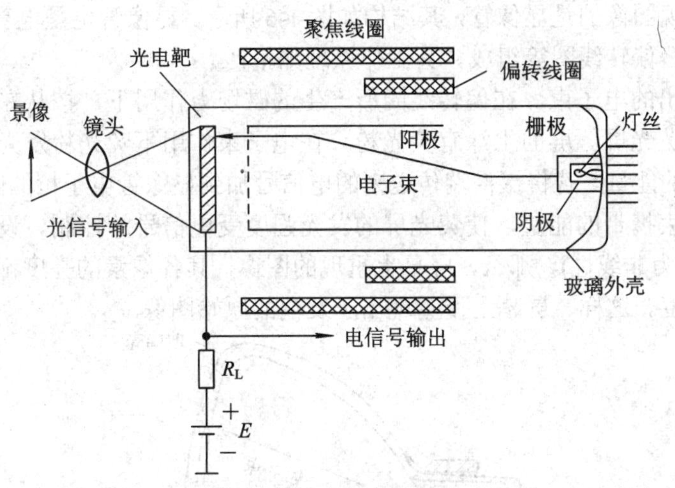

图 1-4　光电导摄像管

光电导摄像管的工作原理如下：被摄景物通过光学系统在光电靶上成像，光电靶由光敏半导体材料构成。这种半导体材料具有受光作用之后电阻率变小的性能，即光照愈强，材料呈现的电阻越小。由于光像各点亮度不同，因而使靶面各单元受光照的强度不同，导致靶面各单元的电阻值不同。与较亮像素对应的靶单元阻值较小，与较暗像素对应的靶单元阻值较大。这样一幅图像上各像素的不同亮度就表现为靶面上各单元的不同电阻值。从摄像管阴极发射出来的电子，在电子枪的电场及偏转线圈的磁场力作用下，高速、顺序地扫过靶面。当电子束接触到靶面某单元时，就使阴极、信号板(靶)、负载、电源构成一个回路，如图 1-5 所示。在负载 R_L 中就有电流流过，其电流大小取决于光电靶在该单元的电阻值大小。光照强处，对应阻值较小，流过负载的电流就较大，因而 R_L 两端产生的压降也就较大。

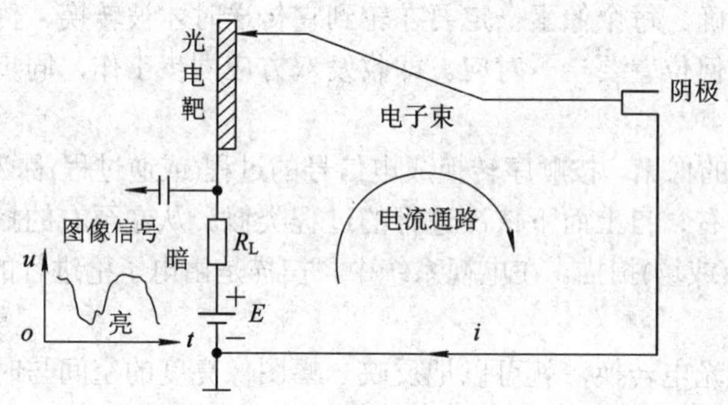

图 1-5　光电转换原理示意图

可见，当被摄景物的某像素很亮时，在光电靶上对应成像的单元呈现的电阻值就越小，电子束扫到该单元时回路电流就越大，因而在 R_L 上就产生很大的信号电压；反之，像素暗，在 R_L 两端产生的信号电压就小。因此，当有电子束扫描时，在负载 R_L 上就依次得到与图像上各像素亮度对应的电信号，由此完成把一幅图像分解为像素，又把对应像素的亮度转变为大小变化的电信号的光电转换过程。

2. 显像管与电光转换

在接收端重现图像的是显像管，其结构如图 1-6 所示。显像管也是电真空器件，主要由电子枪、荧光屏、偏转线圈等组成。其工作原理如下：

由阴极发射出的电子束，在偏转线圈所产生的磁场力作用下，按从左到右、从上到下的顺序依次扫过荧光屏。屏面上涂有荧光粉，在电子束作用下荧光粉发光，其发光亮度正比于电子束携带的能量。若将摄像端传送来的电信号加到显像管电子枪的阴极与栅极之间，就可以控制电子束携带的能量，使荧光屏的发光强度受电信号的控制。设显像管的电光转换是线性的(实际为非线性)，那么，屏幕上重现的图像，其各像素的亮度都正比于所摄图像相应各像素的亮度。这样，屏幕上便重现出了发端的原始图像。

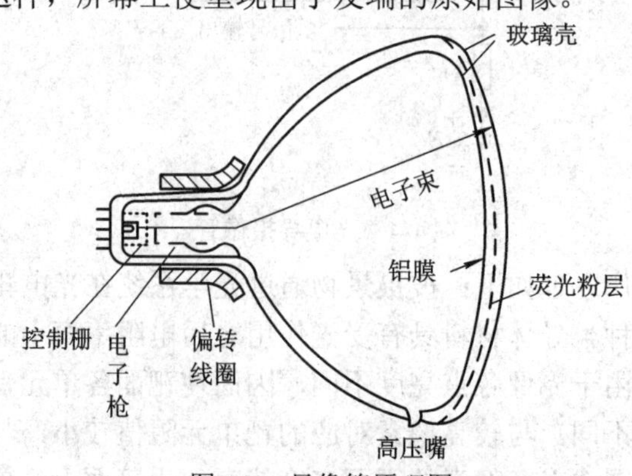

图 1-6　显像管原理图

这里需要说明的是：对于摄像管来说，光电转换特性可近似认为是线性的；而显像管的电光转换特性则是非线性的。显像管的显示亮度 B_d，与其栅、阴极间电压 u_{gk} 的 γ 次方成

正比例，即

$$B_d = K_d u_{gk}^{\gamma} \tag{1-1}$$

式中，K_d为比例常数，γ为显像管光电转换特性的非线性失真系数，通常γ= 2～3。由式(1-1)可见，电视系统中重现亮度与摄取亮度之间存在着由于γ引起的非线性失真，这种失真常称为γ失真。如果图像信号由发送端传到接收端的传输过程中未产生非线性失真，考虑到显像管电光转换的非线性，为保持重现图像与原始图像亮度成正比，则需在摄像端预先将图像信号电压开γ次方，即

$$u = u_0{}^{1/\gamma} = K_0{}^{1/\gamma} \cdot B_0{}^{1/\gamma} \tag{1-2}$$

式中，u_0代表摄像电压，B_0为摄像亮度，K_0为比例常数。经预失真校正(常称为γ校正)，重现亮度 B_d则为

$$B_d = K_d u_{gk}^{\gamma} = K_d(u_0{}^{1/\gamma})^{\gamma} = K_d u_0 = K_d K_0 B_0 = KB_0 \tag{1-3}$$

由式(1-3)可见，经校正，系统将不再产生非线性失真。

1.1.3　电子扫描

如前所述，将一幅图像上各像素的明暗变化转换为顺序传送的相应的电信号，以及将这些顺序传送的电信号再重新恢复为一幅重现图像的过程，即图像的分解与重现，都是通过电子扫描来实现的。在摄像管与显像管中，电子束按一定规律在靶面上或荧光屏面上运动，就可以完成摄像与显像的扫描过程。

1. 逐行扫描

在电视系统中，摄像管和显像管的外面都装有偏转线圈，当线圈中分别流过如图 1-7 所示的行、场锯齿波扫描电流时就会产生相应的垂直方向与水平方向的偏转磁场，在这两个磁场的共同作用下，使电子束作水平与垂直方向的扫描运动。

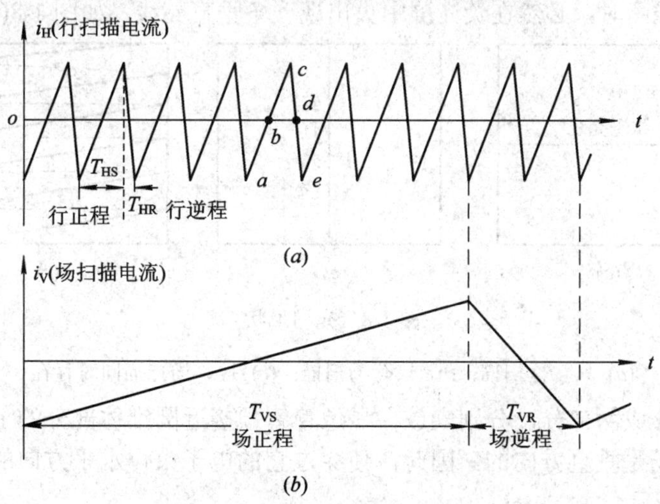

图 1-7　逐行扫描电流波形

(a) 行扫描电流波形；(b) 场扫描电流波形

由于在图 1-7 所示的锯齿波电流作用下，电子束产生自左向右、自上而下，一行紧挨一行的运动，因而称其为逐行扫描。

(1) 电子束偏转的基本原理。当偏转线圈中通过电流时，会产生磁场，磁场的方向取决于流过偏转线圈的电流方向，可以由右手定则判定。如果电子束穿过磁场，则在磁场力的作用下要发生偏转，其偏转方向遵从左手定则。若偏转线圈中电流方向改变，则电子束的偏转方向也发生改变；偏转线圈中的电流为零，则电子束不偏转，射向荧光屏的中央。因此，流过偏转线圈中电流的幅度和方向，决定着偏转线圈中磁场的强弱和方向，最终决定了电子束偏转角度的大小和方向。

比如在图 1-7(*a*)中，流入偏转线圈的电流在 *a* 点时的锯齿波电流为最大负值，使电子束偏至荧光屏的最左边(面对荧光屏)。由 *a* 到 *b*，流过偏转线圈的锯齿波电流幅度逐渐减小，因而形成的磁场相应减小，导致电子束的偏转角减小。到 *b* 点时，锯齿波电流为零，因而磁场为零，电子束不偏转，射向荧光屏的中央。由 *b* 到 *c*，锯齿波电流由零逐渐加大，因而偏转线圈中形成的磁场也逐渐增强，因为磁场方向与前面相反，导致穿过它的电子束向右偏转，且偏转角逐渐加大，至 *c* 点达到最大值，电子束到达荧光屏的最右边。由 *c* 到 *e*，锯齿波电流由最大正值很快变化到最大负值，因此电子束迅速由荧光屏的最右边返回到最左边，完成一个行周期的扫描。

可见，当流过行偏转线圈的锯齿波电流从 *a* 变到 *c* 时，电子束从荧光屏的最左边移到荧光屏的最右边，称其完成一行的正程扫描；当锯齿波电流从 *c* 变到 *e* 时，电子束又从荧光屏的最右边返回到最左边，称其完成一行的一个逆程扫描。此外，由 *a* 到 *c* 锯齿波电流上升斜率较小，因而正程扫描时间长；由 *c* 到 *e* 下降斜率大，因而逆程回扫时间短。

如果只在行偏转线圈中有扫描电流流通，则仅会在屏幕中央扫出一条水平亮线，如图 1-8(*a*)所示。

同理，若要求电子束在荧光屏上作上下移动，在场偏转线圈中应加入如图 1-7(*b*)所示的锯齿波电流，这个锯齿波电流的周期要比行扫描波形周期长得多。若仅有场扫描电流锯齿波作用于场偏转线圈时，必然在荧光屏中央出现一条垂直亮线，如图 1-8(*b*)所示。

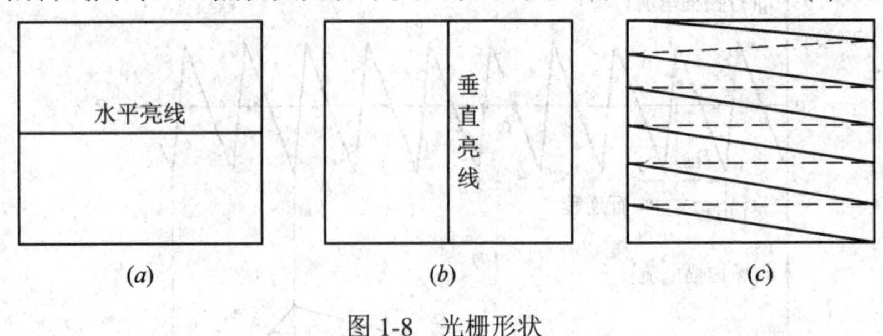

图 1-8　光栅形状

(*a*) 只有行扫描；(*b*) 只有场扫描；(*c*) 行、场扫描同时存在

行偏转线圈分成两部分，分别安放在显像管管颈接近圆锥体部分的上、下方，水平放置，但产生的磁场是垂直方向的。因此，使穿过它的电子束作水平方向的偏转。其结构示意图如图 1-9(*a*)所示。

场偏转线圈是绕在磁环上的，如图 1-9(*b*)所示。它形成的磁场是水平方向的，因而使穿过它的电子束作垂直方向的偏转运动。

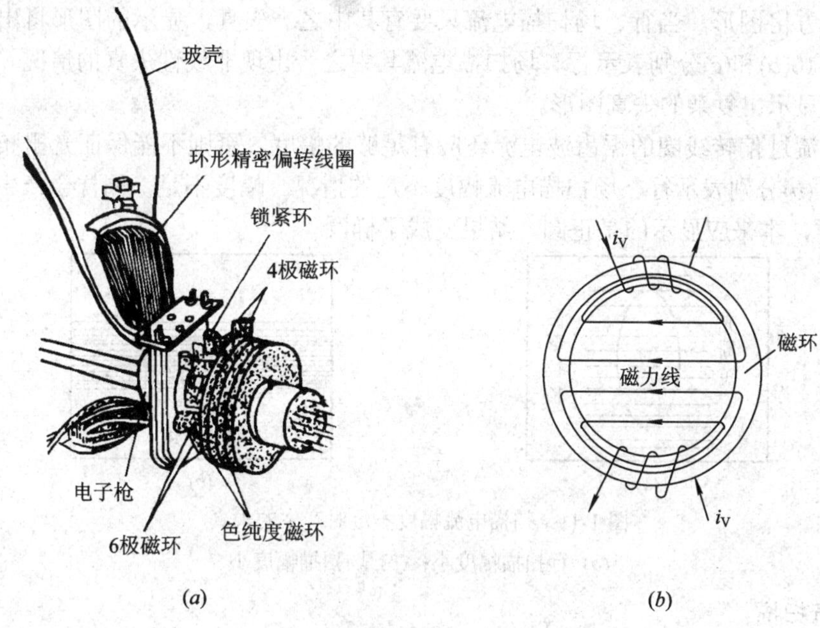

(*a*)　(*b*)

图 1-9　偏转线圈结构示意图

(*a*) 行偏转线圈；(*b*) 场偏转线圈

在实际应用中，行、场偏转线圈是组合在一起安装在摄像管或显像管上的。当行、场偏转线圈中分别加有如图 1-7 所示的扫描电流波时，电子束便在水平与垂直偏转力的共同作用下进行有规律的扫描，屏幕上便出现一条条的亮线，这些亮线常称其为光栅，图 1-8(*c*)就是考虑了逆程回扫线(图中以虚线表示)时的光栅形状。

(2) 扫描电流的非线性对显示图像的影响。由于电子束是在扫描正程期间传送图像信号的，因此在正程期间要求扫描速度均匀，这就要求流过偏转线圈的电流线性良好。否则重现图像将产生非线性失真，如图 1-10(*b*)、(*c*)所示。

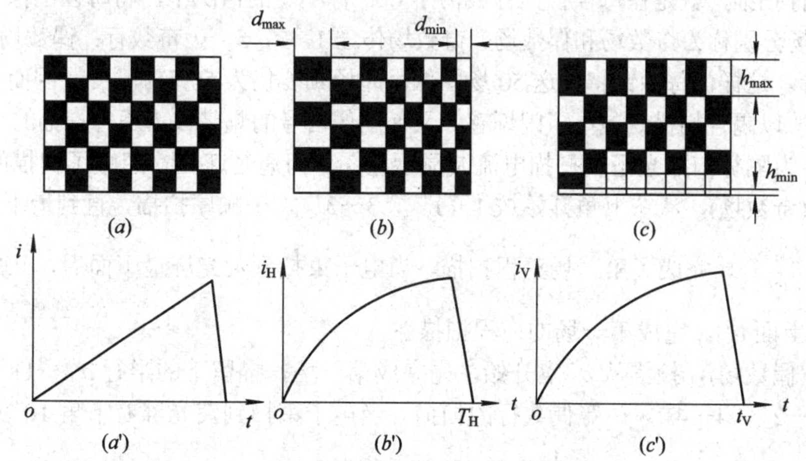

图 1-10　扫描电流与重现图像的关系

(*a*) 线性扫描，图像无失真；(*b*) 行扫描非线性，图像产生左伸、右缩的非线性失真；

(*c*) 场扫描非线性，图像产生上拉、下压的非线性失真

若原图像为方格信号，当行、场扫描电流波形均为线性变化的锯齿波时，重现图形无

失真，仍为方格图形。当行、场扫描电流只要有其中之一失真，显示的图形将出现非线性失真，图 1-10(*b*)和(*c*)分别表示行、场扫描电流其中之一出现非线性失真的情况。若二者同时失真，将显示出复杂的失真图形。

当然，流过偏转线圈的锯齿波电流还应有足够的幅度，否则不能保证光栅布满全屏。图 1-11(*a*)、(*b*)分别表示行、场扫描电流幅度不足的情况。幅度不足，同样会产生失真，像图 1-11 那样，本来应显示的是正圆，结果变成了椭圆。

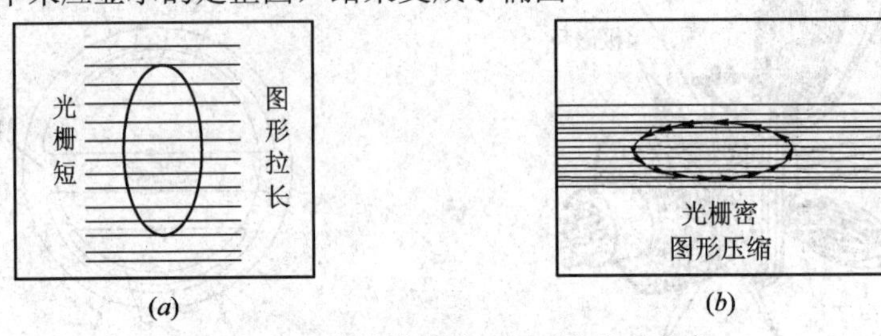

图 1-11　扫描电流幅度不足时产生的失真

(*a*) 行扫描幅度小；(*b*) 场扫描幅度小

2. 隔行扫描

在电视系统中，要使传送的图像清晰，并具有活动、连续而又无闪烁感，则要求传送频率大于临界闪烁频率 46.8 Hz，即每秒传送 46.8 场以上的图像。因此，我国电视制式规定，场扫描频率 f_V 为 50 Hz，每帧图像的扫描行数为 625 行。若采用逐行扫描的话，帧频与场频相等。理论分析可以得出，电视图像信号的最高频率约为 11 MHz，可见视频信号带宽将相当宽。要传送频谱这样宽的信号，不但会使设备复杂化，而且使在规定的可供电视系统使用的频段内可容纳的电视频道数目减少。如若为了减少带宽而降低场频，将会导致重现图像的闪烁；否则，减少每场扫描行数，又会降低图像的清晰度。可见逐行扫描是无法解决带宽与闪烁感及清晰度的矛盾。因而提出了既可克服闪烁感，又不增加图像信号带宽的隔行扫描方式。

所谓隔行扫描，就是在每帧扫描行数仍为 625 行不变的情况下，将每帧图像分为两场来传送，这两场分别称为奇数场和偶数场。奇数场传送 1，3，5，…奇数行；偶数场传送 2，4，6，…偶数行。这样，每秒钟将传送 50 场图像，即场频 f_V 仍为 50 Hz 不变，因而将有效地降低闪烁感。所以隔行扫描既减小了闪烁感，又使图像信号的频带仅为逐行扫描的一半。

图 1-12 为隔行扫描光栅及扫描电流波形示意图。为清楚起见，忽略了扫描的逆程。

第一场(奇数场)，从左上角开始按 1—1′，3—3′，…顺序扫描，直到最下面的中点 a 为止，共计 $5\frac{1}{2}$ 行，完成了第一场正程扫描。当电子束扫到荧光屏最下面后，又立即返回到荧光屏的最上面 a'，完成第一场的逆程扫描。

第二场(偶数场)，扫描从 a' 点开始，先完成第一场扫描留下的半行 a'—11′行的扫描，接着完成 2—2′，4—4′，…等偶数行的扫描。当电子束扫到荧光屏右下角 10′点处，第二场正程扫描结束，同样也完成 $5\frac{1}{2}$ 行扫描。接着再返回到左上角第一场的起始位置。至此，电子束共完成两场(一帧)的扫描运动。接下去第三场的扫描轨迹与第一场完全重合，第四场也必然与第二场完全重合，从而完成第二帧的扫描。如此隔行扫描方式，相邻两场的扫描光栅必定均匀嵌套，且相邻两帧的光栅必定重合。

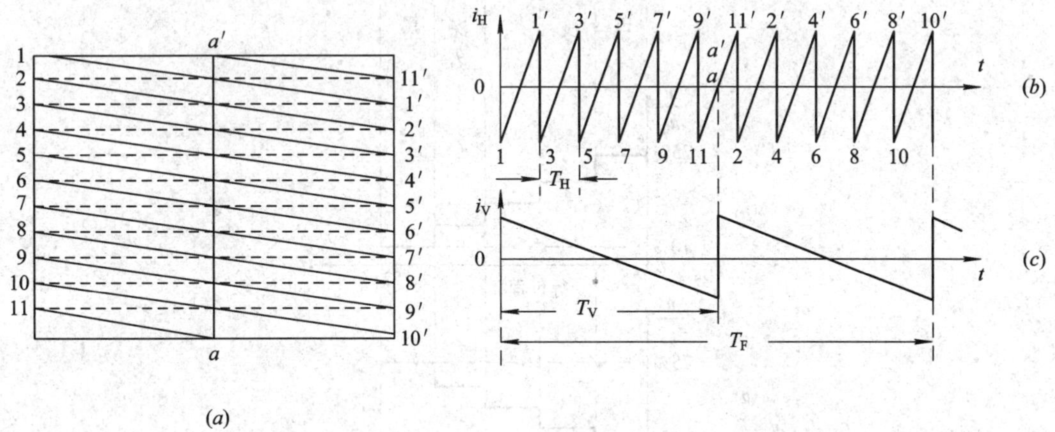

图 1-12　隔行扫描光栅及电流波形

(*a*) 每帧光栅；(*b*) 行扫描电流波形；(*c*) 场扫描电流波形

这里要强调指出的是：首先，隔行扫描方式要求每帧扫描总行数为奇数。因为只有这样，在扫描锯齿波电流波形顶点位置对齐的情况下方可使相邻两场均匀嵌套；其次，在隔行扫描中，整个画面的变化是按场频重复的，它是高于临界闪烁频率(46.8 Hz)的，因而减少了闪烁感。但就每行而言，它仍是按帧频重复的，即每 40 ms 重复一次，每秒重复 25 次，这是低于临界闪烁频率的。所以，当我们接近电视机观看时，仍会感觉到行间闪烁；但当离开一定距离观看时，行间闪烁就不怎么明显了。此外，隔行扫描将视频带宽压缩为逐行扫描的 1/2，即大约是 5.5 MHz 左右，故我国规定视频信号带宽按照 6 MHz 分析计算。

1.2　黑白全电视信号

电视系统要完成图像信号的传输，不失真地重现原图像，除必须传送图像信号这一主体信号之外，还必须传送复合同步信号、复合消隐信号、槽脉冲和均衡脉冲信号，这些信号属于辅助信号。但它们是为保证收发同步、逆程不显示光栅及隔行扫描均匀嵌套所必须而设置的。将以上主体信号与辅助信号统称为全电视信号。黑白全电视信号是研究彩色全电视信号的基础，所以本节着重研究黑白全电视信号。

1.2.1　主体信号——图像信号

1. 图像信号及其特征

图像信号是由摄像管将明暗不同的景象进行转变而得的电信号。假设被摄图像是从左到右亮度递减的五条由白→灰→黑变化的图像，经转换所得的相应电压波形为阶梯波，如图 1-13 所示。若图像最亮时，对应的电压信号幅度最高，此信号称为正极性图像信号，如图 1-13(*a*)所示。反之，如果图像最暗时对应的电压信号幅度最大，称此为负极性图像信号，如图 1-13(*b*)所示。图中波形取相对幅度，且所示波形为一个行正程的对应波形。一般来说，

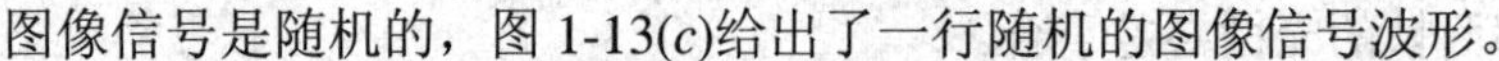

图像信号是随机的，图 1-13(*c*)给出了一行随机的图像信号波形。

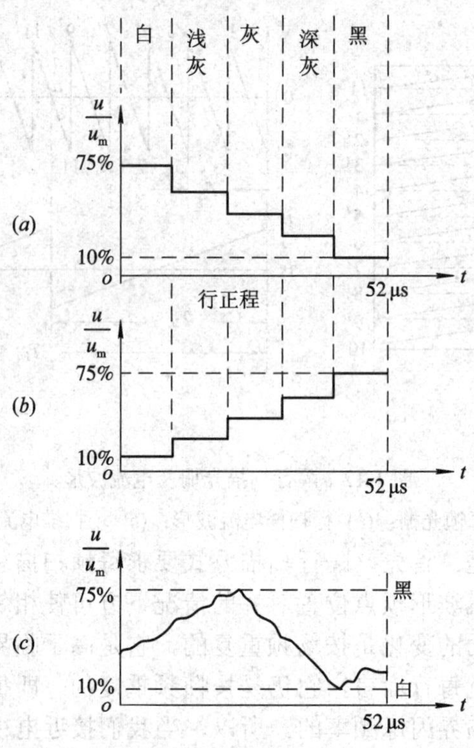

图 1-13　图像信号

(*a*) 正极性亮度递减信号；(*b*) 负极性亮度递减信号；(*c*) 一般的负极性图像信号

由图 1-13 可见，图像信号具有如下特征：

(1) 含直流，即图像信号具有平均直流成分，其数值确定了图像信号的背景亮度。换句话说，它的平均值总是在零值以上或零值以下的一定范围内变化，不会同时跨越零值上、下两个区域，这一特性又可称为单极性含直流。

(2) 对于一般活动图像，相邻两行或相邻两帧信号间具有较强的相关性。换句话说，相邻两行或相邻两帧图像信号差别极小，可近似认为是周期信号。

2. 图像信号的基本参量

亮度、对比度和灰度是电视图像转换中三个十分重要的参量。图像质量的好坏，可由它们给予完整的描述。

所谓亮度，通常是指单位面积的光通量。因为单位面积光通量愈大，人眼感觉愈明亮，所以也可以说，亮度是人眼对光的明暗程度的感觉。亮度常以 B 表示，光通量的单位是烛光(cd)，亮度的单位是尼特(nit)或熙提(sb)，它们之间的关系是：

$$1\ \text{nit} = 1\ \text{cd/m}^2$$

$$1\ \text{sb} = 1\ \text{cd/cm}^2$$

由于 $1\ \text{m}^2 = 10^4\ \text{cm}^2$，所以

$$1\ \text{sb} = 10^4\ \text{nit}$$

电视图像的亮度取决于电视图像信号的平均直流成分，改变电视图像信号的直流成分，

可以改变其亮度。

电视图像的亮度一般都低于原景物亮度，考虑到人眼的适应性，只要适当地降低环境亮度来观看，同样可获得较为满意的亮度感觉。

对比度是客观景物的最大亮度 B_{max} 与最小亮度 B_{min} 之比。当以 K 表示对比度时，有

$$K = \frac{B_{max}}{B_{min}} \tag{1-4}$$

这里我们要特别强调的是：为了使重现图像逼真，必须以保持重现图像的对比度与原景物的对比度接近相等为前提。很显然，若图像信号的黑、白电平差别愈大，则对比度愈高。

灰度，即亮度级差或称亮度层次。它反映了电视系统所能重现的原图像明、暗层次的程度。通常电视台发送一个具有 10 级灰度的阶梯信号(或称级差信号)，接收系统经调整后在重现图像中能加以区分的从黑到白的层次数，称其为该系统具有的灰度级。由于显像管调制特性的非线性，电视接收机一般都达不到 10 级灰度，一般只要能达到 6 级灰度，就可收看到明、暗层次较满意的图像了。

实际上，电视系统重现图像时，由于受到显像管发光亮度的限制(仅数百尼特)，不可能达到客观景物实际亮度(约数百～数万尼特)，但只要能反映客观景物的对比度和灰度，便可获得满意的效果。

1.2.2　辅助信号

1. 复合同步信号

前已述及，电视系统中，收、发扫描必须严格同步，即收、发扫描对应的行、场起始和终止位置必须严格一致，否则就会出现画面失真或不稳定现象。图 1-14(*a*)为发端图像，图(*b*)为相位不同步的情况。

为了收、发同步的需要，电视发送端每当扫描完一行时加入一个行同步脉冲；每当扫描完一场时加入一个场同步脉冲；它们分别在行与场逆程期间传送，其宽度分别小于行、场逆程时间。我国电视标准规定，行同步脉冲宽度为 4.7 μs，场同步脉冲宽度为 160 μs。在接收端必须先将这些行、场同步脉冲分离出来，用以分别控制接收机中的行、场扫描锯齿波电流的周期和相位。换言之，只有当行、场同步脉冲到来时才开始行与场的回扫，这就可保证收、发双方扫描电流的频率和相位都相同，即可保证同步。图 1-15(*a*)中给出了行、场同步信号，通常将行、场同步信号合称为复合同步信号。

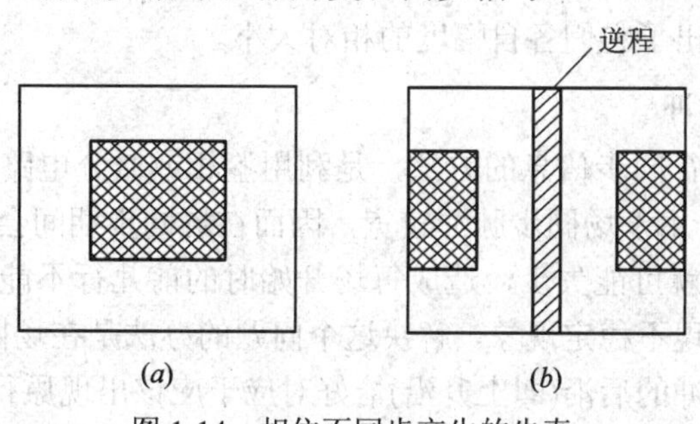

图 1-14　相位不同步产生的失真

(*a*) 发端图像；(*b*) 收端失真图像

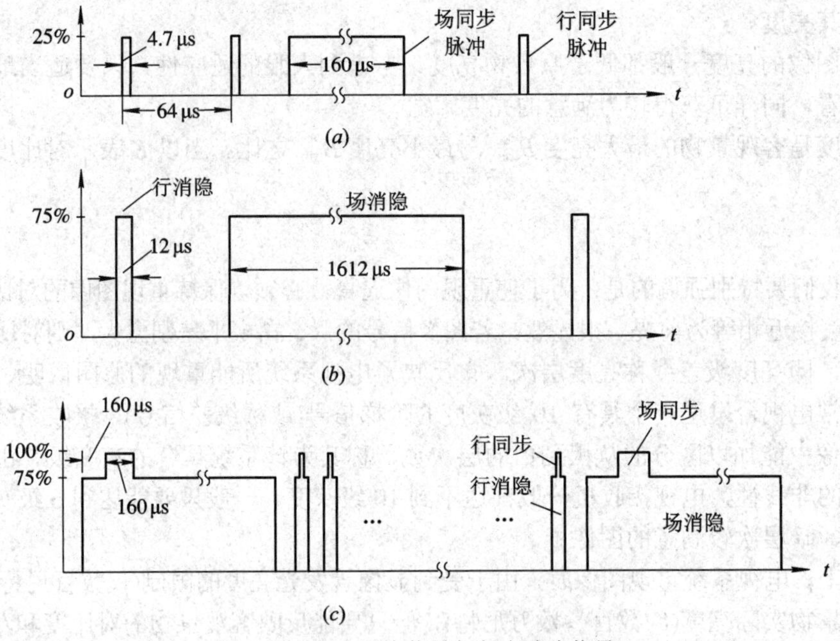

图 1-15　复合同步信号与复合消隐信号

(*a*) 复合同步信号；(*b*) 复合消隐信号；(*c*) 复合同步信号与复合消隐信号的叠加波形

2. 复合消隐信号

无论是图像的分解还是恢复重现，都需要电子扫描才能完成。电子束在回扫时，若不采取措施，则无论是行或场都将出现回扫线，这将对正程所传送的图像起干扰作用。消除回扫线的方法是在行、场扫描的逆程期间，在摄像管与显像管中分别加入能使扫描电子束截止的消隐脉冲。消除行、场逆程回扫线的消隐脉冲分别称为行消隐脉冲和场消隐脉冲，二者合称为复合消隐脉冲或复合消隐信号。

在电视系统中，发送端在发送图像信号的同时，在逆程期间将消隐信号也发送出去。显然，行、场消隐信号的电平应等于图像信号的黑色电平；行、场消隐信号的周期应分别与行、场扫描周期相同；行、场消隐脉冲的宽度应分别等于行、场扫描的逆程时间。即行消隐脉冲宽度为 12 μs，场消隐脉冲宽度为 1612 μs(其中包含着一个行的逆程 12 μs)。但在接收端为了确保消除回扫光栅，实际上消隐脉冲宽度稍有加宽。复合消隐信号如图 1-15(*b*)所示。因为同步与消隐都出现在行、场扫描的逆程，所以二者相叠加便得到图 1-15(*c*)所示的合成波形，图中还给出了它们各自幅度的相对大小。

3. 槽脉冲和均衡脉冲

电视系统中，提取行同步信息的方法，是利用鉴相或微分电路，提取行同步脉冲的前沿。由图 1-15(*a*)可见，由于场同步脉冲较宽，因而在场同步期间会使行同步的信息丢失。这样，在场逆程期间行就可能失步，造成每场开始时的前几行不能立刻同步，因而屏幕显示图像的最上面几行出现不稳定现象。解决这个问题的办法是在场同步脉冲上加开几个槽，称为槽脉冲，且使槽脉冲的后沿(即上升沿)恰好对应于应该出现原行同步脉冲的前沿位置。加入槽脉冲之后就可以保证在场同步脉冲期间可以检测出行同步脉冲。槽脉冲的宽度与行同步脉冲相同，也是 4.7 μs。

图 1-15(*a*)告诉我们，行同步脉冲与场同步脉冲具有相同的幅度和不同的宽度，因而分离行、场同步脉冲的方法一般是借助于宽度分离电路——微分与积分电路的组合，如图 1-16 所示。其中，微分电路可提取出行同步脉冲或槽脉冲的上升沿用于行同步；积分电路可以选出宽度较大的场同步脉冲。图 1-16(*b*)分别给出同步分离电路从全电视信号中分离出的复合同步信号及微分、积分电路的输出波形。

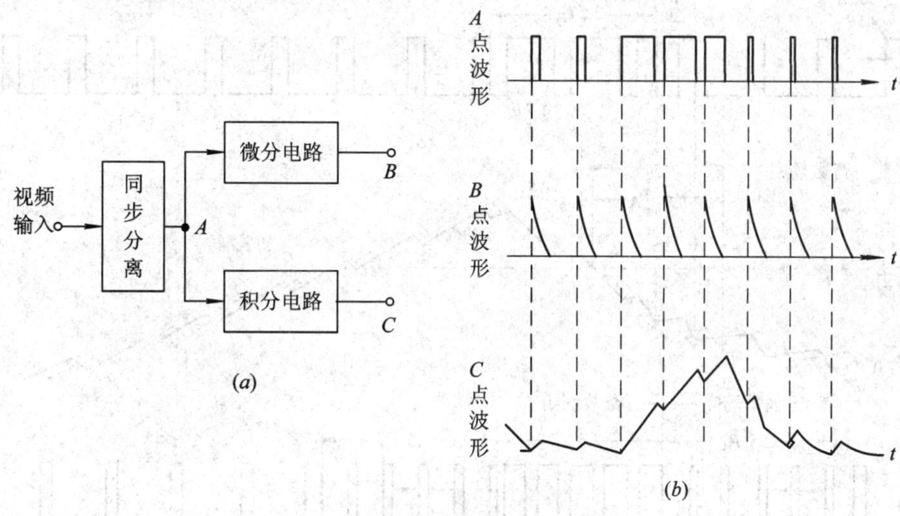

图 1-16　同步分离原理框图及波形

(*a*) 分离电路原理图；(*b*) 各点波形

但是，由于电视系统一般采用隔行扫描，相邻两场扫描的起点和终点位置都不相同。对于奇数场来说，它是在半行处结束，因此场消隐信号和场同步信号应在半行时加入；对于偶数场扫描来说，它是在一个整行后结束，因而，场消隐与场同步信号应在一个整行结束后加入。若将奇数场和偶数场的同步脉冲分两排画出，并令场同步脉冲起始沿对齐，则得图 1-17(*a*)所示波形。在进行行、场同步分离时，每出现一个行同步脉冲，就要对积分电容器进行一次充电，行同步脉冲过后则进行放电。由于奇数场和偶数场同步脉冲前沿出现时，行同步脉冲相互错开半行，造成积分电容器上的起始电压不同，这就必然导致两场同步时间的差异，如图 1-17(*b*)所示，存在时差 Δt。因此，对场同步脉冲的检测造成影响。

为了保证偶数场的扫描线准确地嵌套在奇数场各扫描线之间，必须保证相邻两场场同步脉冲前沿到达积分电路时，积分电容器上要有相同的起始电压，否则就无法保证正确地嵌套，严重时甚至会出现扫描光栅完全重合的现象。为此，在场同步脉冲前、后以及中间，每隔半行都增加一个行同步脉冲，这样就可以使相邻两场的场同步脉冲前沿到达积分电路时，积分电容器上所充的电压基本相等。为了使增加脉冲后的平均电平不增加，把这部分脉冲宽度减小为原来的一半(即 2.35 μs)，场同步脉冲上开槽也应每半行开一个，但槽宽仍为 4.7 μs。这样，场同步期间要开 5 个槽，且每个场同步脉冲前、后各有 5 个 2.35 μs 宽的脉冲，常称其为前、后均衡脉冲，如图 1-17(*c*)所示。这样一来，无论奇数场还是偶数场，送到场积分电路去的波形都是完全相同的。

由图 1-17(*d*)可见，开始均衡时，积分电容上的电压有差异，经过 5 个前均衡脉冲均衡之后，积分输出波形就重合在一起了。

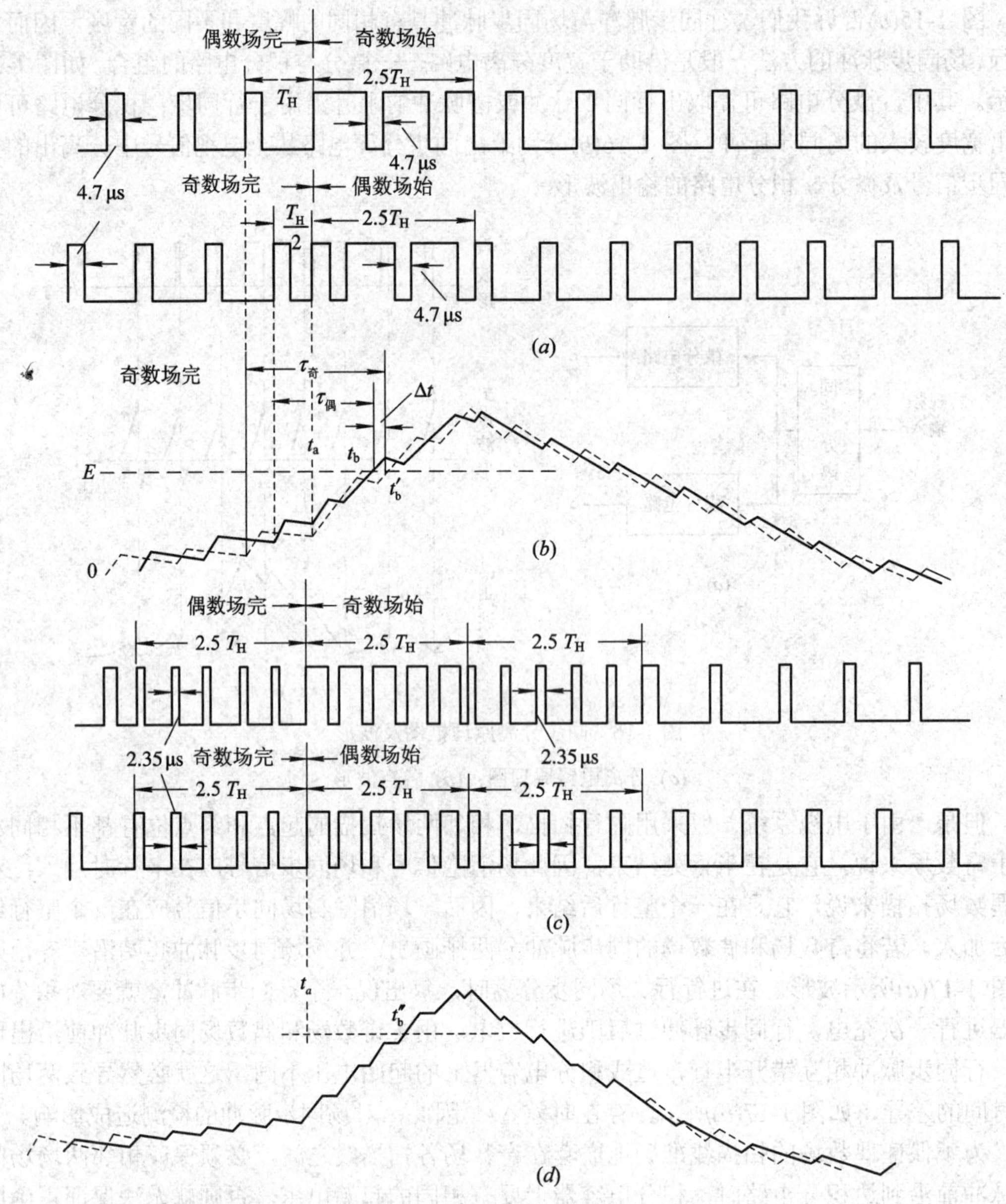

图 1-17　复合同步脉冲及积分结果

(*a*) 复合同步信号；(*b*) 积分输出波形；(*c*) 加有均衡脉冲的复合同步信号；

(*d*) 加有均衡脉冲后的积分器输出波形

1.2.3　黑白全电视信号

1. 全电视信号波形

将以上介绍的图像信号、复合同步、复合消隐、槽脉冲和均衡脉冲等叠加，即构成黑白全电视信号，通常也称其为视频信号，其波形如图 1-18 所示。

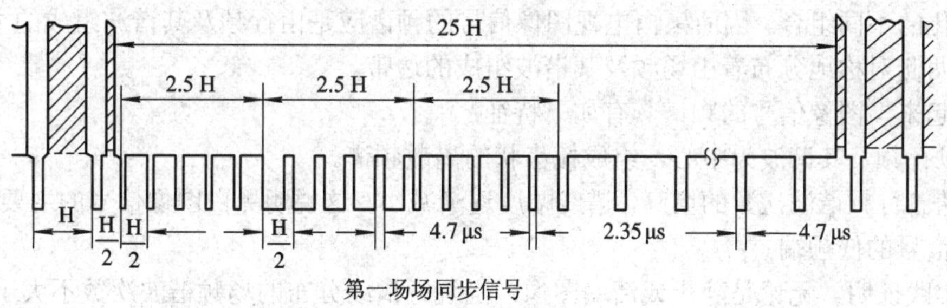

第一场场同步信号

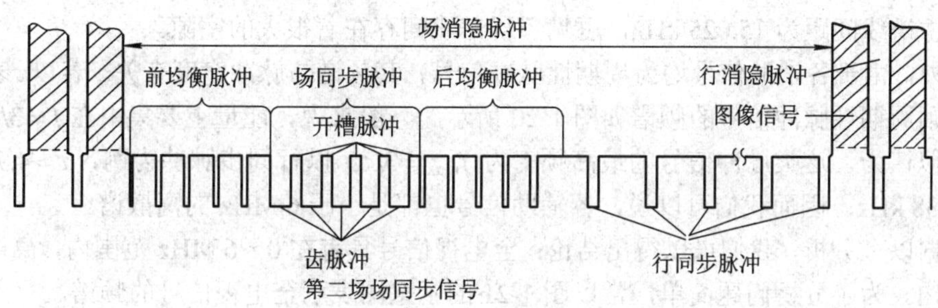

第二场场同步信号

图 1-18　黑白全电视信号

我国现行电视标准规定：以同步信号顶的幅值电平作为 100%；则黑色电平和消隐电平的相对幅度为 75%；白色电平的相对幅度为 10%～12.5%；图像信号电平介于白色电平与黑色电平之间。

各脉冲的宽度为：行同步 4.7 μs；场同步 160 μs(2.5 H(行))；均衡脉冲 2.35 μs；槽脉冲 4.7 μs；场消隐脉冲 1612 μs；行消隐脉冲 12 μs。

2. 全电视信号的频谱

所谓频谱，就是电信号的能量按频率分布的曲线。全电视信号的频谱，应是它所包含的主体信号(图像信号)与辅助信号的频谱之和。

分析表明，图像信号的频谱在 0～6 MHz 的范围内，其频谱是不连续的，属离散形，形状像梳齿，故常称其具有梳状频谱，各谱线间有很大的间隙，如图 1-19 所示。

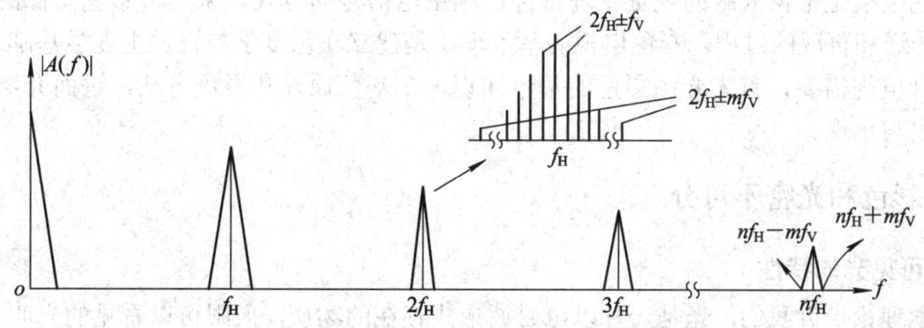

图 1-19　图像信号的频谱

虽然实际图像信号的分布总是任意的，但它总是要经过逐行、逐场的扫描形成，这样就使本来明暗变化不规则的图像，产生了周期性变化的规律，即它不外乎是水平方向和垂直方向变化的不同组合。因而黑白电视图像信号的频谱应是由行频及其谐波组成的主谱线，在主谱线两侧对称地分布着由场频及其谐波组成的边带。

归纳起来，图像信号的频谱具有如下特征：

(1) 以行频及其谐波为中心，组成梳齿状的离散频谱。

(2) 随着行频谐波次数的增高，谱线幅度逐渐减小。这说明黑白图像信号的主要能量分布在视频信号的低频端。

(3) 实践证明，无论是静止或活动图像，围绕行谱线分布的场频谐波次数不大于 20(即图 1-19 中 $m \leqslant 20$)。按 $m = 20$ 计算，各谱线群所占频谱宽度仅为 $2m \times f_u = 20 \times 20 \times 50 = 2$ kHz，相邻两主谱线间距为 15.625 kHz，可见各群谱线间存在着很大的空隙。

此外，由于各辅助信号均为周期性脉冲信号，其频谱与脉冲宽度有关。若以τ表示脉冲宽度，则周期性脉冲信号的频谱如图 1-20 所示。一般来说，能量主要集中在 $f = 3/\tau$ 以内，故可近似认为，这类脉冲信号的最高频率为 $f_{max} = 3/\tau$。以行同步脉冲为例，$\tau = 4.7$ μs，则 $3/\tau \approx 638$ kHz。因而我们可以说，各辅助信号也都是小于 6 MHz 的离散谱。

根据以上分析，我们可以得出结论：全电视信号具有在 0～6 MHz 范围内，离散分布的频谱结构。为了分析问题简单，常以图 1-21 的示意图表示全电视信号的频谱。

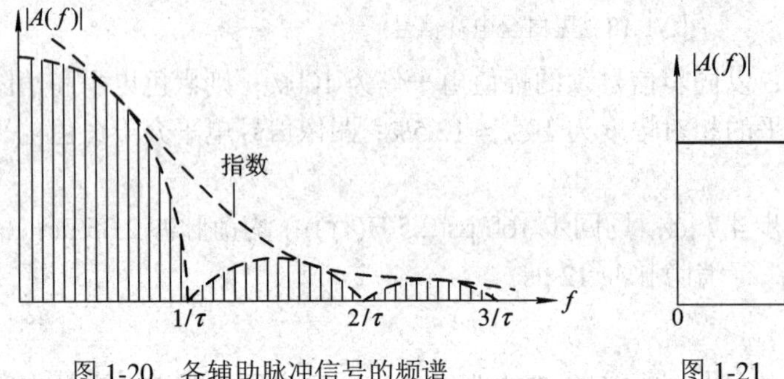

图 1-20　各辅助脉冲信号的频谱

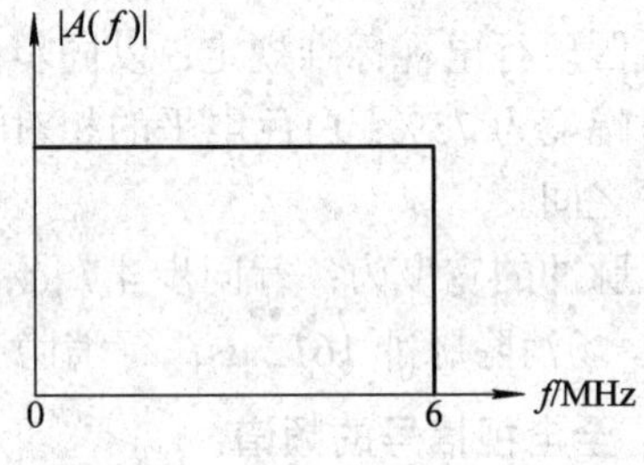

图 1-21　全电视信号频谱示意图

1.3　彩色的基本概念

彩色电视是根据人眼的视觉生理特性，利用电信号的方式，来实现彩色图像的分解、变换、传送和再现的过程。彩色电视的基本理论是建立在色度学与视觉生理学基础之上的。本节结合电视需要，首先介绍彩色的基本知识，三基色原理和混色方法，进而介绍彩色图像的摄取与重现。

1.3.1　彩色和光密不可分

1. 可见光的特性

光学理论告诉我们，光是一种以电磁波形式存在的物质，人眼可以看见的光叫可见光，它是波长范围为 380～780 nm 之间的电磁波，如图 1-22 所示。

从电视角度看，可见光有如下特性：

(1) 可见光的波长范围有限，它只占整个电磁波波谱中极小的一部分。

(2) 不同波长的光呈现出的颜色各不相同，随着波长由长到短，呈现的颜色依次为：红、橙、黄、绿、青、蓝、紫，见图 1-22。

(3) 只含有单一波长的光称为单色光；包含有两种或两种以上波长的光称为复合光，复合光作用于人眼，呈现混合色。例如，太阳辐射的光含有七种单色光的波谱，但却给人以白光的综合感觉。

(4) 太阳发出的白光中包含了所有的可见光，若把太阳辐射的一束光投射到棱镜上，太阳光会经过棱镜分解成一组按红、橙、黄、绿、青、蓝、紫顺序排列的连续光谱，如图 1-23 所示。被分解之后的色光，若再次经过棱镜，它是不能再分解了，这种单一波长的色光也称为谱色光。

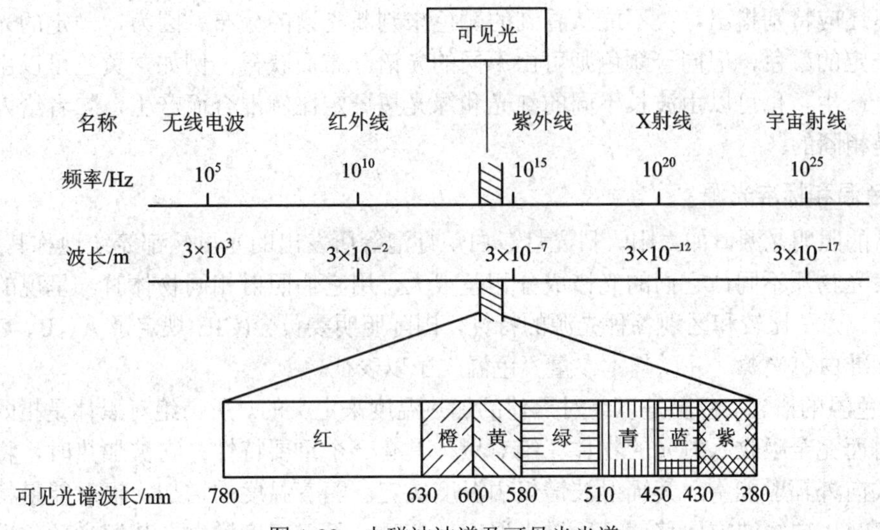

图 1-22　电磁波波谱及可见光光谱

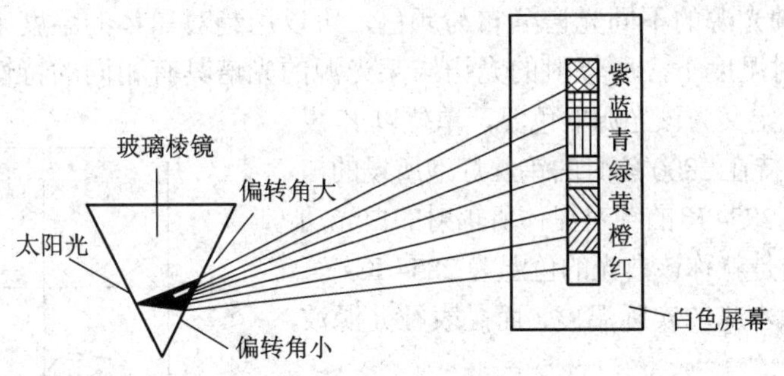

图 1-23　太阳光的棱镜分解

2. 物体的颜色

自然界的色彩五光十色，绚丽夺目。例如，蓝色的天空，绿色的树叶，红色的花朵等。虽然人们与颜色有着密切的关系，然而对颜色的各种属性却不一定尽人皆知。

实际上，我们看到的颜色有两种不同的来源：一种是发光体所呈现的颜色，例如各种彩色灯和霓虹灯等所发出的彩色光；另一种是物体反射或透射的彩色光。那些本身不发光的物体，在外界光线照射下，能有选择地吸收一些波长的光，而反射或透射另一些波长的光，从而使物体呈现一定的颜色。例如，红旗反射红光而吸收其他颜色的光，因而呈现红色；绿色的植物因反射绿色光而吸收所有其他色光而呈现绿色；白云反射全部阳光而呈白色；煤炭吸收全部照射光而呈现黑色，等等。

既然物体呈现的颜色是由于物体反射(或透射)光的种类不同而产生的，那么物体呈现的颜色显然与照射它的光源有关。绿草的绿色是由于它在日光照射下才表现出来的，如果把绿草拿到红光下观察，就会发现它不再是红色而近乎是黑色的。这是因为红色光源中没有绿光成分，绿草吸收了全部红光，所以变成黑色。人们日常生活中都会有这样的经验，某些东西在日光下看到的颜色与在灯光下看到的颜色有差异，这恰恰说明由于日光与灯光这两种光源所含的光谱成分不同，使同一物体表现为不同的颜色。换言之，物体呈现的颜色与照射它的光源有关。

这里还应特别指出，决不能从看到的颜色来判断光谱的分布。因为，一定的光谱分布表现为一定的颜色，但同一颜色则可由不同的光谱分布而获得。例如，黄色可以由单一波长的黄光产生，也可以由波长不同的红光和绿光按一定比例混合而产生，二者给人的颜色感觉却是相同的。

3. 色温和标准光源

通常的照明光源，如太阳、日光灯、白炽灯泡等所发出的光虽然都笼统地称其为白光，但由于发光物质不同，它们的光谱成分相差很大，用它们照射相同物体时，呈现的颜色也相差较大。为了比较和区别各种光源的特性，国际照明委员会(CIE)规定了 A、B、C、D、E 等几种标准白色光源，并以基本参量“色温”予以表征。

(1) 色温的概念。色温是以绝对黑体的加热温度来定义的。所谓绝对黑体是指既不反射也不透射而完全吸收入射光的物体。绝对黑体具有一个重要特性：它被加热时，将以电磁波的形式向外辐射能量，其辐射波谱仅由温度决定。随着温度的增加，辐射能量将增大，且其功率波谱向短波方向移动。所以当温度升高时，不仅亮度增大，其发光颜色也随之变化。为了区分各种光源的不同光谱分布与颜色，可以用绝对黑体的温度来表征。当绝对黑体在某一特定绝对温度下，所辐射的光谱与某光源的光谱具有相同的特性时，则绝对黑体的这一特定温度就定义为该光源的色温，单位以 K 表示。例如，温度保持在 2800 K 时的钨丝灯泡所发的白光，与温度保持在 2854 K 的绝对黑体所辐射的白光功率波谱相一致，于是就称该白光的色温为 2854 K。可见，色温并非光源本身的实际温度，而是表征光源波谱特性的参量。

(2) 标准白光源。各种标准白光源的光谱分布如图 1-24 所示。各标准白光源的特点如下：

A 光源：相当于 2800 K 钨丝灯所发的光。其色温为 2854 K。它的光谱能量分布主要集中于波长较长的区域，因而 A 光源的光总带着橙红色。

B 光源：相当于中午直射的太阳光。其色温为 4800 K。在实验室中可由特制的滤色镜从 A 光源中获得。

C 光源：相当于白天的自然光。色温为 6800 K。

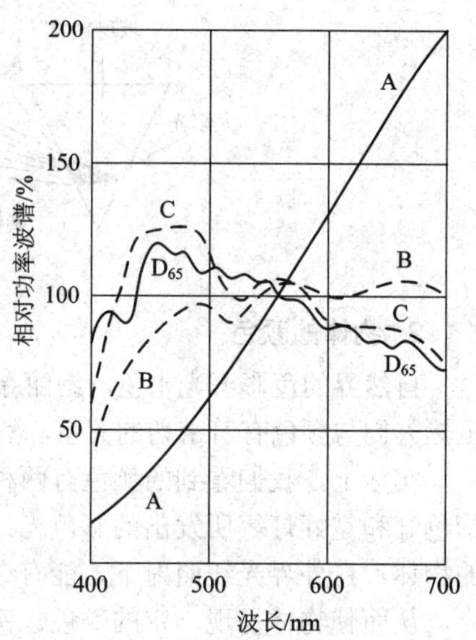

图 1-24 标准白光源的光谱

其波谱成分在 400～500 nm 处较大，因此 C 光源的光偏蓝色，它被选作为 NTSC 制彩色电视系统的标准白光源。

D 光源：相当于白天平均照明光。因其色温为 6500 K，故又称 D_{65} 光源。它被选作为 PAL 制彩色电视系统的标准白光源。

E 光源：这是一种理想的等能量的白光源。其色温为 5500 K。它的光谱能量分布是一条平行于横轴的水平直线，在可见光波长范围内，各波长具有相同的辐射功率。采用这种光源有利于彩色电视系统中问题的分析和计算。这种光源在实际中是不存在的，是假想的光源。

1.3.2　视觉特性

从电影、黑白电视到彩色电视，无一不是利用人眼视觉的某些特性，采用一些科学技术手段来实现的。黑白电视中，不但利用了人眼的视觉惰性，同时还利用了人眼分辨力的局限性(即当相邻像素靠近到一定程度时，人眼无法分辨，会产生连续画面的感觉)。彩色电视中，除了利用以上特性外，还利用了人眼的彩色视觉特性，主要包括视敏特性和彩色视觉。

1. 相对视敏曲线

物质有选择地吸收、反射或透射不同波长的光，是物体固有的物理特性，它决定了该物体的颜色；而人们感觉到光的亮度和光的颜色却是人眼的生理结构特点所造成的。人眼的视觉，主要是由于可见光刺激人眼的视网膜引起的。

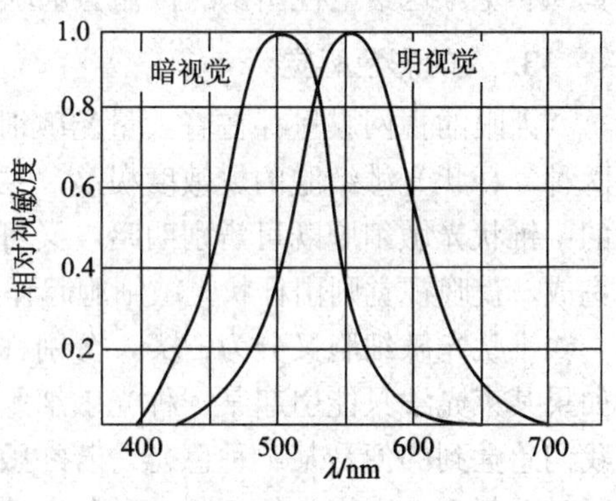

图 1-25　相对视敏曲线

在可见光范围内，同一波长的光，当其强度不一样时，给人的亮度感觉是不相同的；对于相同强度而波长不同的光(即理想的等能白光源——E 光源)，给人的亮度感觉也是不同的。实践证明，人眼感到最亮的是黄绿色，最暗的是蓝色和紫色。图 1-25 给出了人眼对 E 光源光谱的响应曲线。此曲线称为相对视敏曲线，它是将人眼最敏感的、波长为 555 nm 的黄绿光的敏感度作为 100%，其余波长光的敏感度是相对于黄绿色光的敏感度求得的比值。它说明，如果光的辐射功率相同而波长不同，则人眼的亮度感觉将按曲线规律变化。当然对于不同的人，相对视敏曲线的形状是会稍有差异的。

2. 人眼的亮度感觉

亮度感觉，即包括人眼所能感觉到的最大亮度与最小亮度的差别及在不同环境亮度下对同一亮度所产生的主观亮度感觉。

人的视觉范围很宽，能感受到的亮度范围大约从百分之几尼特(nit)到几百万尼特(nit)，但是人眼并不能同时感受到这样大的亮度范围。当人眼适应了某一平均环境亮度之后，视觉范围就变得小多了。比如，在适应正常平均亮度下，能分辨的亮度上、下限之比为 1000∶1；当平均亮度很低时，这一比值只有 10∶1。之所以如此，是因为人眼的感光作用有随外界光的强弱而自动调节的能力。

此外，在不同环境亮度下，人眼对同一亮度的主观感觉也不相同。在光天化日之下，如果有人在你身边打开手电筒，你可能毫无亮度明显增加的感觉；但若是在漆黑的夜晚，即使离你较远有人划一根火柴，你也会感觉到光亮。实验还表明，人眼察觉亮度变化的能力是有限的，且随着亮度 B 的增大，能觉察的最小亮度变化ΔB_{min}也增大。但在相当大的亮度范围内，可察觉的最小亮度变化与相应亮度之比($\Delta B_{min}/B$)却等于一个常数。

根据以上分析可以得出如下结论：

(1) 人眼可以感觉到的亮度范围虽然相当宽，但当眼睛适应于某一平均亮度后，能分辨的亮度范围就比以主观感觉“亮”与“暗”为界的范围缩小了。

(2) 在不同的环境亮度下，同样的亮度给人的主观亮度感觉却完全不同。

(3) 当人眼适应于不同的平均亮度后，可分辨的亮度范围也不相同。比如在晴朗的白天，环境亮度约为 10 000 nit，可分辨的亮度范围为 200～20 000 nit，低于 200 nit 的亮度都会产生黑暗的感觉；但当环境亮度降至 30 nit 时，可分辨的亮度范围约 2～200 nit，此时 100 nit 的亮度就足以产生相当的亮度感觉。

上述特性告诉我们：电视重现图像的亮度无需等于实际图像的亮度；人眼不能觉察出的亮度差别，在重现图像时可不予精确复制，只要保持重现图像的对比度，就会有十分逼真的感觉。这给电视图像的传输与重现带来了极大的方便。

3. 人的彩色感觉

人眼的视网膜里存在着大量光敏细胞，按其形状可分为杆状光敏细胞和锥状光敏细胞两种。杆状光敏细胞的灵敏度极高，主要靠它在低照度时辨别明暗，但它对彩色是不敏感的；锥状光敏细胞既可辨别明暗，又可辨别彩色。白天的视觉过程主要靠锥状光敏细胞来完成，夜晚视觉则由杆状光敏细胞起作用。所以在较暗处无法辨别彩色。

锥状光敏细胞又分为三类，分别称为红敏锥状细胞、绿敏锥状细胞和蓝敏锥状细胞。如果某束光线只能引起某一种光敏细胞兴奋，而另外两种光敏细胞仅受到很微弱的刺激，我们感觉到的便是某一种色光。若红敏细胞受刺激，则感觉到的是红色；若红、绿敏细胞同时受刺激，则产生的彩色感觉与由黄单色光引起的视觉效果相同。显然，随着三种光敏细胞所受光刺激程度上的差异，还会产生各式各样的彩色感觉。因此，当我们在摄取彩色景物时，若用三个分别具有与人眼三种锥状光敏细胞相同光谱特性的摄像管，分别摄取代表红、绿、蓝三个彩色分量的信号，经处理、传输，再通过显像管的红、绿、蓝荧光粉受电子轰击发光，转换成原来比例的彩色光，即可实现彩色图像的重现。

1.3.3 彩色三要素和三基色原理

1. 彩色三要素

彩色光通常可由亮度、色调和色饱和度三个物理量来描述，这三个量常被称为色彩三要素。

亮度，这里是指彩色光作用于人眼引起明暗程度的感觉，通常用 Y 来表示。亮度与色光的能量及波长的长短有关，前面已有分析，这里不再赘述。

色调，系指彩色光的颜色类别。通常所说的红色、绿色、黄色等等就是指不同的色调。

上面所说的不同波长的光所呈现的颜色不同，实际上就是指其色调不同。如果改变彩色光的光谱成分，就必然引起色调的变化。例如，在红光中混入绿光，就会使人们感觉到色调变成黄色。至于彩色物体的色调，则取决于物体在光线照射下，所反射的光的光谱成分，不同光谱成分的反射光使物体呈现不同的色调。对于透光物体，其色调由透射光的波长决定。显然，彩色物体的色调也同样与照射它的光源有关。

饱和度，是指颜色的深浅程度，即颜色的浓度。对于同一色调的彩色光，其饱和度越高，它的颜色就越深；饱和度越低，它的颜色就越浅。在某一色调的彩色光中掺入白光，会使其饱和度下降；掺入的白光越强，其饱和度就越低。例如，将一束饱和度很高的蓝色光投射在一张白纸上，则人们看到原来的白纸现在呈现深蓝色；如果再将另一束白光也投射到这张白纸上，则人们虽然仍感到白纸呈蓝色，但颜色变浅了，即饱和度下降了。调整白光的强度，可以看出白纸上的蓝色的深浅程度随之变化。

色调和饱和度合称为色度。色度既说明彩色光颜色的类别，又说明了颜色的深浅程度。在彩色电视系统中，所谓传输彩色图像，实质上是传输图像像素的亮度和色度。

2. 三基色

前面已讲述了光的波长与彩色视觉的对应关系。由此可知，不同波长的光会引起人眼不同的色彩感觉，两种不同光谱成分的光也可以引起人眼产生与单一光谱相同的色彩感觉。也就是说，不同光谱成分的光经混合能使人眼有相同的色彩感觉，单色光可以由几种颜色的混合光来等效；几种颜色的混合光也可以由另外几种颜色的混合光来等效，这一现象称为混色。利用这种混色的方法，人们可以只用几种颜色的光来仿造出大自然中大多数的彩色，而不必去考虑这些仿造彩色的光谱成分如何。

人们在进行混色实验时发现：只要选取三种不同颜色的单色光按一定比例混合就可以得到自然界中绝大多数色彩，具有这种特性的三种单色光称为基色光，对应的三种颜色称为三基色。彩色电视中所采用的三基色分别是红色、绿色和蓝色。由此，我们得出一个重要的原理——三基色原理。

三基色原理告诉我们：

(1) 三基色必须是相互独立的，即其中任一种基色都不能由另外两种基色混合而产生。

(2) 自然界中的大多数颜色，都可以用三基色按一定比例混合得到。或者说，自然界中的大多数颜色都可以分解为三基色。

(3) 三个基色的混合比例，决定了混合色的色调和饱和度。

(4) 混合色的亮度等于构成该混合色的各个基色的亮度之和。

三基色原理是对颜色进行分解与合成的重要原理。这一原理为彩色电视技术奠定了基础，极大地简化了用电信号来传输彩色的技术问题。我们知道，黑白电视只需传送一个反映景物亮度的电信号，而彩色电视要传送的是亮度不同、色调和饱和度千差万别的彩色。如果每一颜色都使用一个与之对应的电信号来传送，那么要同时传送的电信号就非常之多，以至于使彩色电视无法实现。有了三基色原理，我们只需要将要传送的颜色分解为三基色(红、绿、蓝)，然后再分别以对应的一种电信号进行传送就可以了。实际的彩色电视比分别传送三基色还要简单。

此外，需要说明的是：第一，原则上三基色的选择不是唯一的，还可以有其他的选择。

例如，彩色绘画中就选红、黄、蓝作为三基色。在彩色电视中之所以选择红、绿、蓝作为三基色，其主要原因是人眼对这三种颜色的光较敏感，用红、绿、蓝三色混合可配出较多的颜色。第二，彩色光可用不同比例混合的三基色光束等效表示，与用亮度、色度描述彩色光是同一事物的两种不同表示形式，这两种表示形式在彩电技术中均有应用。

3. 混色方法

把三基色按照不同的比例混合获得彩色的方法称为混色法。混色法有相加混色和相减混色之分。彩色电视系统中使用的是相加混色的方法。

为了说明相加混色，可以将三束圆形截面积的红、绿、蓝单色光同时投射到白色屏幕上，呈现出一幅品字形三基色圆图，如图 1-26 所示。

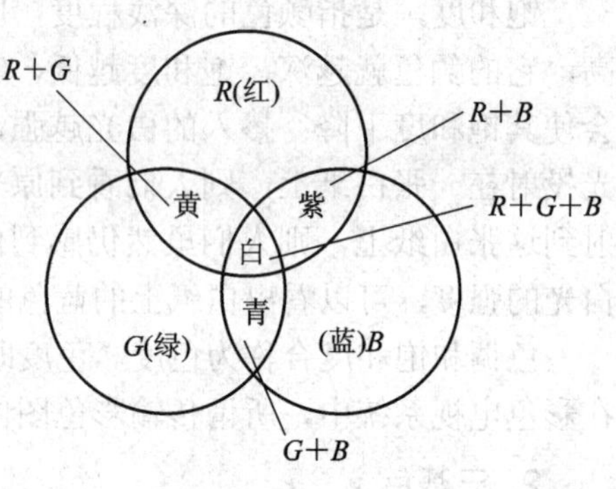

图 1-26　相加混色圆图

由图可见：

$$\left.\begin{aligned}&\text{红光}+\text{绿光}=\text{黄光}\\&\text{红光}+\text{蓝光}=\text{紫光（品光）}\\&\text{绿光}+\text{蓝光}=\text{青光}\\&\text{红光}+\text{绿光}+\text{蓝光}=\text{白光}\end{aligned}\right\}\qquad(1\text{-}5)$$

式(1-5)中的各关系式均是按各基色光等量相加的结果；若改变它们之间的混合比例，经相加混色便可获得各种颜色的彩色光。

上述相加混色方法是三种光谱不同的基色光同时投射到同一位置相加混合，考虑到人的视觉特性，实现相加混色还有如下几种方法：

(1) 空间混色法。这种方法是利用人眼空间细节分辨力差的特点，将三种基色光在同一平面的对应位置充分靠近，只要三个基色光点足够小且充分近，人眼在一定距离处观看，将会感到是三种基色光混合后所具有的颜色。这种空间混色的方法是同时制彩色电视的基础。

(2) 时间混色法。利用人眼的视觉惰性，顺序地让三种基色光出现在同一表面的同一处，当相距的时间间隔足够小时，人眼会感到这三种基色光是同时出现的，具有三种基色相加后所得颜色的效果。这种相加混色方法是顺序制彩色电视的基础。

(3) 生理混色法。当人的两眼同时分别观看不同颜色的同一彩色景象时，使之同时获得两种彩色印象，这两种彩色印象在人的大脑中产生相加混色的效果。

4. 色度三角形

由三基色混合所产生的各种颜色，可以由色度三角形予以说明，如图 1-27 所示。该三角形直观地表示出三基色合成的色度关系。例如，RG 边表示由红色与绿色合成所得的所有的颜色。此边的正中点为黄色，说明红色与绿色相等时为黄色。同理，RB 边的中点是紫色(品色)，GB 边的中点为青色，色度三角形的重心位置 W 为白色。

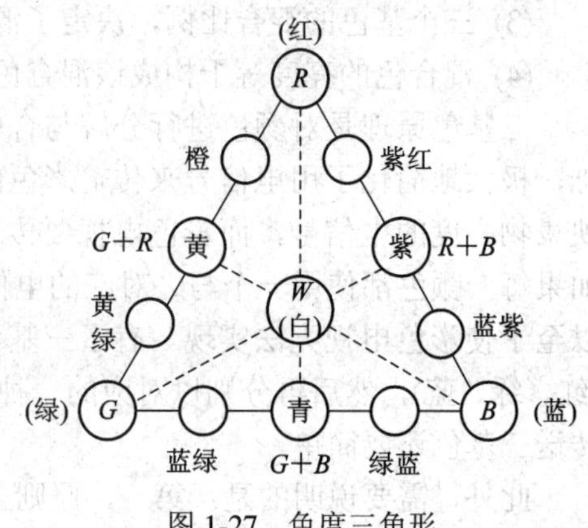

图 1-27　色度三角形

穿过 W 的任一条直线，连接三角形上的两个点，该两点所代表的颜色相加均得到白色。因此，通常把相加后形成白色的两种颜色称为互补色。例如，在色度三角形中，通过 W 点所连的红、青，绿、紫，蓝、黄均互为补色。

色度三角形三个顶点代表三基色。例如，R 点所代表的颜色是纯红色，其饱和度为 100%。沿着直线 RW 不断向 W 点移动，红色中的白色成分随之增加，颜色不断变淡，饱和度不断下降，但色调并不改变。

1.3.4　计色制及色度图

给定一种颜色，可以找到配出这种颜色所需的三基色的混合比例，确定三基色分量与所需颜色的数值关系由配色实验来完成。色彩同其他物理量一样，可以进行量度和计算，其量度会因所选三基色(精确波长，对人眼刺激程度)不同而有不同的量度系统，此系统称为计色制。各种计色制对应的彩色光色度平面图称为色度图，它可以直观地、全面地说明色彩的量度及表示方法。

1. 配色实验

配色实验可通过比色来进行，其示意图如图 1-28 所示。

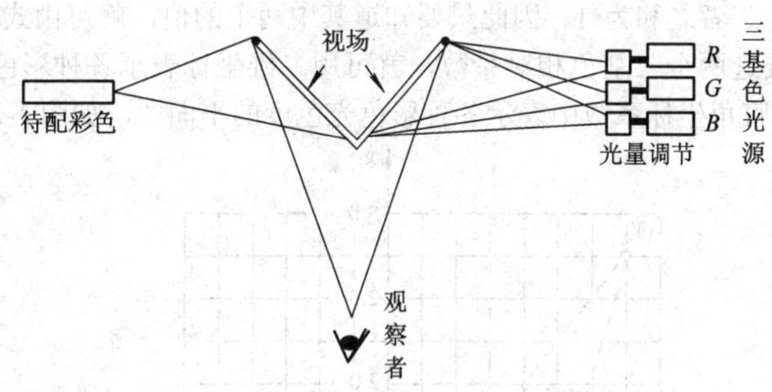

图 1-28　配色实验示意图

比色时有两块互成直角放置的全反射面，由它将观察者的视场分为两等分。把待配色的彩色光投射到屏幕的一边，而将三基色光投射到屏幕的另一面，分别调节三个基色光的强度，直到混合后产生的彩色与待配色的色度和亮度完全一致为止。从基色调节装置上分别读出各个基色的数量，由此可写出配色方程式

$$F = R(R) + G(G) + B(B) \tag{1-6}$$

式中，F 表示待配色的彩色光的彩色量；(R)、(G)、(B)分别为红(波长 700 nm)、绿(波长 546.1 nm)、蓝(波长 435.8 nm)三基色的单位量，其中，$1(R) = 1\ \text{lm}$，$1(G) = 4.5907\ \text{lm}$，$1(B) = 0.0601\ \text{lm}$；R、G、B 分别代表三基色调节器的读数，亦称为三基色系数。

对于等能白光，$R = G = B = 1$，即

$$F_{\text{E白}} = 1(R) + 1(G) + 1(B) \tag{1-7}$$

其光通量为

$$|F_{\text{E白}}| = 1 \times 1 + 1 \times 4.5907 + 1 \times 0.0601 = 5.6508\ \text{lm} \tag{1-8}$$

式(1-6)的配色方程式适合于配制一切彩色，只不过对于不同彩色三色系数不同而已。

2. 计色制及色度图

(1) RGB 计色制及其色度图。以(R)、(G)、(B)为单位量，用配色方程进行色彩量度和计算的系统称为 RGB 计色制。实际中，色彩的质的区别取决于色调和饱和度，即色度。色度与三基色系数的比例有关。为此，引入三基色相对系数 r、g、b。

令 $m=R+G+B$，即 r、g、b 分别为

$$\left.\begin{aligned} r&=\frac{R}{m} \\ g&=\frac{G}{m} \\ b&=\frac{B}{m} \end{aligned}\right\} \tag{1-9}$$

因为 R、G、B 三个色系数的比例关系与 r、g、b 的比例关系相同，所以它们都可以表示同一色彩的色度，且

$$r+g+b=\frac{R}{m}+\frac{G}{m}+\frac{B}{m}=1 \tag{1-10}$$

由于 r、g、b 三者之和为 1，因此只要知道其中两个的值，就可由式(1-10)确定第三个的值。因此，只要选两个三基色相对系数，就可用二维坐标表示各种彩色光的色度。RGB 色度图就是在 r-g 直角坐标系数中表示各种彩色光色度的平面图，如图 1-29 所示。

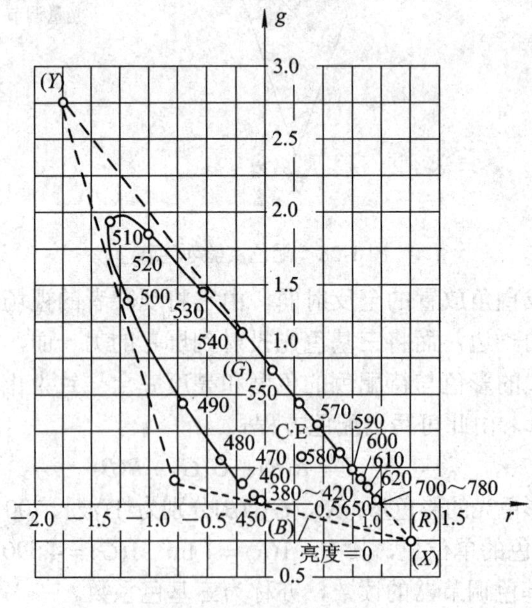

图 1-29　RGB 色度图

图中的舌形曲线称为谱色轨迹，在曲线旁边标有相应波长数值。自然界中存在的彩色都能用整个舌形曲线及其内部的各相应点的坐标来表示。坐标的位置越靠近谱色轨迹，所对应的颜色越纯，即饱和度越高；越靠近 E$_{白}$点，对应的饱和度越低，E$_{白}$处的饱和度为零。

由于 RGB 色度图对有些颜色出现负坐标，即说明三色系数中有的为负，这样就不能根据式(1-6)由相加混出所需颜色。为此国际照明委员会(CIE)规定了另一种计色系统，即 XYZ

计色制。这种计色制中不出现负的色系数，所以在彩色电视技术中得到了广泛的应用。

(2) XYZ 计色制及其色度图。XYZ 计色制所选的三基色单位量分别为(X)、(Y)、(Z)，它们并不代表实际彩色，也不能通过物理三基色相混合而得到，只能由计算求得，故常称(X)、(Y)、(Z)为计算三基色。计算三基色具有如下特点：

① 可根据$F=X(X)+Y(Y)+Z(Z)$方程式配出实际颜色，且三个色系数 X、Y、Z 均不为负。

② 规定系数 Y 在数值上等于彩色光的全部亮度，合成光的色度仍由 X、Y、Z 三个系数的比值决定。

③ 当 $X=Y=Z$ 时，仍代表 $E_{白}$。

根据以上各点，可求出两种计色制三基色单位量及三基色系数之间的对应关系。

$$\left.\begin{aligned}(X)&=0.4185(R)-0.0912(G)+0.0009(B)\\(Y)&=-0.1578(R)+0.2524(G)+0.0025(B)\\(Z)&=-0.0828(R)+0.0157(G)+0.1786(B)\end{aligned}\right\}\tag{1-11}$$

即

$$\left.\begin{aligned}X&=2.7690R+1.7518G+1.1300B\\Y&=1.0000R+4.5907G+0.0601B\\Z&=0.0000R+0.0565G+5.5943B\end{aligned}\right\}\tag{1-12}$$

类似地，这里也引入三基色相对色系数 x、y、z。

设 $X+Y+Z=m$，则 x、y、z 分别为

$$\left.\begin{aligned}x&=\frac{X}{m}\\y&=\frac{Y}{m}\\z&=\frac{Z}{m}\end{aligned}\right\}\tag{1-13}$$

显然 $x+y+z=1$，则 x、y、z 中只有两个量是独立的，故可在 $x-y$ 平面直角坐标系中描绘出图 1-30 所示的 XYZ 色度图，亦称 CIE 色度图。

该色度图具有如下特点：

① 舌形曲线全部位于第一象限，所有的单色光都位于舌形曲线上，舌形曲线称为谱色轨迹，它们的饱和度均为 100%，曲线旁注有单色光波长值。自然界中各种实际彩色的色度都可由曲线内一组坐标值(x, y)确定。

② 舌形曲线上任一点与 $E_{白}$ 点的连线称为等色调线。说明该线上所有的点都对应同一色调的颜色，但离 $E_{白}$ 点越近，饱和度越低。$E_{白}$ 点的坐标为 $x=1/3$，$y=1/3$(相应的 $z=1/3$)。

③ 不在同一等色调线上的任意两点，表示了两种不同的颜色，由这两种颜色组成的全部混合色都处在这两点的连线上。

④ 饱和度相同的彩色所对应的各点的连线称为等饱和度线，见图中所注。

⑤ 在谱色曲线内任取三点对应的彩色作基色(例如，图中 R_1、G_1、B_1)，则由此三基色混合而成的所有彩色都包含在以这三点为顶点的三角形内。三角形外的彩色不能由 R_1、G_1、

B_1 混合得到。因此，彩色电视中选择三基色，在色度图上应能包含尽量大的面积，而且与之对应的三色荧光粉还应具有较高的发光效率。

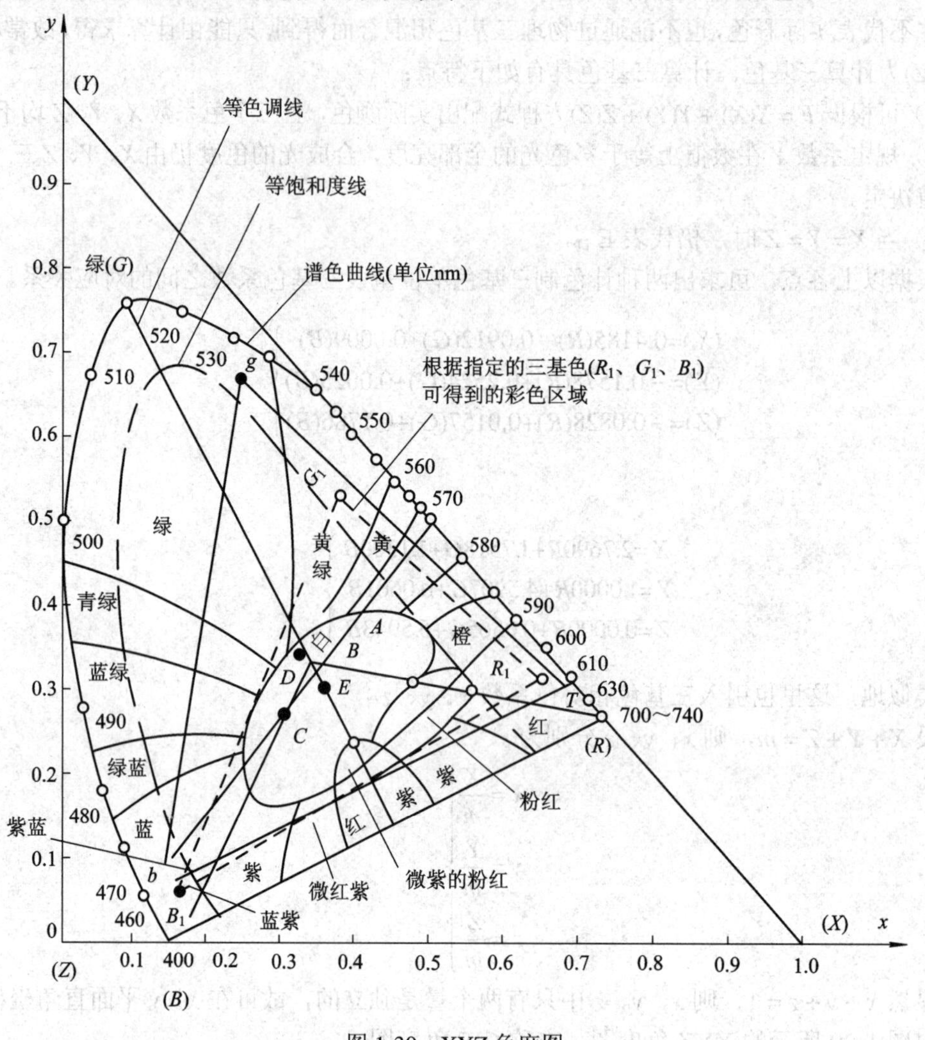

图 1-30　XYZ 色度图

3. 亮度方程

在 XYZ 计色制中，只有 Y 代表亮度，故可方便地给出彩色亮度与三基色的关系式，由式(1-12)可知，

$$Y = 1.0000R + 4.5907G + 0.0601B \tag{1-14}$$

在不同的彩色电视制式(后续章节介绍)中，由于所选的标准白光和显像三基色(即显像管荧光粉对应的三个基色)不同，导致亮度方程也互有差异。

以 $C_白$ 光为标准白光源的 NTSC 制彩色电视制式，其亮度方程为

$$Y_N = 0.229R_N + 0.587G_N + 0.114B_N \tag{1-15}$$

以 D_{65} 光为标准白光源的 PAL 制彩色电视制式，其亮度方程式为

$$Y_P = 0.222R_p + 0.707G_P + 0.071B_P \tag{1-16}$$

由于 NTSC 制彩色电视广播发展较早，大量的电视设备都是按它设计的，因此 PAL 制

中没有采用自己的亮度方程，而是沿用了 NTSC 制的亮度方程式。为了书写方便，一般应用中，略去显像三基色系数的下标，并被近似地写为

$$Y = 0.3R + 0.59G + 0.11B \tag{1-17}$$

实践证明，用式(1-17)进行亮度计算，对 PAL 制来说，虽然存在着误差，但在主要特性上仍能满足视觉对亮度的要求。

1.3.5　彩色图像的摄取与重现

根据三基色原理，一幅彩色图像可以分解为三个基色图像，即可把组成彩色图像的每个彩色像素分解为 R、G、B 三个基色分量。利用三个基色分量的系数比值代表像素的色度，三个基色的亮度和代表像素的亮度。由此可见，彩色电视的任务，就是在发端如何将一幅欲传送的彩色图像分解为三幅基色图像信号，并把三种基色信号合用一个通道传送给接收端；在接收端又如何将收到的三种基色图像信号还原成原来的彩色图像。下面着重介绍这一分解与合成的方法。

1. 彩色图像的摄取

由三基色原理知，要实现彩色电视发送，较实用的方法就是首先要将一幅彩色图像分解为红、绿、蓝三幅基色图像，以获得三基色信号电压 R、G、B(系 E_R、E_G、E_B 的简化写法)。这可以通过图 1-31 所示的分色光学系统(包括物镜、分色棱镜、反射镜等)及三个黑白摄像系统来完成。

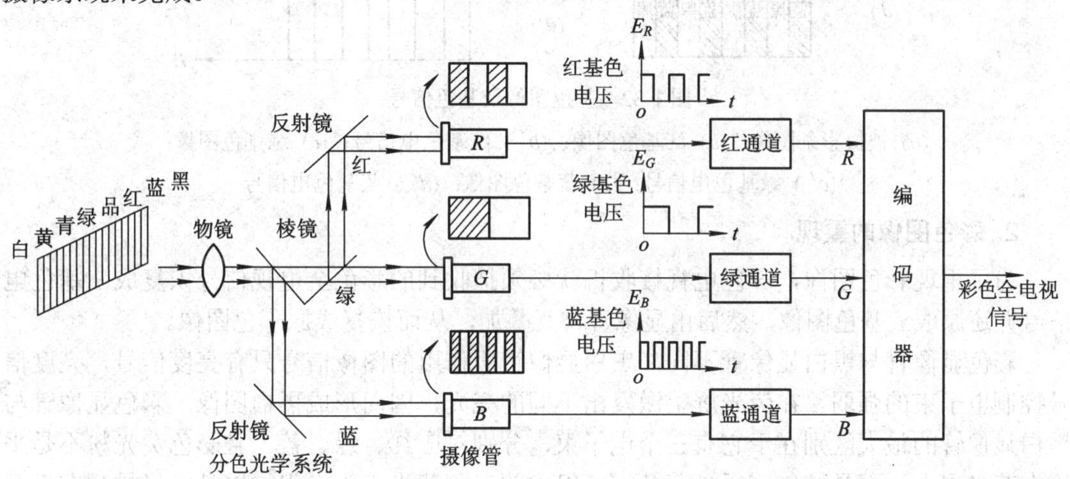

图 1-31　彩色画面的分解

彩色图像经物镜照射在分色棱镜上，在三角棱镜的一个表面上镀上薄膜，该薄膜使某种基色光在其表面反射，另两种基色光则透过该薄膜，然后再经另一面由表面所镀的薄膜反射出一种基色光，剩下最后的一种基色光透射过去，这样就将进入镜头的彩色光束分解成三基色光。

三种基色光，分别由三个黑白摄像管进行光电变换，摄像管本身并无辨色能力，它只能辨别亮度，色度则由三者的比例关系决定。摄像管的输出分别经过红、绿、蓝通道放大与处理，再由编码器合成为能由一个通道传送的彩色全电视信号。这里必须强调指出，彩色摄像机中三只黑白摄像管的电子束在进行扫描时，彼此间必须保持完全同步，这样才能

保证在任一瞬间三只摄像管输出的基色信号 R、G、B 都对应所摄景象上的同一点，否则就会产生彩色失真。通常三只摄像管上的扫描电流由同一个扫描电路供给，以保证扫描完全一致。下面举例予以说明。

设被摄图像为一彩条，各彩条的饱和度均为 100%，如图 1-32(*a*)所示。根据三基色原理，彩条图像的反射光经过系统后，在三个摄像管上形成的三幅基色图像分别如图 1-32(*b*)、(*c*)、(*d*)所示。经过摄像管中的电子束扫描和光电转换，输出的三个基色信号电压波形分别如图 1-32 中(*b*′)、(*c*′)和(*d*′)所示。图中是以白条对应电平为 1，黑条对应电平为 0 画出的正极性信号。

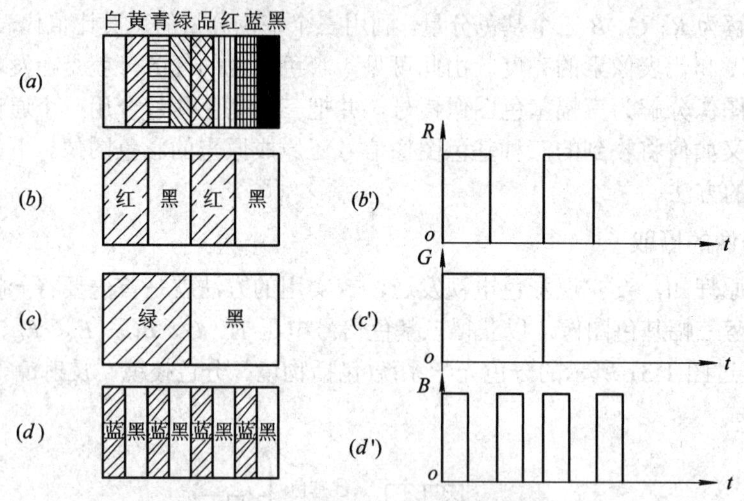

图 1-32　基色图像及基色信号

(*a*) 被摄彩条图像；(*b*) 红基色图像；(*b*′) 红基色电信号；(*c*) 绿基色图像；(*c*′) 绿基色电信号；(*d*) 蓝基色图像；(*d*′) 蓝基色电信号

2. 彩色图像的重现

为了重现彩色图像，彩色电视接收机就必须把收到的彩色全电视信号恢复成三基色电信号并还原成三基色图像，然后由显像管将其叠加，从而恢复成原彩色图像。

彩色显像管与黑白显像管不同，黑白显像管所作用的图像信号只有亮度信号，亮度信号控制电子束的强弱，在荧光屏上激发出不同的亮光，因而形成黑白图像。彩色显像管与黑白显像管的最大区别在于它有三个电子束，分别对应红、绿、蓝，且彩色荧光粉不是平涂在荧光屏上，而是按红、绿、蓝各一点组成的三色荧光点为一组，以品字形排列布满全屏，荧光屏的后面设置有荫罩板。图 1-33(*a*)、(*b*)分别给出彩色显像管及荫罩板作用简图。

荫罩板是上面布满小孔的金属板，其中每个孔对应一组三色点，三色电子束的强弱分别受 R、G、B 三个基色信号电压控制，并使三条电子束会聚在荫罩板的小孔内，穿过小孔后又分别去轰击对应的 R、G、B 荧光点，使之发光。由于三点很近，人眼的分辨力有限，根据空间相加混色原理，每组呈现的颜色是三基色光的混合色。其混合色的色调及饱和度取决于三个基色光的强弱，即取决于三个电子束所携带能量的大小，也就是说取决于由发送端送来的三个基色信号电压 R、G、B 的大小。因为在这种情况下，三色荧光点的亮度分别与被摄图像相应像素的三基色光的亮度成比例，于是在荧光屏上重现了发送端的彩色图像。图 1-34 给出了彩条信号重现的示意图。

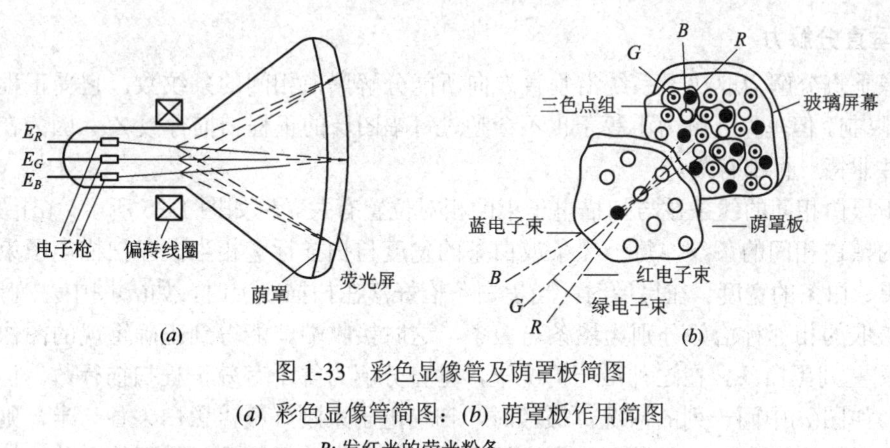

图 1-33　彩色显像管及荫罩板简图

(a) 彩色显像管简图；(b) 荫罩板作用简图

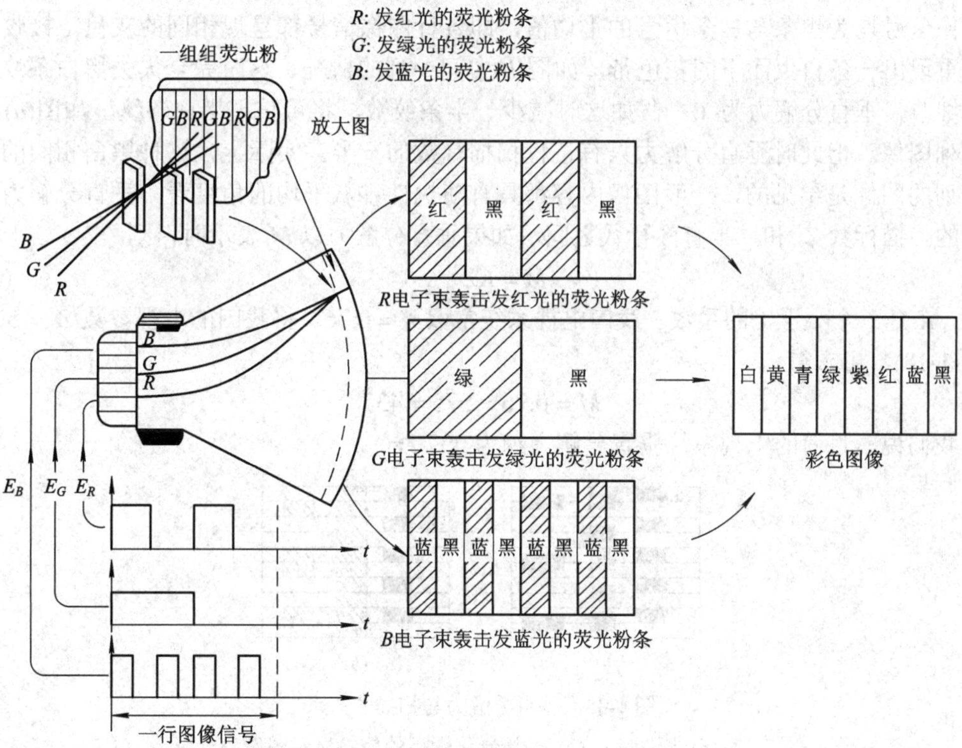

图 1-34　彩条信号重现示意图

1.3.6　系统分解力与图像清晰度

电视系统传输图像的质量与系统分解力有关，所谓分解力是指电视系统传送图像细节的能力。而图像清晰度是观察者主观感觉到图像细节清晰的程度。分解力与清晰度是紧密相关的，是从主、客观两个方面对同一个问题的阐述和评价。

电视系统的行频、带宽、分解力(清晰度)都与扫描行数有关。不难理解，扫描行数越多，分解所得的图像像素数就越多，原景物的细节就呈现得越清楚，因而主观感觉图像清晰度就越高。所以扫描行数就反映了电视系统的分解力的高低。比如，我国目前的电视扫描行数为 625 行，而正在发展中的高清晰度电视，其扫描行数均在 1000 行以上。分解力又有垂直与水平之分。

1. 垂直分解力

图像垂直分解力取决于系统沿垂直方向所能分解黑白相间的条纹数，它受正程扫描行数 Z' 的限制。但垂直分解力不等于也不会超过每幅图像的正程扫描行数 Z'，因为在分解图像时，并非每一行都有效。

由于黑白相间的线条数与扫描电子束的相对位置有关。例如图 1-35 所示，(*a*)图为将要被摄取的黑白相间的条纹，每一黑条或白条的宽度与扫描行宽相当，即扫描电子束截面直径等于黑、白条的宽度。在摄像时，当黑白条恰好落在扫描线上时，如(*a*)图中左列黑白条，由于被摄取的相邻行恰好分别为黑条与白条，这时接收端就能得到正确重现的图像。其结果见(*b*)图左列黑白条。在这种最佳情况下，垂直分解力等于有效正程扫描行数。但在最坏情况下，如图(*a*)中间一列的情况，摄像时，扫描电子束刚好覆盖黑白条各一半，则所得每行图像信号均为黑条与白条信号的平均值，即各行图像信号都呈现相同的灰色。接收端则必然重现出一条自上而下的灰色带，如图(*b*)中间一列的情况。这时完全失去黑白条纹，即失去细节，垂直分解力为 0。假如这时减少一半条纹数，将可重现黑白条纹，如图(*a*)和(*b*)的右列图像。但此时垂直分解力只有正程扫描行数的一半。实际上，这种黑白相间的、整齐排列的图像是罕见的，一般图像内容都具有随机性，从平均的角度看，垂直分解力介于正程的扫描行数 Z' 和一半有效行数之间，如果垂直分解力以 M 表示时，则

$$M = KZ' \tag{1-18}$$

式中，K 是一个小于 1 的系数，我国电视系统常取 $K = 0.76$。将我国的电视参数 $Z' = 575$ 代入式(1-18)，可求得

$$M = 0.76 \times 575 = 437$$

所以我们说，目前的电视系统垂直分解力约为 437 线。

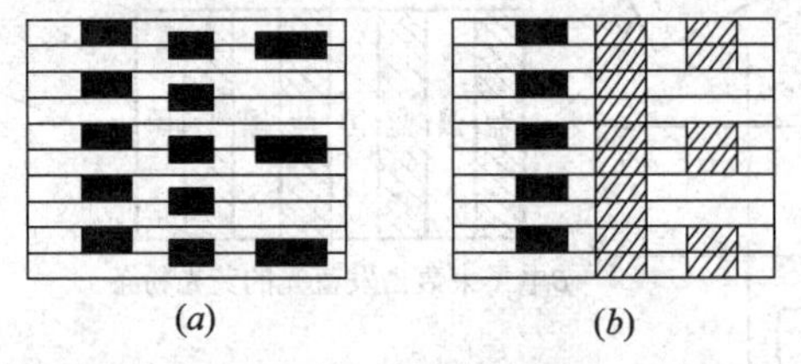

(*a*)　　(*b*)

图 1-35　垂直分解力与扫描的关系

(*a*) 原图像；(*b*) 经摄制传输后的最终显示图像

2. 水平分解力

沿着水平方向电视系统所能分解的黑白相间的条纹数，称水平分解力(或水平清晰度)。显然，沿水平方向的条纹数愈多，或者说沿水平方向图像细节变化越快，一行内信号的变化次数也越多，因而信号占用频带也越宽。传送相应信号所需系统的通频带也必须很宽，否则信号将产生失真。可见，传输通道的通频带将限制图像的水平分解力。

图 1-36(*a*)是一幅由许多黑白相间的条纹所组成的图像，与之对应的电视图像信号将是图(*b*)所示的许多矩形脉冲波。图(*b*)的波形是在电子束截面积很小，相对于图像细节变化可以忽略不计时得到的。如果电子束截面积尺寸与条纹宽度可以比拟时，则图像信号将变成近似的三角波形，如图(*c*)所示。而且当条纹数更细更密时，不但图像信号波形由矩形脉冲波变为三角波，其幅度也将减小。

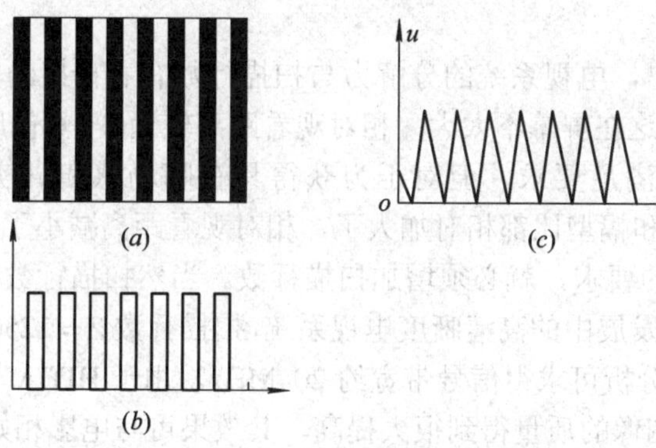

图 1-36 垂直条纹及相应信号波形

(a) 垂直条纹图像；(b) 电子束截面积相对可忽略的情况；

(c) 电子束截面积与条纹宽度可比拟的情况

实际情况是，扫描电子束总具有一定的截面积，由其扫描具有黑白分明边沿的条纹图像时，所形成的信号波形就必然具有一定宽度的过渡边沿，如图 1-37(a)所示。若黑白条纹的间距尺寸比电子束直径小得多，则脉冲波的幅度将明显减小，甚至电压不再变化，如图 1-37(b)所示。结果造成重现图像的边沿模糊、细节不清，使电视系统水平分解力下降。发射端和接收端都存在着电子扫描，都会引起图像边沿模糊或损失细节。这种分解力受到电子束孔径(直径)大小限制的现象，称为孔阑效应。电视系统中产生孔阑效应的因素较多，除了电子束尺寸外，还有电子束是否垂直上靶等。孔阑效应虽使图像信号的高频分量幅度下降，但不会造成各分量的相位变化，这一点又对孔阑效应的校正提供了方便。为了减小孔阑效应的影响，电视发射系统设置有孔阑校正电路；对接收机来说，主要是要做到显像管聚焦良好。

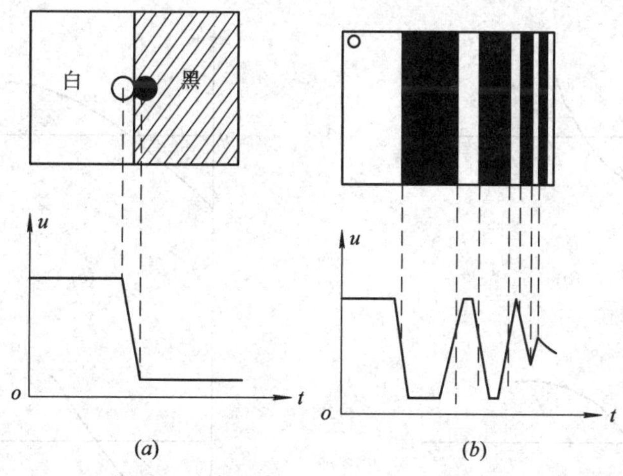

图 1-37　电子束孔径对图像细节的影响

(a) 边界效应；(b) 图像细节及电压波形

实践证明，水平分解力与垂直分解力相当时，系统传输的图像质量最佳。考虑到显像管的幅型比(4/3 或 16/9)，则水平分解力 N 为

$$N = K' M \tag{1-19}$$

式中，K' 表示幅型比。M 即表示一行内所必须分解的黑白条纹数。当然，要求视频带宽必

须适应 N 的要求。

由以上分析可以看出，电视系统的分解力与扫描行数有着直接的关系。按照我国电视制式，选取 $Z = 625$ 行，这在屏幕不太大，相对观看距离较远(4～6 倍屏幕尺寸)的情况下，电视系统的清晰度已能满足要求。但对于为获得具有临场感和真实感的高清晰度电视(HDTV)来说，屏幕尺寸和幅型比都相对加大了，相对观看距离减小了，此时再要满足人眼极限分辨力($M_{max} \approx 573$)的要求，就必须增加扫描行数。当然扫描行数的增加，势必使信号带宽增加。对于目前正在发展中的高清晰度电视系统，扫描行数 $Z = 1250$ 行，场频 $f_V = 60$ Hz，幅型比为 16/9 时，理论分析可求得信号带宽约 20 MHz。由于 HDTV 系统扫描行数多，图像分解细，因而其传输图像的质量得到很大提高，其效果可与电影相媲美。

▼ 思考题与习题

1. 什么是逐行扫描？什么是隔行扫描？与逐行扫描相比，隔行扫描有什么优点？

2. 为使奇数场光栅与偶数场光栅能均匀嵌套，在隔行扫描中对每帧行数有何要求？为什么？

3. 试分别画出在只有行扫描、只有场扫描、行和场扫描皆有的三种情况下，隔行扫描的光栅示意图。

4. 若行偏转电流 i_H 和场偏转电流 i_V 分别如图 1-38(*a*)、(*b*)、(*c*)和(*d*)所示。试对应画出畸变的重现图像？(若在无畸变时显示为均匀方格。)

5. 全电视信号中包括哪些信号？哪些出现在正程？哪些出现在逆程？试述各信号各自的参数值及作用。

6. 当收端行频为发端行频的 1/2，而场频相同时，对于给定的发端图形(见图 1-39)，假设传播过程中无失真，试画出对应的收端显示图形。

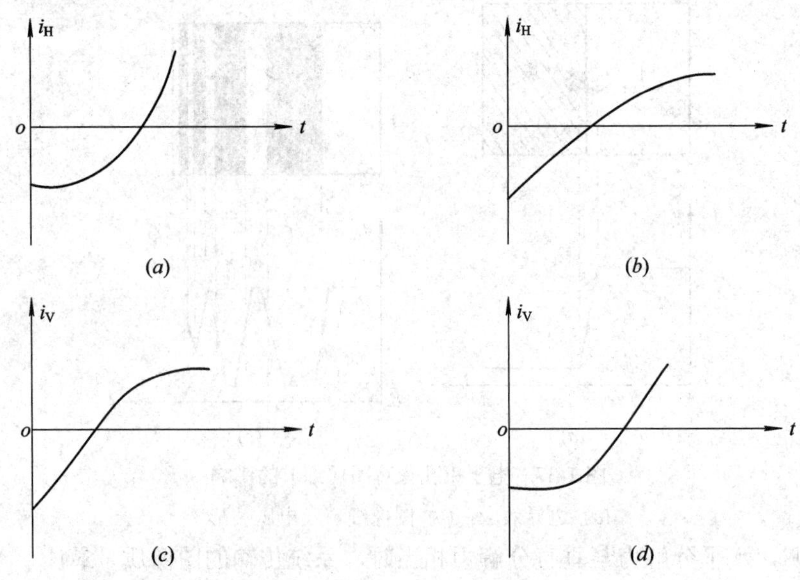

图 1-38　扫描电流非线性畸变

7. 对于图 1-39 的发端图形，若收、发行频相同，而收端场频是发端的 2 倍，画出对应的显示图形。

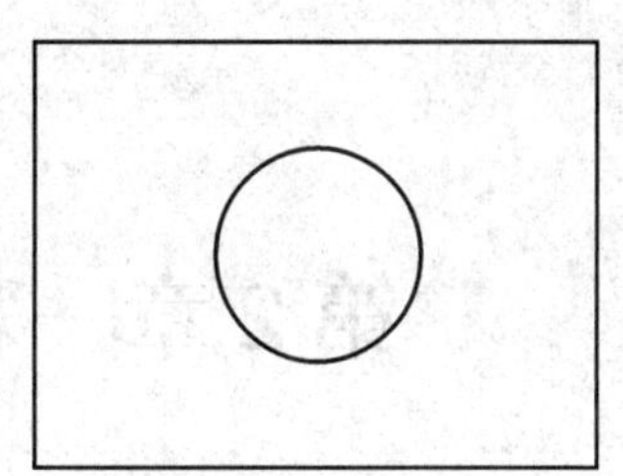

图 1-39　发端原始图形

8. 画出相邻两行的图像信号，每行有 6 级灰度的负极性信号，并说明图像信号的特点。

9. 我国电视规定的行频、场频和帧频各是多少？行同步脉冲、场同步脉冲、槽脉冲和均衡脉冲的宽度各是多少？行、场消隐脉冲的宽度又是多少？

10. 全电视信号的频带宽度是多少？它有何特点？

11. 色彩的三要素是什么？它们分别是如何定义的？

12. 什么是三基色原理？彩色相加混色有哪几种实现方法？

13. 试分析下面几种色光相加混色后的结果：

(1) 青光 + 绿光 + 紫光；

(2) 黄光 + 青光 + 红光；

(3) 蓝光 + 黄光 + 紫光。

14. 物体呈现的颜色与哪些因素有关？当用标准白光源照射某物体时，人们看到它呈现红色，现改为单一绿光照射，该物体又将呈现何种颜色？

15. 何谓三基色系数？已知某彩色光的三基色系数分别为 $R = 2$、$G = 1$、$B = 3$，求这个彩色光的光通量？

16. 白、灰、黑的三色系数是否相同？为什么？

17. 亮度方程的物理意义是什么？目前彩色电视中采用的是什么样的亮度方程？

18. 国际照明委员会规定的标准白光源有哪几种？它们各有什么特点？

19. 色度图的作用是什么？XYZ 色度图有哪些特点？

20. 彩色显像管与黑白显像管的主要不同点何在？

21. 显像三基色的选择原则是什么？

22. 光和色有什么样的关系？根据我们看到的颜色能否确定照明光的波谱成分？

23. 简述彩色图像的摄取与重现过程？

24. 如果有黄、品、青三组滤色片和三组白光源投影仪，画出简单示意图，说明如何用它们完成相减混色和相加混色实验。相减混色和相加混色的区别是什么？

25. 已知两种色光 F_1 和 F_2 的配色方程分别为

$$F_1 = 1(R) + 1(G) + 1(B)$$

$$F_2 = 5(R) + 5(G) + 2(B)$$

计算合成色光 F_{1+2} 的相对色系数 r、g、b，并在色度三角形中标出 F_1、F_2、F_{1+2} 的位置。

26. 物理三基色 $F_1 = 1(R) + 1(G) + 1(B)$，计算三基色 $F_2 = 1(X) + 1(Y) + 1(Z)$，显像三基色 $F_3 = 1(R_e) + 1(G_e) + 1(B_e)$，说明以上三个配色方程的物理意义及区别。

第2章　彩色电视制式与彩色电视信号

所谓彩色电视制式，主要指对彩色电视信号加工处理和传输的特定方式。

为了把三基色电信号由发送端传送到接收端，最简单的办法是用三个通道(有线或无线)分别把三种基色电信号传送到接收端，在接收端再分别用 *R*、*G*、*B* 三个电信号去控制红、绿、蓝三个电子束，从而在彩色荧光屏上得到重现的彩色图像。这种传输方式从原理上看似很简单，但对占用的设备及带宽来说是十分不经济的，因而也没有实用价值。

实用中的广播电视都采用黑白与彩色电视可以互收的“兼容”方式，即所谓兼容制。兼容制在发端对三基色信号进行编码，从而获得一个与黑白电视信号相类似的亮度信号，同时还得到一个包含色度信息的色差信号。收端经过解码后又可以恢复出原三基色信号，从而完成彩色电视信号的传输，正是上述的亮度信号解决了黑白与彩色电视的兼容问题。目前，有三种兼容制彩电制式，即 NTSC 制、PAL 制和 SECAM 制。它们之间的最大区别在于对色差信号的传输与处理方式不同。本章将结合彩色电视信号介绍彩色电视制式，重点讲述我国采用的 PAL 制，另外两种制式的介绍是为制式转换的分析打下基础。

2.1　兼容制传送方式

彩色电视是在黑白电视的基础上发展起来的。在彩色电视的发展过程中，必然形成在相当长的一段时间内，黑白电视与彩色电视同时并存的情况，所以必须研究彩色电视与黑白电视的兼容问题。所谓兼容，就是让彩色电视信号能为普通黑白电视机接收，而显示出通常质量的黑白图像的特性称为“兼容”性；相反，彩色电视接收机能够以显示黑白图像的方式收看黑白电视信号的特性称为“逆兼容”性。

2.1.1　兼容的必备条件

要实现彩色与黑白电视兼容，彩色电视应满足以下基本条件：

(1) 所传送的电视信号中应有亮度信号和色度信号两部分。亮度信号包含了彩色图像的亮度信息，它与黑白电视机的图像信号一样，能使黑白电视机接收并显示出无彩色的画面。色度信号包含了彩色图像的色调与饱和度信息。

(2) 彩色电视信号通道的频率特性应与黑白电视通道频率特性基本一致，而且应该有相同的频带宽度、图像载频和伴音载频。图像和伴音应有相同的调制方式、视频带宽(6 MHz)和频道间隔(8 MHz)。

(3) 彩色电视与黑白电视应有相同的扫描方式及扫描频率，相同的辅助信号及参数。

(4) 应尽可能地减小黑白电视机收看彩色节目时的彩色干扰，以及彩色电视中色度信号对亮度信号的干扰。

在以上各条中，要实现扫描方式和扫描频率一致，具有相同的图像及伴音载频相对较容易。困难的是如何形成亮度与色度信号；如何保证彩色与黑白电视具有相同的频带宽度并尽可能地在减少干扰的情况下，传送这些信号。

2.1.2　大面积着色原理

进一步研究人眼的视觉特性发现，人眼对黑白对比的细节有较高的分辨力，而对彩色对比的细节分辨力较低，这即所谓的“彩色细节失明”。由此可见：当重现彩色图像时，对着色面积较大的各种颜色，显示其色度可以丰富图像内容，看上去生动；而对彩色的细节部分，彩色电视可不必显示出色度的区别，因为人眼已不能辨认它们之间色度的区别了，只能感觉到它们之间的亮度不同。这就是大面积着色原理的依据。

实验测定表明，如果离开电视机屏幕一定距离处能辨别出白色衬底上直径为 1 mm 的黑色细节，那么在同样条件下，红色衬底上的绿色细节部分的直径约为 2.5 mm 时才能开始加以辨别，在蓝色衬底上的绿色细节部分直径为 5 mm 时才能开始加以区别。如果传送的彩色细节尺寸小于上述情况，那么人眼看到的各个细节部分只能是在亮度方面存在着差别，而无颜色部分的差异，均表现为灰色。

根据上述分析，在彩色图像的传送过程中，只有大面积部分需要在传送其亮度信息的同时还必须传送其色度成分。而颜色的细节部分，都可以用亮度信号来取代。换言之，把三个基色中的图像信号的高频分量(对应着图像彩色细节)，可以用一个只代表亮度的信号来传送，这种方法常称为“混合高频原理”。

电视图像的水平清晰度是和信号的频带宽度成正比的。水平清晰度每增加 80 线，相当于视频带宽增加 1 MHz。因而可用 6 MHz 带宽传送亮度信号，而用窄带传送色度信号。这样由于亮度细节分明，图像清晰度仍然很高，这正是能够限制色度信号带宽的原因。

经过对许多正常视力的人统计，若用 1 MHz 带宽传送色度信号，88%的人对所获得的彩色图像感到满意；若用 2 MHz 带宽传送色度信号，几乎所有的人都会对所获得的彩色效果满意。我国电视制度规定，色度信号的频带宽度为 1.3 MHz。

2.1.3　频谱交错原理

根据大面积着色原理和高频混合原理，色度信号的带宽虽可以大大压缩，但由于彩色电视信号中的亮度信号频谱已占有 6 MHz 带宽，因而只有设法将色度信号的频谱插到亮度信号频谱的空隙，使色度信号不占有额外的频带，才能做到彩色电视信号只占 6 MHz 的频带范围，从而满足与黑白电视兼容的条件。

在第 1 章我们研究了亮度信号的频谱，其谱线具有梳齿状特征，且具有很大的间隙。与亮度信号类似，色度信号也是由逐行和逐场扫描而得的，因而其频谱也是离散的，也是由一群群的谱线构成梳齿状结构，能量主要集中在行频及其谐波附近，群谱线的间距为行频 f_H。显然，色度信号不能直接简单地加在亮度信号中传送，因为这样做的话，亮度信号的频谱将与色度信号的频谱完全重合，产生严重的相互干扰。可供采用的方法是，选择一个合适的载频，通常称其为副载波，以 f_{SC} 表示。将色度信号调制在这个副载波上，即进行色度信号的频谱搬移，从而使调制后的色度信号谱线正好安插在亮度信号谱线的间隙内，达到压缩频带的目的，保证了彩色电视与黑白电视具有相同的频带宽度。此时，亮度信号与色度信号二者的谱线是互相交错的，如图 2-1 所示。常将这一处理方法称为“频谱交错”原理。

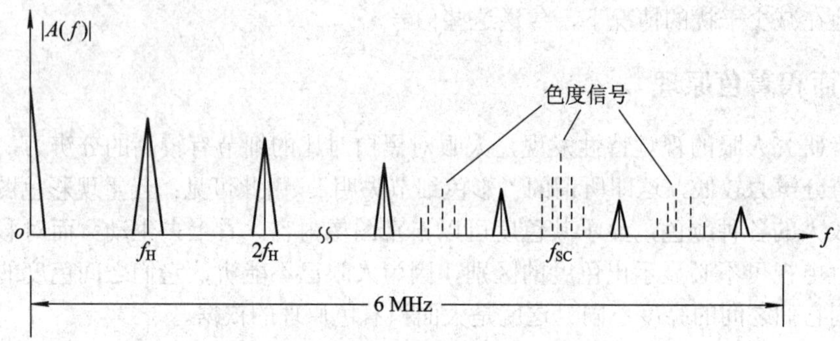

图 2-1 亮度信号与色度信号的频谱交错

2.2 亮度信号与色差信号

为了传送彩色图像，从兼容的角度出发，彩色电视系统中应传送一个只反映图像亮度的亮度信号，以 Y 表示，其特性应与黑白电视信号相同。同时还需传送色度信息，常以 F 表示。根据三基色原理，必须传送 R、G、B 三个基色电压，或传送亮度及色度信号电压皆可。亮度方程 $Y=0.3R+0.59G+0.11B$ 告诉我们，在 Y、R、G、B 共 4 个变量中，只有 3 个是独立的。所以很容易想到：只要在传送 Y 的同时，再传送三个基色中的任意两个，就可以既满足兼容，又满足传送亮度与色度信息。问题在于每个基色中都含有亮度信息，这样处理的话，已传送的亮度信号 Y(为各基色亮度总和)与所选出的两个基色所包含的亮度参量就重复了，因而使得基色与亮度之间的相互干扰也会十分严重。所以通常选择不反映亮度信息的信号传送色度信息，例如基色信号与亮度信号相减所得的色差信号$(R-Y)$、$(B-Y)$和$(G-Y)$，可从中选取两个代表色度信息。因此，在彩色电视系统中，为传送彩色图像，选用了一个亮度信号和两个色差信号。

2.2.1 亮度、色差与 R、G、B 的关系

由亮度方程知

$$Y=0.3R+0.59G+0.11B \tag{2-1}$$

那么，

$$R-Y=R-(0.3R+0.59G+0.11B)=0.7R-0.59G-0.11B \tag{2-2a}$$

$$B-Y=B-(0.3R+0.59G+0.11B)=-0.3R-0.59G+0.89B \tag{2-2b}$$

$$G-Y=G-(0.3R+0.59G+0.11B)=-0.3R+0.41G-0.11B \tag{2-2c}$$

不难看出，三个色差信号中只有两个是独立的，通常选用$(R-Y)$和$(B-Y)$两个色差信号代表色度信息。这是因为对大多数彩色来说，$(G-Y)$比$(R-Y)$和$(B-Y)$数值要小，如选择$(G-Y)$对改善信噪比不利。

在已知$(R-Y)$和$(B-Y)$的情况下，可以容易地按照下述步骤求得$(G-Y)$。

由

$$Y = 0.3Y + 0.59Y + 0.11Y \tag{2-3}$$

$$Y = 0.3R + 0.59G + 0.11B \tag{2-4}$$

用式(2-4)减去式(2-3)，得

$$0.3(R - Y) + 0.59(G - Y) + 0.11(B - Y) = 0$$

则

$$G - Y = -\frac{0.3}{0.59}(R - Y) - \frac{0.11}{0.59}(B - Y) = -0.51(R - Y) - 0.19(B - Y) \tag{2-5}$$

在彩色电视系统中，就是选用传送 Y、$(R - Y)$和$(B - Y)$三个信号代替传送 R、G、B 三个基色信号，达到传送亮度、色调、色饱和度等三个颜色参量的目的。

接收端由矩阵电路把收到的$(R - Y)$和$(B - Y)$，按式(2-5)恢复出$(G - Y)$，然后再用矩阵电路使之分别与 Y 信号相加，从而恢复出三基色。即

$$(R - Y) + Y = R \tag{2-6a}$$

$$(B - Y) + Y = B \tag{2-6b}$$

$$(G - Y) + Y = G \tag{2-6c}$$

在传送黑白电视信号时，因色度信号为零，R、G、B 应相等。设 $R = G = B = E_x$，则利用亮度方程可求得

$$Y = 0.3E_x + 0.59E_x + 0.11E_x = E_x \tag{2-7a}$$

$$R - Y = E_x - E_x = 0 \tag{2-7b}$$

$$B - Y = E_x - E_x = 0 \tag{2-7c}$$

这就说明，对于黑白电视信号，反映色调与饱和度(即色度)的色差信号为零，且亮度 Y 的电压值与三个基色电压值相等，即

$$Y = R = G = B$$

在传送彩色图像时，三基色电压 R、G、B 不相同，若三个值都不为零，则说明该被传送的彩色是非饱和色，因为其中必然包含有由相等的三基色量所组成的白色成分。若三个值中有一个或两个为零，则所传送的彩色为饱和色。比如传送饱和黄色，则可知 $R = G = 1$，$B = 0$，其亮度信号和色差信号分别为

$$Y = 0.3 \times 1 + 0.59 \times 1 + 0.11 \times 0 = 0.89$$

$$R - Y = 1 - 0.89 = 0.11$$

$$B - Y = 0 - 0.89 = -0.89$$

可见此时$(R - Y)$和$(B - Y)$不再为零。

此外，在不计显像管 γ 失真及传输系统非线性的情况下，还可以证明代表色度信息的色差信号受到干扰时，将不影响亮度信号，也不反映到图像的亮度上。因而重现图像的亮度就只由所传送的亮度信号所决定，常称其为“恒定亮度原理”。它正是选择传送色差信号的优点之一。今以 $Y = 0.3R_o + 0.59G_o + 0.11B_o = Y_o$，表示摄像端获取原景物亮度，用 Y_t、$(R - Y)_t$ 和$(B - Y)_t$ 分别表示传输后的亮度信号和色差信号，相对于发端信号而言，可能幅度有所变化并混入了某种干扰。于是根据式(2-6)，用于重现彩色图像的三基色信号分别为

$$R_d = (R - Y)_t + Y_t$$

$$B_d = (B - Y)_t + Y_t$$

$$G_d = [-0.51(R-Y)_t - 0.19(B-Y)_t] + Y_t$$

因为不计入显像管 γ 失真，所以显示的亮度 Y_d 将为

$$\begin{aligned} Y_d &= 0.3R_d + 0.59G_d + 0.11B_d \\ &= [0.3(R-Y)_t + 0.3Y_t] + [-0.3(R-Y)_t - 0.11(B-Y)_t + 0.59Y_t] + 0.11(B-Y)_t + 0.11Y_t] \\ &= Y_t \end{aligned} \tag{2-8}$$

可见，无论$(R-Y)_t$和$(B-Y)_t$如何变化或混入干扰，都不会影响亮度，即实现了恒定亮度传输。

然而，当考虑显像管的非线性电光转换特性时(即$\gamma \neq 1$)，尽管在摄像端对每一基色信号还进行γ 校正(开γ次方)，但恒定亮度原理将不再满足。

对于黑白电视机来说，接收彩色信号会产生亮度误差，只有在接收黑白图像时，因为$R_o = G_o = B_o = Y_o$，亮度误差才为零。

对于彩色电视系统，由于三个基色信号分别进行 γ 校正，并按照式(2-1)及式(2-6)进行信号变换，恒定亮度原理虽得不到满足，但在按式(2-5)恢复$(G-Y)$信号时，若干扰或杂波造成$(R-Y)$和$(B-Y)$增大，却会引起$(G-Y)$减小，起到部分补偿作用，因而色差信号在传输中引起的变化或混入的杂波对重现亮度的影响并不严重。

2.2.2　标准彩条亮度与色差信号的波形及特点

标准彩条信号是由彩条信号发生器产生的一种测试信号。它是用电的方法产生的模拟彩色摄像机拍摄的光电转换信号，常用以对彩色电视系统的传输特性进行测试和调整。

标准彩条信号是由三个基色、三个补色、白色和黑色，依亮度递减的顺序排列，依次为白、黄、青、绿、品、红、蓝、黑的 8 条垂直彩带。彩条电压波形是在一周期内用三个宽度倍增的理想方波构成的三基色信号，如图 2-2 所示。其中，图(*a*)为显像管屏幕上重现的彩条图像；图(*b*)为对应的三基色电信号；图(*c*)是由三基色计算得到的亮度信号 *Y*；图(*d*)是三个色差信号$(R-Y)$、$(B-Y)$和$(G-Y)$电压波形。

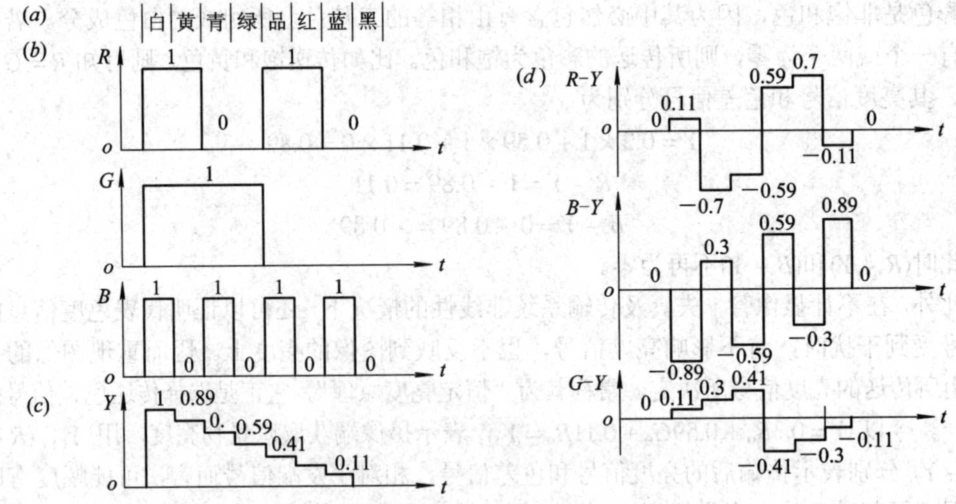

图 2-2　100%幅度、100%饱和度彩条信号

(*a*) 彩条图像；(*b*) 三基色电压；(*c*) 亮度信号；(*d*) 色差信号

标准彩条信号有多种规范，图 2-2 给出的波形称为“100%幅度、100%饱和度”彩条信号。对于这种规范，白条对应的电平为 1(即 100%)，黑条对应的电平为 0，三基色信号的电平非 1 即 0，由其显示的彩色均为饱和色。

由式(2-1)和式(2-2)可求得 100%幅度，100%饱和度彩条信号中各条相应的亮度信号和色差信号电平，其值列入表 2-1。

表 2-1　100%幅度、100%饱和度彩条三基色、亮度、色差电平值

色别	白	黄	青	绿	品	红	蓝	黑
R	1	1	0	0	1	1	0	0
G	1	1	1	1	0	0	0	0
B	1	0	1	0	1	0	1	0
Y	1.00	0.89	0.7	0.59	0.41	0.3	0.11	0.00
$R-Y$	0.00	0.11	−0.7	0.59	0.59	0.7	−0.11	0.00
$B-Y$	0.00	−0.89	0.3	−0.59	0.59	−0.3	0.89	0.00
$G-Y$	0.00	0.11	0.3	0.41	−0.41	−0.3	−0.11	0.00

彩条亮度信号的特点是：含直流、单极性、亮度递减、非等级差；而彩条色差信号的特点却是：交流、奇对称、不含直流成分。

通常实际景物很少出现 100%幅度、100%饱和度的情况，而且由这类彩色信号形成的色度信号幅度较大，若再与亮度信号叠加，则会造成信号动态范围过大，在传输过程中容易产生失真。故我国“彩色电视暂行制式技术标准”规定使用 75%幅度、100%饱和度信号作为标准测试信号，因为它更接近实际图像情况。该信号三基色电压波形如图 2-3 所示，三基色、亮度、色差电平如表 2-2 所示。

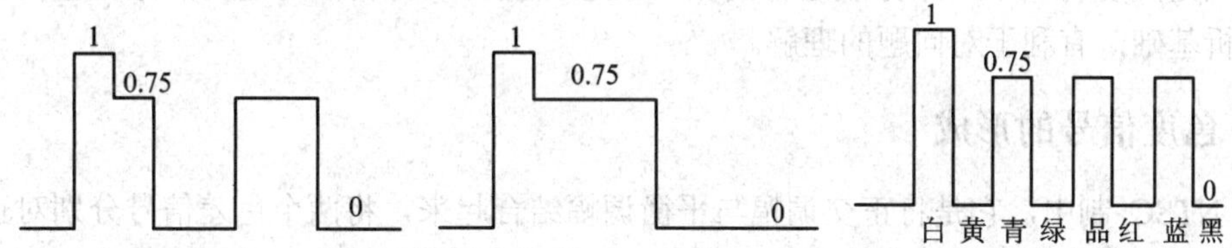

图 2-3　75%幅度、100%饱和度彩条信号波形

表 2-2　75%幅度、100%饱和度标准彩条三基色、亮度、色差电平值

色别	白	黄	青	绿	品	红	蓝	黑
R	1	0.75	0	0	0.75	0.75	0	0
G	1	0.75	0.75	0.75	0	0	0	0
B	1	0	0.75	0	0.75	0	0.75	0
Y	1.000	0.668	0.526	0.440	0.310	0.225	0.083	0.000
$R-Y$	0.00	0.083	−0.526	−0.440	0.440	0.526	−0.083	0.000
$B-Y$	0.00	−0.668	0.224	−0.440	0.440	−0.224	0.668	0.000
$G-Y$	0.00	0.083	0.224	0.310	−0.310	−0.224	−0.083	0.000

标准彩条信号还可以用另一种由四个数码表示的命名法。例如 100-0-100-0 彩条信号、

100-0-75-0 彩条信号等。在四个数码中，各信号均指经γ校正后的信号。每一数字表示相应条的基色信号的百分比幅度，而基准则是组成白条的任一基色信号的幅度。第一和第二个数字分别表示组成无色条(白、黑条)的 R、G、B 的最大值和最小值；第三和第四数字分别表示组成各彩条的 R、G、B 的最大值和最小值。例如，若组成白条的基色信号的幅度为 1，则 100-0-75-0 彩条的各基色信号幅度是这样的：对应白条有最大值 1；对应黑条有最小值 0；对应各彩条最大值为 0.75，最小值为 0。

彩条信号由四个数码命名时，其百分比幅度和饱和度可分别计算如下：

$$\text{饱和度}\% = \left[1-\left(\frac{E_{\min}}{E_{\max}}\right)^{\gamma}\right]\times 100\% \tag{2-9}$$

$$\text{幅度}\% = \frac{E_{\max}}{E_{\mathrm{W}}}\times 100\% \tag{2-10}$$

式中，$E_{\max}$ 和 $E_{\min}$ 分别对应彩条 R、G、B 的最大值和最小值；E_{W} 为白条所对应的 R、G、B 的幅度。

2.3　色度信号与色同步信号

根据前面分析可知，必须将色差信号调制到副载波上才能实现频谱交错。可色差信号有$(R-Y)$和$(B-Y)$两个，若选一个副载波，如何进行调制呢？选择的方法不同，从而就产生了不同的彩色电视制式。

就现有的三大兼容制彩色电视制式而言，NTSC 制发展较早，PAL 和 SECAM 是为克服 NTSC 制的相位敏感而发展起来的。又由于 NTSC 制和 PAL 制色差信号都采用正交平衡调幅制，只是后者将其中一个分量逐行倒相。故选择正交平衡调幅的色度信号和色同步信号作为分析基础，有利于对问题的理解。

2.3.1　色度信号的形成

在 NTSC 制中，它是将正交调幅与平衡调幅结合起来，将两个色差信号分别对正交的两个副载波进行平衡调幅，由此得到已调信号，称其为色度信号。

1. 平衡调幅

所谓平衡调幅，是指抑制载波的一种调制方式。它与普通调幅不同之处在于，平衡调幅不输出载波，现举例加以说明。

设：调制信号为 $u_\Omega = U_\Omega \cos\Omega t$，载波信号为 $u_{\mathrm{s}} = U_{\mathrm{s}}\cos\omega_{\mathrm{s}} t$，则调幅后形成的一般调幅波为

$$\begin{aligned} u_1 &= (U_{\mathrm{s}} + u_\Omega)\cos\omega_{\mathrm{s}} t \\ &= (U_{\mathrm{s}} + U_\Omega\cos\Omega t)\cos\omega_{\mathrm{s}} t \\ &= U_{\mathrm{s}}\cos\omega_{\mathrm{s}} t + U_\Omega\cos\Omega t\cdot\cos\omega_{\mathrm{s}} t \\ &= U_{\mathrm{s}}\cos\omega_{\mathrm{s}} t + \frac{1}{2}U_\Omega\cos(\omega_{\mathrm{s}}+\Omega)t + \frac{1}{2}U_\Omega\cos(\omega_{\mathrm{s}}-\Omega)t \end{aligned} \tag{2-11}$$

式(2-11)说明，普通调幅波的频谱是由载频 ω_{s} 和两个边频$(\omega_{\mathrm{s}}+\Omega)$、$(\omega_{\mathrm{s}}-\Omega)$三个分量组成的，如图 2-4(*a*)所示，其波形如图 2-5(*c*)所示。

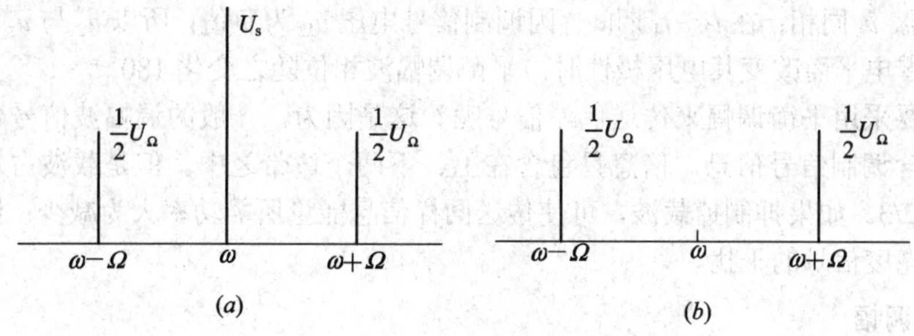

图 2-4　调幅波频谱

(*a*) 普通调幅；(*b*) 平衡调幅

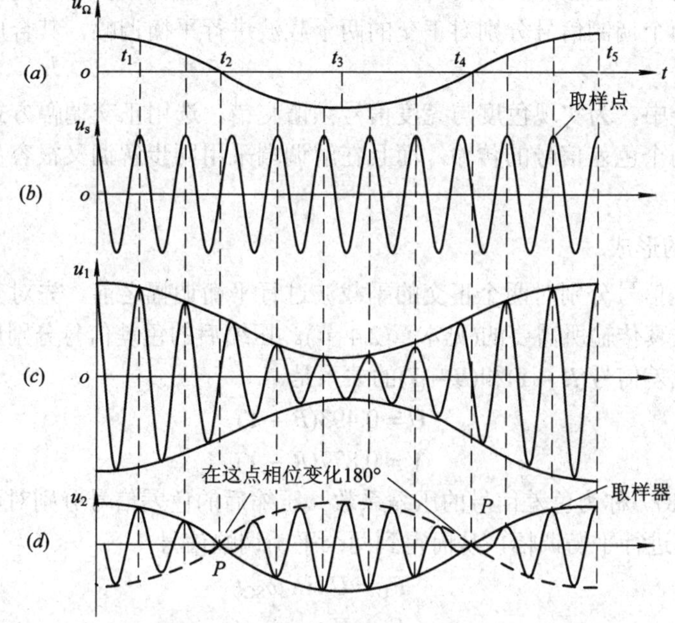

图 2-5　调幅波波形

(*a*) 调制信号；(*b*) 载波；(*c*) AM 波；(*d*) 平衡调幅波

平衡调幅抑制了载波分量，使得调幅波中没有 $U_s\cos\omega_s t$ 一项，因而其表达式变为

$$\begin{aligned}u_2 &= U_\Omega\cos\Omega t\cdot\cos\omega_s t\\ &= \frac{1}{2}U_\Omega\cos(\omega_s+\Omega)t+\frac{1}{2}U_\Omega\cos(\omega_s-\Omega)t\end{aligned}\tag{2-12}$$

由式(2-12)可见，平衡调幅波为调制信号与载波信号之积，所以，平衡调制器实质上是一个乘法器，其频谱仅包括 $\omega_s\pm\Omega$ 两个边频分量，不含载波 ω_s 成分。它的频谱及波形分别如图 2-4(*b*)和图 2-5(*d*)所示。

由式(2-12)及图 2-5(*d*)可以看出，平衡调幅波的特点是：

(1) 平衡调幅波的幅度与调制信号幅度的绝对值成正比。当调制信号的绝对值最大时(图中 t_1、t_3 时刻)，平衡调幅波幅度最大；当调制信号等于零时(图中 t_2、t_4 时刻)，平衡调幅波幅度也为零。平衡调幅波的幅度与载波振幅 U_s 无关。

(2) 调幅信号为正值时，平衡调幅波与载波同相；调制信号电压为负值时，平衡调幅波与载波反相。图 2-5 中，在 t_1～t_2 和 t_4～t_5 时刻，因为调制信号电压 u_Ω 为正值，所以平衡调

幅波 u_2 与载波 u_s 同相；在 t_2～t_4 期间，因调制信号电压 u_Ω 为负值，所以 u_2 与 u_s 反相。当调制信号经过零电平而改变其电压极性时，平衡调幅波相位随之变化 180°。

为什么要采用平衡调幅来传送色差信号呢？这是因为，一般的调幅波信号包含载波，载波并不包含调制信号信息，信息只包含在上、下两个边带之中。但是载波占用了调幅波信号能量的 2/3。如果抑制掉载波，可使传送同样信息能量所需功率大为减少；同时还能减少副载波对亮度信号的干扰。

2. 正交调幅

将两个调制信号分别对频率相等、相位相差 90° 的两个正交载波进行调幅，然后再将这两个调幅信号进行矢量相加，从而得到的调幅信号称为正交调幅信号，这一调制方式称正交调幅。如果两个调制信号分别对正交的两个载波进行平衡调幅，其合成信号即为正交平衡调幅信号。

彩色电视系统中，为实现色度与亮度信号频谱交错，选用正交调幅方式，只用一个副载波便可实现对两个色差信号的传输，而且在解调端采用同步解调又很容易分离出红色差与蓝色差分量。

3. 色度信号的形成

在将两个色差信号分别对两个正交的副载波进行平衡调幅之前，先对其进行适当的幅度压缩，这是不失真传输所需要的(见本章 2.4 节)。压缩后的色差信号分别用 U 和 V 表示，它们与压缩前的色差信号$(R-Y)$和$(B-Y)$的关系是

$$U = 0.493(B-Y) \tag{2-13}$$

$$V = 0.877(R-Y) \tag{2-14}$$

式中，0.493 和 0.877 称为色差信号的压缩系数。压缩后的色差信号分别对两个正交副载波 $\sin\omega_{SC}t$ 和 $\cos\omega_{SC}t$ 进行平衡调幅，从而得到两个平衡调幅信号

$$F_U = U\sin\omega_{SC}t \tag{2-15}$$

$$F_V = V\cos\omega_{SC}t \tag{2-16}$$

这两个平衡调幅信号频率相等，相差 90°，保持着正交关系，将二者相加便得到正交平衡调幅的色度信号

$$F = U\sin\omega_{sc}t + V\cos\omega_{sc}t \tag{2-17}$$

F 常被称为已调色差信号或色度信号。F 亦可用矢量表示，称彩色矢量，如图 2-6 所示。由图 2-6 可见，色度信号的振幅和相角分别为

$$F_m = \sqrt{U^2+V^2} \tag{2-18}$$

$$\varphi = \arctan\frac{V}{U} \tag{2-19}$$

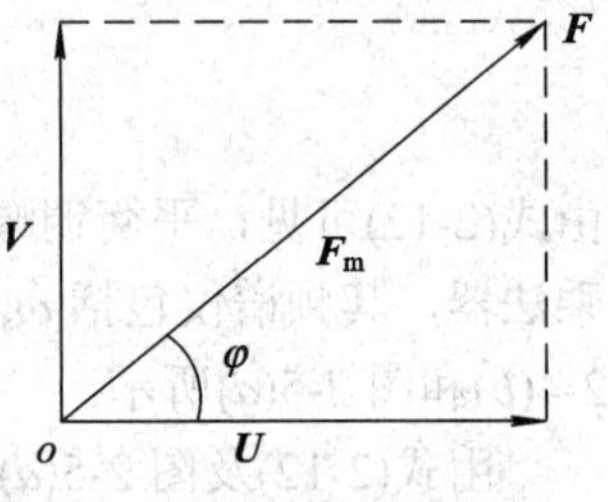

图 2-6　彩色矢量图

由以上两式可见，色度信号 F 的振幅 F_m 取决于 U、V 值的大小；色度信号 F 的相角 φ 取决于 V 与 U 的比值，它决定着彩色的色调。这说明色度信号包含着色调和饱和度信息，是一个既调幅又调相的信号。当色度信号的相位发生变化时，会引起色调变化；当色度信号的振幅发生变化时，会引起饱和度变化。

实现正交平衡调幅的方框图如图 2-7 所示。由副载波发生器产生的副载波 $\sin\omega_{SC}t$ 经放大后直接加至 U 平衡调制器，由色差信号 U 进行平衡调幅，产生平衡调幅波 F_U 分量；同时 $\sin\omega_{SC}t$ 经过 90° 移相后，得到正交副载波 $\cos\omega_{SC}t$，然后送 V 平衡调制器由色差信号 V 进行调制，产生平衡调幅波 F_V 分量，F_U 与 F_V 送合成器进行相加，从而产生色度信号 F。

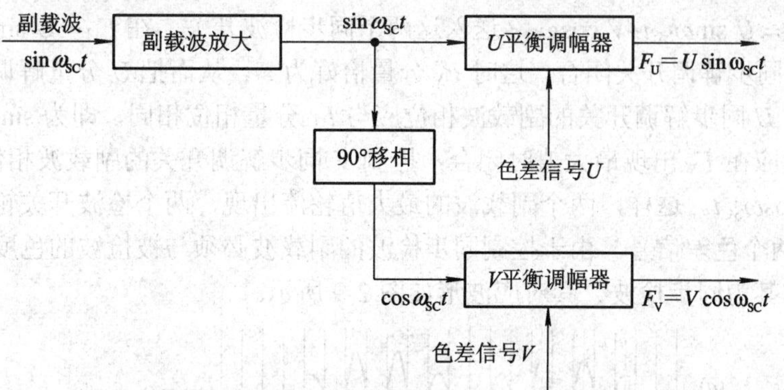

图 2-7　正交平衡调幅色度信号形成方框图

2.3.2　同步检波原理

要从彩色全电视信号中获得两个色差信号，首先必须通过带通滤波器把色度信号从全电视信号中分离出来，然后送同步检波电路。同步检波是利用两个色度分量 F_U 和 F_V 的相位差来解调出色差信号的，这一方法也称之为同步解调，其解调原理图如图 2-8(*a*)所示。这里需要说明的是，正交调制信号用包络检波是不能解调的。

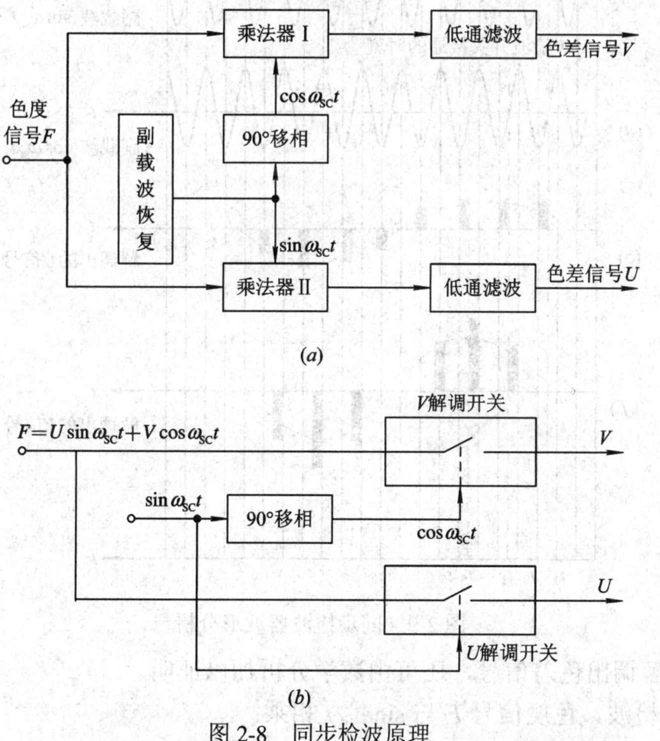

图 2-8　同步检波原理

(*a*) 方框图；(*b*) 开关控制示意图

色度信号的两个分量相差 90°，且当 $U\ \sin\omega_{SC}t$ 为最大值时，$V\ \cos\omega_{SC}t$ 等于零；当 $V\cos\omega_{SC}t$ 为最大值时，$U\sin\omega_{SC}t$ 等于零。同步检波正是根据已调信号的这一特点实现的。

为了便于理解同步检波原理，我们可将同步检波器看成两个受副载波控制的开关，如图 2-8(*b*)所示。开关的工作特点是，当副载波为最大正值时开关闭合，其余时间开关断开。将色度信号 $F = U\ \sin\omega_{SC}t+V\ \cos\omega_{SC}t$ 送入这两个同步检波开关。在 $F_U = U\ \sin\omega_{SC}t$ 分量出现最大值时，U 同步解调开关闭合，这时 F_V 分量恰好为零，从而把 U 分量解调出来。要做到这一点，控制 U 同步解调开关的副载波相位应与 F_U 分量相位相同，即为 $\sin\omega_{SC}t$；同理，V 同步解调开关应在 F_V 出现最大值时闭合，控制 V 同步解调开关的副载波相位应与 F_V 分量同相，即为 $\cos\omega_{SC}t$。这样，两个副载波的最大值轮流出现，两个检波开关轮流导通，分别输出 U 和 V 两个色差信号。由于控制同步检波的副载波必须与被检波的色度信号分量相位相同，所以称其为同步检波。其对应波形如图 2-9 所示。

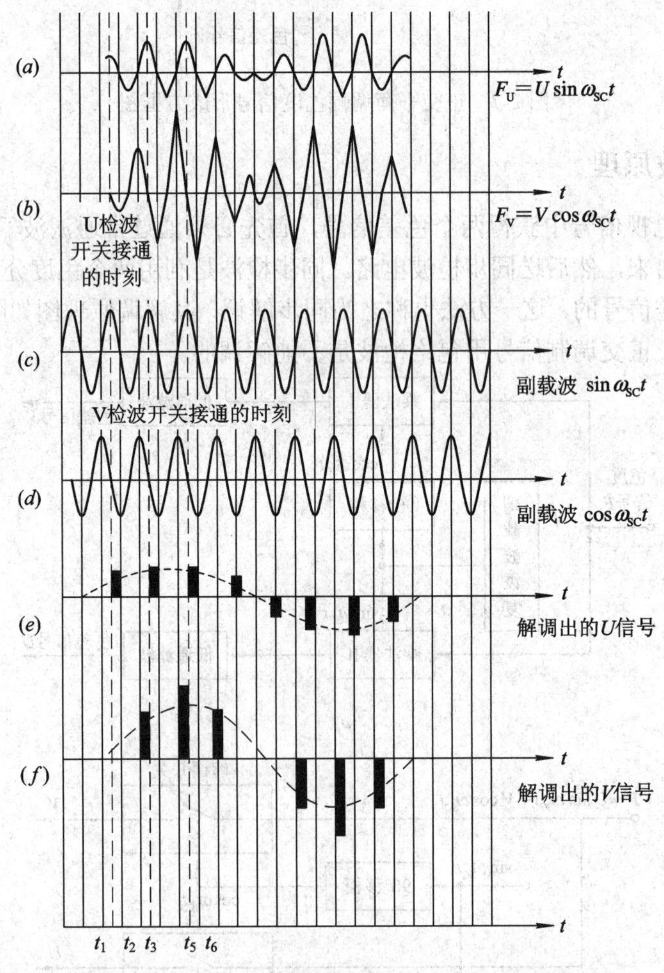

图 2-9 同步检波器波形分析

同步检波可解调出色差信号，还可由数学分析加以证明。

对于 U 同步检波，色度信号 F 与 $\sin\omega_{SC}t$ 相乘：

$$
\begin{aligned}
F\sin\omega_{SC}t &= \left(U\sin\omega_{SC}t + V\cos\omega_{SC}t\right)\sin\omega_{SC}t \\
&= U\sin^2\omega_{SC}t + V\cos\omega_{SC}t\sin\omega_{SC}t \qquad (2\text{-}20)\\
&= \frac{1}{2}U - \frac{1}{2}U\cos 2\omega_{SC}t + \frac{V}{2}\sin 2\omega_{SC}t
\end{aligned}
$$

式中，$U/2$ 是解调输出的色差信号，频带为 0～1.3 MHz；其余两项为副载波的谐波成分，频率为 8.86 MHz，很容易用滤波器将其滤除，从而得到色差信号。

同理，对于 V 同步检波，$F\cos\omega_{SC}t$ 项中可经低通滤波器提取出 $V/2$ 色差信号分量。

2.3.3　色同步信号

由同步检波原理可知，要实现同步解调，关键是要有一个与色差信号调制时的副载波同频、同相的恢复副载波。由于色度信号中副载波已被平衡调制器所抑制，所以在彩色电视接收机中要设置一个副载波产生电路。为保证所产生的副载波与发端的副载波同频同相，需要发端在发送彩色全电视信号的同时发出一个能反映发端副载波频率与相位信息的信号——色同步信号，以供电视接收机作为参考。色同步信号是由 8～12 个副载波周期组成的一小串副载波群，其出现周期与行周期相同，且位于行消隐的后肩上，如图 2-10 所示。

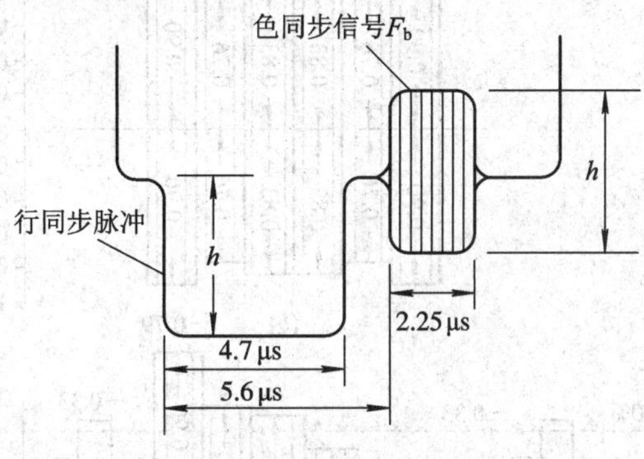

图 2-10　色同步信号

色同步信号的幅度与同步脉冲幅度相等，若以 h 表示同步脉冲幅度，F_b 表示色同步信号，则

$$
F_b = \frac{h}{2}\sin\left(\omega_{SC}t + \varphi\right) \qquad (2\text{-}21)
$$

色同步信号与彩色电视信号一起被传送到接收端，彩色电视机将其从彩色全电视信号中分离出来，由此去控制接收机的副载波发生器，使之产生与发送端副载波同频、同相的恢复副载波。再将此恢复副载波加于同步检波电路，从而解调出所需信号。

2.3.4　彩条对应的信号波形及矢量图

根据表 2-1 所列彩条信号参数，利用公式 $F_m = \sqrt{(R-Y)^2 + (B-Y)^2}$ 可分别求得白、黄、青、绿、品、红、蓝、黑所对应的亮度信号、色差信号、色度信号及亮度与色度的合成信号，各信号数据如表 2-3 所示。据此绘出的各信号波形如图 2-11 所示。

表 2-3　未压缩彩条信号的数据

色别	白	黄	青	绿	品	红	蓝	黑
Y	1.00	0.89	0.70	0.59	0.41	0.30	0.11	0.00
$B-Y$	0.00	−0.89	+0.30	−0.59	+0.59	−0.30	+0.89	0.00
$R-Y$	0.00	+0.11	−0.70	−0.59	+0.59	+0.70	−0.11	0.00
F_m	0.00	0.90	0.76	0.83	0.83	0.76	0.90	0.00
$Y+F_m$	1.00	1.79	1.46	1.42	1.24	1.06	1.01	0.00
$Y-F_m$	1.00	−0.01	−0.06	−0.24	−0.42	−0.46	−0.78	0.00

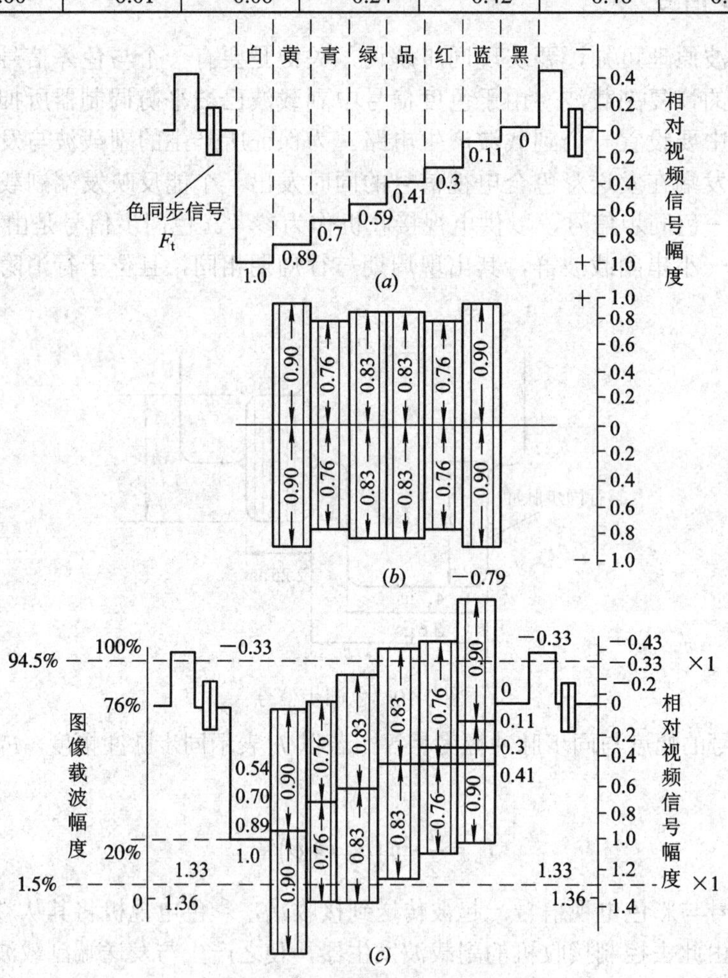

图 2-11　100%幅度彩条波形图

(a) $Y+F_b+s$ 信号；(b) 色度信号 F；(c) $Y+F+F_b+s$ 信号

由图 2-11 可见，由亮度信号 Y 与色度信号 F_m 相加所得彩色视频信号的电平变化范围已大大地超过了黑白视频信号的电平变化范围。对 100%幅度来压缩彩条信号来说，黑白电平的变化范围应在 0～1 之间，即黑色电平为 0，白色电平为 1。但由表 2-3 数据可见，黄条和青条的最大值分别超过白色电平 79%和 46%；红条和蓝条的最小值又分别低于黑条电平 46%和 79%。

按黑白电视标准，同步信号幅度最高．以其值为参考，取为 100%，则黑色电平幅度为 75%，白色电平幅值为 10%；在彩电中，仍以同步为 100%，一般规定黑色电平为 76%，白色电平为 20%。按照这一规定，图 2-11(*c*)中，图像载波幅度 20%处为白电平，相对视频信号幅度为 1 V；图像信号幅度 76%处为黑电平，相对视频信号幅度为 0 V。对已调信号，当载波幅度为 0 处，相对视频信号幅度为 1.36 V；而载波幅度为 100%处(即同步项)，其相对视频信号的幅度应为−0.43 V。显然，蓝条和红条不但超过了黑色电平，而且超过了同步头电平，这将破坏同步，使重现图像不稳。黄条和青条由于幅度过大，低于白色电平，以至于小于零，这将会使发射机产生过调制，不但会使重现图像严重失真，而且还会造成伴音中断。因为电视接收机中，第二伴音中频是靠图像中频和伴音中频差拍产生的，过调制将使图像载波有时为 0，当然这是不能允许的。

为了解决这一问题，只好对信号电平进行压缩，但如果将整个信号压缩，则亮度信号幅度就会减小，造成黑白图像变差，同时发射机末级功放管也未充分利用，效率不高。解决这一问题的办法是保持亮度信号幅度不变，而把色度信号幅度在调制前进行适当压缩。

色度信号的幅度压缩太多，会降低色度信号的信噪比。通常规定在 100%幅度彩条信号情况下，取峰值白色与黑色电平之差为 1，彩条信号的最大摆动范围不得超过峰值白色与黑色电平以外 0.33。也就是说，复合信号的最大摆动范围限制在 −0.33～ +1.33 范围内。这是因为实际上高亮度、高饱和度的彩色是很少见的，因而幅度超过 1，接近 1.33 的情况不多，即使出现这种情况也不会出现过调制。

由图 2-11(*c*)可见，黄、青、绿彩条的视频信号超出规定的上限值(+1.33)，蓝、红、品彩条视频信号超出规定的下限值(−0.33)。而且幅度超出量左右对称。例如，黄彩条的视频信号幅度超出量为 0.46，同时与之对应的蓝彩条的视频信号幅度的超出量也为 0.46，如果我们将信号幅度最大的黄、青视频信号幅度以一定比例分别压缩到规定值 1.33，则其余各彩色视频信号幅度按已定比例压缩后都不会超出规定值。因而可按下述方法求取压缩系数。

设$(B-Y)$和$(R-Y)$的压缩系数分别为 x_1 和 x_2，则压缩后黄、青视频信号幅度应满足下式关系：

$$Y+\sqrt{\left[x_1\left(B-Y\right)\right]^2+\left[x_2\left(R-Y\right)\right]^2}=1.33 \tag{2-22}$$

将黄彩条数据代入式(2-22)得

$$0.89+\sqrt{\left[x_1\times\left(-0.89\right)\right]^2+\left(x_2\times 0.11\right)^2}=1.33 \tag{2-23}$$

将青彩条数据代入式(2-22)得

$$0.70+\sqrt{\left(x_1\times 0.30\right)^2+\left[x_2\times\left(-0.70\right)\right]^2}=1.33 \tag{2-24}$$

由式(2-23)和式(2-24)联立求解，可得

$$x_1=0.493$$
$$x_2=0.877$$

经压缩的信号分别以 U 和 V 表示。有关压缩色差信号及压缩后的色度信号计算公式已由式(2-13)、式(2-14)、式(2-18)、式(2-19)给出。利用这些公式，可求出压缩后的色差信号、色度信号及相角值等，所求数据列于表 2-4。

表 2-4 压缩后的彩条数据

色别	白	黄	青	绿	品	红	蓝	黑
Y	1.000	0.886	0.701	0.587	0.413	0.299	0.114	0.000
U	0.000	−0.437	0.147	−0.289	0.289	−0.147	0.437	0.000
V	0.000	0.100	−0.615	−0.515	0.515	0.615	−0.100	0.000
F_m	0.000	0.448	0.632	0.591	0.591	0.632	0.448	0.000
φ	—	167°	283°	241°	61°	103°	347°	—
$Y+F_m$	1.00	1.33	1.33	1.18	1.00	0.93	0.56	0.00
$Y-F_m$	1.00	0.44	0.07	0.00	−0.18	−0.33	−0.33	0.00

由表 2-4 所示数据，可画出压缩后的色差信号、已调色差信号和色度信号的波形，如图 2-12 所示。

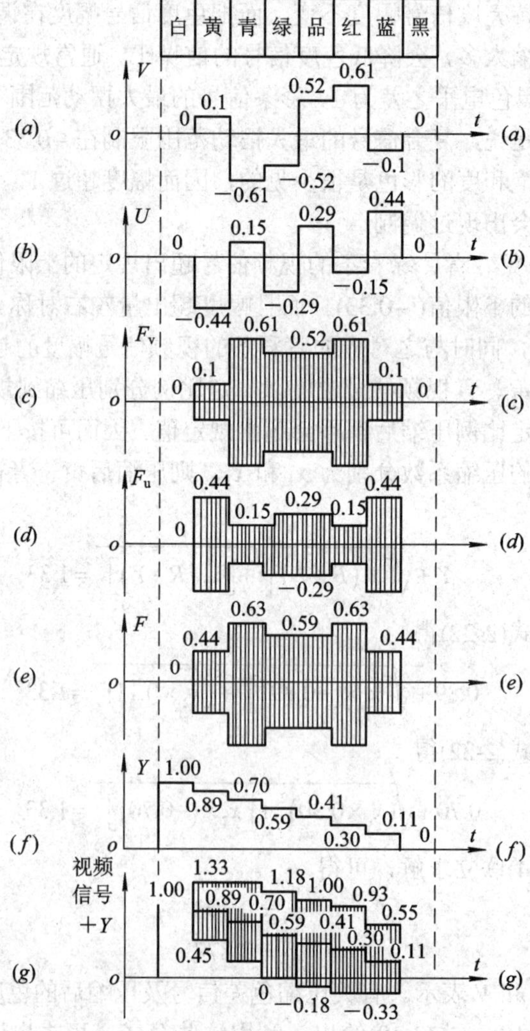

图 2-12 压缩后的彩条信号波形

同时，我们还可根据表 2-4 所给出的三基色及三补色的振幅 F_m 和相角 φ，在 U、V 平面上描绘出色度信号的矢量图，如图 2-13 所示。色度信号的矢量图也常被称为彩色钟，它以矢量的方位表示色调，以矢量的大小表示饱和度的深浅。

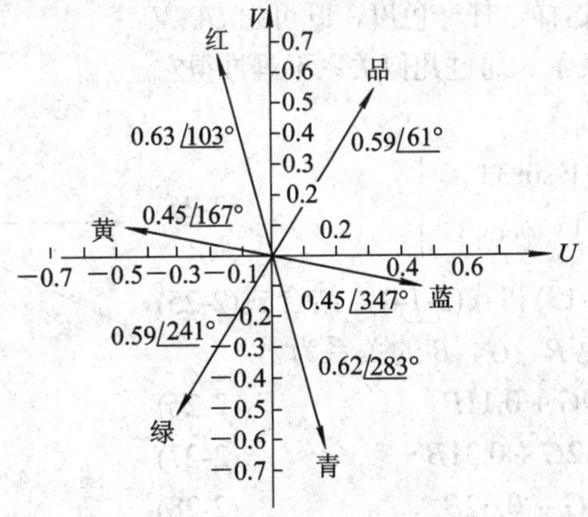

图 2-13　彩条色度信号矢量图

由图 2-13 可以看出，各补色矢量与相应基色矢量反相。因此，只要知道红、绿、蓝三基色色度信号的相角，就不难推算出青、品、黄三个补色色度信号的相角。此外，还可看出，对于同一饱和度(100%饱和度)下，对应不同色调的色度信号其振幅并不相同。换言之，在色度信号振幅相同、色调不同时所对应的饱和度也将有所不同。

在矢量图中，对于三基色和三补色而言，当色调不变而饱和度发生变化时，色度信号的振幅将随之改变，而相角 φ 却保持不变。这是因为，对六种彩色条来说，每个彩色条的 R、G、B 中，必有两个值是相等的。由此可以证明，U 和 V 的值以及由其决定的色度信号的相角 φ 将不改变。例如，设任意饱和度的红色条的三基色信号分别为 R 和 $G=B=x$，则 $Y=0.3R+0.7x$；$(R-Y)=0.7(R-x)$；$(B-Y)=x-0.3R-0.7x=-0.3(R-x)$。显然，$U=0.493(B-Y)$，$V=0.877(R-Y)$ 与 x 有关，因而其振幅 $F_m=\sqrt{U^2+V^2}$ 与 x 有关，但 $\dfrac{V}{U}=\dfrac{0.877\times0.7}{0.493\times(-0.3)}$ 却与 x 无关。这恰恰说明，无论 x 为多少，即掺入白光多少，红色条色度信号相角不变，即色调不变。

2.4　NTSC 制色差信号及编、解码过程

NTSC 制得名于美国 National Television System Committee(国家电视制式委员会)，它是世界上第一个用于彩色电视广播，并在商业上取得成功的彩色电视制式。这一制式是在正交平衡调制之前，将被压缩的色差信号 U、V 又进行了一定的变换，从而产生了 I、Q 信号，这样做可对色差信号的频带进行进一步的压缩。

2.4.1　*I*、*Q* 色差信号

对视觉特性研究表明，人眼对红、黄之间颜色的分辨力最强；而对蓝、品之间颜色的分辨力最弱。在色度图中以 I 轴表示人眼最为敏感的色轴，而以与之垂直的 Q 轴表示最不敏感的色轴。这样，倘若采用坐标变换，将 U、V 信号变换为 Q、I 信号，就可对 I 所对应

的色度信号采用较宽的带宽(不对称边带：+0.5 MHz、–1.5 MHz)，而对 Q 信号对应的色度信号则只需采用很窄的带宽(±0.5 MHz)来进行传输，这就是进行此变换的目的。

定量地说，Q、I 正交轴与 U、V 正交轴有 33° 夹角的关系，如图 2-14 所示。这样，任一色度，既可由 U、V 表示，同样也可由 I、Q 表示。通过几何关系不难推得它们之间有如下关系：

$$\left.\begin{aligned} Q &= U\cos 33^\circ + V\sin 33^\circ \\ I &= U\left(-\sin 33^\circ\right) + V\cos 33^\circ \end{aligned}\right\} \tag{2-25}$$

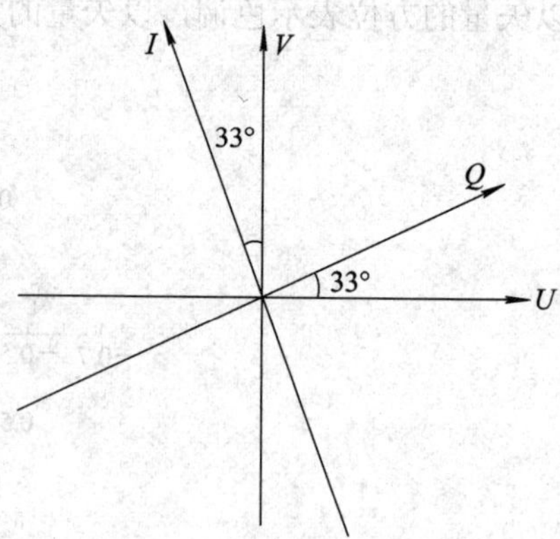

图 2-14　Q、I 轴与 U、V 轴的关系

利用亮度方程及式(2-13)和式(2-14)，结合式(2-25)关系可求出 Q、I 与三基色 R、G、B 的关系为

$$Y = 0.30R + 0.59G + 0.11B \tag{2-26}$$

$$Q = 0.21R - 0.52G + 0.31B \tag{2-27}$$

$$I = 0.60R - 0.28G - 0.32B \tag{2-28}$$

2.4.2　NTSC 制编、解码方框图

NTSC 制编、解码方框图分别如图 2-15 和图 2-16 所示。

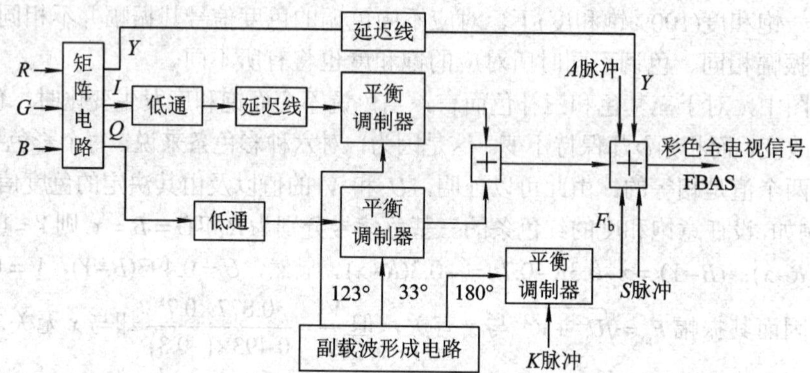

图 2-15　NTSC 制编码方框图

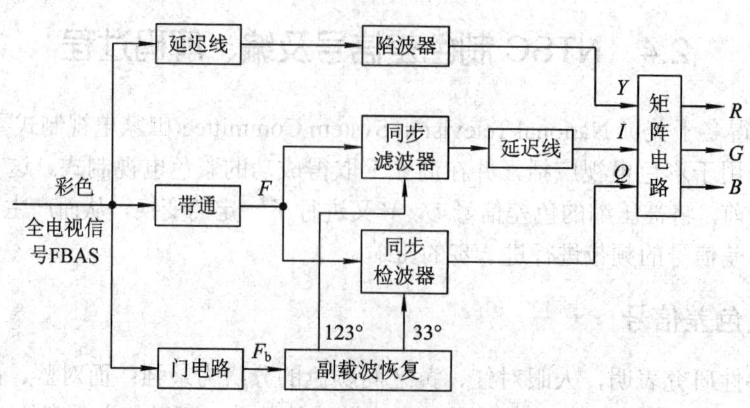

图 2-16　NTSC 制解码方框图

在编码器中，矩阵电路按式(2-26)～式(2-28)对 R、G、B 信号进行线性组合，从而产生

I、Q 和 Y 信号。由于 Y、I、Q 三个通道的频率特性不同，因而在 Y 和 I 通道中分别加入不同时延的延迟线，以便在最后合成彩色全电视信号时，三者在时间关系上匹配。

副载波形成电路分别输出相位为 33°、123°、180° 的三个副载波，供 Q 调制器、I 调制器和色同步平衡调制器之用。色同步平衡调制器的调制信号为 K 脉冲，已调波为色同步信号 F_b。I 路和 Q 路平衡调制器输出相加得色度信号 F。最后将 Y、F、F_b 及复合同步信号 S 脉冲和复合消隐信号 A 脉冲相加，组成彩色全电视信号输出，用于对图像载波进行调制。

在 NTSC 制电视接收机中，经图像检波恢复出彩色全电视信号，然后送解码器中解调得到 R、G、B 三基色信号。

在解码器中，Y 和 I 信号通道中同样加有不同时延的延迟线，其目的与编码器中相同。为了抑制色度副载波对亮度信号的干扰，在 Y 通道中还接入了一个副载波陷波器。

由带通滤波器从全电视信号中选出色度信号，并分别加入加有解调副载波 33° 和 123° 的两个同步检波器。由于同步检波器只对与解调副载波同相的色度信号分量检波，因而实现了解调分离，其输出为 I、Q 信号。

门电路从彩色全电视信号中选出色同步信号 F_b 用以恢复确定相位的副载波。副载波恢复电路一般为锁相环路。

Y、Q、I 信号最后由矩阵电路变换成重现图像所需的 R、G、B 信号。

2.4.3 NTSC 制的主要参数及性能

1. 主要参数

对于 NTSC-M(美国制式)，场频 f_V = 59.94 Hz(60 Hz)；行频 $f_H = 525 \times f_V/2$ = 15.734 kHz；每帧 525 行；图像信号标称带宽为 4.2 MHz；伴音与图像载频之差为 4.5 MHz；彩色副载波频率 f_{SC} = 3.579 545 06 MHz。彩色全电视信号频谱如图 2-17 所示。

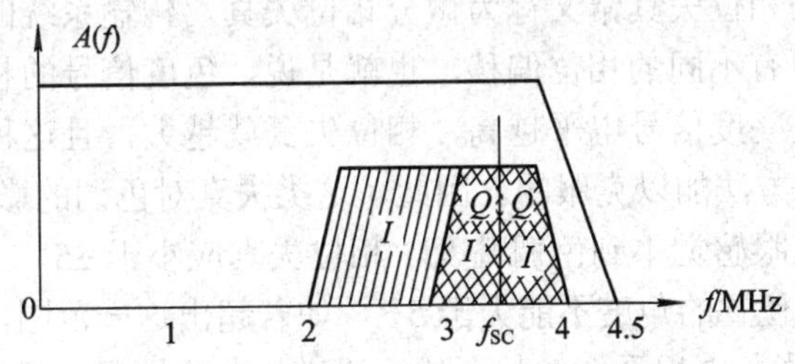

图 2-17　NTSC 制彩色全电视信号频谱

2. 主要性能

(1) 现有的三种兼容制彩色电视制式中，NTSC 制色度信号组成方式最为简单，因而解码电路也最为简单，易于集成化。特别是在许多场合需要对电视信号进行各种处理，因而 NTSC 制在实现各种处理时也就简单。

(2) NTSC 制中采用 1/2 行间置，使亮度信号与色度信号频谱以最大间距错开，亮度串色影响因此减小，故兼容性好。同时，容易实现亮度信号与色度信号的分离，为制造高质量接收机、制式转换器和电视信号数字化提供了便利条件。

(3) NTSC 制色度信号每行都以同一方式传送，与 PAL 制和 SECAM 制相比，不存在影响图像质量的行顺序效应。

(4) 采用NTSC制的一个最严重问题，就是存在着相位敏感性，即存在着色度信号的相位失真对重现彩色图像的色调的影响。

2.5 PAL制及其编、解码过程

NTSC制根据人眼的视觉特性，采取了一些措施，较好地解决了彩色电视与黑白电视的兼容问题。它具有兼容性好、电视接收机电路简单、图像质量较高等优点。根据上面分析，它有一个主要缺点，就是相位敏感性高，即对相位失真较为敏感。为了克服这一缺点，在此基础上改进并发展产生了PAL制。

PAL是Phase Alternation Line(逐行倒相)的缩写。它在对色度信号采用正交平衡调幅的基础上，使其中一个色度分量(F_V 分量)逐行倒相。其基本出发点就是在发送端周期性地改变彩色相序，而在接收端采用平均措施。就可以减轻传输相位误差带来的影响。目前这一制式在世界上采用的国家和地区最多。

2.5.1 相位失真的概念及影响

彩色电视机不可能完全正确地重现原景物的亮度、饱和度和色调，因而存在着失真。彩色图像的失真有亮度失真、饱和度失真和色调失真。其中，亮度失真主要影响景物的层次，饱和度失真则改变颜色的深浅程度，而色调失真会造成景物的颜色改变。在以上三种失真中，人眼对色调的失真最为敏感。特别是对于人们较为熟悉的颜色，如肤色、蓝天、绿叶与红旗等。例如，肤色变绿、绿叶变蓝都会使人产生不真实感。

引起相位失真的原因很多。例如，彩色电视机调谐不准确，多径效应及传输系统的非线性等都可能引起相位失真，但尤以传输系统的非线性引起的相位失真最为严重。这种传输系统的非线性引起的相位失真常又称为微分相位失真。传输系统的非线性会使频率相同的电信号因电平不同而有不同的相位偏移，也就是说，色度信号的相位偏移量随亮度信号的大小而变化。通常是亮度信号电平越高，相位失真就越大，且这种相位失真引起的色调畸变是无法用手动调节方法加以克服的。因此，这类失真对色调的影响也就最大。

实践证明，要使人眼感觉不到色调畸变，相位失真应小于 ±5°。也就是说，在矢量图上，各种彩色偏离正确位置的角度不能大于 5°，如若超出这一范围，人眼就可觉察到色调失真。为此，NTSC制彩色电视系统对整个传输通道的非线性提出了十分严格的要求。彩色电视节目的传送，往往要通过光缆、微波接力、卫星或转播站等，在这些传播过程中，每个环节都可能由于非线性而引入微分相位失真，把每个环节的失真累积起来，总的相位失真限制在 ±5° 范围内，这一点是十分困难的。解决这一问题的办法：一是提高传输技术，以减小微分相位失真，目前因技术发展，传输技术得以提高，使色调失真已有所减小；另一个办法就是改进制式，由此便产生了PAL制，它就是为解决相位敏感性而发展起来的。

2.5.2 PAL制色度信号

PAL制获得色度信号的方法也是先将三基色信号 R、G、B 变换为一个亮度信号和两个色差信号，然后再用正交平衡调制的方法把色度信号安插到亮度信号的间隙之中，这些与

NTSC 制大体相同。所不同的是，将色度信号中的 F_V 分量逐行倒相。逐行倒相的规律是：第 n 行传送的色度信号是 $U\ \sin\omega_{SC}t+V\ \cos\omega_{SC}t$；第 $n+1$ 行传输的色度信号是 $U\ \sin\omega_{SC}t-V\ \cos\omega_{SC}t$；然后，第 $n+2$ 行与第 n 行相同，第 $n+3$ 行与第 $n+1$ 行相同；依次类推。因此，PAL 色度信号的数学表达式为

$$F=F_U\pm F_V=U\ \sin\omega_{SC}t\pm V\ \cos\omega_{SC}t=F_m\sin\left(\omega_{SC}t+\varphi\right) \tag{2-29}$$

式中，$F_m=\sqrt{U^2+V^2}$，$\varphi=\arctan(V/U)$。

上式中的 ± 号表示第 n 行若取 + 号，则第 $n+1$ 行就取负号。对于隔行扫描来说，奇数帧(第 1，3，5，…帧)的奇数行取正号，偶数行取负号；偶数帧(第 2，4，6，…帧)的奇数行取负号，偶数行取正号；± 号的取法如图 2-18 所示。

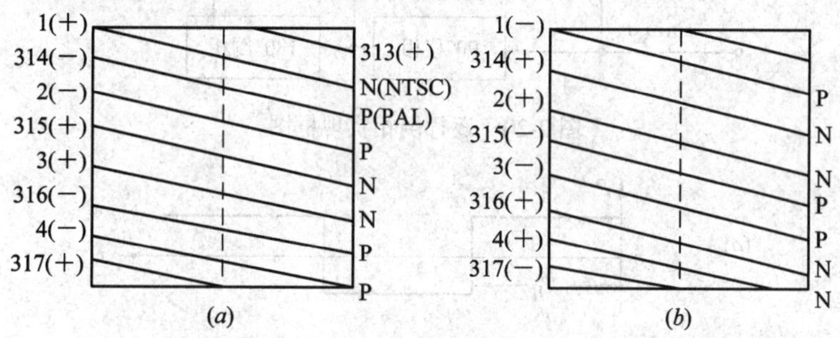

图 2-18　隔行扫描逐行倒相的正负号改变规律

(a) 奇数帧；(b) 偶数帧

为了以后分析问题方便，与 NTSC 制一样，我们把取正号的行叫 NTSC 行，把取负号的行叫 PAL 行。要注意的是，逐行倒相并非将整个色度信号倒相，也不是指行扫描的方向逐行改变，而是将产生其中一个色度分量的副载波相位逐行改变 180°。

对于任意色调的色度信号，若 NTSC 行用 F_n 表示，PAL 行用 F_{n+1} 表示，则 PAL 行的矢量 F_{n+1} 应该与 NTSC 行矢量 F_n 以 U 轴为对称，因为这两个色度信号的 F_U 分量相同，F_V 分量绝对值相等，符号相反，如图 2-19(a)所示。图 2-19(b)是三基色和三补色彩条矢量图逐行倒相的情况。此图中，实线表示 NTSC 行，虚线表示 PAL 行。

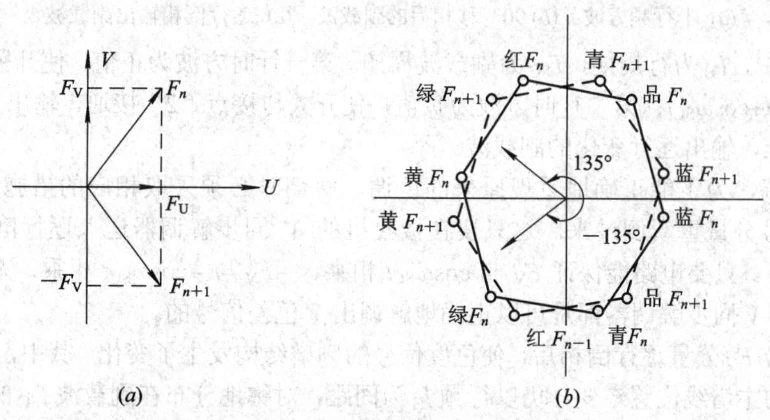

图 2-19　逐行倒相色度信号矢量图

(a) 任一色调的色度信号；(b) 彩条矢量逐行倒相情况

实现逐行倒相，可以逐行改变色差信号 V 的相位，亦可以逐行改变副载波相位，但改

变后者较为简单。它与正交平衡调幅的区别在于增加了一个 PAL 开关、一个 90° 移相器和一个倒相器。PAL 开关是一个由半行频对称方波控制的电子开关电路，它能逐行改变开关的接通点，其原理图如图 2-20 所示。对应波形如图 2-21 所示。

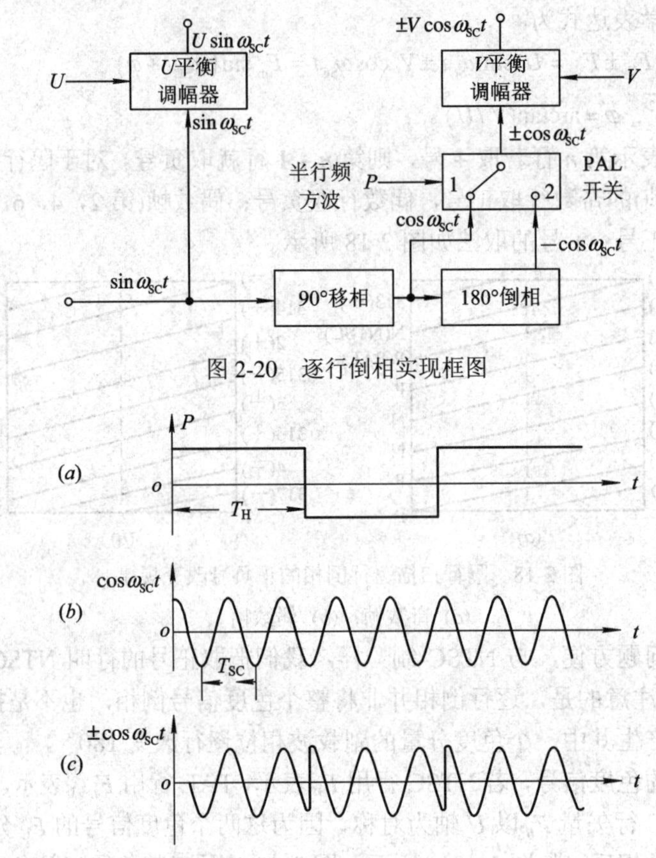

图 2-20　逐行倒相实现框图

图 2-21　逐行倒相波形关系

(*a*) 半行频方波；(*b*) 90° 移相后的副载波；(*c*) 逐行倒相输出副载波

图 2-21 中，T_H 为行周期，T_{SC} 为副载波周期。第一行时方波为正值，使开关与接点“1”接通，输出为$+\cos\omega_{SC}t$；第二行时方波为负值，使开关与接点“2”接通，输出为 $-\cos\omega_{SC}t$；其余依此类推，输出逐行变化的副载波。

在接收端，为了能正确地重现原来的色调，解调时必须采取相应的措施，即把 PAL 行的色度信号分量重新倒过来。这只要在接收机的 *V* 同步解调器送入逐行倒相的副载波 $\pm\cos\omega_{SC}t$ 即可。只要电路能保证 F_V 与 $\cos\omega_{SC}t$ 相乘、$-F_V$ 与 $-\cos\omega_{SC}t$ 相乘，无论倒相行还是非倒相行，*V* 同步解调器都是可以正确地解调出 *V* 色差信号的。

色度信号 F_V 分量逐行倒相后，使色度信号的频谱结构发生了变化。其中，F_U 分量与倒相无关，它的主谱线位置未变，仍以行频 f_H 为间距，对称地分布在副载波 f_{SC} 的两旁，如图 2-22(*a*)所示。F_U 分量的主谱线位置为 $f_{SC}\pm nf_H(n=1，2，3，\cdots)$。色度信号$\pm F_V$ 的主谱线由于逐行倒相，位置发生了变化。因为逐行倒相的过程是半行频方波控制平衡调幅的过程，因此可以将逐行倒相的副载波看成是图 2-21(*a*)所示的半行频方波 $\varphi_K(t)$ 对 $\cos\omega_{SC}t$ 平衡调幅。

根据傅里叶级数分析，由于$\varphi_K(t)$是对原点对称的开关函数，可分解为一系列正弦函数之和，即

$$\varphi_K(t)=\frac{4}{\pi}\sum_m\frac{1}{m}\sin m\Omega_1 t \tag{2-30}$$

式中，m 为正整数，且只取奇数；$\Omega_1=2\pi f_H/2$ 为基波角频率。由此可求得逐行倒相副载波的各频率分量为

$$\varphi_K(t)\cos\omega_{SC}t=\frac{2}{\pi}\left[\sum_m\frac{1}{m}\sin\left(\omega_{SC}+m\Omega_1\right)t-\sum_m\frac{1}{m}\sin\left(\omega_{SC}-m\Omega_1\right)t\right] \tag{2-31}$$

其振幅频谱如图 2-22(*b*)中的实线所示。由于 m 只取奇数，谱线间隔为行频 f_H。因此逐行倒相副载波实际上是包含一系列频率分量的副载波群。于是当具有从零频率开始，以 f_H 为间隔的频谱结构的 V 信号对其平衡调幅，所得已调信号的振幅频谱主谱线同样具有图 2-22(*b*)的形式。图 2-22(*c*)是逐行倒相正交平衡调幅后的色度信号频谱图。图中，U、V 分别表示 F_U 与 $\pm F_V$ 的主谱线。可以看出 F_U 与 $\pm F_V$ 主谱线刚好错开了半个行频。

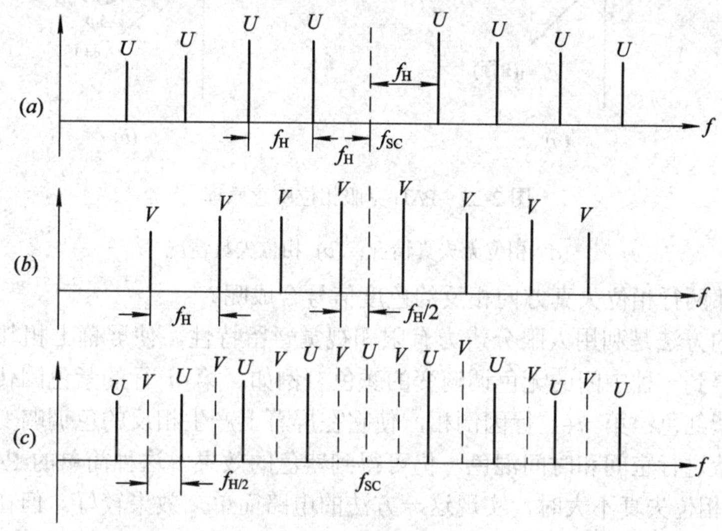

图 2-22　PAL 色度信号频谱

(*a*) F_U 分量频谱；(*b*) $\pm F_V$ 分量频谱；(*c*) 色度信号 F 的频谱

2.5.3　PAL 制克服相位敏感原理

PAL 制采用逐行倒相克服相位失真的原理，可用彩色矢量图予以说明。图 2-23 所示的矢量图中，F_n 表示第 n 行的色度信号矢量，F_{n+1} 表示 n+1 行的色度信号矢量。由于第 n 行与第 n+1 行在显像管的屏幕上是上下紧挨着的，因此可以认为它们的颜色大致相同。因此，色度信号矢量 F_n 和 F_{n+1} 的 U 分量相等，V 分量绝对值相等、相位相反，即 F_n 与 F_{n+1} 以 U 轴对称，互为镜像。如果传输过程中无相位失真，在接收端解调时，第 n+1 行用$-\cos\omega_{SC}t$ 加入 V 同步解调器，等效于使 F_{n+1} 行的相位由$-\alpha$ 变为 $+\alpha$，回到 F_n 位置上，于是可正确地恢复出色差信号，即不产生色调失真，如图 2-23(*a*)所示。如果 F_n 发生相位失真，使 F_n 向逆时针方向转动一个相角$\Delta\varphi$，变到 F_n' 位置，由于相邻两行相位失真可认为基本一样，所以

F_{n+1}也逆时针方向转动了一个$\Delta\varphi$相位，移到F'_{n+1}处，见图2-23(*b*)。接收机本应收到的是F_n和F_{n+1}，因失真实际收到的是F'_n和F'_{n+1}，接收机解调电路将倒相行的F'_{n+1}返回到第一象限，相当于F'_{n+1}的位置，而F'_n在解调中其矢量位置不变。由图2-23(*b*)可见，F'_n与F'_{n+1}合成的色度信号矢量F'的相位与不失真的F矢量相位一致，只是矢量长度较原来有所变化(变短)。这说明由于相位失真引起了饱和度下降，但色调未变。由以上分析可见，PAL制克服因相位失真引起色调畸变的实质是用逐行倒相的方法使相邻两行色度信号的相位失真方向相反，再将它们合成，从而得到相位不失真的色度信号，以消除相位失真。

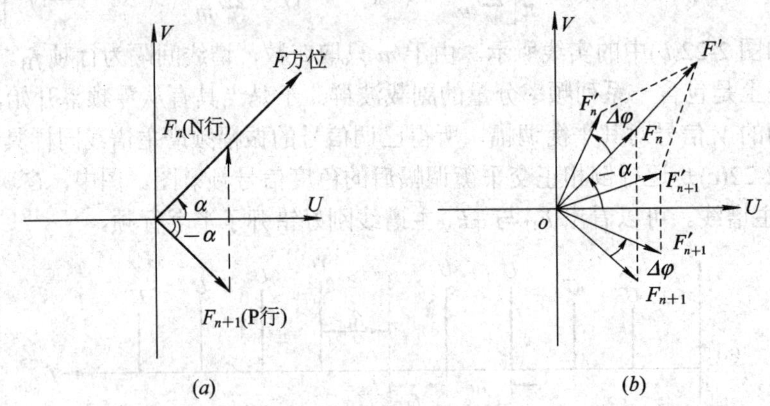

图2-23　PAL克服相位敏感原理

(*a*) 相位无失真情况；(*b*) 相位失真情况

如何将相邻两行相位失真方向相反的色度信号合成呢？

一种简单的方法是利用人眼分辨力有限和视觉暂留特性，使屏幕上相邻两行的相位失真相互补偿，得到一种中间的无色调畸变的颜色。例如，第n行的紫色因传输引起的相位失真使其变为紫红色；第n+1行因倒相，使它在屏幕上产生相反的色调畸变，即变为紫蓝色；紫红和紫蓝进行空间和时间混色，仍可得到紫色的效果。这种简单的PAL制解调方法称为PAL_S，在相位失真不大时，实现这一方法的电路简单，效果较好。但在相位失真较大时，图像会出现明暗相间并缓慢向上移动的水平条纹。这是由于行顺序效应引起的，此现象亦称为“爬行”或“百叶窗效应”(由于此现象很像百叶窗而得名)，它会影响收看效果。

另一种合成方法是在电路上采取措施，用延迟线把前一行色度信号延迟大约一行的时间(约64 μs)，然后在合成电路中与本行色度信号合成，从而得到合成的色度信号。由于这种解码用到延迟线，故称延迟解码，以PAL_D表示。这里顺便说明一下，PAL_D与我国电视制式PAL-D含义不同，后者指我国彩色电视制式为PAL制，黑白电视制式为D制。所以在选用广播电视设备时，要注意彩色与黑白制式都符合要求才行。PAL_D与PAL_S相比，行顺序效应大为减轻。

2.5.4　PAL制副载波的选择

为了满足兼容要求，在彩色广播电视系统中，亮度信号和色度信号必须共同占用与黑白电视信号相同的信号带宽。由此确定副载波的选择原则应是：合理地选择副载波，使亮度信号与色度信号频谱的主谱线彼此错开；此外，应尽量选择频率较高的副载波，以减小副载波的谐波干扰，但又不能使调制后的已调色差信号的上边带超出规定的 6 MHz 范围。只有这样才能有效地克服亮度与色度间的相互串扰。

由前面分析我们知道，PAL 制中已调色差信号 F_U 与 $\pm F_V$ 频谱的主谱线不是占有相同的位置，而是彼此错开半个行频，即它们的间距是 $f_H/2$，如图 2-24(*a*)所示。如果将副载波频率选为与整数倍行频相差半行，即采用 1/2 行间置(NTSC 制就是这样选择副载波的)，必然导致 $\pm F_V$ 的主谱线与亮度信号的主谱线重合，如图 2-24(*b*)所示。这样的话，会造成亮度信号与色度信号严重串扰。如果既不选择 f_{SC} 等于行频的整数倍，也不选择 1/2 行间置，而是作如图 2-24(*c*)那样的选择，即令 nf_H 位于 f_{SC} 和 $f_{SC}+f_H/2$ 之间，这样就可使亮度信号 Y 与两个色度信号分量的频谱相互错开，那么 nf_H 应满足下述关系：

$$nf_{\mathrm{H}}=\frac{1}{2}\left[f_{\mathrm{SC}}+\left(f_{\mathrm{SC}}+\frac{f_{\mathrm{H}}}{2}\right)\right]$$

从而求出：

$$f_{\mathrm{SC}}=\left(n-\frac{1}{4}\right)f_{\mathrm{H}} \tag{2-32}$$

式中，n 为正整数。由于 f_{SC} 与整数倍的行频有 $f_H/4$ 的频差，故称 1/4 行间置。

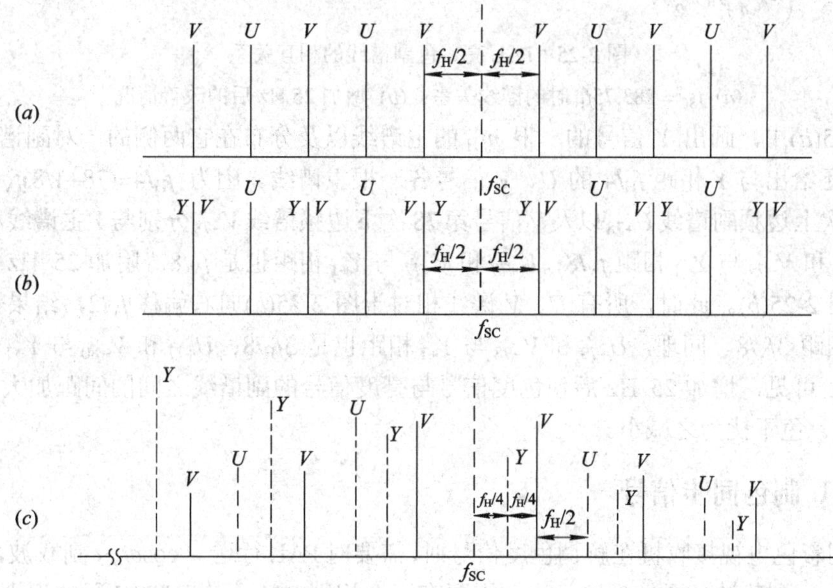

图 2-24　PAL 副载波选择分解图

(*a*) PAL 色度信号频谱图；(*b*) 1/2 行间置时的频谱结构；(*c*) 1/4 行间置时的频谱结构

对于行频为 15 625 Hz，场频为 50 Hz，标称视频带宽为 6 MHz 的系统，根据选择 f_{SC} 尽量高的原则，可在式(2-32)中取 n=284，这样可以求得副载波频率为 283.75f_H。实际的 PAL 制彩电副载波为

$$f_{\mathrm{SC}}=\left(n-\frac{1}{4}\right)f_{\mathrm{H}}+25\mathrm{Hz}=\left(284-\frac{1}{4}\right)f_{\mathrm{H}}+25\mathrm{Hz}=4.433\,618\,75\ \mathrm{MHz}$$

增加 25 Hz 的目的在于减轻副载波光点干扰的可见度，同时对改善色度信号与亮度信号的以场频为间隔的副频谱线之间的交错情况有重要作用。也就是说，它是进一步减少亮、色干

扰的有效措施。下面我们以图 2-25 说明增加 25 Hz 后可减小亮、色相互干扰的原理。

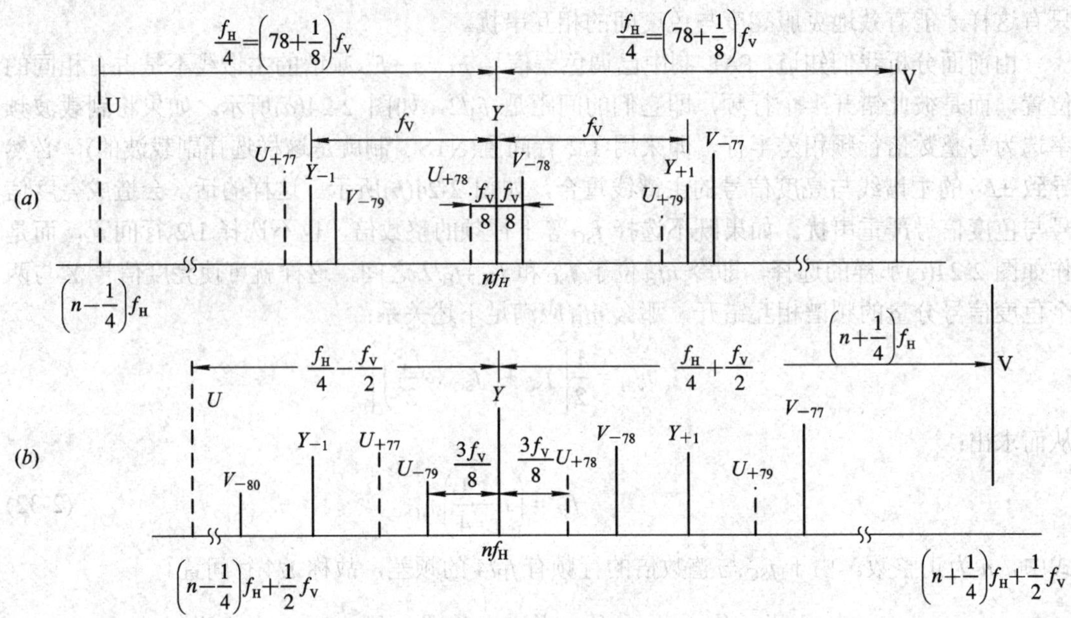

图 2-25　PAL 亮、色副谱线的相互关系

(*a*) $f_{SC}=283.75f_H$ 时的谱线关系；(*b*) 增加 25 Hz 后的改善情况

图 2-25(*a*)中，画出 Y 信号的一根 nf_H 的主谱线以及分布在它两侧的一对副谱线 Y_{+1} 和 Y_{-1}，同时还给出与 Y 相距 $f_H/4$ 的 U、V 信号各一根主谱线。因为 $f_H/4=(78+1/8)f_V$，所以 U 信号第 78 次上边频副谱线 U_{+78} 以及 V 信号第 78 次下边频谱线 V_{-78} 分别与 Y 主谱线相距 $f_V/8$。同理，U_{+77} 和 V_{-79} 与 Y_{-1} 相距 $f_V/8$；U_{+79} 和 V_{-77} 与 Y_{+1} 相距也是 $f_V/8$。附加 25 Hz 后，分布情况变为图 2-25(*b*)。此时，所有 U、V 谱线相对于图 2-25(*a*)向右偏移 $f_V/2$，结果使 U_{+78} 和 V_{-79} 与 Y 相距 $3f_V/8$。同理，U_{+79} 和 V_{-78} 与 Y_{+1} 相距也是 $3f_H/8$；U_{+77} 和 V_{-80} 与 Y_{-1} 相距同样还是 $3f_V/8$。可见，增加 25 Hz 后使色度信号与亮度信号的副谱线之间的间距加大到原来的 3 倍，使亮、色干扰为之减小。

2.5.5　PAL 制色同步信号

PAL 制彩色电视接收机在解调色度信号时，需要对 PAL 行送 $-\cos\omega_{SC}t$ 副载波，对 NTSC 行送 $+\cos\omega_{SC}t$ 副载波。要做到这一点，需要有一个识别 PAL 行与 NTSC 行的识别信号，即需要在发送端提供一个附加信号。这个附加信息并没有直接加在色度信号中，而是寄存在每一行的色同步信号中，它表现为相邻两行的色同步信号相位不同。PAL 行的色同步信号相位是 $-135°$，而 NTSC 行的色同步信号相位为$+135°$。因此，PAL 制的色同步信号除了为接收机提供恢复副载波所需的频率信息外，还能提供一个 PAL 行与 NTSC 行的识别信息，即倒相识别信息，从而保证收、发双方逐行倒相的同步进行。

PAL 制色同步信号所含副载波的周期数、幅度、出现位置等都与 NTSC 制相同。按照我国广播电视标准规定，色同步信号由 8～12 个副载波周期组成，位于行消隐后肩上，起始点距行同步脉冲前沿 5.6 ± 0.1 μs，峰-峰值等于行同步脉冲幅度，相对于消隐电平上、下对称，如图 2-26 所示。

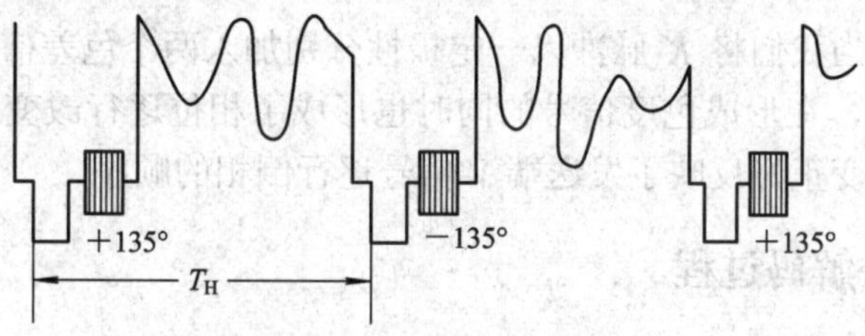

图 2-26　PAL 制色同步信号

PAL 制色同步信号的产生方法是：发送端先产生一个色同步选通脉冲，称 K 脉冲。K 脉冲的重复频率为行频，宽度为 2.25 ± 0.23 μs，正好等于约 10 个副载波周期，位置就处在行消隐的后肩上。将 K 脉冲以一定的极性分别加到两个色差信号中，与色差信号一起送入平衡调幅器，V 色差信号中加入正极性 K 脉冲(以+K 表示)，就可产生色同步信号的 V 分量(N 行为 90°，P 行为 −90°)，U 色差信号中加入负极性 K 脉冲(以 −K 表示)，则可产生色同步信号的 U 分量(180°)，两个分量进行矢量合成便形成逐行改变相位+135°和 −135°的色同步信号。图 2-27 给出了 K 脉冲通过两个平衡调制器形成色同步信号的方框图。图 2-28 给出了色同步信号的矢量图。图中，$F_{b(n)}$是 NTSC 行色同步信号矢量，$F_{bU(n)}$是它的 V 分量；$F_{b(n+1)}$是 PAL 行色同步信号矢量，$F_{bV(n+1)}$是它的 V 分量，F_{bU} 是它们的 U 分量。且由 $F_{bV(n)}$ 与 F_{bU} 分量合成 NTSC 行色同步信号 $F_{b(n)}$(+135°)；$F_{bV(n+1)}$与 F_{bU} 分量合成 PAL 行色同步信号 $F_{b(n+1)}$(−135°)。

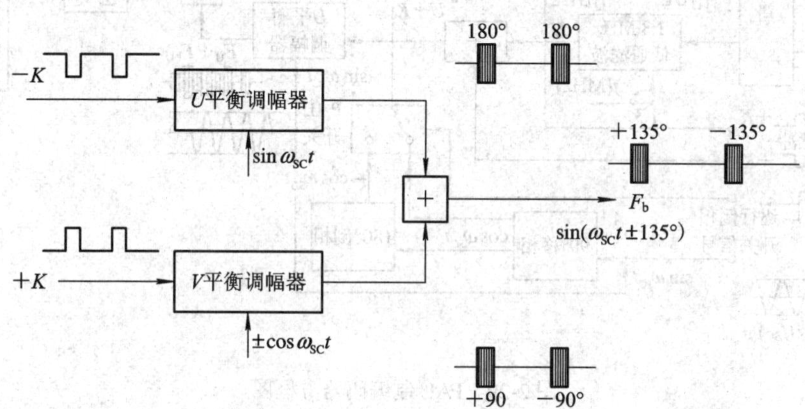

图 2-27　PAL 制色同步信号形成方框图

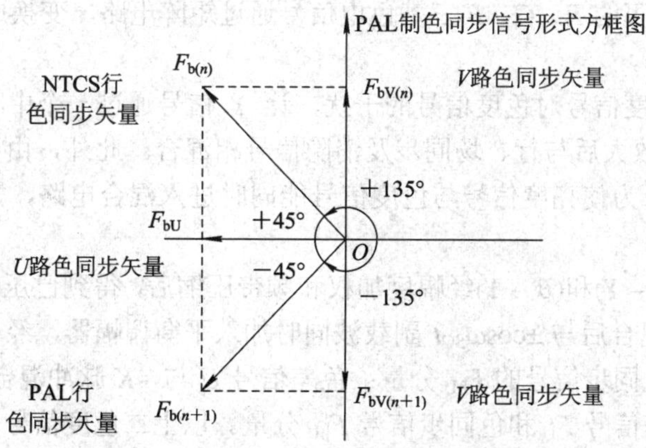

图 2-28　PAL 色同步信号矢量图

以上分析说明，当我们将 K 脉冲以一定极性分别加入两个色差信号中时，通过正交平衡调制和混合电路后，在形成色度信号的同时也形成了相位逐行改变的色同步信号。色同步信号相位的逐行改变正好反映了发送端 V 信号逐行倒相的顺序。

2.5.6 PAL 制编、解码过程

1. PAL 制编码器及编码过程

所谓编码，就是把三基色电信号 R、G、B 编制成彩色全电视信号 FBAS 的过程，编码器就是用来编码的电路。PAL 制编码器的方框图如图 2-29 所示。图中给出了方框图上各点的波形。

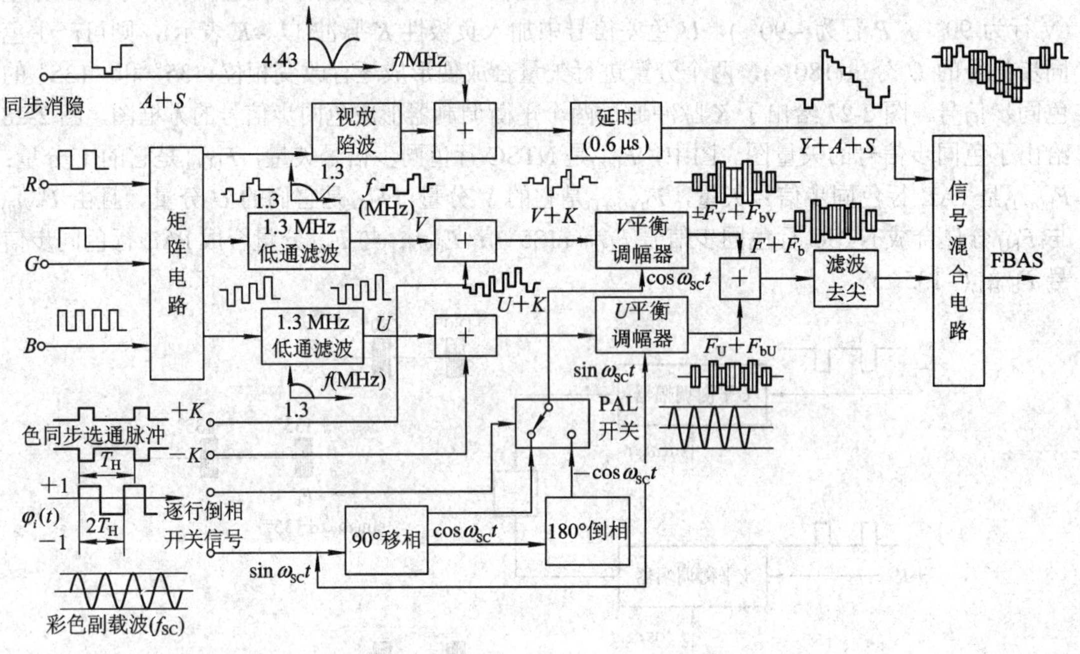

图 2-29　PAL 制编码器方框图

具体编码过程如下：

(1) 将经过 γ 校正的 R、G、B 三基色电信号通过矩阵电路，变换成亮度信号 Y 和色差信号$(R-Y)$和$(B-Y)$。

(2) 为了减小亮度信号对色度信号的干扰，让 Y 信号通过一个中心频率为副载波频率 f_{SC} 的陷波器并经过放大后与行、场同步及消隐信号相混合。此外，由于色差信号经滤波电路会引起附加时延，为使亮度信号与色度信号能同时进入混合电路，需将亮度信号延时大约 0.6 μs。

(3) 色差信号$(R-Y)$和$(B-Y)$经幅度加权和频带压缩后，得到已压缩信号 U 和 V。色差信号 V 与 $+K$ 脉冲混合后与 $\pm\cos\omega_{SC}t$ 副载波同时加入平衡调幅器，经平衡调幅电路输出已调色差信号 $\pm F_V$ 和色同步信号的 F_{bU} 分量；色差信号 U 与 $-K$ 脉冲混合后，对 $\sin\omega_{SC}t$ 平衡调幅，得到已调色差信号 F_U 和色同步信号 F_{bU} 分量。以上二色度信号分量与色同步信号分量混合后，最后得到色度信号 F 和色同步信号 F_b。

为得到逐行倒相的正交副载波 $\pm\cos\omega_{SC}t$，需设置 90° 移相、180° 倒相和 PAL 开关电路、逐行倒相的半行频(7.8 kHz)开关控制信号 $\varphi_K(t)$。

(4) 色度信号 F、色同步信号 F_b、亮度信号 Y 与消隐信号 A、同步信号 S 经混合电路后输出彩色全电视信号 FBAS。

2. PAL 制解码器及解码过程

把彩色全电视信号还原成三基色电信号的过程称为解码，完成解码的电路称解码器。解码是编码的逆过程。

PAL 制解码器有许多类型，如 PAL_S(简单解码)、PAL_N(锁相解码)、PAL_D(延迟解码)等。其中，PAL_D 应用较广，这种解码器中用超声延迟线构成梳状滤波器(该滤波器的频率特性像梳齿，由此而得名)，它将色度信号分离为 F_U 和 $\pm F_V$ 两个色度分量。梳状滤波器在图 2-30 中以虚线框出，可见它主要由超声延迟线、加法器和减法器三部分电路构成。PAL_D 解码器主要包括亮度通道、色度通道、基准副载波恢复及基色输出矩阵电路四大部分。图 2-30 中分别将它们以点划线框出。图中还给出了各点波形。

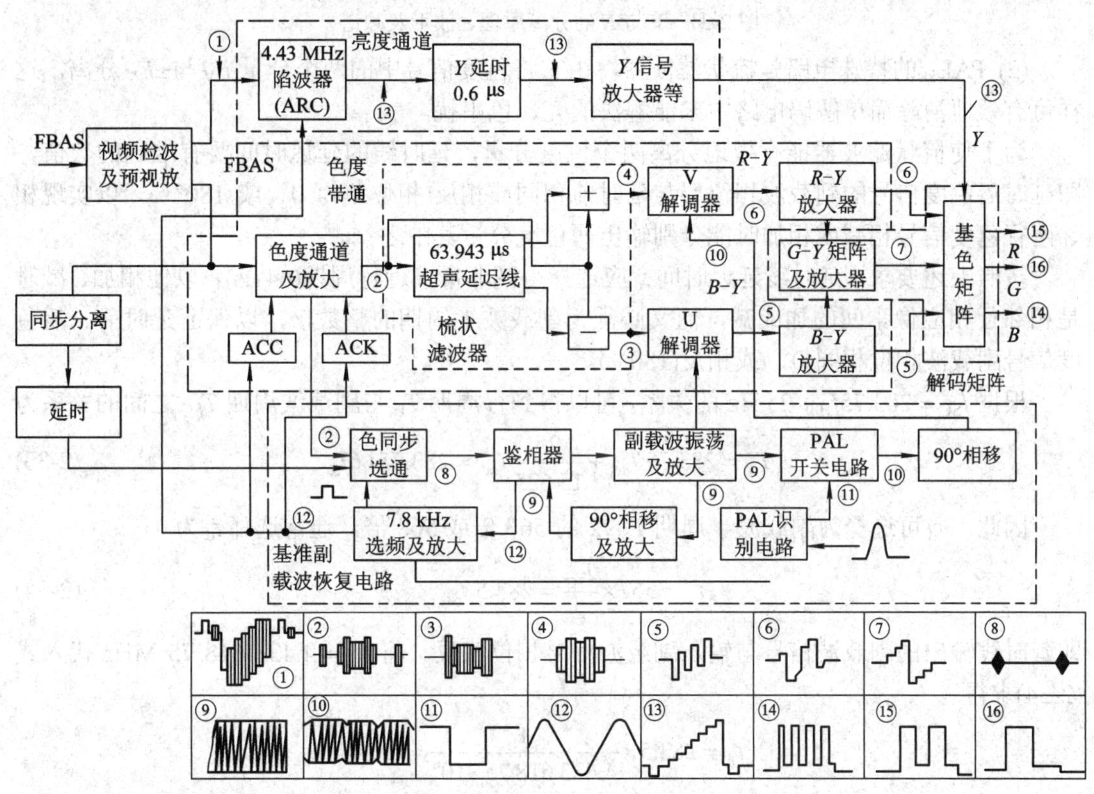

图 2-30　PAL_D 解码器及各点波形

具体解码过程可分析如下：

(1) 从预视放输出的彩色全电视信号 FBAS，经 4.43 MHz 陷波器和色度带通滤波器进行频率分离，将 FBAS 分离成亮度信号和色度信号两部分。在亮度信号通道中，经 4.43 MHz 的陷波器，将彩色全电视信号中的色度信号滤除，保留亮度信号。滤除了色度信号之后的亮度信号 Y，经 0.6 μs 的延迟电路延时后再送入 Y 信号放大器进行亮度放大后送基色矩阵电路。

在色度通道前，设置有一中心频率为 4.43 MHz、带宽约 2.6 MHz 的带通滤波器，它从全电视信号中分离出色度信号。其分离原理及波形、频谱如图 2-31 所示。

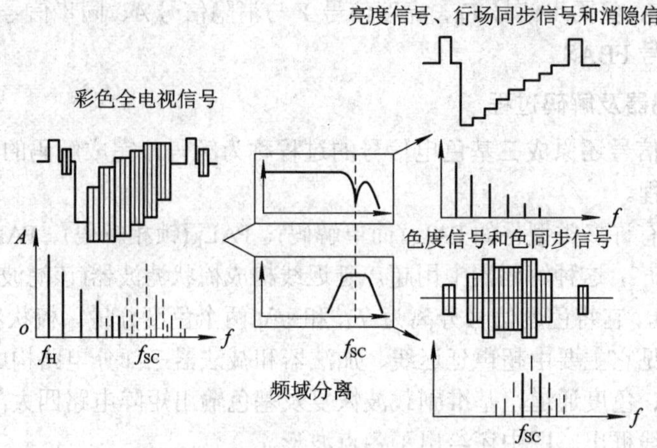

图 2-31　Y 与 F 的分离原理、波形及频谱

(2) PAL_D 的特殊电路是梳状滤波器，由它将色度信号中的两个分量 F_V 与 $\pm F_V$ 分离。这样可有效地消除简单解码电路中未能解决的亮、色串扰。

为了使梳状滤波器能有效地分离两个色度分量，延时线的延迟时间要有准确的数值，即延时后色度信号的副载波相位要与延时前相同或相反(相位差为 0°或 180°)，以实现相邻两行色度信号相减或相加时能分别输出两色度分量其中之一。

按照上述要求，延时线延迟时间 τ_d 应选择得既非常接近行周期(64 μs)，以便相加、减时是相邻行相应像素间的加或减，而又必须为副载波半周期的整数倍，以保证延时前、后色度信号副载波相位相同(0°)或相反(180°)。

根据 $f_{SC} = 283.75 f_H + 25$ Hz 的关系，可以得到行周期 T_H 与副载波周期 T_{SC} 之间的关系为

$$T_H = 283.75\,T_{SC} + \frac{25}{15\,625}T_{SC} = 283.751\,6T_{SC} \tag{2-33}$$

因此，τ_d 可选择为副载波半周期 $T_{SC}/2$ 的 567 倍或 568 倍。通常选择 τ_d 为

$$\tau_d = 567 \times \frac{T_{SC}}{2} = 283.5\,T_{SC} \tag{2-34}$$

即延时线输出的副载波信号与输入副载波信号相位相反。将 $f_{SC} = 4.433\,618\,75$ MHz 代入式(2-34)求得

$$\tau_d = 283.5 \times \frac{1}{4.433\,618\,75 \times 10^6} \approx 63.943\ \mu\text{s}$$

现在我们来进一步研究梳状滤波器分离色度信号的原理。

设输入到梳状滤波器的第 n 行色度信号为

$$F_n = U\sin\omega_{SC}t + V\cos\omega_{SC}t = F_U + F_V \tag{2-35}$$

则第 $n+1$ 行色度信号必然为

$$F_{n+1} = U\sin\omega_{SC}t - V\cos\omega_{SC}t = F_U - F_V \tag{2-36}$$

以后各行遵循以上规律逐行变换。

当第 n 行色度信号输入到图 2-32(a)所示的相加电路和相减电路时，延迟线输出是经过延时的第 $n-1$ 行的色度信号。在相加和相减电路中，直通色度信号与前一行的延时色度信号进行相加和相减。根据 τ_d 的选择可知，延时前与延时后的副载波相位相反，若以 F'_{n-1}、F'_n 分别表示经延时后的相应行的色度信号，则

$$F'_{n-1} = -F_{n-1} = -\left(U\sin\omega_{SC}t - V\cos\omega_{SC}t\right) = -F_U + F_V \tag{2-37}$$

$$F'_n = -F_n = -\left(U\sin\omega_{SC}t + V\cos\omega_{SC}t\right) = -F_U - F_V \tag{2-38}$$

由此可以求得，第 n 行输入时，相加电路输出为

$$F_n + F'_{n-1} = \left(F_U + F_V\right) + \left(-F_U + F_V\right) = 2F_V \tag{2-39}$$

相减电路的输出为

$$F_n - F'_{n-1} = \left(F_U + F_V\right) - \left(-F_U + F_V\right) = 2F_U \tag{2-40}$$

同理，在第 $n+1$ 行输入时，相加电路和相减电路分别输出为

$$F_{n+1} + F'_n = -2F_V \tag{2-41}$$

$$F_{n+1} - F'_n = 2F_U \tag{2-42}$$

依次类推。由式(2-39)～式(2-42)明显地看出，梳状滤波器有效地分离了两个色度分量 F_U 与 $\pm F_V$。图 2-32(b)和(a)分别说明了梳状滤波器的频率特性及分离前后的波形及频谱。

由图 2-32(b)可见梳状滤波器具有梳齿状的频率特性，即每隔一个行频有一个最大传输点；每两个最大传输点的中心是吸收点，两个吸收点的间距也是一个行频。这样的两个输出对应的最大传输点与吸收点互相交错。在 τ_d 为 63.943 μs 情况下，两输出的最大传输点分别对准 F_U 与 $\pm F_V$ 的主谱线。在最大传输点对准 F_U 主谱线的特性时，其吸收点也正好对准 $\pm F_V$ 的主谱线；同理，当最大传输点对准 $\pm F_V$ 主谱线的特性时，其吸收点也正好对准 F_U 主谱线。又由于 $\pm F_V$ 是逐行倒相的，才使两个色度分量的主谱线正好错开半行，因此才提供了梳状滤波器实现频域分离二色度分量的可能性。

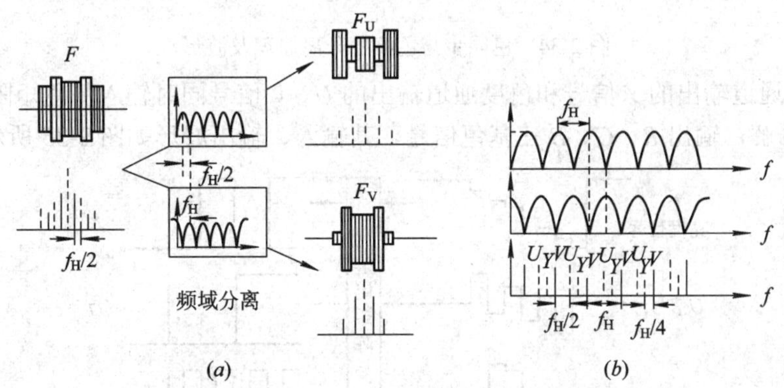

图 2-32　梳状滤波器方框图及分离色度信号原理

(a) 梳状滤波器方框图及分离的波形、频谱；(b) 梳状滤波器频率特性

(3) 梳状滤波器输出的 $\pm F_V$ 信号经 V 同步解调器，输出 V 信号；梳状滤波器输出的 F_U 信号经 U 同步解调器，输出 U 信号。解调器输入、输出波形如图 2-33 所示。

U、V 信号经放大和矩阵电路输出三个色差信号($R-Y$)、($B-Y$)和($G-Y$)。同步解调必须有一个恢复的副载波，这个基准副载波要与发送端的副载波同频、同相。

(4) 频率相同但时域错开的色度与色同步信号，经色同步选通电路，将色同步信号与色

度信号分开。由于色度信号在行扫描正程出现，色同步信号在行扫描逆程出现，故只要用两个门电路，就可将二者按时间分离法进行分离。这两个门电路在控制脉冲控制下交替导通即可实现两种信号的分离。图 2-34 示出了分离原理。图中，两个门分别在扫描正程和逆程开启，这样便有效地分离了色度与色同步信号。

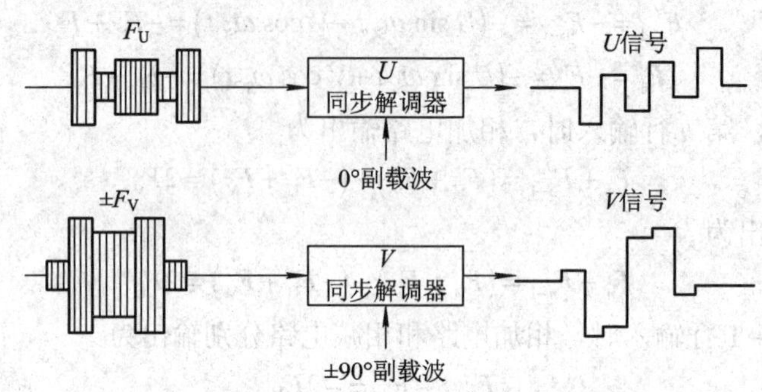

图 2-33　同步解调器输入、输出波形

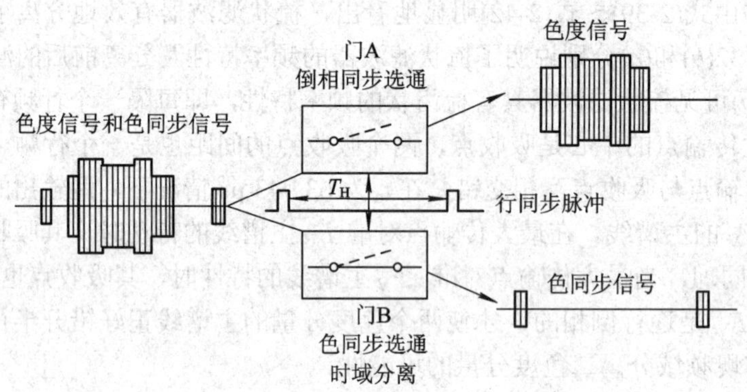

图 2-34　色同步与色度的分离原理及波形

(5) 亮度通道输出的 Y 信号和色度通道输出的 U、V 信号同时输入基色矩阵电路，经基色矩阵电路分解，输出 R、G、B 三基色信号。其输入、输出波形如图 2-35 所示。

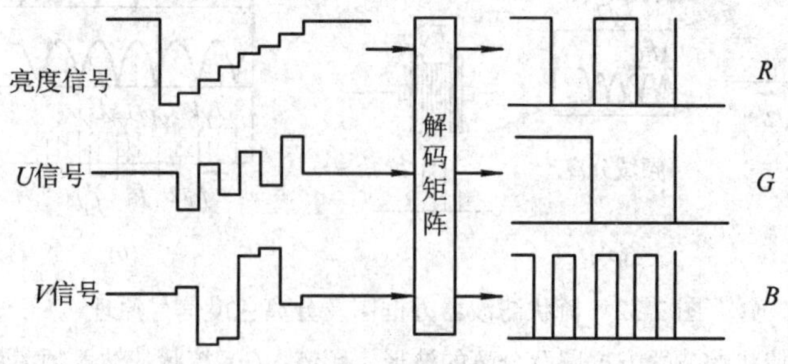

图 2-35　基色矩阵电路的输入、输出波形

(6) 色同步信号与副载波压控振荡器输出的信号同时送鉴相电路，二者进行相位比较后，输出一个与之相差成正比的直流控制电压，由它再去控制压控振荡器，使其输出副载波频率和相位与发射端相同。所恢复出的副载波，一路直接送 U 平衡解调器，另一路先经 PAL 开关逐行倒相后，再经 90° 移相送 V 平衡解调器。半行频的 7.8 kHz 开关信号亦由鉴相

电路取得，经 PAL 识别电路后去控制 PAL 开关。色同步信号同时还要送 ACC(自动色饱和度控制)、ACK(自动消色)、ARC(自动清晰度控制)等。各点波形见图 2-30。

2.5.7　PAL 制的主要性能特点

根据以上分析，可以对 PAL 制的性能作如下小结。

(1) PAL 制克服了 NTSC 制相位敏感的缺点。NTSC 制相位敏感性的主要表现是，各种传输失真对重现的彩色图像有较严重的影响。这种影响是由于误差会引起串色的缘故。PAL 制使彩色相序逐行改变，串色极性逐行取反，加之梳状滤波器在频域的分离作用，使串色大为减小。又由于人眼的视觉平均作用，就使得传输失真不再对重现彩色图像的色调产生明显的影响。可使微分相位的容限达±40° 以上。

(2) PAL 制采用 1/4 行间置再加 25 Hz 确定副载波，有效地实现了亮度信号与色度信号的频谱交错，因而有较好的兼容性。

(3) 梳状滤波器在分离色度信号的同时，使亮度串色的幅度也下降了 3 dB，从而使彩色信杂比提高了 3 dB。

(4) 由于 NTSC 制是 1/2 行间置，PAL 制为 1/4 行间置。二者相比实现 PAL 信号的亮色分离要比 NTSC 制困难，且分离质量也较差。在要求高质量分离的场合(如制式转换和数字编码等)，可采用数字滤波这类较复杂的技术。

(5) PAL 制存在行顺序效应，即“百叶窗”效应。产生行顺序效应的内因是色度信号逐行倒相，外因是传输误差或解码电路中的各种误差。上述原因都会引起 F_U 与 $\pm F_V$ 二分量互相串扰，又因串扰也是逐行倒相的，故造成相邻两行间较大亮度差异。由于人眼对亮度差异较敏感而产生对图像有明暗相间的水平线条感，这种明暗水平线条因隔行扫描而向上蠕动，故常也将行顺序效应称“爬行”，又因水平条纹形似百叶窗，故称其为“百叶窗”效应。可见，PAL 制使传输失真引起彩色色调失真转变为引起行顺序效应。不过行顺序效应可通过调整使之减轻。

当然，与 NTSC 制相比，PAL 制还存在着电路复杂、对同步精度要求高等缺点。

2.6　SECAM 制及其编、解码过程

SECAM 是法文“Séquential Couleur á Mémoire”(顺序传送彩色与存储)的缩写。该系统首先由法国人提出，经多次修改于 1967 年正式用于电视广播。采用这一制式的国家主要有法国、俄罗斯、埃及、沙特阿拉伯等 30 多个国家。

2.6.1　SECAM 制的主要特点

(1) 在 NTSC 和 PAL 制中，两个色度信号是同时传送的。SECAM 制与它们不同，两个色度信号不是采用同时传送，而是采用了顺序传送的方法。比如，第 n 行传送$(R-Y)$，第 $n+1$ 行传送$(B-Y)$，……。这样，由于两色度信号不在同时出现，就从根本上消除了两色度信号间的互相串扰问题。此外，由于亮度信号 Y 仍是每行都传送的，即存在 Y 与$(R-Y)$或$(B-Y)$同时传送的问题。从这个意义上来说，SECAM 制常被称为顺序—同时制，而 NTSC 制和 PAL 制的 Y、$(R-Y)$、$(B-Y)$三个信号是同时传送的，因而被称为同时制。

(2) SECAM 制中，发送端对(R − Y)和(B − Y)两个色差信号采用了行轮换调频的方式。因此，在接收端需采用一个行延迟线，使每一行色差信号可以使用两次。在被传送的一行及未被传送的下一行(经过行延迟后)再使用一次，从而填补了未被传送的一行所缺的色差信号，这一处理方法称为存储复用技术。

对色差信号采用调频制具有如下优点：第一，传输中引入的微分相位失真对大面积彩色的影响减小，故微分相位容限可达±40°；第二，由于反映色差信号幅度的调频信号的频偏不受非线性增益的影响。所以色度信号不受振幅失真及幅度型干扰的影响；第三，由于不采用正交平衡调幅，因此也不必传送色度副载波的相位基准信息。

(3) 为了传送两个色度分量，就必须采用两个副载波频率。由于已调频波的瞬时频率会随图像内容而变化，所以也无法实现亮度信号与色度信号的频谱间置，因而彩色副载波会对画面产生较严重的光点干扰。为减小这一干扰，SECAM 制采用了对彩色副载波强迫定相的方法：① 逐场倒相，即相邻场的彩色副载波相位相反；② 三行倒相，即每逢三行将彩色副载波倒相一次。通过这些强迫定相措施，再加上相邻行的彩色副载波具有不同的频率，就可使彩色副载波干扰的光点可见度下降，从而改善兼容性。

(4) SECAM 制逐行轮换传送色差信号，使彩色垂直清晰度下降。对有垂直快速运动的画面，其影响将有所反映。

此外，SECAM 制也存在着行顺序效应，且属于行顺序工作的原理性缺陷。而 PAL 制与之不同，只是在存在误差的情况下引起串色，并表现出行顺序效应。

2.6.2 SECAM 制编、解码器的方框图

SECAM 制编码器如图 2-36 所示。由图可见，经 γ 校正的三基色信号 R、G、B 送入矩阵电路进行线性组合和幅度加权，形成亮度信号 Y 和两个加权色差信号 D_R 和 D_B。其中，$D_R = -1.9(R - Y)$、$D_B = 1.5(B - Y)$。D_R 式中的负号，表示在对副载波调频时，正的(R − Y)将引起负的频偏。

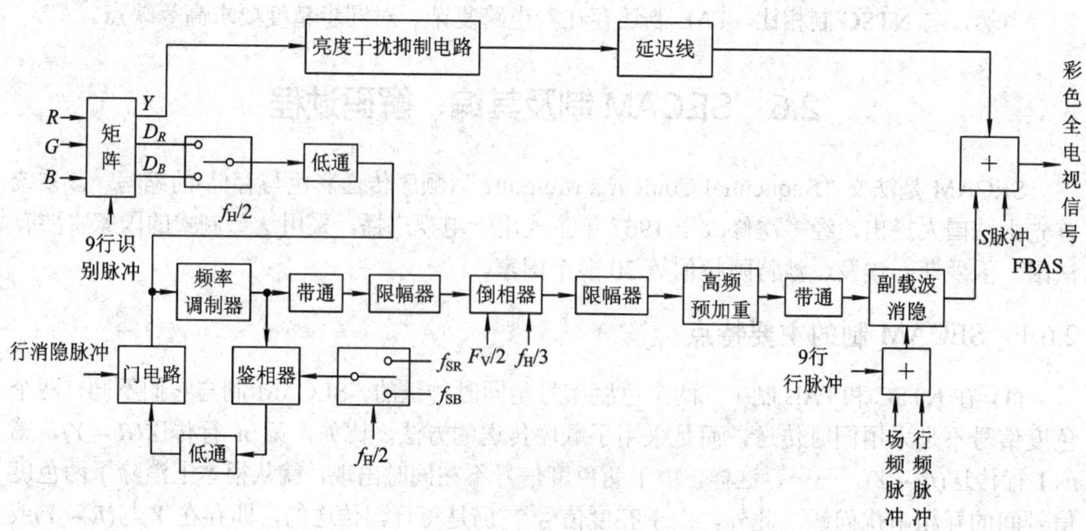

图 2-36 SECAM 制编码器方框图

半行频开关逐行选送红色差信号和蓝色差信号，并经低通滤波器将频带限制在 1.5 MHz 范围。其输出送频率调制器。频率调制器是一个锁相环路，通过半行频开关和由行消隐脉冲控制的门电路，使调制器输出的副载波，逐行轮流与 f_{SR} 和 f_{SB} 两个基准副载频在行消隐期间进行相位比较，从而将副载波的相位锁定在与同步脉冲有确定关系的基准副载波的初始相位上。调制器后接有带通滤波器及限幅器，以消除可能出现的寄生调幅。

调制器输出的副载波信号，通过由半场频脉冲和 1/3 行频脉冲控制的倒相电路，被逐场倒相及一场内每三行第三行倒相，使干扰光点的可见度降低。然后，用限幅器清除因倒相电路不对称而可能产生的副载波振幅变化。副载波经限幅后又会产生许多谐波，故还必须再用一带通滤波器将谐波滤除。最后，通过由行频、场频脉冲以及与传送识别信号相对应的 9 行行频脉冲控制的副载波消隐电路，由其在行同步脉冲期间和场消隐脉冲期间(除传送识别信号的 9 行外)将副载波消除，以免干扰接收机扫描电路的正常工作。

在亮度通道中，接有延迟线和亮度干扰抑制电路。后者的功用是抑制亮度信号频谱中与色度信号频带相对应的那一部分频率分量，避免解码器色度通道中出现过大的亮度信号干扰分量，以致影响鉴频器正常工作。

SECAM 制解码器方框图如图 2-37 所示。彩色全电视信号 FBAS，同时加入亮度与色度通道的输入端，亮度通道经延迟及副载波陷波电路，去除色度信号后所得 Y 信号加于矩阵电路。

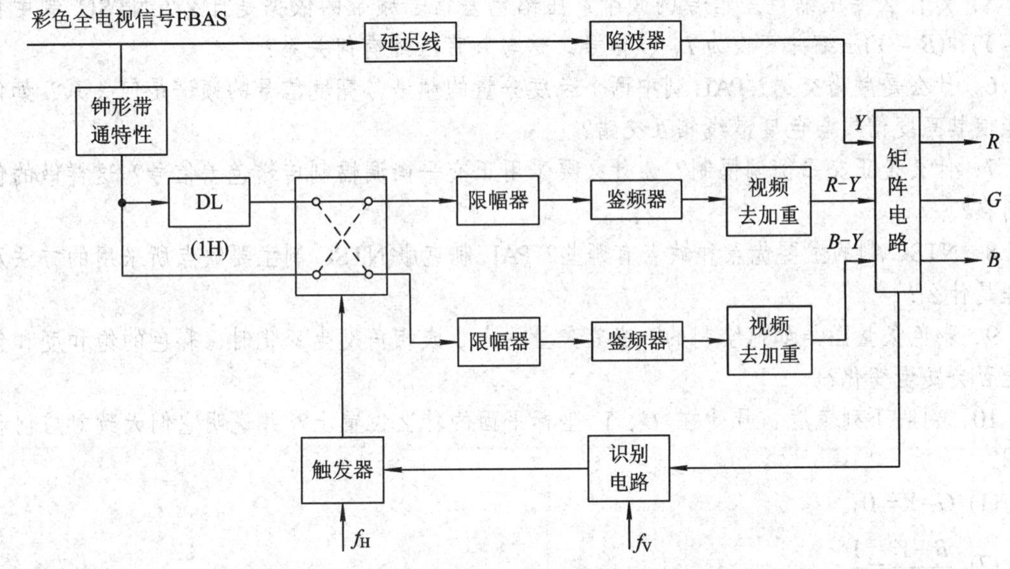

图 2-37　SECAM 制解码电路方框图

在色度通道中，通过带通滤波器将 FBAS 中的色度信号选出。被选出的逐行轮换传送的红、蓝色度信号，经延迟线及电子开关的存储复用电路，形成两路同时并存的红、蓝色度信号。然后经限幅去除幅度干扰，分别再由各自的鉴频电路解调。解调输出经视频去加重将其加于矩阵电路。Y、$(R-Y)$和$(B-Y)$经矩阵电路产生 R、G、B 三基色信号的同时，取出在场消隐期间传送的 9 行识别信号。由识别信号的极性，控制识别电路是否送出一个场触发脉冲使开关状态改变，这个触发脉冲出现在场消隐结束之时。因而保证每场开始时，电子开关状态正确，然后由触发器对 f_H 分频除 2 得半行频方波，控制电子开关正确逐行改变。

本章介绍的三种兼容制彩色电视制式，从实践的观点来看，NTSC 制始于 20 世纪 50 年代，PAL 制和 SECAM 制始于 20 世纪 60 年代，三种制式都是行之有效的彩色广播电视制式，都有不少国家采用，并积累了相当丰富的经验。由于各个国家在选择彩色电视制式时，受政治、经济、技术等多种因素的制约，故单从技术性能方面比较，决不能得出完全肯定或完全否定某一制式的结论。正因为如此，新一代电视的发展、研究和选用，还将受到原有电视制式的影响。

▼思考题与习题

1．彩色电视为什么要和黑白电视兼容？兼容制的彩色电视应具有什么特点？简述如何才能使彩色电视与黑白电视实现兼容？

2．γ 失真为什么要在发送端进行校正，而不在接收端进行校正？

3．已知色差信号$(R-Y)$和$(B-Y)$，如何求得$(G-Y)$？写出相应表达式。若已知$(B-Y)$和$(G-Y)$，又如何求得$(R-Y)$？推导出求解表达式。

4．为什么要对色差信号的幅度进行压缩？PAL 制中红差和蓝差的压缩系数各为多少？确定这两个压缩系数的依据是什么？

5．为什么要压缩色差信号的频带？压缩色差信号频带的依据是什么？NTSC 制中将$(R-Y)$和$(B-Y)$压缩并变换为 I、Q 信号，这与频带压缩有何关系？

6．什么是频谱交错？PAL 制中两个色度分量的频谱与亮度信号的频谱是何关系？如何才能使其亮度谱线与色度谱线相互交错？

7．什么是正交平衡调幅制？为什么要采用正交平衡调幅制传送色差信号？这样做的优点何在？

8．NTSC 制的主要优点和缺点有哪些？PAL 制克服 NTSC 制主要缺点所采用的方法及原理是什么？

9．彩色矢量图是如何绘制的？当其矢量的大小或相角发生变化时，彩色的饱和度和色调是否会发生变化？

10．判明下列色度信号处在 U、V 坐标平面的什么位置上？并说明它们大致对应何种色调？

(1) $G-Y=0$；

(2) $\dfrac{B-Y}{R-Y}=\dfrac{1}{2}$；

(3) $\dfrac{R-Y}{G-Y}=\dfrac{10}{3}$。

11．PAL 制彩色全电视信号中包含哪些信号？这些信号的作用各是什么？

12．有了行、场同步信号为什么还要有色同步信号？NTSC 制与 PAL 制色同步信号有什么不同？

13．PAL 制色同步信号的作用是什么？说明它的频率、幅度及出现位置。它与色度信号的分离原理是什么？

14．下列各符号的含义是什么？它们相互间具有什么样的关系？

R、G、B、Y、$(R-Y)$、$(B-Y)$、$(G-Y)$、F_U、F_V、F、F_b、F_m、φ。

15．画出 PAL_D 解码器的原理方框图，并说明它的工作原理，注明各点的波形或频谱。

16．梳状滤波器主要由哪几部分电路组成？它的作用何在？画出梳状滤波器的输入、输出信号波形及频谱。

17．已知彩条三基色信号波形如图 2-38 所示。假设亮度信号电平值："1"为白色电平，"0"为黑色电平。试画出相应各色差信号及亮度信号波形，标出幅值电平并判明其色调及饱和度。

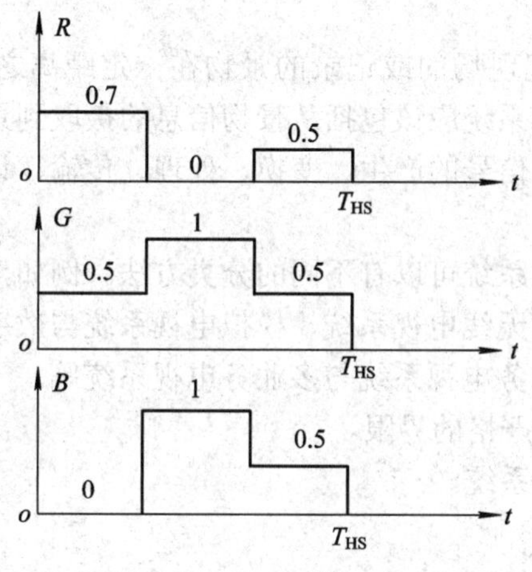

图 2-38　题 2.17 图

18．设 PAL 制电视系统摄取的彩色光为 $F=1(G)+1(B)$，试求编码所得信号 Y、U、V 和 F 的数值，并画出色度信号矢量图。

19．在发送端 PAL 信号中，倒相行由于故障不再倒相，若此信号经 PAL_D 解码器，试分析其输出信号。

20．若 PAL 制传送 100/0/100/0 彩条信号时，由于编码电路故障使 B 路无输出，试说明接收机屏幕显示有何变化？若编码信号正常，但接收机显像管的 B 枪截止，B 路无电子束流，则又会出现何种现象？以上两种情况出现的显示结果是否相同？为什么？

21．分别说明 NTSC 制、PAL 制和 SECAM 制三种兼容制彩电的主要优缺点。

第3章　广播电视系统

电视是通过通信线路把现场的或记录的景物在一定距离之外以图像的形式重现的技术。因此，一个完整的电视系统应该包括从景物信息的摄取到景物信息的再现的全过程。具体地讲，它应该包括电视信号的产生、变换、处理、传输、记录与重放、接收与显像等环节。

按照不同的标准，电视系统可以有不同的分类方法。例如，分为广播电视系统与应用电视系统、有线电视系统与无线电视系统、模拟电视系统与数字电视系统、普通电视系统与高清晰度电视系统、单业务电视系统与多业务电视系统等。一般情况下，各种分类方法可能会有些交叉，没有十分严格的界限。

本章主要介绍广播电视系统。

3.1　广播电视系统概述

广播电视系统是一种用于广播的非专用电视系统。由于它一般采用无线电方式进行信号传输，因此，广播电视系统也可称为无线电视系统或开路电视系统。目前，广播电视系统主要是广播这一单一业务。

广播电视系统的技术比较成熟，是被广泛使用的现代电视系统。但它也有许多新发展。比如，现代的广播电视系统往往包括卫星广播电视系统(BSTV)。

广播电视系统的组成方框图如图3-1所示。在发射端(电视中心或电视台)，信号源(通常为摄像机)产生的视频信号，经过图像加工器(包括放大、校正、处理等)送至导演控制室，经过导演的控制再送至图像发射机。图像发射机用来对图像信号进行放大、调制，上变频后经由双工器送到天线上。类似地，伴音信号经伴音加工器(放大、加工和处理)送至伴音发射机，经放大、调制和上变频，由双工器送到天线上。双工器用来使高频图像信号与高频伴音信号共用一副天线发射出去，而不互相影响。

广播电视系统的终端设备是广播电视接收机(简称电视机)。在电视机里，接收到高频电视信号后，经过一系列与发端对应的相反变换和处理，恢复出原来的图像信号和伴音信号，分别加到电视机中的显像管和扬声器上，从而再现发端的图像和声音。

本章以电视信号的流动为主线，介绍广播电视系统中信号的产生、处理、形成、发射、传输及接收的全过程。

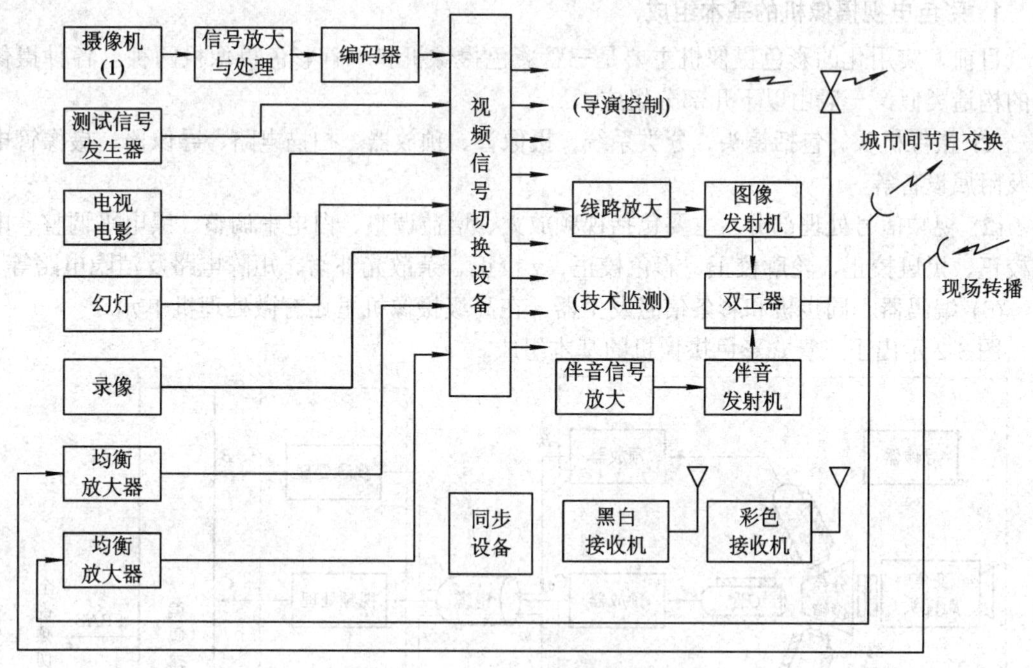

图 3-1　广播电视系统的组成方框图

3.2　电视信号的产生

严格地讲，电视信号应包括电视图像信号和电视伴音信号。由于伴音信号的产生和处理比较简单，因此，除非特别说明，我们所说的电视信号指的是电视图像信号。

在广播电视系统中，电视信号源产生的电视信号称为视频电视信号，而发射机发射的信号称为射频电视信号。本节讨论视频电视信号的产生。

在电视台的演播室里，产生视频电视信号的信号源主要有摄像机、电视幻灯机、电视电影机、磁带录像机、测试信号发生器和激光视盘机等；但就电视台的节目源来讲，还可以有电视实况转播车、转播卫星和城市间或国际间的微波中继线路等。

3.2.1　彩色电视摄像机

摄像机是电视系统的最重要的信号源，其性能的优劣往往对整个电视系统的质量有着举足轻重的作用。因此，对摄像机的要求很高。对摄像机的性能要求主要有：

- 分辨率要高。好的水平分辨率可达 750 线以上，差的也不能小于 300 线。
- 彩色逼真，轮廓清晰，灰度分明。
- 失真与干扰要小。
- 灵敏度要高。较好的摄像机的灵敏度约在 40 lx 左右。
- 镜头口径及变焦比要高。一般采用 10～15 倍的变焦镜头即可。
- 使用特性要好。这要求调节简单，使用灵活方便及小型轻便等。

在演播室里，为了得到不同景深及特写镜头，通常设置多台摄像机。

1. 彩色电视摄像机的基本组成

目前，实用化的彩色摄像机主要是三管彩色摄像机和单管彩色摄像机两种。各种摄像机的构造类似，一般由以下几部分组成：

(1) 摄像机头。包括镜头、分类系统、摄像管、预放器、扫描电路、寻像器、摄像管电源及附属设备等。

(2) 视频信号处理部分。主要包括视频放大、增益调整、白电平调整、黑电平调整、电缆校正、黑斑校正、轮廓校正、彩色校正、γ校正、杂散光补偿、矩阵电路及消隐电路等。

(3) 编码器、同步机和彩条信号发生器。在高级摄像机里还有微处理机单元。

图 3-2 示出了三管式彩色摄像机的基本组成。

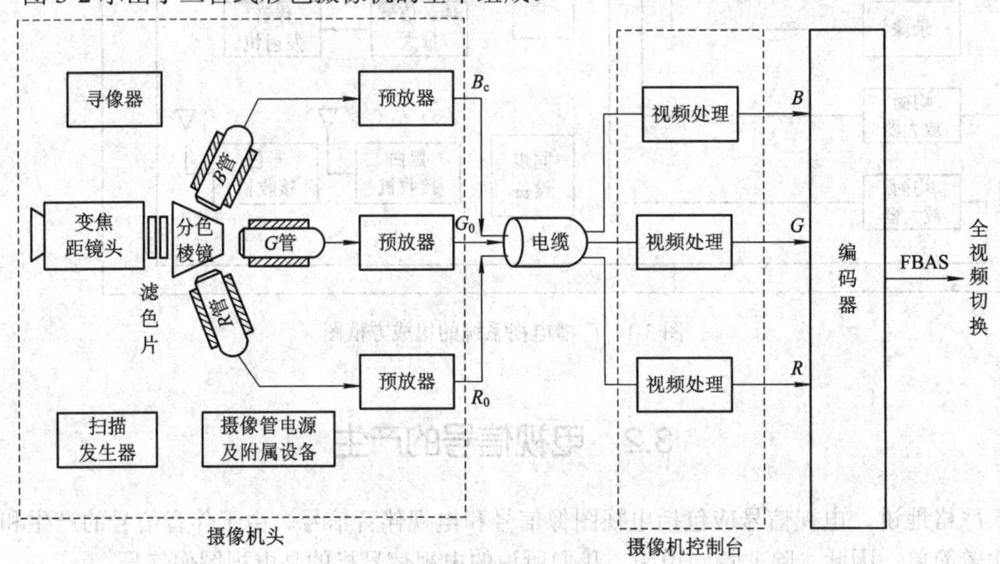

图 3-2　彩色摄像机组成框图

2. 摄像管

摄像管是摄像机中的光—电转换器件，也是摄像机的关键器件之一。摄像管的质量、体积和种类决定着摄像机的质量、体积和调节方式。

早期的超正析像管已被目前占主导地位的氧化铅光电导管所代替。此外，固体摄像器件(如 CCD 器件)也正在迅速发展，已被应用于新闻采访、家用和工业电视系统中。

(1) 光电导摄像管。氧化铅光电导摄像管是一种具有半导体氧化铅(PbO)光电导层的电子束管，它是按电荷储能原理工作的。这种摄像管应用内光电效应，由光的作用控制储能单元的充放电过程。

氧化铅光电导摄像管和光电靶的基本结构和工作原理已经在第 1 章讨论过，这里不再赘述。氧化铅光电导摄像管中的氧化铅半导体光电导层很厚(约 15 μm 左右)，储能电容和与之相关的拖尾效应都较小，在同样的光照下，氧化铜光电导管的输出电视比视像管(一般光电导管)大，灵敏度也较高。此外，氧化铅光电导管还具有线性 γ 特性和杂波小的优点。因此，这种摄像管在彩色电视摄像机中应用非常广泛。当然，氧化铅光电导管也存在缺点，主要是它的分解力不够高，信杂比也差些，必须用孔阑校正来进行补偿。

日本研制出的另外两种光电导摄像管——硫化锑光电导管和硒砷碲摄像管，它们的灵敏度和分解力都较高，很适合用于单管彩色摄像机。

在光电导摄像管家族中，还有一名称为硅靶摄像管的成员。它是在光电导层上做出数目巨大(约 50 万个)、性能良好的光敏二极管。这种摄像管也具有很高的灵敏度和线性 γ 特性，且非常耐用，不易被强光烧伤。但是，个别失效的二极管会在图像上造成明显的疵点，因此，在广播电视系统中硅靶管还没有得到广泛的应用。

应当指出，不同的光电材料，不同的光电靶，其光谱响应特性、光电特性和分解力等都不相同，使用时需根据具体要求来选择。

(2) CCD 摄像管。CCD 是电荷耦合器件(Charge Coupled Device)的简称，它是一种金属氧化物半导体(MOS)集成电路器件。与真空摄像管相比，它具有以下特点：

- 寿命长。CCD 摄像管的寿命约 20～30 年，而真空摄像管的寿命仅为几千小时。
- 成本低。用 CCD 摄像管构成的摄像机没有电子枪及其附属设备，体积小，成本低。
- 机械性能好，耐震、耐撞，不怕强光照射。
- 重合精度高。摄像管与镜头固定牢固，匹配精确。
- 暂留特性好，适于拍摄运动图像。

CCD 摄像管的缺点主要是存在垂直拖尾现象，但采用帧行间转移(FIT)型 CCD 可以基本克服这种现象。此外，CCD 摄像机在分解力方面还不及真空管摄像机。所以，在今后一段时期内，高性能广播用摄像机可能还得用真空摄像管。

① CCD 的构成。CCD 一个电极的基本构造如图 3-3 所示。在 P 型(或 N 型)硅单晶衬底上采用氧化工艺在表面上形成一层很薄的优质二氧化硅(SiO_2)，再在其上蒸发一层间距很小的金属电极，形成金属—氧化物—半导体结构。在电极上加适当的正(或负)偏压，它所形成的电场穿过 SiO_2 层排斥衬底里的多数载流子，从而在电极下形成一个电荷耗尽区。这个耗尽层又会利用形成的电场把少数载流子吸引并储存到 SiO_2-Si 的界面附近，因此，常把这个耗尽区称为“势阱”。偏压越高，势阱越深。

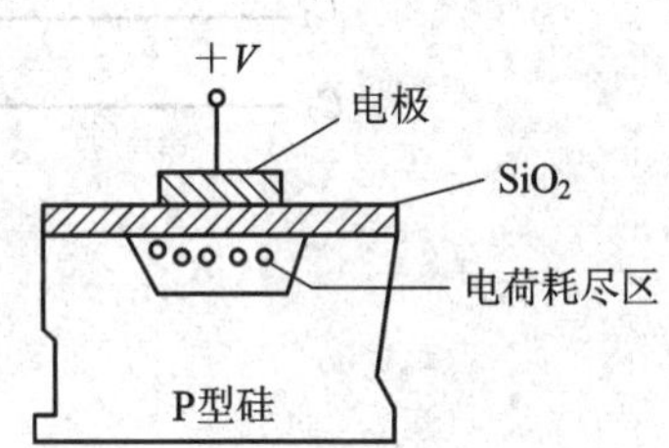

图 3-3 CCD 的一个电极结构图

CCD 主要有线阵 CCD 和面阵 CCD 两大类。线阵 CCD 可以同时储存一行信号。面阵 CCD 可以同时接受一幅完整的光像。CCD 面阵可分为帧转移(FT)型、行转换(LT)型、行间转移(ILT)型和帧行间转移(FIT)型四种。图 3-4 为一个面阵 CCD 的结构图，其中存储部分要遮光。

② CCD 的工作原理。CCD 是能够把入射光转变成电荷包，并对电荷包加以储存和转移(耦合)的一种器件。因此，CCD 的工作原理包括光电转换、信号电荷的积累(储存)和电荷转换(信号读出)三个步骤。

- 光电转换与电荷积累。当硅晶体受到光照射(正面照射或背面照射)时，半导体由于光激发，在晶体内部会产生电子—空穴对。由此产生的电子(少数载流子)会在电场的吸引下落入势阱内而储存起来，形成电荷包。势阱内储存的电荷的数目与该处所受光照的强弱成正比。可见，当把一个景物的光像投射到 CCD 面阵上时，就会在 CCD 面阵上形成由积累电荷描绘的电子图像，从而完成光电转换与信息的存储。
- 电荷转移。以三相 CCD 为例，电荷的转移过程如图 3-5 所示。CCD 上的电极每隔三个连在一起(见图 3-5(*a*))，由图 3-5(*b*)所示的三相时钟脉冲(或称寻址转移信号)驱动。

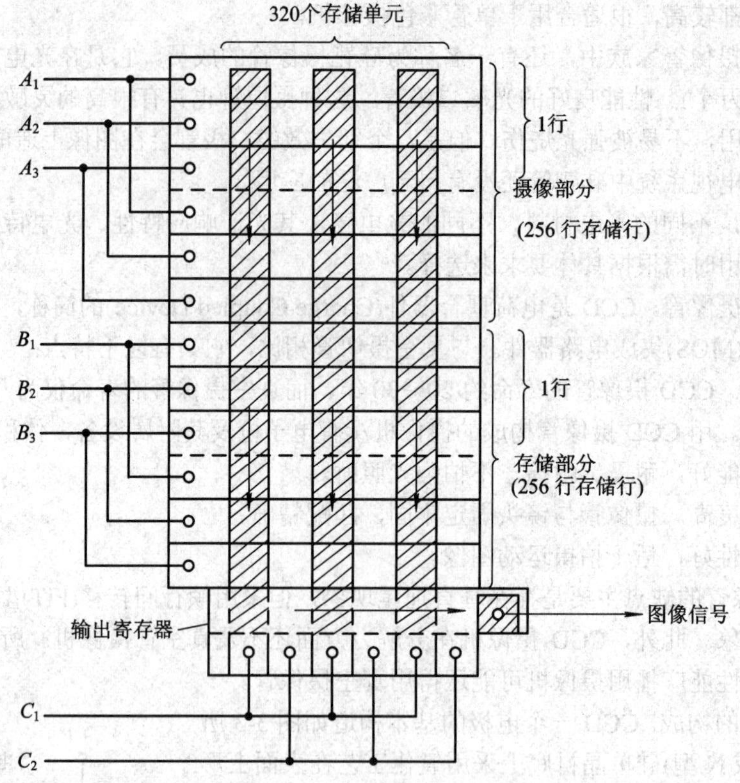

图 3-4　一个面阵 CCD 的结构

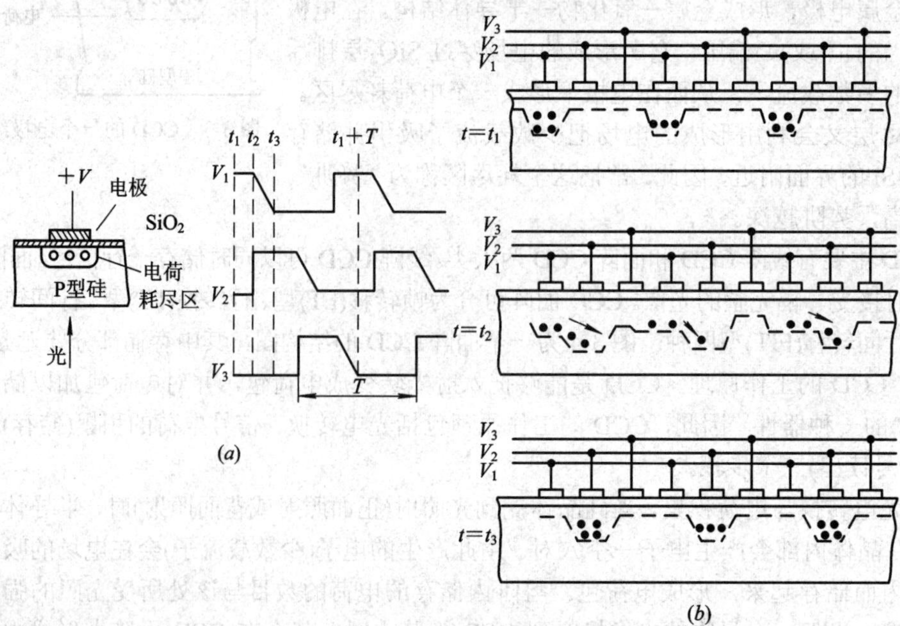

图 3-5　CCD 电荷转移原理图

当 $t=t_1$ 时，V_1 为高，V_2、V_3 为低，在 V_1 的各电极下形成势阱，在势阱内存储的电荷包与景物的光像相对应。当 $t=t_2$ 时，V_1 开始下降，V_2 变为最高，于是原来存放在 V_1 的各电极下的势阱内的电荷包就会向 V_2 的各电极下的最深势阱转移。到 t_3 时刻，电荷包转移完毕。接着，V_2 下降，V_3 为最大，电荷包又从 V_2 电极下的势阱中转移到 V_3 电极下的势阱中，依此类推。在时钟脉冲的作用下，电荷将不断向右移动，从而完成电荷的转移。由此可见，CCD 实质上可等效为一种移位寄存器。

当电荷从器件始端依次传送到末端时，可通过反偏的 PN 结来收集，并经放大后顺序读出图像电信号。

一般情况下，电荷积累时间应该远大于信号读出时间。

③ CCD 的隔行扫描。广播电视系统中的 CCD 必须适合现行电视体制中的扫描方式，即遵循隔行扫描的规律。

在 CCD 摄像器件中，为了在垂直方面实现隔行扫描，通常采用四相型 CCD，而在水平方向采用二相型即可。

用四相型 CCD 实现垂直方向的隔行扫描，其过程如图 3-6 所示。在第 n 场期间，使 V_2、V_3、V_4 为高电平，V_1 为低电平，由入射光产生的电荷存储在以 V_3 相为中心的 V_2、V_3、V_4 各相电极下的势阱中。每个像素在垂直方向上大致包含三个电极范围，V_1 相的低电平把各像素加以隔离。在第 $n+1$ 场期间，V_4、V_1、V_2 为高，V_3 为低，入射光产生的电荷存储在 V_4、V_1、V_2 各相电极下，V_3 相把各像素加以隔离。由于第 $n+1$ 场与第 n 场总是错开两电极，从而实现隔行扫描。

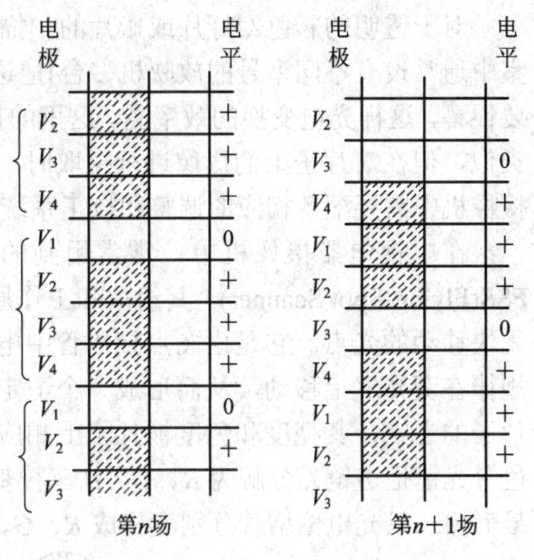

图 3-6　四相 CCD 的隔行扫描

④ CCD 摄像机。以 CCD 面阵作摄像器件组成的摄像机，称为 CCD 摄像机。它分为三片式、二片式和单片式三种。

三片式摄像机的基本组成与一般三管式彩色摄像机的组成类似，只是用 CCD 面阵代替了真空摄像管。当然，为了使 CCD 面阵正常工作，还需要有各种时钟驱动脉冲、开关信号和偏置电压以及为补偿疵点缺陷的缺陷补偿电路。此外，由于 CCD 面阵输出的是离散的脉幅调制(PAM)信号，因此还需要有取样保持电路来完成由离散脉冲信号到连续模拟信号的转换。

三片式 CCD 摄像机的分解力较高、价格昂贵，是一种高性能的摄像机。单片式 CCD 摄像机用一片 CCD 面阵就可获得 R、G、B 三基色信号，其结构更加简单，体积和价格都比较合适，是目前新闻采集和家用的比较理想的摄像工具。

3. 光学系统

光学系统也是彩色摄像机的重要组成部分，它不仅对摄像机的光谱响应特性有影响，而且也影响所摄取的景物及其彩色。

彩色摄像机的光学系统主要由变焦距镜头、分色镜、中性滤光片和色温滤光片组成(见图 3-2)。

有变焦距镜头的摄像机，能在拍摄点不动的情况下，缓慢或快速地连续改变摄取场面的大小。这有利于对电视节目的艺术加工。变焦镜头的变焦比(最大焦距与最小焦距之比)

在演播室内一般在 10 左右，在室外还要更大，可达 30 左右。

分色镜是摄像机中的分色系统，主要有双向平面镜和棱镜两种类型。其中，以棱镜用得最为普遍。它是在一个玻璃三棱镜的一个表面上镀上多层干涉薄膜，利用光的干涉原理使某些光谱的光从薄膜反射出去，而其他光谱的光则透过薄膜，从而达到分色的目的。有关分色棱镜的组成和棱镜分色的原理在第 1 章中已经讲述，这里不再多加说明。

加入中性滤光片，是为了实现不减小光圈而又要减小光通量的目的。对中性滤光片的要求是衰减量合适，光谱响应特性平直。

在变焦镜头与分色镜头之间加入色温滤光片，利用色温滤光片的光谱响应特性可以补偿因光源色温不同而引起的光谱特性的变化，从而在不同的照明光源条件下都能正确地重现彩色。

3.2.2　飞点影片扫描器

对于透明的彩色幻灯片或影片的扫描和重现，可以用幻灯机或电影放映机(电视台演播室中通常设有不同型号的放映机多台)把透明片子上的影像投射到彩色摄像机的靶面上，不要银幕，这样光电变换的效率高。这里的摄像机，其组成的工作原理与图 3-2 所示的摄像机类似，但在对片子上的影像进行摄取时，要求三个摄像管的扫描必须完全重合。因此，在摄像机中需要配备相应的调整和校正系统。这类设备称做电视电影摄像机。

在电视电影摄像机中，常常用到的一种设备叫飞点影片扫描器，简称飞点扫描器FSS(Flying-Spot Scanner)。其组成和工作原理如图 3-7 所示。所谓“飞点”，顾名思义，就是飞快移动的光点，它是由飞点扫描管中电子束轰击荧光屏而激发出的光点，它按电视扫描规律在荧光屏上移动，从而形成一个恒定亮度的光栅。光点通过镜头投射到片子上，透过片子的光点，其亮度和色度被片子上相应点的亮度和色度所调制。放置于片子后面的二向色分光镜把透镜光分解为 R、G、B 三种基色光。任一光点分解的三个基色光，其亮度变化最后由三只光电倍增管分别变换成 R、G、B 三个基色信号。

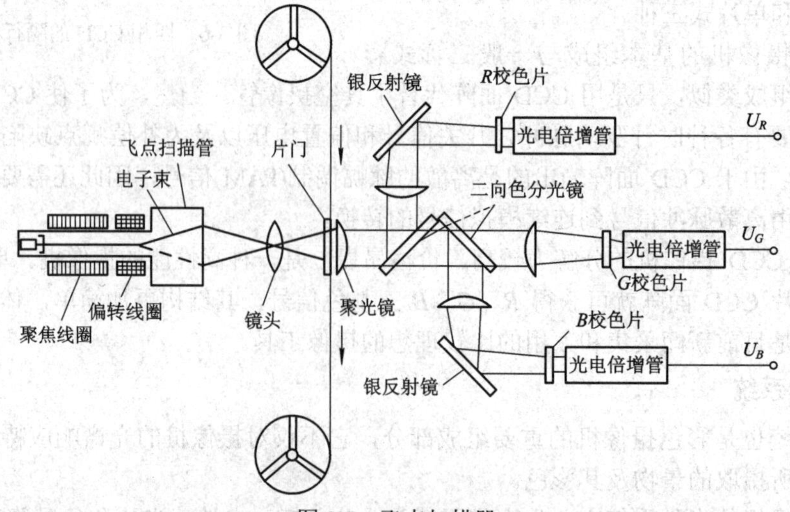

图 3-7　飞点扫描器

飞点扫描器的最大优点在于，三个基色信号在时间上完全一致。这是因为，三个基色光任何时候都是由同一个光点分解出来的。所以，图像上不存在彩色重合误差。但是，片子上画面的密度对重现图像的信杂比有影响。

用线阵 CCD 也可做成彩色影片扫描器，其组成与 CCD 摄像机类似。

3.2.3　录放像机

电视台播放的节目，除直播和转播外，大部分节目是对已记录和存储的节目的重放。在电视节目的存储方面，目前应用最广泛的是视频磁带记录 VTR(Video Tape Recording)和激光视盘 LD(Laser Disk)。随着数字技术的发展，重放数字图像信号的数字视盘 DVD(Digital Video Disk)的使用也日益广泛。

视频磁带记录就是把视频电视信号(电信号)以剩磁的形式记录在磁带上。存储记录方式可以是模拟式，也可以是数字式。数字式有许多优点，如失真、杂波小和复录对图像质量的影响小，可采用多磁头并行录放技术来解决最短记录波长及磁带—磁带相对速度的最高值受限问题等。目前，磁带录像机的种类十分繁多，但可归为三大类，即：

(1) U 型机或称 Umatic。它采用 3/4 英寸磁带，在电视广播中用得较多。

(2) β 型机或称 β-max。它采用 1/2 英寸磁带。

(3) VHS。它也采用 1/2 英寸磁带。

对于视盘存储方式，又分为两种形式：电容式视盘和激光视盘。电容式视盘是以电容方式存储信息，而以机械接触方式读取信息。激光视盘是以微小凹坑形式存储信息，而以激光束方式读取信息。

3.3　电视信号的处理

从摄像管输出的信号，在进入编码器之前需要进行一系列的校正处理。这些处理除预放及反杂波校正(高频补偿)在机头内完成外，其余都在控制台(或调像台)进行，包括电缆校正、黑斑校正、轮廓校正(三色通道共用)、灰度校正、直流分量恢复和彩色校正(三色通道共用)等。

在进行发射前的调制处理之前，从摄像机和其他视频设备输出的视频信号都要送入中心机房的导演室，进行另外的加工处理。这些处理主要是视频信号的切换和特技处理，是由导演控制的。整个电视信号的处理部分的组成框图如图 3-8 所示。

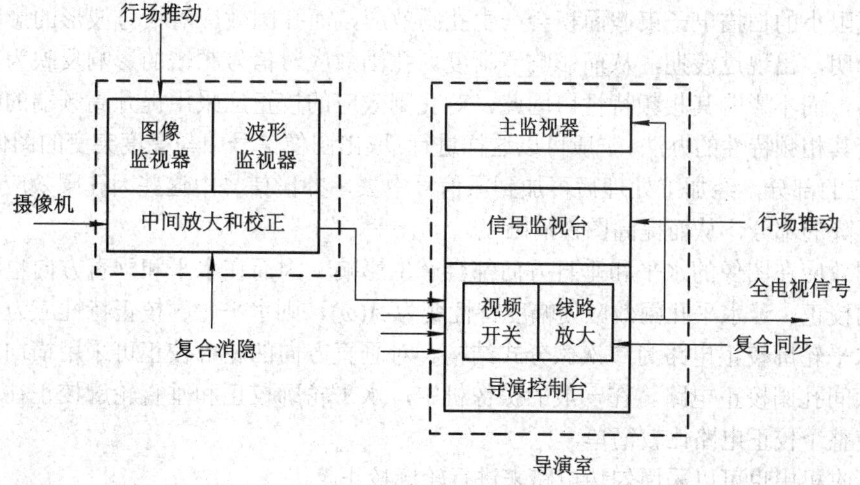

图 3-8　视频电视信号的处理

3.3.1 校正处理

1. 反杂波校正

由摄像管输出的信号非常微弱，需要在摄像机机头内紧靠摄像管处设置预放器，将微弱信号放大。若预放器的输出信杂比较低(小于 45 dB)，则在电视接收机屏幕上会出现雪花状的杂波干扰。为了减轻重现图像上的杂波干扰，通常在摄像机头内设置有杂波抑制电路或反杂波校正电路。

在摄像机中，杂波主要来源于预放器的输入电路和第一级放大器。由于输入电路的幅频特性随频率的升高而下降，为了使整个预放器的频率特性平坦，应使放大器的增益随频率升高而提高，即要采用高频补偿放大器。为了提高输出信杂比，要选用高增益和低杂波系数的放大电路，特别是预放器的第一级放大电路，同时还要注意匹配。此外，为了获得比较理想的频率特性，往往采用深度负反馈。

2. 电缆校正

摄像机头离控制台(调像台)往往比较远，从机头到调像台的传输电缆就比较长，其分布参数会使图像信号的高频分量跌落，影响图像清晰度。所以，在调像台要进行高频分量的提升处理，使衰减的高频分量得到补偿。完成这一功能的电路是电缆校正放大器。

3. 黑斑校正

由于多种原因，如摄像机镜头各区域亮度不均匀，投射在光电靶面的背景光不均匀及电子束在靶面边缘不能垂直上靶等，会使重现图像出现黑斑或色斑。为此，需要设置专门的电路加以校正。

黑斑效应有两种形式，即叠加型黑斑和乘积型黑斑。叠加型黑斑是在没有发生畸变的图像信号上叠加了一个不均匀的附加信号，对此，只要在电路中产生一个与附加信号波形相反的校正信号即可完成校正。乘积型黑斑是图像信号受到附加信号的调制而产生的，对此，只要用与附加信号波形相反的信号对有畸变的图像信号进行再调制即可完成校正。

4. 轮廓校正(孔阑校正)

非无限小的扫描电子束截面积会产生孔阑效应，而孔阑效应对信号波形的影响表现为轮廓不分明，出现过渡期，从而影响清晰度。孔阑效应对信号频谱的影响反映为高端幅频特性跌落，而不影响其相频特性。因此，对孔阑效应的校正应采用提升高频端的幅频特性而不改变其相频特性的办法。一般可以这样进行；取出图像信号中与亮度突变的图像边缘(轮廓)相对应的部分，经加工处理后再加到原信号中去，补偿信号中这些因孔阑效应而造成变化锐度下降的部分，从而提高图像清晰度。

孔阑效应在图像的水平和垂直方向都会产生影响，因而在水平和垂直方向也都应该进行相应的校正。若水平孔阑效应使幅度特性变为 $A(\omega)$，则水平轮廓校正特性应为 $1/A(\omega)$。常用的水平轮廓校正电路为二次微分式结构。对垂直方向的轮廓校正可采用横向滤波器或自适应帧间孔阑校正电路。在一般的摄像机中，水平轮廓校正和垂直轮廓校正往往组合在一起，使整个校正电路比较简单。

在接收机中也可以采用勾边电路来进行轮廓校正。

5. 直流恢复

在视频通道中，放大器往往采用交流耦合。这样将会使图像信号中的直流和低频分量丢失，从而丢失图像的背景亮度，造成图像亮度畸变。

由于图像信号具有单极性的特点，即信号只存在于以固定黑色电平为基准的一个方向上。因此，常常利用钳位电路来恢复反映图像背景亮度的直流分量。

钳位电路在摄像机和电视接收机中均有,有关钳位电路的工作原理及电路分析参见第 4 章。

6. 灰度校正(γ 校正)

由于显像管和摄像管光电转换特性(调制特性)的非线性，会引起收、发图像的亮度失真，从而引起图像灰度畸变(γ 畸变)。为了消除这种畸变，通常在调像台设置 γ 校正电路。目前，常用二极管电路构成 γ 校正电路。

7. 彩色校正

在彩色电视系统中，为了正确重视被摄景物的彩色，不产生彩色失真；应使摄像机的光谱响应特性与显像管的三基色混色曲线一致。为此，常常要进行彩色校正，目前采用的方法主要有修正法和合成法。

8. 时基校正

录像机里的时基校正是伪时基校正，因为它只对色度信号进行补偿，以克服画面彩色的变化，而与亮度信号的配合并不十分吻合。所以，录像机的输出图像信号并不能直接与其他彩色电视系统输出的信号进行同步混合，也不能进行特技合成。在中心机房往往设置数字时基校正，以使时基误差得以较完全地校正。

数字时基校正的工作原理是：从录像机输出的含有时基误差的重放视频信号进入数字时基校正器，经 A/D 变换器在写入时钟(由重放视频同步信号控制)支配下写入存储器，然后在受基准同步信号控制的读出时钟支配下取出信号。

应当强调，时基校正主要是对录像信号的校正。

3.3.2　切换及特技处理

电视台播出的节目，大部分是经过编辑的录像带。因此，对视频信号的处理应包括电子编辑。为了增强节目的艺术效果，在导演室要进行视频信号的切换和特技处理。

1. 电子编辑

把在不同场合记录在各条磁带上的节目内容汇编在一起，称为电子编辑。电子编辑的方式通常有两种，即插入和组合。所谓插入，就是根据需要在已记录有信息的磁带上的某一特定部位插入新的图像或伴音。组合则是按录像脚本规定的顺序把不同画面依次记录在同一条磁带上。

在电视台，配备有电子编辑机来实现电子编辑。

2. 特技处理

在电视台，由导演控制特技(效果)发生器来进行特技处理，使电视画面生动活泼，富于变化。新型的特技发生器可以从上百种画面图形花样中选取所需的图形花样。

特技发生器的功能有：

- 切换；

- 混合；
- 划变；
- 软键，主要是把黑白摄像机拍摄的图案插入到节目图像中去；
- 键控，分为内键和外键两种；
- 字幕叠加；
- 底色变换；
- 图样调制；
- 边框与边线；
- 定位。

此外，数字视频特技的应用也越来越广泛。下面介绍几种基本的特技处理方法。

(1) 切换。切换是从多路电视信号中选出一路或从一路切换到另一路。切换通常有快切换和慢切换两种。

① 快切换。快切换通常由视频开关在场逆程期间完成。切换开关由导演控制。当切换电压接通后，控制电路要等到由场同步信号形成的第一个场控脉冲到来时，才与切换电压共同作用，把视频开关接通，送出视频信号，如图 3-9 所示。

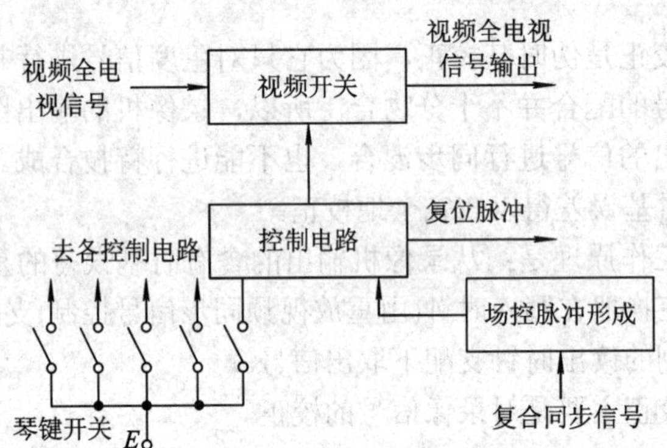

图 3-9　快切换原理图

为了提高电视节目的播出质量，减少人工切换因准确性差而形成的画面丢失和跳动等现象，电视台里往往设置自动播控系统。自动播控系统通常可对多台不同型号的录像机进行放像、静像、搜索、快进、快退、停止、出带等的长线遥控，并设有多路(常为两路)输出，同时完成多套节目的自动播出，如图 3-10 所示。同时，系统还设有应急开关，能对系统进行临时调整。与计算机相连，还可以实现机房的统一化管理。

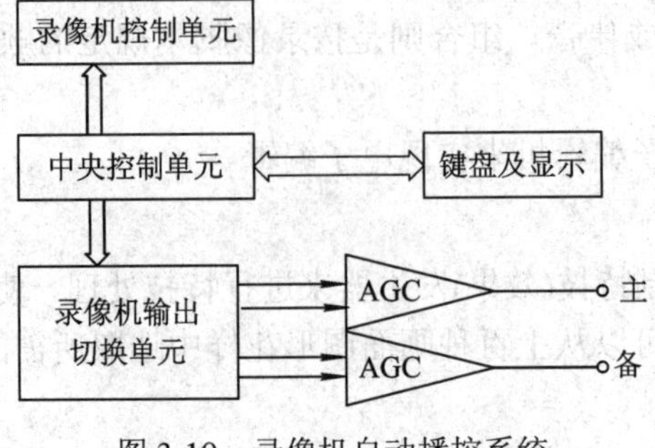

图 3-10　录像机自动播控系统

② 慢切换。慢切换是一幅画面被另一幅画面缓慢代替的切换方式。常用的有淡出—淡入、切出—淡入和淡出—切入等方法。各种慢切换两种信号幅度变化曲线的形状如图 3-11 所示。其中(*a*)图称为 X 切换，(*b*)图称为 V 切换，均为淡出—淡入方法。

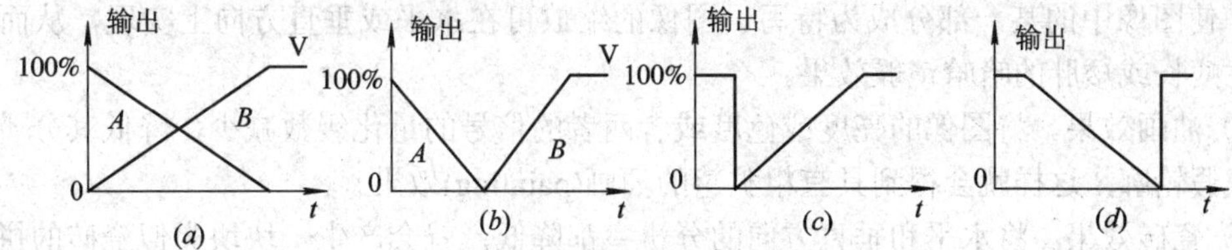

图 3-11　慢切换的几种方法

应当注意，在进行慢切换处理时，要保持两种信号的各种同步信号及扫描的正确性。

(2) 划变。划变是把两个信号源提供的两个图像按一定的几何图形和比例关系组合成一个画面的特技方法。划变可分为两种情况：一种是 *A* 画面与 *B* 画面相互转换；另一种是在划变过程中组成 *A*、*B* 两个子画面。

实现划变的原理图如图 3-12 所示，图中，控制门控放大器的电压为拉幕电压。改变拉幕电压，就可获得不同的划变图案。

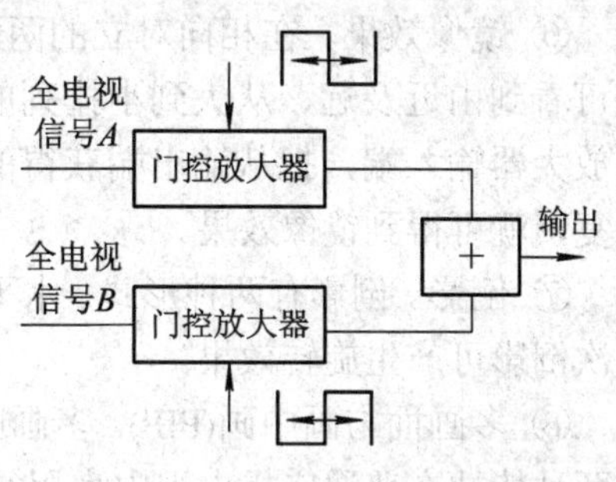

图 3-12　划变原理图

(3) 键控。键控是沿一定轮廓线抠去一个图像的一部分并镶入另一图像的一种特技。键控分为内键和外键两种。内键是根据图像 A 的亮度差别或色调差别(由此而得的键控称为色键)形成键控信号，抠去图像 B 中与图像 A 对应的部分，并把图像 A 填进去的一种键控方法。外键是用另外一路图像信号产生键控信号，并用它把 A、B 两路图像混合在一起的一种键控方法。

(4) 字幕叠加。字幕叠加是在图像视频信号上叠加文字视频的一种特技方法。字幕叠加的方法较多，一种简单易行的方法是用模拟开关完成，如图 3-13 所示。图中的模拟开关为一单刀双掷开关，两个输入端 X_0、X_1 中 X_1 接图像视频，X_0 接电位器用以调节字符亮度，输出信号(合成信号)由文字视频控制开关 A 来控制，它是去掉同步头的文字视频信号。当文字视频信号为高时，开关打向 X_0，为白电平；文字视频信号为低时，开关打向 X_1，接通图像视频，从而实现字幕叠加。

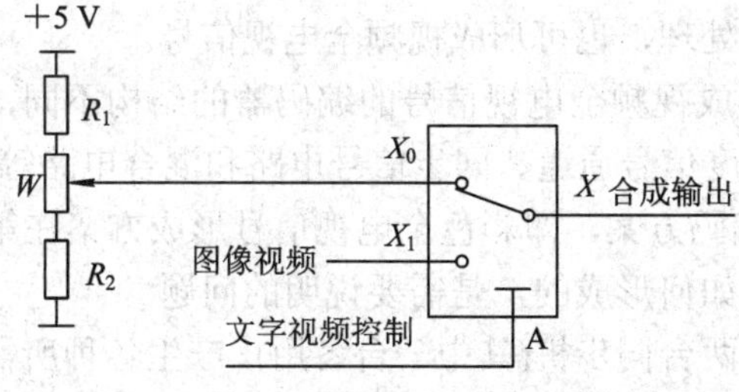

图 3-13　字幕叠加原理图

(5) 数字特技。数字特技的应用，大大提高了电视的特技效果。数字特技是对视频信号本身进行尺寸、位置变化和亮、色信号变化的数字化处理，它能使图像变成各种形状，在屏幕上任意放缩、旋转等。数字特技的几种形式如下：

① 图像的放大与缩小。数字特技可以通过对存于存储器中的图像数据的处理，将一幅图像连续地缩小，直至成为一点；或者将这幅图像逐渐放大，直至占满全屏，甚至可继续增大，使图像中的某一部分成为特写。图像的缩放可在水平或垂直方向上实现，从而使图像产生瘦长或矮胖的哈哈镜般效果。

② 油画效果。将图像的亮度或色度或者两者的信号的量化级数减少，降低其分辨率，形成虚假轮廓，这样就会得到具有粗犷感的油画(painting)效果。

③ 瓷砖效果。将水平和垂直方向的分辨率都降低，就会产生一块块类似瓷砖的拼图，俗称马赛克(Mosaic)拼图。

④ 画面冻结。保持帧存储器中的数据不变，但重复读出，就可得到一幅静止图像，称为冻结。若再与图像缩小相结合，可形成多画面冻结。

⑤ 裂像效果。把一幅图像从中间分开，形成两个半幅，并推向两边，这就是裂像。与此同时，还可以在中间加入新画面。

⑥ 镜像效果。在相向对立的两面镜子中间放置一物体，由于多次反射，在每面镜子中均可看到由近及远、从大到小排列的一串相同的镜像。利用数字特技，把图像送至混合特技放大器输入端，把从输出端获得的已压缩的图像再送入输入端，仍按同比例压缩，如此反复，就可得到镜像效果。

⑦ 倒影。倒影有两种形式：水平倒影产生左右对称图像；垂直倒影形成上下对称图像。多次倒影可产生旋转效果。

⑧ 多画面与画中画(PIP)。多画面与画中画是数字电视常用的技术，参见第 7 章。当然，这两种特技在普通广播电视中也用得越来越普遍。其中，画中画还具有多重嵌套功能。

⑨ 三维特技效果。通过多种特技组合，可以得到具有立体感的三维特技效果。

3.4 电视信号的形成

3.4.1 视频全电视信号的形成

摄像机输出的三基色信号，经过各种校正处理后，与各种同步信号一起送入编码器，再经过一系列的处理加工后形成彩色视频全电视信号输出。录像机等其他信号源产生的视频信号，经过一定的加工处理，也可形成视频全电视信号。

不同制式的电视，形成视频全电视信号的编码器的结构不同，但它基本上都包括矩阵电路、亮度信号通道、色度信号通道、同步信号电路和混合电路等几部分。关于 NTSC 制、PAL 制和 SECAM 制的编码方案，即彩色全电视信号形成方案在第 2 章已作介绍，这里不再赘述。关于同步信号是如何形成的，是需要说明的问题。

在电视台通常设置有两台同步机(其中一台备用)，产生各种所需的同步信号。比如，PAL 制彩色电视同步机产生七种同步信号：行推动信号 H、场推动信号 V、复合同上信号 S、复合消隐信号 A、副载波 F、色同步旗形脉冲 K 和 PAL 识别脉冲 P。这些信号在频率和相位方面有着严格的关系，可由一个标准的定时信号通过一定的处理和变换来产生。

电视台在进行节目联播或作实况转播时，由于本台的同步与外来的同步不一致，将会造成图像翻滚，甚至丢失图像。解决这一问题有以下三种方法。

(1) 帧同步器法。这是一种基于数字处理的开环锁相法。它是将外来视频信号变为数字信号后存储延时。读出时钟的基准用本台同步信号，从而达到外来信号与本台信号同步锁相的目的，如图3-14所示。这种方式类似于前述的时基校正。

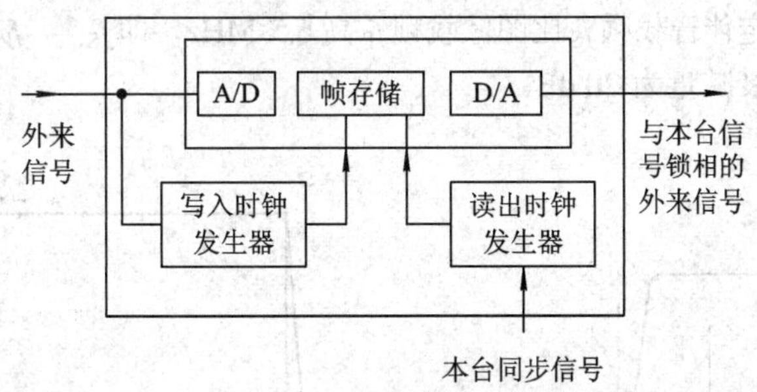

图3-14　帧同步器工作原理

(2) 台从锁相。台从锁相是本台同步机受外来信号锁定，如图3-15所示。实现台从锁相的前提是：有外来信号时，本台同步信号发生器被外来信号锁定；当外来信号中断时，同步信号发生器自动转为内锁相；转换过程必须平稳。采用泰克公司(Tektronix)的1411信号发生器作播出系统主同步机，很容易实现台从锁相。

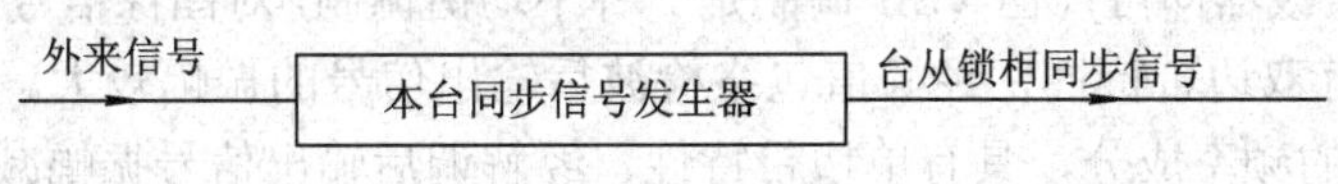

图3-15　台从锁相

(3) 台主锁相。将外来节目源的各种同步信号锁定在本台同步机所产生的各种信号的频率和相位上，这就是台主锁相。

台主锁相可使多台转播车(或多个电视台)与本台同步机同步，比较适合于节目联播。

3.4.2　射频全电视信号的形成

视频全电视信号(包括伴音信号)只有经过调制和混频，形成射频全电视信号，才能发射。以下分别讲述卫星广播电视(BSTV)的信号形成与地面广播电视系统的信号形成。

1. 地面广播电视系统射频电视信号的形成

(1) 使用频段。视频图像信号具有6 MHz的带宽，因此，地面广播电视系统使用的频段应选在超波范围。我国规定广播电视系统选用的甚高频(VHF)频率范围为48～223 MHz，超高频(UHF)频率范围为470～960 MHz。

(2) 调制方式。在地面广播电视系统中，频带拥挤是主要矛盾，提高接收信号的质量(载噪比)可用加大电视台发射功率的办法来解决。因此，图像信号的调制常用调幅的方法，为了减小频带且不过多增加电视系统的复杂性，图像信号的调制都用残留边带(VSB)调幅。由于伴音信号本身的频带很窄，即使使用调频的方法，得到的已调信号的带宽与图像信号相比也是微不足道的。而且这样做，由于图像信号与伴音信号的调制方式不同而不至于互相干扰；接收到的伴音信号的质量也较高。

① 图像信号的残留边带调幅。在地面广播电视系统中，图像信号的残留边带调幅就是发送一个完整的上边带和一小部分下边带，抑制大部分另一下边带，如图 3-16 所示。由图可知，当用 VSB 滤波器获得射频信号时，相应下边带 0.75～1.25 MHz 处的幅频特性变化比单边带(SSB)滤波器载频处缓慢许多，相应的相频特性的非线性也大为减小。这就是 VSB 滤波器比单边带滤波器容易实现的原因。

在图 3-16 中，规定伴音载频f_S比图像载频f_P高 6.5 MHz，即$f_S - f_P = 6.5$ MHz，距f_P为 −1.25 MHz 处的最小衰减量为 20 dB。

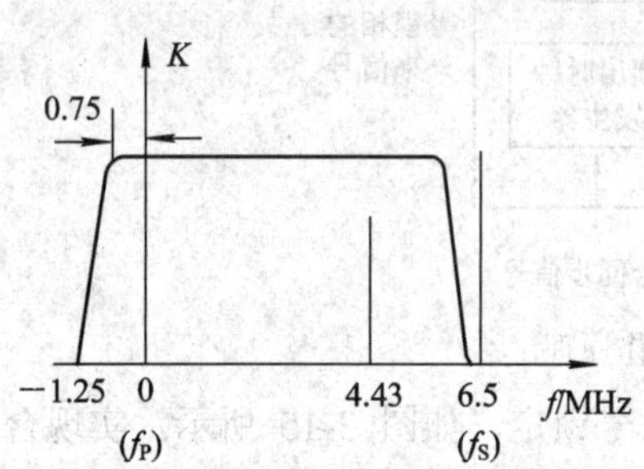

图 3-16　残留边带调幅的幅频特性

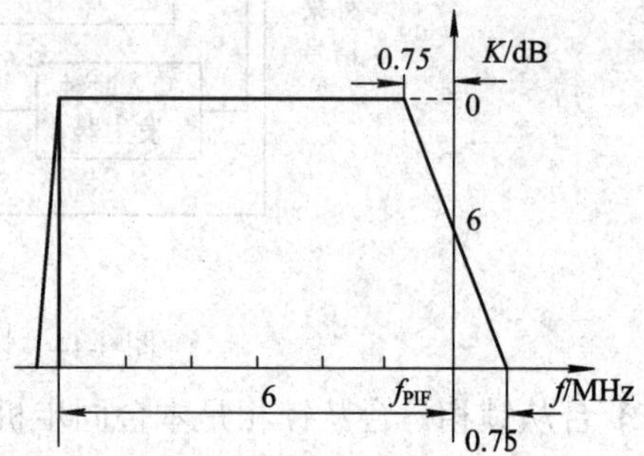

图 3-17　接收机中放幅频特性

残留边带方式的优点是：已调信号的频带较窄；滤波器比 SSB 滤波器实现；易解调(用二极管峰值包络检波器即可)。但 VSB 调制是一种不均衡调制，对图像信号中低于 0.75 MHz 的频率成分，具有双边带特性，经峰值包络检波后输出信号的振幅较大。对于图像信号中的 1.25～6 MHz 的频率成分，具有单边带特性，经解调后输出信号振幅减半。这样，低频分量振幅较大，使图像对比度增加，但高频分量跌落会使图像清晰度下降。因此，要恢复原来信号频谱，就要求接收机的中放具有如图 3-17 所示的特殊幅频特性。

相位失真对图像的影响非常大。如果 VSB 滤波的相频特性为非线性，那么，在整个电视系统(包括接收机)中要进行相应的校正。一般采用多节累接全通滤波器的无源相位均衡器来形成所需相位特性。

视频图像信号为一单极性信号，经调制后可以是正极性射频信号，也可以是负极性射频信号。大多数国家都采用负极性调制，我国也是如此。负极性射频图像信号的波形如图 3-18 所示。

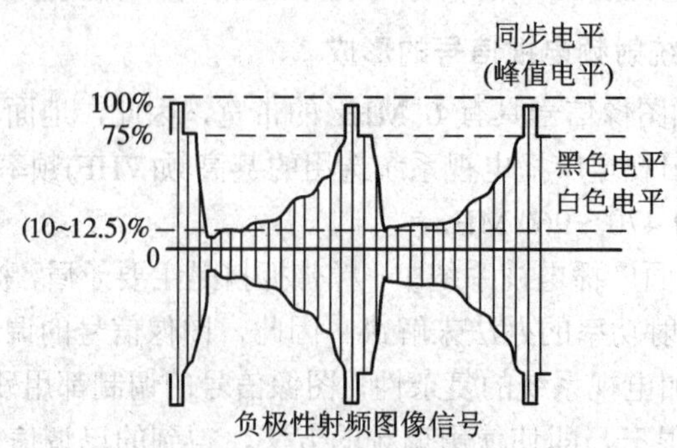

图 3-18　负极性射频图像信号

采用负极性调制有以下三方面的优点：负极性调幅时，同步脉冲顶对应于图像发射机输出功率最大值，在一般情况下，一幅图像中亮的部分总比暗的部分面积大，因而负极性调制时，调幅信号的平均功率要比峰值功率小得多，显然工作效率高。在传输过程中，当有脉冲干扰叠加在调幅信号上时，对正极性调制来说，干扰脉冲为高电平(白电平也为高电平)，经解调后在荧屏上呈现为亮点，较易被人眼察觉；而负极性调制，干扰脉冲仍为高电平，但经解调后在荧屏上呈现为暗点，人眼对暗点不敏感，并且也易为自动干扰抑制电路消除或减弱。负极性调制还便于将同步顶用作基准电平进行自动增益控制(AGC)。

② 伴音信号的调频。电视广播中伴音信号的频率范围在 50 Hz～15 kHz 之间。为了提高伴音信号的接收质量，送往伴音发射机的伴音信号经过调频(FM)后变成宽带信号。我国规定伴音已调信号的最大频偏为 50 kHz，所以已调伴音信号的带宽为

$$B = 2(\Delta f_{\mathrm{m}} + F_{\max}) = 2(50 + 15) = 130\ \text{kHz} \tag{3-1}$$

其频谱如图 3-19 所示。

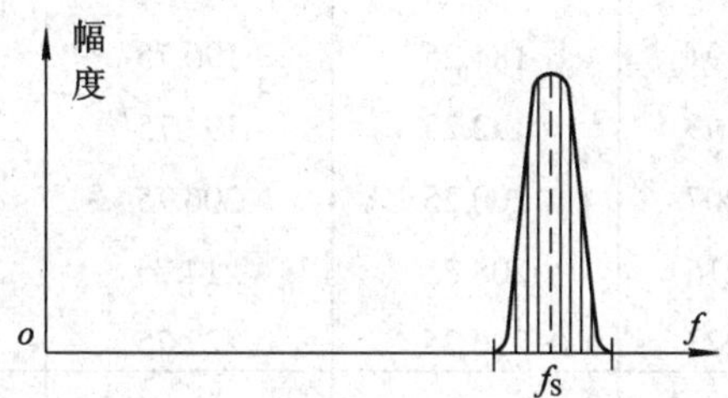

图 3-19　已调伴音信号的频谱

调频信号的边频丰富，因此具有良好的抗干扰性能。但由于伴音信号频率范围相对较宽，当频偏一定时，音频的低端与高端的调频指数 m_f 相差很大。高频端的 m_f 很小，使高频端的抗干扰能力变差。解决的办法是在发端采用预加重措施，在接收端采用去加重电路，以均衡高、低端的抗干扰能力。

(3) 射频全电视信号的频谱及频道划分。视频图像信号和伴音信号分别对图像载频和伴音载频进行 VSB 调幅和调频后形成射频全电视信号，其频谱如图 3-20 所示，其总频带宽度(频道带宽)为 8 MHz。

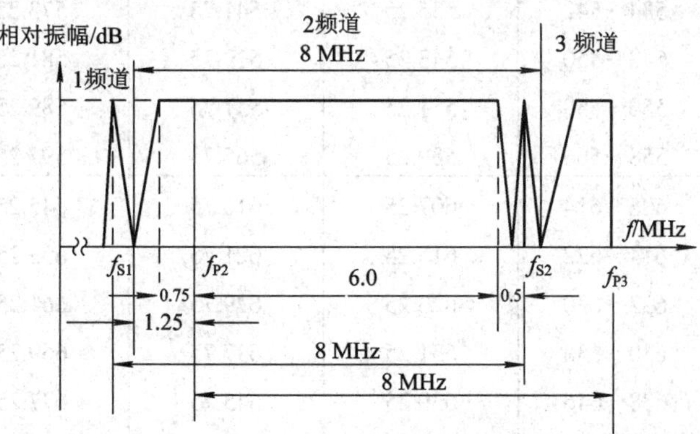

图 3-20　射频全电视信号的频谱

以 8 MHz 为间隔，我国电视频道在 VHF 和 UHF 频段共分为 68 个频道，见表 3-1。其中，频率为 92～167 MHz、566～606 MHz 的部分供调频广播和无线电通信使用。在开路电视系统中不安排电视频道，但在有线电视中常设置有增补频道。此外，每个频道的中心频率及所对应的中心波长是估算天线尺寸和调试接收机的重要参数。

表 3-1　我国电视频道的划分表

波段		频道编号	频道带宽/MHz	图像载频/MHz	伴音载频/MHz	接收机本振频率/MHz	中心频率/MHz
米波波段	Ⅰ波段	1	48.5～56.5	49.75	56.25	87.75	52.5
		2	56.5～64.5	57.75	64.25	95.75	60.5
		3	64.5～72.5	65.75	72.25	103.75	68.5
		4	76～84	77.25	83.75	115.25	80
		5	84～92	85.25	91.75	123.25	88
	Ⅱ波段	6	167～175	168.25	174.75	206.25	171
		7	175～183	176.25	182.75	214.25	179
		8	183～191	184.25	190.75	222.25	187
		9	191～199	192.25	198.75	230.25	195
		10	199～207	200.25	206.75	238.25	203
		11	207～215	208.25	214.75	246.25	211
		12	215～223	216.25	222.75	254.25	219
分米波波段	Ⅳ波段	13	470～478	471.25	477.75	509.25	474
		14	478～486	479.25	485.75	517.25	482
		15	486～494	487.25	493.75	525.25	490
		16	494～502	495.25	501.75	533.25	498
		17	502～510	503.25	509.75	541.25	506
		18	510～518	511.25	517.75	549.25	514
		19	518～526	519.25	525.75	557.25	522
		20	526～534	527.25	533.75	565.25	530
		21	534～542	535.25	541.75	573.25	538
		22	542～550	543.25	519.75	581.25	546
		23	550～558	551.25	557.75	589.25	554
		24	558～566	559.25	565.75	597.25	562
	Ⅴ波段	25	606～614	607.25	613.75	645.25	610
		26	614～622	615.25	621.75	653.25	618
		27	622～630	623.25	629.75	661.25	626
		28	630～638	631.25	637.75	669.25	634
		29	638～646	639.25	645.75	677.25	642
		30	646～654	647.25	653.75	685.25	650
		31	654～662	655.25	661.75	693.25	658
		32	662～670	663.25	669.75	701.25	666
		33	670～678	671.25	677.75	709.25	674
		34	678～686	679.25	685.75	717.25	682

续表

波段		频道编号	频道带宽/MHz	图像载频/MHz	伴音载频/MHz	接收机本振频率/MHz	中心频率/MHz
分米波波段	V波段	35	686～694	687.25	693.75	725.25	690
		36	694～702	695.25	701.75	733.25	698
		37	702～710	703.25	709.75	741.25	706
		38	710～718	711.25	717.75	749.25	714
		39	718～726	719.25	725.75	757.25	722
		40	726～734	727.25	733.75	765.25	730
		41	734～742	735.25	741.75	773.25	738
		42	742～750	743.25	749.75	781.25	746
		43	750～758	751.25	757.75	789.25	754
		44	758～766	759.25	765.75	797.25	762
		45	766～774	767.25	773.75	805.25	770
		46	774～782	775.25	781.75	813.25	778
		47	782～790	783.25	789.75	821.25	786
		48	790～798	791.25	797.75	829.25	794
		49	798～806	799.25	805.75	837.25	802
		50	806～814	807.25	813.75	845.25	810
		51	814～822	815.25	821.75	853.25	818
		52	822～830	823.25	829.75	861.25	826
		53	830～838	831.25	837.75	869.25	834
		54	838～846	839.25	845.75	877.25	842
		55	846～854	847.25	853.75	885.25	850
		56	854～862	855.25	861.75	893.25	858
		57	862～870	863.25	869.75	901.25	866
		58	870～878	871.25	877.75	909.25	874
		59	878～886	879.25	885.75	917.25	882
		60	886～894	887.25	893.75	925.25	890
		61	894～902	895.25	901.75	933.25	898
		62	902～910	903.25	909.75	941.25	906
		63	910～918	911.25	917.75	949.25	914
		64	918～926	919.25	925.75	957.25	922
		65	926～934	927.25	933.75	965.25	930
		66	934～942	935.25	941.75	973.25	938
		67	942～950	943.25	949.75	981.25	946
		68	950～958	951.25	957.75	989.25	954

2. 卫星广播电视射频电视信号的形成

(1) 频段划分。卫星广播电视系统都使用微波频段。这是由于以下几个方面的考虑：

• 微波频段带宽很宽，具有丰富的频率资源，可容纳更多的频道，且允许每个频道占用较宽的带宽；

• 微波频段频率高，波长短，可使星上和地面的天线尺寸大大减小，增益提高，方向性增强，从而减小卫星的体积和重量，降低对发射功率的要求，且可防止对邻近区域的干扰；

• 微波频段不易受大气扰动噪声的影响；

• 微波能穿过电离层；

• 无线电业务已占用较低频率，而微波频段相对比较“空闲”。

根据国际电信联盟ITU(International Telecommunication Union)的有关规定，卫星广播下行频段有六个，见表3-2。

表3-2　卫星广播下行频段

频段名/GHz	频率范围/GHz	带宽/MHz	说　明
0.7	0.62～0.79	170	只供调频电视广播用
2.5	2.5～2.69	190	只供集体接收用
12	11.7～12.75	1050	按3个区①分配
23	22.5～23.0	500	仅2、3区使用
42	40.5～42.5	2000	全世界分配
85	84.0～86.0	2000	全世界分配

① 指无线电世界区，它是国际电信联盟在《无线电规则》中规定的地理区域。第一区包括欧洲、非洲、原苏联的亚洲部分、蒙古以及伊朗边界以西的亚洲国家；第二区包括南美洲、北美洲和夏威夷群岛；第三区包括亚洲的大部分地区(除第一区亚洲部分外)和大洋洲。

表3-2中，前三个频段为目前BSTV可供实用的频段。0.7 GHz和2.5 GHz频段的电波传输性能较好，但由于频带窄，容纳的电视频道不多。Ku波段12 GHz的电波传输性能受雨雪衰减较大，地面接收设备造价很高，但频带宽，可容纳的频道数较多。我国目前采用C波段的BSTV频段，频道划分如表3-3所示。

表3-3　我国C波段频道划分

频道	1	2	3	4	5	6	7	8
频率/MHz	3727.48	3746.66	3765.84	3785.02	3804.20	3823.38	3842.56	3861.74
频道	9	10	11	12	13	14	15	16
频率/MHz	3880.92	3900.10	3919.28	3938.46	3957.64	3976.82	3996.00	4015.18
频道	17	18	19	20	21	22	23	24
频率/MHz	4034.36	4053.54	4072.72	4091.90	4111.08	4130.26	4149.44	4168.62

一个频道的带宽有19.18 MHz，而BSTV广播的一个频道的频带宽度为27 MHz，因此，

相邻频道重叠，有效辐射区将产生互相干扰。因此，邻国、邻地区之间常用不同频道和不同极化波进行卫星电视广播。例如，在 C 波段，奇数频道采用垂直极化波(或水平极化波)，而偶数频道采用水平极化波(或垂直极化波)。

上行线路属于卫星固定通信业务，其频段应从此类通信的上行线路频段中选用。例如，5.85～7.075 GHz、2.655～2.69 GHz、10.7～11.7 GHz 等。但从便于用一副星载天线兼作收发之用来考虑，上、下行频段不应离得太远，通常相距 2 GHz。

(2) 调制方式。在 BSTV 系统中，从星上设备的体积、重量及发射功率来考虑，功率和能量的利用率是主要矛盾，因此，不能采用调幅方式。根据香农定理可知，信噪比与带宽可以互换，因此，在 BSTV 系统中，为得到一定的信噪比，在不增加信号发射功率的条件下，只有牺牲带宽，也就是要采用宽带调制。一般用调频方式，即图像信号对主载波调频。但在调频之前，复合基带信号(包括图像信号和伴音信号)的构成方式可以不同。常用的有以下各种调制方式。

① FM-FM 方式。这是最常用、也是最简单的一种方式。它是先把伴音信号对伴音副载波调频形成伴音调频信号；然后，再与图像信号相混合构成复合基带信号；最后，再用此复合基带信号对主载波调频，形成射频全电视信号。显然，这种复合基带信号与地面广播电视系统相同，从而可使地面接收设备大为简化。但是，这种方式的伴音质量较差。

② PCM-FDM-FM 方式。这种方式是先对伴音信号进行采样、量化和编码(PCM)，把模拟伴音变成数字伴音；然后，把此数字伴音信号对副载波调频或调相，实现频分复用(FDM)；最后，把已调数字伴音和基带图像信号相加，形成复合基带信号。把得到的复合基带信号对主载波调频，形成射频全电视信号。数字伴音对副载波的调制，在日本常用四相差分相位调制(4DPSK)方式，这样，总的调制方式称为 PCM-DPSK-FM 方式。这种方式的伴音质量较 FM-FM 方式稍好一些，但复杂度增加，因此，只能是一种过渡形式。

③ MAC 方式。MAC(Multiplexed Analog Component)方式即复用模拟分量方式。其基本思想是对亮度信号及两个色差信号采用时分复用(TDM)的传送方式，从而从根本上克服了目前频分复用(FDM)方式所存在的亮、色串扰问题。MAC 制是发展高质量卫星广播电视必然要采用的制式，有希望成为一种新的标准电视制式。但是，目前 MAC 方式还存在一系列有待统一和进一步改进的问题。

表 3-4 列出了几种 MAC 制的性能指标。

此外，还有一种与高清晰度电视(HDTV)相兼容的 MAC 制，称为增强型 MAC 或 E-MAC(Enhance MAC)。这种制式是把电视机的屏幕加宽(宽高比高为 5∶3)，从而可使观众增加临场和逼真感。

(3) 卫星电视信号的能量扩散。在卫星广播电视系统中，往往人为地在视频信号叠加一个与帧频(或半帧频)同步的 12～30 Hz 的三角波，使得不论有无调制信号，主载波都受此三角波调制，因此能量扩散，功率谱降低，可减弱对其他通信系统的干扰。

这时，在接收端要采取相应的措施(一般用反相抵消法或视频钳位法)去除能量扩散信号，从而避免对图像信号产生闪烁干扰。

表 3-4　几种 MAC 制的性能指标

		A-MAC	B-MAC	C-MAC	D-MAC	D2-MAC
视频	亮度压缩比	4∶3	3∶2	3∶2		
	色度压缩比	8∶3	3∶1	3∶1		
	亮度带宽/MHz	5.6	5.0	5.6		(5, 5.6, 7.5)
	色度带宽/MHz	1.6				
基带带宽/MHz		9.5	7.5	8.4	～10	7.5, 8.4, 11.25
声音与图像复用方式		基带 FDM	基带 TDM	载频 TDM	基带 TDM	
基带信号对载波的调制方式		FM	FM	图像 FM 声音 2～4PSK	FM	
声音副载波/MHz		8.5				
声音信号带宽/kHz		15				
采样频率/kHz		32				
声音数据编码		PCM/VSB-2PSK	ADM/四电平	PCM/2～4PSK		
声音数据传送速率/Mb/s		2.048	14.22 或 7.11	20.25		10.125
声音数据在一行内所占时间/μs		64	9	10	10	10
每秒声音数据平均传送量/Mb/s		2.048	1.8	3	3	1.5
高质量声音数据信道数		4	6	8	8	4

3.5　电视信号的发射

3.5.1　电视发射机

电视发射机是电视发送设备的重要组成部分，它由电视图像发射机和伴音发射机组成。

1. 电视发射机的种类

电视发射机的种类主要根据电视图像发射机的分类方法不同而有各种命名。就图像发射机而言，可以有多种分类。

按照工作频率范围来分，有 VHF 电视发射机和 UHF 电视发射机两种。

按照输出功率的大小来分，有小型电视发射机(1 kW 以下)、中型电视发射机(1～10 kW)和大型电视发射机(10 kW 以上)三种。

按照图像信号的调制形式来分，有直接调制式和中频调制式两种。目前的电视发射机一种都采用中频调制方式。

按照放大方式来分，有双通道电视发射机和单通道电视发射机两种。双通道电视发射机是对图像信号和伴音信号分两个通道分别进行调制和放大，然后加以合并再发送的。

2. 电视发射机的组合及工作原理

电视发射机由图像发射机和伴音发射机组成。目前，常用的中频调制电视发射机有两种形式，即双通道电视发射机和单通道电视发射机，如图 3-21 所示。

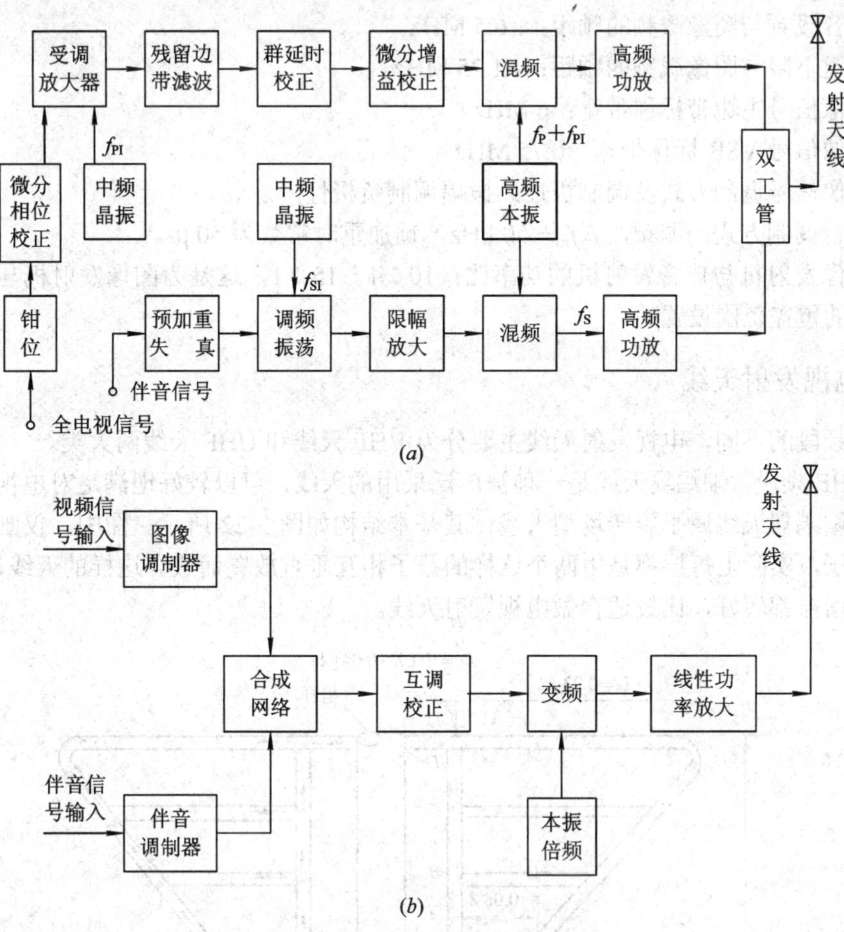

图 3-21　电视发射机的组成框图

(*a*) 双通道电视发射机；(*b*) 单通道电视发射机

图 3-21(*a*)为双通道电视发射机的组成图，上部为图像发射机，下部为伴音发射机。视频全电视信号经钳位放大、微分相位校正后，送入图像调幅器。在此，通过对中频载波 f_{PI} 调幅形成双边带中频图像信号。然后，通过残留边带滤波器形成 VSB 图像信号，再经群延时校正、微分增益校正后，送入图像混频器与高频载波相混频，形成射频图像信号。在伴音发射机中，伴音信号经预加重处理后送入伴音调制器，通过对中频振荡 f_{SI} 调频，形成中频伴音信号，再经放大和混频，得到射频伴音信号。射频图像信号和射频伴音信号分别经过功放后送至双工器。由双工器把此两个信号合并后通过天线发射出去。

图 3-21(*b*)是单通道电视发射机框图。视频图像信号和伴音信号分别经过调制(中频调制)后送入合成网络(也可称为双工器)，合并后的信号经互调校正，再由变频器将其变换成射频信号。最后，通过功放和天线，把信号发射出去。随着大功率线性器件的不断涌现，单通道电视发射机有逐渐流行的趋势。

3. 电视发射机的主要指标

根据我国的电视标准，电视发射机有以下主要指标：

- 标称射频频道宽度：8 MHz。
- 伴音载频与图像载频的频距：±6.5 MHz。
- 频道下限与图像载频的频距：−1.25 MHz。
- 图像信号主边带标称带宽：6 MHz。
- 图像信号 VSB 标称带宽：0.75 MHz。
- 图像信号调制方式及调制极性：振幅调制负极性。
- 伴音调制方式：调频，$\Delta f_m = 50$ kHz，预加重时常数为 50 μs。
- 图像发射机与伴音发射机的功率比：10∶1～15∶1，这是为图像发射机与伴音发射机有相同的覆盖范围设置的。

3.5.2　电视发射天线

根据频段的不同，电视发射天线主要分为 VHF 天线和 UHF 天线两大类。

在 VHF 频段，蝙蝠翼天线是一种被广泛采用的天线，可以较好地满足对电视发射天线的要求。蝙蝠翼天线属于旋转场型天线，其基本结构如图 3-22 所示。图中，仅画出了一个方向的振子，实际上每层都是由两个这样的振子相互垂直放置而成。这样的天线，频带宽、方向性和增益都较好，比较适合做电视发射天线。

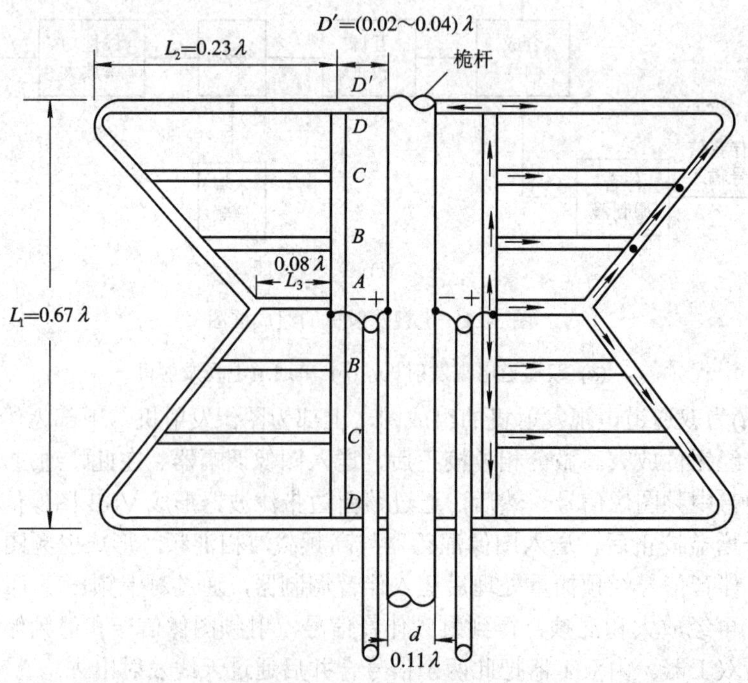

图 3-22　蝙蝠翼天线结构

在实际中，常常使用多层蝙蝠翼天线。多层蝙蝠翼天线在水平面内的方向图与单层的基本相同，近似为一个圆。在垂直方向上，方向图与层数有关；层数越多，垂直方向性越尖锐，增益提高，远区场增加。多层蝙蝠翼天线的增益通常由下式确定：

$$G = 1.22N\frac{S}{\lambda} \tag{3-2}$$

式中，N 为层数，λ 为频道中心波长，S 为两层振子中心间距，一般在$(0.85\sim0.95)\lambda$ 左右，但不超过一个波长。应当指出，这里的 G 是相对于半波振子而言的，而在实际中的 G 值应取此值的 90%～95%左右。

蝙蝠翼天线的馈电方式为：一根电缆的芯线接振子，外皮接桅杆；另一根电缆芯线接桅杆，外皮接振子，构成一对振子反相馈电方式。另一对振子可事先对馈送电压移相 90°，然后再用上述方法连接。最后，构成 0°、90°、180°、270°的旋转场相位关系。

在 UHF 频段，广泛采用的发射天线是带反射的四偶极子天线及其改进型双环天线。它们具有增益高、频带宽等特点，但造价较高。

3.6 电视信号的无线传输及扩大电视覆盖范围的方法

3.6.1 电视信号的无线传输

地面广播电视系统中的电视信号是通过无线电波向远处传送的，工作的频段一般都在 VHF 和 UHF 频段，它们属于超短波波段。

1. 电视信号的传播特性

(1) 视距传播。电视信号属于超短波波段，频率高，波长短，传播方式主要为空间波传播，沿直线方向传播到直接可见的地方，即视距传播。

视距(最大直视距离)与发射天线和接收天线的高度有关。设发射天线和接收天线的高度分别为 h_1 和 h_2，则视距 d 为

$$d \approx 3.57(\sqrt{h_1}+\sqrt{h_2}) \quad (\text{km}) \tag{3-3}$$

式中，h_1 和 h_2 以 m 为单位。实际上，大气层对电波会有一定的折射作用，从而会改变视距的大小。在正常折射时，有效传播距离 d' 比视距会稍远些，近似为

$$d' \approx 4.12(\sqrt{h_1}+\sqrt{h_2}) \quad (\text{km}) \tag{3-4}$$

式中，h_1 和 h_2 仍以 m 为单位。由此可知，提高发射天线或接收天线的高度可扩大电视的覆盖范围。

(2) 多径传播。电视信号经地面或遇到障碍物(如大建筑物等)会产生反射，直射信号和反射信号在接收天线上相互干扰，形成多径传播。多径传播的结果表现为重影(右重影)。

(3) 绕射传播。电视信号的绕射能力很弱，特别是 UHF 频段，几乎没有绕射能力。因此，在高大障碍物后面常常会形成“阴影区”。在“阴影区”，电视信号的接收质量较差。

2. 电视信号场强的估算

电视接收质量与接收到的电视信号的场强有关。离电视台越近，电视信号的场强越大。接收场强与图像质量的对应关系如表 3-5 所示。

表 3-5 图像质量与接收场强关系表

图像等级	图像质量	电场强度			
		VHF		UHF	
		mV/m	dBμv	mV/m	dBμv
五级 (优)	同步稳定、无干扰、对比度强、清晰度好	>0.501	>54	>4.47	>73
四级 (良)	同步稳定、稍有干扰、对比度尚有裕量、图像可以	0.224 0.501	47 54	0.881 4.47	59 73
三级 (中)	同步可靠、干扰明显、对比度和清晰度一般	0.1 0.224	40 47	0.126 0.881	42 59
二级 (差)	勉强同步、干扰严重、对比度和清晰度差	0.05 0.1	34 40	<0.126	<42
一级 (劣)	不能同步，无法成像	<0.05	<34	—	—

由表可知，要保证接收图像质量，电场强度要在 54 dBμ(VHF)或 66 dBμ(UHF)以上。

接收点场强可用下式来估算：

$$E=\frac{346\sqrt{PG}}{r}\left|\sin\left(\frac{2\pi h_1 h_2}{r\lambda}\right)\right|\times 10^3 \quad (\mu\text{V/m}) \tag{3-5}$$

式中，P 为发射台辐射功率(kW)；G 为与半波振子天线增益之比的相对增益；r 为收发间距离(km)；λ 为工作频带中心频率波长(m)；h_1 和 h_2 为发收天线高度(m)。由于地球是一个球面，在实际中，估算电视信号场强时还要乘以球面修正系数。此外，场强在市区和郊区有很大差别，估算时也要加以考虑。

3.6.2 扩大电视覆盖范围的方法

电视广播的覆盖面主要限制在视距范围内，虽然提高发射天线的高度可以扩大广播的服务范围，但天线升高到一定程度就受到发射功率、造价和技术等方面的限制，大幅度扩大电视广播覆盖面积就有了困难。要使这个问题得以解决，实现远距离传输，目前常用的方式主要有三种：微波中继、电视差转和卫星电视广播。

1. 微波中继

微波中继又称微波接力，它是在电视广播传送途中，建立许多微波中继(接力)站，利用微波，把电视信号一站一站地传送。每个接力站把前一站送来的微波信号接收下来，经过放大并变换载波频率再传向下一站。在平原地区，通常每隔 50 km 设置一个接力站。

微波接力信道由端站、中继站及传输空间构成，如图 3-23 所示。

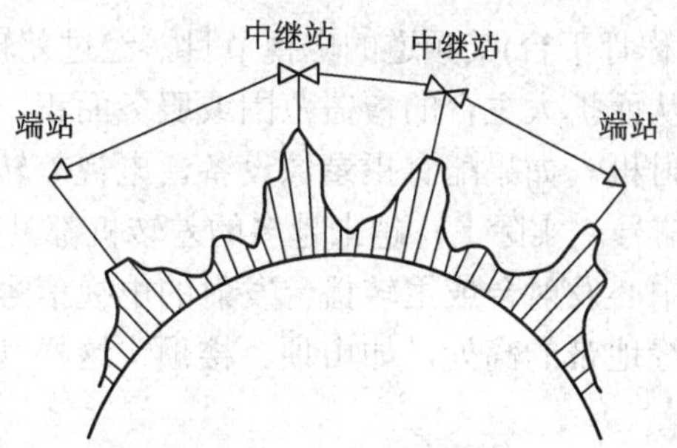

图 3-23　微波接力信道的构成

端站设置在整个接力线路的两端，它只有一个传输方向，是通信线路的始点和终点。端站主要有电视调制解调机、微波收发信机和天线系统组成，如图 3-24(*a*)所示。收发共用同一副抛物面天线，采用不同频率和不同的极化方式。

中继站的主要作用是放大所传输的电视信号，补偿信号在传输过程中的衰减，同时还要向两个方向转发信号，将收到的信号经过变频、放大等处理再送至下一个接力站。中继站一般装有两部收发信机，对两个方向都有收、发功能，因此，可以把中继站看成两个端站的相背设置。中继站有两种形式，一种是枢纽站，另一种是分路站。枢纽站是需要干线分支的中继站。而分路站需要解调出所传输的电视信号，用功率分配器等把所接收的电视信号分成几路，其中一路是传向下一微波接力站的。中继站的配置如图 3-24(*b*)所示。

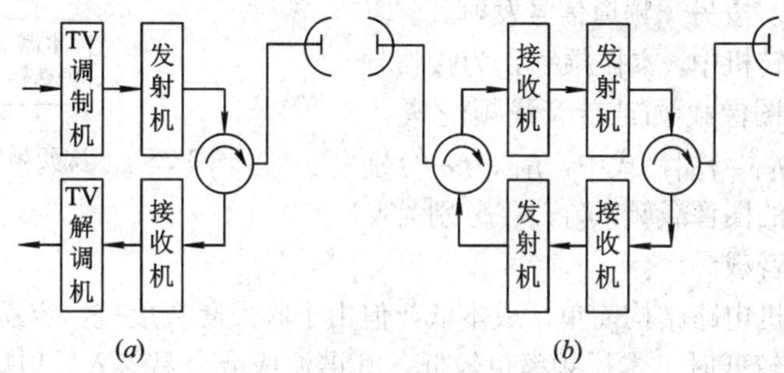

图 3-24　微波接力站结构

(*a*) 端站；(*b*) 中继站

微波中继有以下优点：

- 直射性好。微波的波长非常短，在厘米或毫米数量级，因此，其直射性能很好。
- 传输信号质量高。微波线路传送的电视信号的质量比用短波或超短波传送的质量要高。这是由于微波的直射性好，性能稳定，抗干扰能力强，且微波中继线路通常为专用线路。
- 可双向传输。双向传输可以实现中央台和地方台的各种电视节目的双向交流，而不互相影响。

但是，微波中继也存在一些缺点，主要表现在中继站数目多，中间环节多，中继设备复杂，造价昂贵。

2. 电视差转

电视差转是电视差频转播的简称，它也是一种电视中继或转播措施。电视差转的主要功能是将接收到的主台(或称骨干台)某频道的电视节目，经过差转机的频率变换、放大后，再用另一频道发射出去，从而扩大主台的覆盖范围或服务面积。与中频调制器配合使用，差转机可成为一台电视发射机。如果配有摄录像设备，电视差转台可自办节目，也可转接微波干线信号或卫星广播信号。实际上，越来越多的差转机都具有这种功能。

差转台主要是以接收中心发射台或主转播台发射的电视信号为信号源的，因此，差转台一般设在主台服务区边缘地带的高处，如山顶、楼顶，这样既便于信号的接收，又可扩大覆盖面积。

使用差转台来扩大电视覆盖面积，有两个主要优点：一是适应性强，可根据某一地区的特点、用户的多少以及用户的分布情况来选择差转机的功率、差转台的规模和台址；二是建差转台的费用较低，易于管理。但是，利用差转台传送电视信号，是超短波传送，受气候影响较大，覆盖范围不太稳定，对转播质量有影响。

电视差转机一般包括接收和发射两大部分。根据工作方式和电路结构的不同，差转机可分为一次变频(或称直接变频)和二次变频、单通道发射和双通道发射等几种类型。

(1) 一次变频单通道差转机。图 3-25 所示为一次变频单通道差转机的框图。利用接收天线将主台信号接收下来，先经高放放大，再与本振产生的振荡信号在变频器中变频，输出经滤波和功放，送至发射天线，按另一频道信号发射。

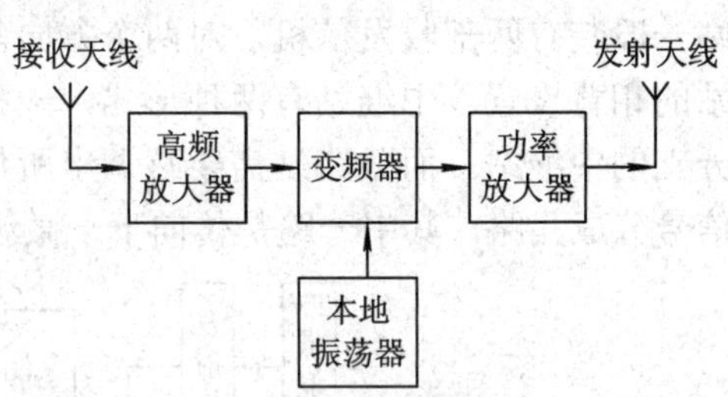

图 3-25　一次变频单通道差转机框图

在一次变频差转机中，本振频率 f_L 为接收频道和发射频道两个图像载频(或伴音载频)之差，即 $f_L = |f_{PT} - f_{PR}| = |f_{ST} - f_{SR}|$。式中，$f_{PR}$、$f_{PT}$ 分别为接收和发射频道的图像载频，f_{ST}、f_{SR} 分别为发射和接收频道的伴音载频。

一次变频差转机电路结构简单，成本低，但由于收发隔离度差，容易产生收、发干扰。特别是当发射频道较低时，本振频率也较低，其谐波成分容易落入发射频道中，造成图像的网纹干扰，影响接收效果。

(2) 二次变频单通道差转机。二次变频的差转机是先将接收频道的高频信号变成中频信号，然后再由中频信号转换成发射频道的高频信号，再由发射天线发射出去，如图 3-26 所示。

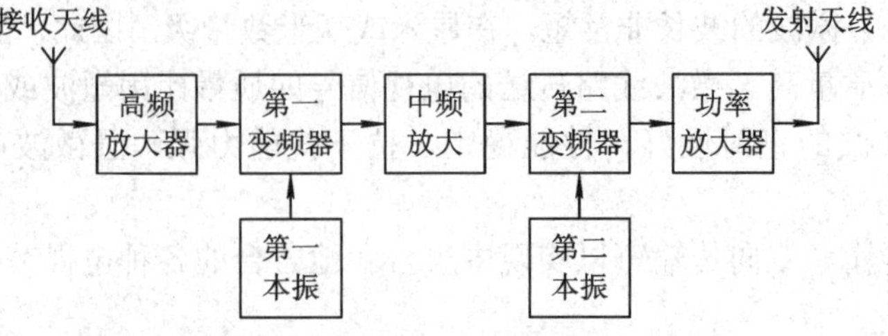

图 3-26　二次变频单通道差转机框图

二次变频差转机需要两个本振信号，且都比接收信号或发射信号高一个中频。这样，才能保证差转后的射频电视信号的频谱结构不变。

二次变频差转机有两个主要优点：一是本振频率高，其谐波不易造成网纹干扰；二是中频频率低，中放可高增益稳定工作，也便于进行自动增益控制(AGC)。但是，与一次变频差转机相比，二次变频差转机的结构较复杂，成本也较高。

(3) 二次变频双通道差转机。将图像信号和伴音信号分别进行处理的差转机称为双通道差转机，图 3-27 示出了两种常见形式。

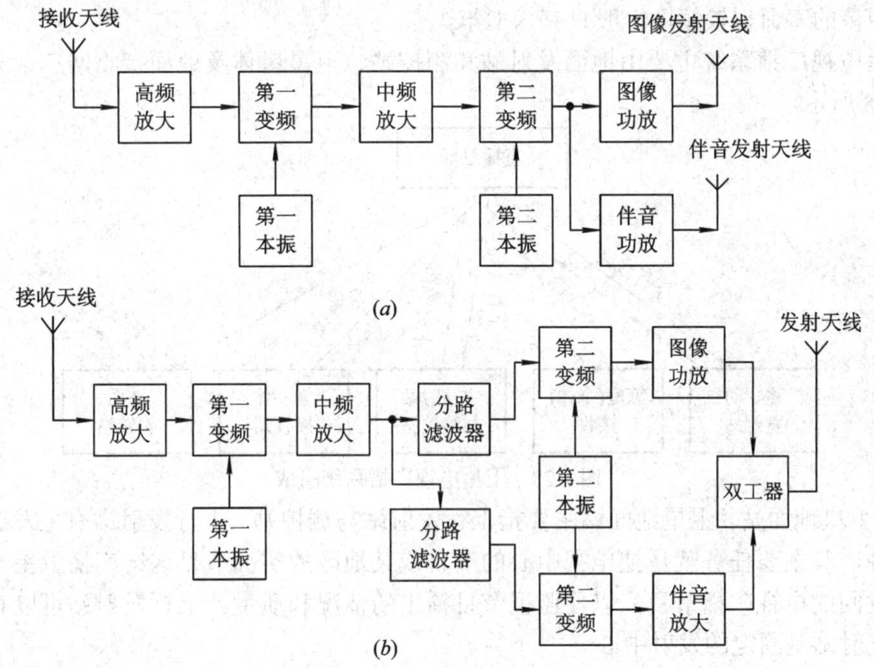

图 3-27　二次变频双通道差转机框图

双通道差转机的特点：

- 图像信号和伴音信号分开处理，互调失真小；
- 分开处理的图像信号和伴音信号与原来的电视信号相比，频带变窄，易于处理；
- 对功放的要求降低；
- 结构复杂，造价高。

3. 卫星电视广播

利用地球同步卫星作为传递电视信号的中继站，来实现的电视广播称为卫星电视广播。它也是一种扩大电视覆盖范围、实现远距离电视传送的电视中继或转播方法，但与其他方式相比，它具有更多的优点：

- 覆盖面更大。由于同步卫星距地面很高(约 35 800 km)，相当于极大地提高了电视发射天线的高度，因此，卫星电视广播有效地解决了电视广播的超远距离传输问题。
- 转播电视节目质量高。电视信号在卫星与地面站之间直接传送，省去了中间环节，避免了地形、地物等干扰，且卫星电视广播都采用调频制，抗干扰能力强。因此，转播的电视节目质量较高。
- 费用低。要达到同样的覆盖面积，建造卫星电视广播系统的投资只是地面中继站投资的几分之一，且工作人员大为减少。因此，相对来讲，建造卫星电视广播系统的费用较低。
- 适应性强。卫星电视广播不受地理条件限制，可以使条件十分恶劣的地区(如沙漠、海洋等)也能接收到电视广播节目。

• 效率高。卫星电视广播采用调频制，带宽宽。在相同信噪比条件下，比地面调幅电视广播节省几十倍的功率，效率较高。

卫星电视广播系统也存在缺点，主要是卫星转发器的损坏将会使整个系统停止工作。此外，卫星的寿命也较短，一般只有六七年。

卫星电视广播系统主要由地面发射站和测控站、卫星星体及地面接收网三部分组成，如图 3-28 所示。

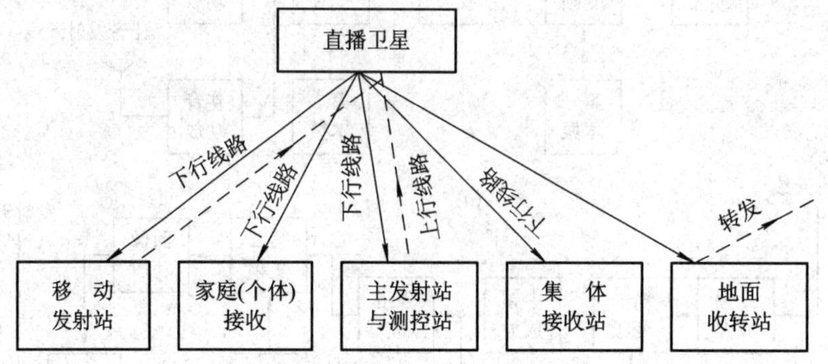

图 3-28　卫星电视广播系统组成

(1) 卫星地面站。卫星地面站主要指上行发射站与测控站。上行发射站有主发射站和移动站两种，其主要任务就是把电视中心的节目或某地区的实况节目送给广播卫星，同时接收卫星发回的电视广播节目，以便监视节目播出的情况和质量。上行发射站可以有多个，其中主发射站是固定的发射中心。

测控站通常与主发射站设在一起，统称主发控站。其主要任务是遥测及遥控：对卫星在空间的位置、姿态及工作状态进行遥测；对测得的结果进行分析；必要时进行遥控，以保证卫星正常工作。

图 3-29 为主发控站的简化框图，从中可以看其工作原理。

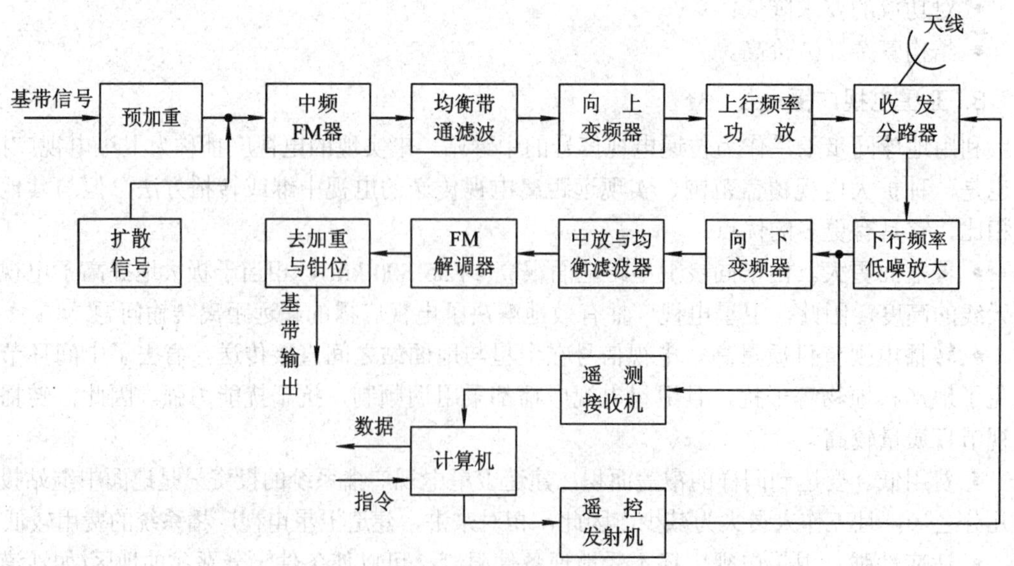

图 3-29　主发控站简化框图

(2) 卫星星体。卫星星体是卫星广播电视系统的核心，也是技术难度最大的部分。星体主要由转发器、天线、星载电源(太阳能电池)及控制(定位控制、热控制等)系统等组成。其中，转发器是完成卫星电视广播的最重要的组成部分，它有两种形式：一种是中频变换式；另一种是直接变换式。中频变换式是先将接收到的上行频率信号变为中频信号，经中频放大后再转换成下行频率信号，通过天线向地面发射。直接变换式是将接收到上行频率信号直接变换成下行频率信号，经放大后再向地面发射。直接变换式只经过一次频率变换，因而系统部件少，寄生信号少，可靠性高，因此，用得比较普遍。图 3-30 便是一种直接变换式卫星转发器的原理框图。

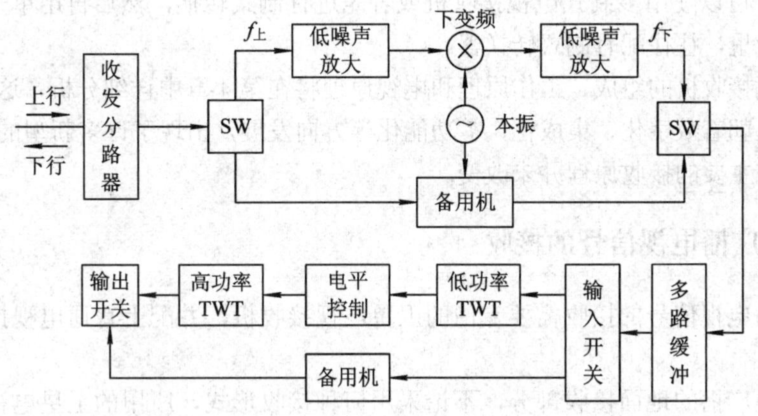

图 3-30　直接变换式转发器框图

(3) 地面接收网。地面接收有三种形式。一种供转播用，它是用较大口径的抛物面天线和专业用高灵敏度卫星广播接收机，把接收到的微弱信号放大、解调后，作为地面发射机或差转机的调制信号。另一种是集体接收形式，它是将卫星电视信号接收下来，把它变成中频(1 GHz)或者 UHF(FM)信号，再分配给用户，也可以把卫星电视信号解调后，再用与地面广播电视一样的调制方法调制，然后再分配给各用户。第三种是家庭直接接收卫星电视节目，即个体接收形式，它是在普通家用电视机前加一个小型抛物面天线、一个室外微波头和一个室内单元。

应当指出，电视转播台也是一种扩大电视覆盖范围的有效方法。它是指信号源由靠近的电视发射台或微波中继站或卫星提供的发射台提供，其组成与电视发射台类似，但增设了接收天线和接收机。接收机对微波中继或卫星电视信号通常要进行解调，而对其他信号一般不进行解调就直接差转。

3.7　电视信号的接收

电视信号的接收就是利用电视接收机对空中的无线电视信号的恢复、再现的过程，它是广播电视系统的最后环节。根据接收的电视信号的不同，可以分为两种情况：地面广播电视信号的接收和卫星广播电视信号的接收。

3.7.1　地面广播电视信号的接收

地面广播电视信号的接收非常简单，用普通的家用广播电视接收机即可实现。

普通的广播电视接收机通常都具备兼容性，可以接收彩色或黑白的电视节目。目前，城乡居民使用的电视几乎都是 VHF 频段和 UHF 频段均有的全频道电视接收机，且采用单通道超外差接收方式。

由于各国或地区使用的电视制式不同，单一制式的电视机不能通用。要收看不同制式的电视节目，可以使用多制式电视接收机或者先进行制式转换，然后再用单一制式的电视机。在电视台里，往往配有制式转换器。

普通电视接收机的组成、工作原理和电视原理将在第 4 章中详细分析，这里不作讨论。尽管电视机正朝着数字化、集成化、多功能化等方向发展，出现了许多新型的电视接收机，但其基本的或主要的接收原理并未改变。

3.7.2　卫星广播电视信号的接收

卫星广播电视信号的接收需要专门的卫星电视接收机，并配上普通电视接收机或监视器才能完成。

卫星电视广播的地面接收部分，不论采用何种接收形式，所用的卫星电视接收机的组成都一样，包括接收天线、室外单元和室内单元三部分。

接收天线一般都采用抛物面天线。抛物面天线的增益高、方向性强，在抛物面焦点上接收的信号最强。接收天线通常用整体成型铝合金材料制成，它的重量轻、强度高，并且有抗风抗震能力。抛物面天线的直径的大小取决于接收频段和增益，对于 C 波频，天线直径要求不小于 1.3 m。

室外单元主要是一个高频头(微波头)。为了减小噪声，高频头应尽量靠近天线馈源，且与之直接相连。由于 BSTV 信号频率很高，为降低传输损耗，一般采用降频传送方式，即把微波频率信号降为中频频率信号，再用电缆传输。因此，室外单元一般由高频低噪声放大器、下变频器(含本振)和中放(或前置中放)组成。

室内单元是卫星电视接收机的控制中心和信号处理设备。其主要作用是从室外单元送来的信号中选取所需要的某频道信号，并将其解调成图像信号和伴音信号送至监视器；或者再把图像信号和伴音信号调制到地面电视广播的某频道上，送至普通电视接收机。此外，室内单元还向室外单元馈送直流电压和控制电压。

根据室内单元是否有变频器，把卫星电视接收机分为两种形式：一次变频和两次变频型，如图 3-31 所示。一次变频方式结构简单，但只能接收一个频道。二次变频方式结构虽然较为复杂，但室外单元的本振可固定不变，改变第二本振(室内单元)即可实现频道选择，且一个室外单元可给多个室内单元提供信号。同时，为实现自动频率控制(AFC)和抑制镜频干扰带来了方便。因此，目前的卫星电视接收机大多采用二次变频方式。

关于卫星电视接收机的电路分析及安装调试请参阅有关书籍。

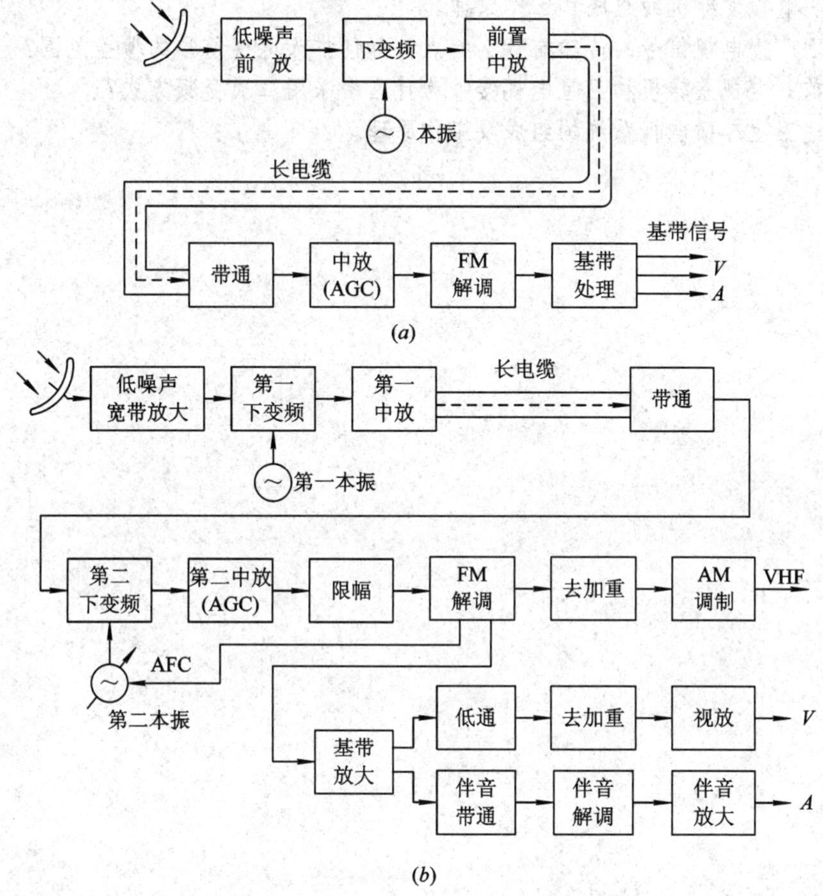

图 3-31 卫星电视接收机的组成方式

(*a*) 一次变频型；(*b*) 二次变频型

▼ 思考题与习题

1. 画出广播电视系统的组成框图。
2. 简述摄像机的组成及工作原理。
3. 简述 CCD 摄像管的工作原理。
4. 电视信号发射前在调像台为什么要进行各种校正处理?
5. 对电视信号的特技处理主要有哪几种?
6. 视频全电视信号是如何形成的?
7. 为什么射频电视图像信号采用负极性、残留边带调幅方式发射? 而伴音电视信号采用调频方式? 画出一行射频电视图像信号示意图，标出相对电平值。(以 100/0/70/0 彩条信号为例。)
8. 画出我国广播电视射频信号的频谱图，标明图像和伴音载频的位置及各频带宽度的数值。
9. 我国地面广播电视频道是如何划分的?
10. 卫星广播电视信号的调制方式如何?

11. 说明电视发射机的组成和工作原理。
12. 地面广播电视信号的传输有什么特点？如何扩大电视信号的覆盖范围？
13. 目前，电视差转机和卫星电视接收为什么多采用二次变频方式？
14. 简述卫星广播电视系统的组成及工作原理。

第 4 章　CRT 彩色电视接收机电路分析

电视接收系统正在朝着数字化和多种视听信息综合处理的方向发展。电视接收机也不断向高集成度、数字化、高画质、多伴音、全制式、低功耗、多功能化及平面显示方向发展。尽管如此，研究阴极射线管(CRT)彩色电视机的基本组成及电路，仍是研究各种高质量及未来电视机的基础，因而也是十分必要的。

4.1　CRT 彩色电视机组成

4.1.1　CRT 彩色电视接收机原理框图

CRT 彩色电视机的原理方框图如图 4-1 所示，主要由公共通道、视频通道、伴音通道、扫描电路系统和电源电路几部分组成。它的主要任务是将天线接收到的高频电视信号还原成图像信号和伴音信号，并通过显像管和扬声器予以显示和重放。

接收天线所接收的高频电信号，首先进入高频调谐器的输入回路，它从众多高频信号中选取欲接收的频道信号，并最有效地馈送给高频放大级，同时抑制本频道以外的干扰。高频放大级对所接收信号进行放大，以提高整机的信噪比和灵敏度。本振产生比所接收图像载频高出一个中频的正弦振荡，它与高频放大级送来的信号一起送入混频器，经混频输出 38 MHz 的图像中频信号和 31.5 MHz 的伴音中频信号。

中频信号作用至中频放大器，中频放大是整机的主要增益级(其增益一般在 60 dB 以上)，同时提供必要的选择性和特定的通频带，并抑制邻道干扰，以适应残留边带信号解调的技术要求。在中频放大级，对伴音中频信号的放大量较小(仅是图像信号放大量的 1/20)，以避免伴音干扰图像。经中放之后的中频信号，送视频检波级进行包络检波。视频检波器从中频图像信号中取出与摄像端输出相同的视频信号；同时还输出由中频图像信号与中频伴音信号二者差拍出 6.5 MHz 的第二伴音中频。

由于伴音信号是调频信号，因此伴音通道首先对送来的第二伴音中频信号进行放大和限幅，以满足鉴频器正常工作时所需要的信号电平并消除调频信号的寄生调幅成分，然后送鉴频器，解调出音频信号。音频信号再经低频前置放大，最后由扬声器重放出电视伴音。

扫描通道主要包括同步分离，行、场振荡，行、场激励和行、场输出级。经视频前置级送来的全电视信号，首先经同步分离电路，取出复合同步信号。复合同步信号经积分后，从中分离出场同步信号，并由它控制场振荡，使之产生与场同步信号同频的锯齿波电压，这个电压在场激励级进行放大并经波形校正后送场输出级，场输出级输出的锯齿波电流，流经场偏转线圈产生偏转磁场，使电子束产生垂直扫描运动。为了保证行振荡器产生的行频脉冲与行同步信号同频、同相，设置了行锁相环(PLL)。锁相环鉴相电路输出相应的控制电压，控制行振荡，以实行行频同步。行振荡产生的行频脉冲，经行激励级放大后控制行输出管。行输出管以开关方式工作，在行逆程电容及阻尼二极管的共同作用下，产生流过偏转线圈的锯齿波电流，从而形成使电子束作水平运动的磁场力，完成电子束水平扫描。

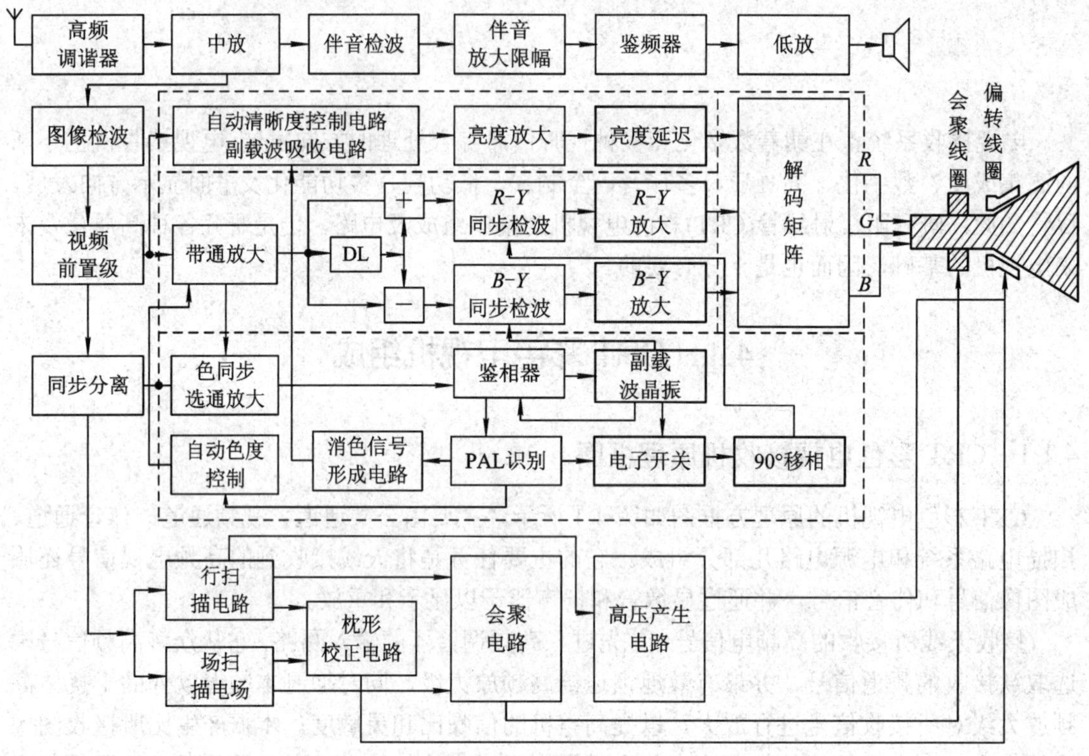

图 4-1　CRT 彩色电视接收机组成方框图

行输出管在开关工作过程中，会在行输出变压器初级产生很高的逆程脉冲。这个脉冲经行输出变压器升压，再经整流、滤波，即可得到显像管所需的阳极直流高压和聚焦极、加速极等所需的中压。

直流电源电压是由交流市电经变压器降压后，再经整流、滤波和稳压而得到的。

解码器(图中以虚线框出)是彩色电视机的核心，正是它将彩色电视信号还原成三基色，并通过彩色显像管重现彩色图像。

4.1.2　CRT 彩色电视机电路特点

CRT 彩色电视机中，高频调谐器、中放与视频检波、亮度与色度通道、同步扫描、高压电路等都具有特殊要求和特点，下面逐一进行说明。

1. 高频调谐器电路特点

(1) 高频调谐器的频率特性较为平坦，如图 4-2 所示。在彩色电视机中，色度信号与亮度信号共用一个通带进行传输，所以高频头频率特性不平坦会使色度信号与亮度信号的比例关系改变，造成彩色失真，甚至失去彩色。为此，要求高频调谐器频率特性的顶部不平坦度不得超过 10%。

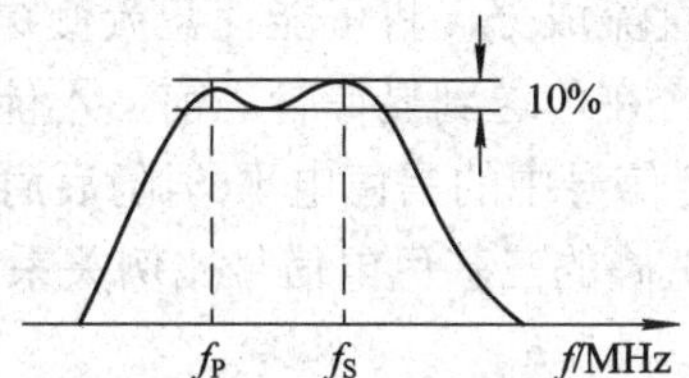

图 4-2　高频调谐器的频率特性

(2) 本振频率稳定度要求较高。彩色电视接收机中，由于在亮度信号的高端交错地安插着色度信号的频谱，因此本振频率漂移会影响彩色图像的清晰度。为了保证图像质量，彩色电视接收机的本振频率偏移要求限制在 0.1%以下。为了保证彩色电视机本振频率的稳定，通常设置有 AFT(自动频率微调)电路。

(3) 驻波比相对要小。高频调谐器输入电路与天线馈线之间、天线与馈线之间都要求匹配；否则会在馈线中产生反射波，引起高放频率特性凹凸不平。一般要求彩色电视驻波比小于 2。

2. 中放和视频检波电路特点

(1) AGC 的控制范围要大。因为彩色视频信号的黑色基准变动时，不但会引起图像的黑白对比度发生变化，而且还有可能引起色调发生变化。为保证中频输出稳定，不出现非线性失真，一般要求总的自动增益控制范围大于 60 dB。

(2) 一般采用同步检波。因为图像中频、伴音中频和色度副载波中频三者在视频检波电路中，会因二极管的非线性产生差拍干扰，尤其是色度副载波中频频率 33.57 MHz 与伴音中频 31.5 MHz 差拍出的 2.07 MHz，这一干扰正好落在视频通带内。为有效地抑制 2.07 MHz 这一差拍干扰，彩色电视机常采用同步检波，一般不采用二极管包络检波。

3. 亮度通道电路特点

(1) 加有轮廓校正和 ARC 电路。彩色全电视信号中，亮度信号频谱与色度信号频谱是互相交错的。在接收端为了消除色度信号对亮度信号的干扰，亮度通道中利用了一个 4.43 MHz 的窄带陷波器将色度副载波衰减 15 dB 以上。当然在衰减副载波的同时，也使处于该位置中的亮度信号衰减了，从而降低了图像的清晰度。为此，在亮度通道中加入轮廓校正电路(亦称勾边电路)，以此来弥补彩色图像亮度信号的高频损失。

此外，彩色电视机在接收黑白电视信号时，应使亮度信号的高频成分不被衰减。为此，把副载波陷波器设计成：在接收彩色电视信号时自动接通；而在接收黑白电视信号时自动切断。因为在接收黑白电视信号时，这种电路具有提高清晰度的功能，所以称其为自动清晰度控制(ARC)电路。

(2) 加有亮度信号延时网络。由于亮度通道的频带比色度通道要宽(前者约为 6 MHz，后者约为 2.6 MHz)，因而信号通过色度通道的延迟时间比通过亮度通道的延迟时间要长。如果亮度信号不加延时，会出现同一像素的亮度信号和色度信号不重合的彩色镶边现象。在亮度通道中接入一延迟线，使亮度信号延时后与色度信号同时到达基色输出矩阵电路。我国的彩色电视机中一般采用 0.6 μs 的延迟线进行补偿。经延时补偿之后，亮度信号与各色差信号的延时误差一般小于 0.06 μs。

(3) 具有直流恢复电路。亮度、色差信号送往矩阵电路之前，必须恢复亮度信号的直流成分。如果彩色电视信号失去直流成分，将可能使蓝天变绿、草地发黄等。因此，彩色电视机检波后的彩色全电视信号，在传送到显像管之前，不能丢失其直流成分。在亮度通道中，一般采用钳位电路，将亮度信号中的黑色电平(消隐后肩)钳位在某一直流电平上，以恢复其直流成分，从而保证满足正确的三基色电信号比例关系。

4. 扫描和高压电路特点

(1) 彩色显像管其阳极电压较高。比如，14 英寸彩色显像管阳极高压高达约 22 kV。同时，彩色显像管的阳极电流也很大。随着图像内容的变化，阳极电流变化更大，如果高压电源内阻较大，会使阳极电压因阳极电流变化而发生较大变化，造成图像内容变化，以及屏幕亮度也发生变化的现象。同时，还会造成图像尺寸作不规则伸缩，聚焦、会聚不良和低压供电不正常等现象。为此，在其行输出级中，多采用高次行频谐波调谐的高压变换电路。多级一次升压逆程变压器，可使高压包到地的分布电容很小，因此可以做到九次以上的调谐，使高压整流所用反峰电压波形顶部较平坦，电源内阻也小，整流后，即使负载电流有较大变化，所引起的高压变化也不大。

(2) 扫描电路输出功率较大。由于阳极电压高、电流大，所以彩色显像管所需偏转功率大，因此要求扫描电路有较大的输出功率。

(3) 一般加有自动亮度限制(ABL)电路。为防止显像管阳极电流过大，高压太高而引起显像管较早衰老、损坏，或造成其他器件出现故障，在彩色电视机中多采用 ABL 电路，以此来自动限制彩色显像管的阳极电流，使其不超过其厂标极限值。

4.2 通道主要电路分析

4.2.1 电子调谐器与频道预选器

电子调谐器即高频头，由于其内部包含着许多调谐回路(高放回路，输入回路，本振回路)，这些调谐回路又都是通过改变变容二极管的端电压来进行调谐的，故称电子调谐器。又由于它处在电视机最前端，也称为前端电路(FEC)。为了使选择频道时的调谐过程简单易行，电视机常采用调谐电压预先置定并存储的方法，完成预置、存储记忆和控制不同频道调谐电压的电路称频道预选器。电子调谐器和频道预选器二者是密切相关的。

1. 电子调谐器

(1) 基本组成。电子调谐器主要由输入回路、高放、本振和混频四部分电路组成。但由于整个电视频道所占的频率范围很宽(48.5～958 MHz)，跨越了米波波段和分米波波段，前者的调谐回路是由 *LC* 集中参数元件组成，而后者采用分布参数调谐回路(同轴谐振腔)。因此，常把它们分为 VHF(甚高频)和 UHF(特高频)两部分。电子调节器的组成框图如图 4-3 所示。其中，VHF 包括Ⅰ频段(48.5～92 MHz)1～5 频道和Ⅲ频段(167～223 MHz)6～12 频道；UHF 包括(470～958 MHz)13～68 频道。目前，由于有线电视的发展，在 111～167 MHz 及 223～447 MHz 范围内增加了 35 个增补频道。即使这样，电子调谐器的基本组成原理仍未改变。

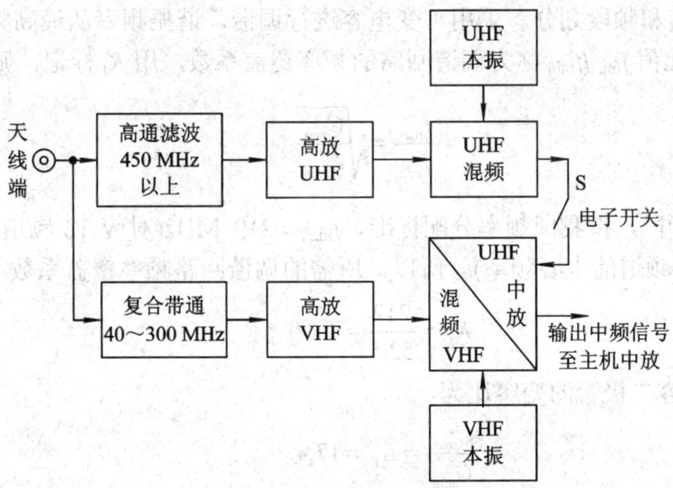

图 4-3　电子调谐器组成框图

当接收 VHF 频道信号时，开关 S 断开，同时 UHF 频段不供电(电源 BV = 0)，电路不工作。此时 1～12 频道信号经带通滤波器送至 VHF 输入回路，经初选再进入 VHF 高频放大，然后与 VHF 本振信号混频，最后输出视频载频为 f_{PI}(38 MHz)的残留边带中频调幅信号，以及载频为 f_{SI}(31.5 MHz)的伴音中频调频信号。

当接收 UHF 频段信号时，开关 S 接通，UHF 电路工作，此时 VHF 的有关电路则因停止供电(电源 BV = 0)而不工作。但 VHF 混频器电源 BM≠0，仍处于工作状态，并作为 UHF 的中放级。即 UHF 变频器把 13～68 频道的电视信号变成中频信号经此中放级放大后输出。VHF 和 UHF 的转换及频道选择、控制由频道预选器完成。

(2) 电子调谐原理。调谐即改变回路的谐振频率，从原理上讲，改变回路电感或电容都能达到改变谐振频率的目的。电视接收系统采用变容二极管代替回路可变调谐电容。变容二极管是一个特殊的 PN 结晶体二极管，通过改变加在变容管两端的反向偏置电压来改变结电容 C_J。一个典型的变容二极管 2CB14，其结电容与外加偏压的关系如图 4-4 所示。由图可见，当偏置电压从−30 V 到−3 V 变化时，电容 C_J 变化范围为 3～18 pF，其电容量变化比为 $C_{max}/C_{min} = 6$。

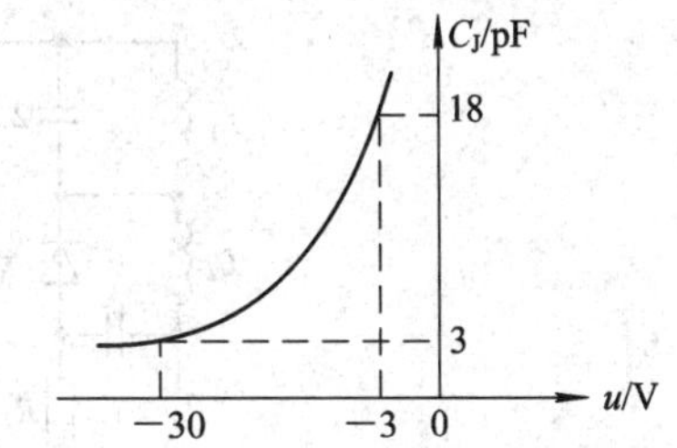

图 4-4　变容管 2CB14 电容变化曲线

由变容二极管构成的调谐原理电路如图 4-5 所示。图中，电容 C 数值较大，回路谐振频率主要由 C_J 的变化决定。由图不难看出，基本的电子调谐原理为：$R_W\nearrow$ $U\nearrow$ $C_J\nearrow$ $f_0\nearrow$从而完成调谐。

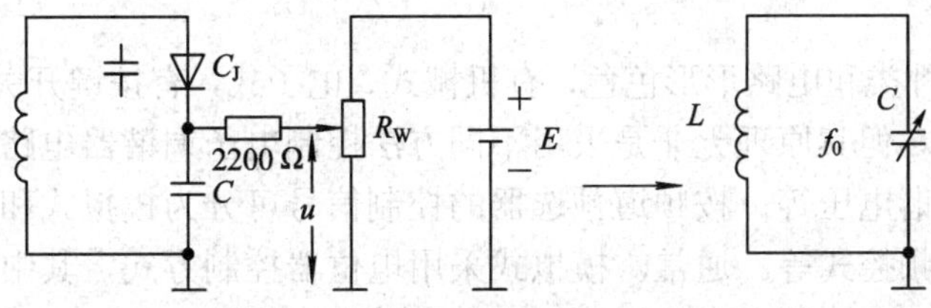

图 4-5　电子调谐原理及等效电路

(3) 频率覆盖和频段划分。采用可变电容进行调谐，谐振频率从最高频率 f_{max} 变化到最低值 f_{min} 时，其比值 f_{max}/f_{min} 称为调谐回路的频率覆盖系数，用 K_f 标记，则

$$K_f = \frac{f_{max}}{f_{min}} = \sqrt{\frac{C_{max}}{C_{min}}} \tag{4-1}$$

对于 VHF 频段，按我国频率分配标准，f_{max} = 219 MHz(对应 12 频道中心频率)，f_{min} = 52.5 MHz(对应 1 频道的中心频率)。所以，所需的调谐回路频率覆盖系数 K_f 为

$$K_f = \frac{219}{52.5} = 4.17 \tag{4-2}$$

相应地，要求变容二极管的变容比为

$$\frac{C_{max}}{C_{min}} = K_f^2 = 17.4 \tag{4-3}$$

前面分析的 2CB14 变容二极管 C_{max}/C_{min} = 6，可见它不能满足覆盖 VHF 频段中 1～12 频道的要求。故实际调谐回路设计中，将 VHF 频段划分为高、低两个分频段，分别为 L(或 I)频段和 H(或III)频段。对于 L 频段采用稍大电感，对于 H 频段采用较小电感，大、小电感通过开关二极管的通断进行切换，再配以变容二极管进行调谐，就可全部覆盖 VHF 频段。

L 和 H 频段间转换的原理电路如图 4-6 所示。图中 L_1 和 L_2 是为了配合 L、H 频段转换而设置的，开关二极管 V_D 并联在 L_2 两端。在接收 L 频段时，V_D 因反偏而截止，回路电感为 L_1+L_2；在接收 H 频段时，V_D 饱和导通，L_2 被短路，回路电感只剩下 L_1。目前，电调高频头中频段转换大多采用 2CK 系列硅开关二极管，它具有较好的开关特性。

对于 UHF 频段，通过计算表明，即使不划分频段，采用像 2CB14 这类变容二极管作调谐元件，已可以满足频率覆盖的要求。

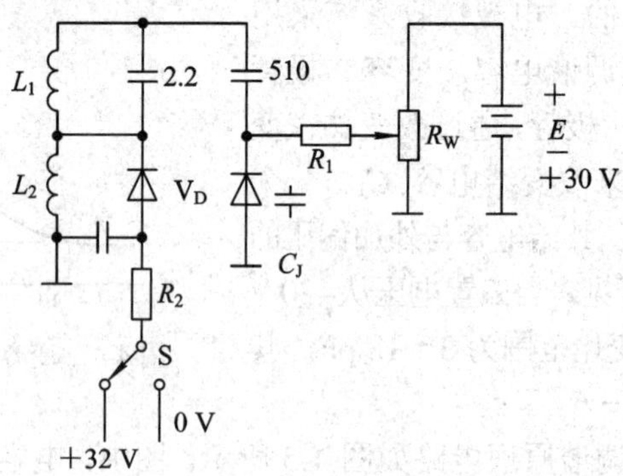

图 4-6　电调谐频段转换原理电路

2. 频道预选器

频道预选器的种类和电路形形色色，有机械式、电子式，有按键开关、触摸开关，有红外或语音遥控式等。但其原理无非是采用不同方法控制电子调谐器电路所需的各种电源、频道转换电压及调谐电压等。按频道预选器的控制信号可分为模拟式和数字式；按控制形式可分为压控式和频控式等。通常，模拟式采用电位器控制方式，其中，电位器充当着调谐电压的记忆元件。目前国产电视机频道预选器多采用按键开关转换、电位器记忆结构。

其原理如图 4-7 所示。

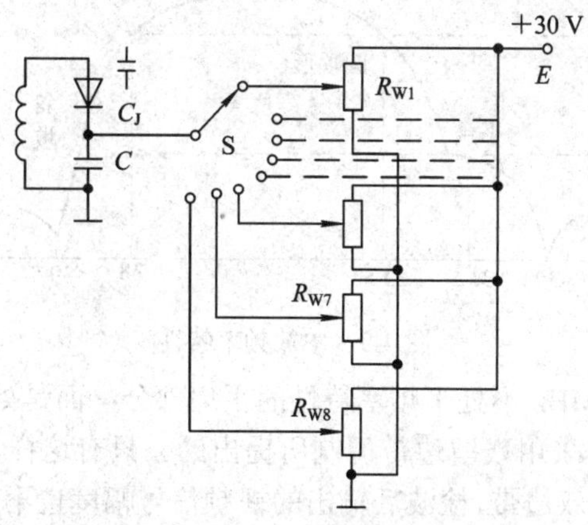

图 4-7　电位器记忆预选器原理电路

图中，R_{W1}～R_{W8} 电位器作为 8 个记忆元件，可记忆 8 种状态的调谐电压，此 8 种电压可使变容二极管呈现 8 种电容量，相应于 8 个电视台的调谐频率，且可任意改变。一般情况下，调谐状态可预先进行，在正式收看时，拨动按键开关(图中以 S 表示)，即可方便地找到要收看的频道。

4.2.2　中频放大与同步检波

不论接收哪个频道，外差机高频头输出的中频信号频率总是固定的。按我国电视制式，图像中频为 38 MHz，伴音中频为 31.5 MHz。由于中频信号频率不但比高频电视信号频率低而且频率范围固定，因此比较容易设计出增益高、工作稳定、频率特性符合要求的中频放大器。

集成电路电视机，中频放大与同步检波系统都具有图 4-8 的组成框图。其中，前置中放一般为分立元件放大器，是为补偿声表面波滤波器(SAWF)的插入衰减而设置的。

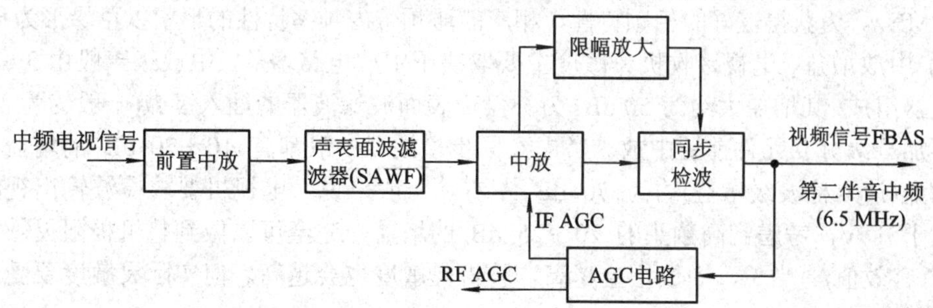

图 4-8　中频放大与同步检波方框图

1. 中频放大器及其相关电路

(1) 频率特性。为保证中放电路的性能指标，对其频率特性和电压增益有较严格要求。中放频率特性是指中频放大器对中频信号中各频率成分的相对放大量，频率特性常以响应曲线表示。根据电视信号的特点并保证电视机的性能，要求中放频率特性如图 4-9 所示。

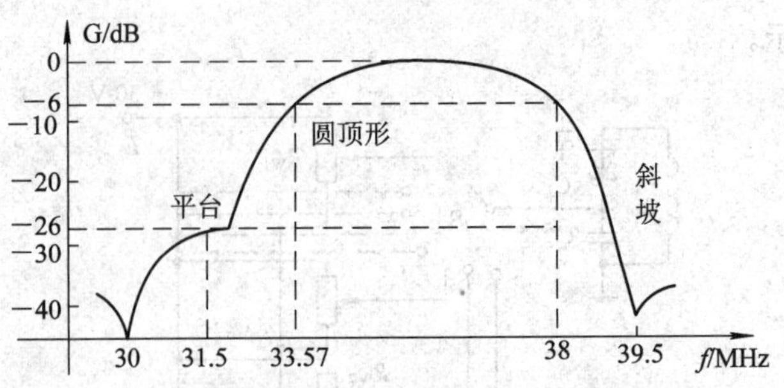

图 4-9　中放频率特性

由图可见，中频 38 MHz 不处于频率特性的平坦部分，而是处在 50%(−6 dB)处。这一规定是根据射频电视信号采用残留边带调制所提出的。只有这样，才可保证尽管在图像载频 f_P 的±0.75 MHz 范围为双边带，检波后输出的视频信号幅度也不会比单边带时的视频信号幅度大一倍。

此外，由图还可看出，伴音中频 31.5 MHz 增益仅为平坦部分增益的 5%(即−26 dB)，且两边各约有 100 kHz 的平坦响应区段。之所以这样要求，是因为伴音第二中频是由 38 MHz 的图像中频与 31.5 MHz 的伴音中频内差产生的，但因 38 MHz 不是等幅正弦波，而是视频调幅波。为避免调幅的 38 MHz 内差载波对伴音第二中频造成寄生调幅，使伴音中出现由 50 Hz 场频引起的蜂音，要求图像中频的幅度总比伴音第一中频大两倍以上。由于负极性调制最深的白电平的调幅度为 10%左右，因此规定伴音第一中频的增益为 5%。同时为使伴音调频信号的两个边带得到均等放大，故要求在 31.5 MHz 的±100 kHz 范围内特性平坦。

在图 4-9 的曲线中，30 MHz 和 39.5 MHz 处要求增益在平坦部分的 1%(即−40 dB)以下，这样做的目的是为了有效地抑制欲接收频道的上邻道图像载波和下邻道伴音载波的干扰。

图像中放通频带的计量方法与一般电路不同，规定高端从 38 MHz 算起，低端至−3 dB(70.7%)处所对应的频率为止，其间的频带宽度即为通频带。一般要求中放通频带约为 4.5～5 MHz。为获得较好的相频特性，相应的通频带内频率特性的形状以草垛形为佳。

(2) 中放增益。电视接收机灵敏度主要取决于中放电路增益。中放级一般由 3～4 级差动放大器组成，其增益大约为 50 dB。为补偿声表面波滤波器的插入衰减(一般约为 15 dB)，通常再加一级分立元件前置中放。考虑到同步检波器一般都有 10～20 dB 的增益，则中放总增益(计入检波级增益)约为 70 dB 左右。一般来说，电视机要求检波输出视频信号峰值大于 1 V，考虑到高频头的 20～25 dB 的增益，完全可以做到整机极限灵敏度优于 100 μV(有效值)。当然，中放增益越高，整机灵敏度也会越高。但实际灵敏度要受到信噪比的限制。

(3) AGC 电路。为保证中放输出信号幅度基本稳定，通道应设置自动增益控制(AGC)电路。

AGC 电路按照控制方式有正向和负向之分。负向 AGC 是利用 AGC 电路输出负向变化的 AGC 电压(即信号增强，U_{AGC} 电压减小)来达到控制增益的目的的。正向 AGC 则是利用 AGC 电路输出正向变化的 AGC 电压(即信号增强，U_{AGC} 电压增大)来达到控制增益的目的。

AGC 电路如图 4-10 所示。AGC 检波电路把预视放输出的全电视信号电平变换成直流电压，经放大加到图像中放，控制中放增益。中放 AGC 常记作 IF AGC，它有一定的控制范围，一般约为 40 dB。当外来信号变化范围较大，超出 IF AGC 的控制范围时，则由延迟电路输出的高放 AGC(即 RF AGC)电压控制高放增益。常称这种电路为延迟式 AGC 电路。

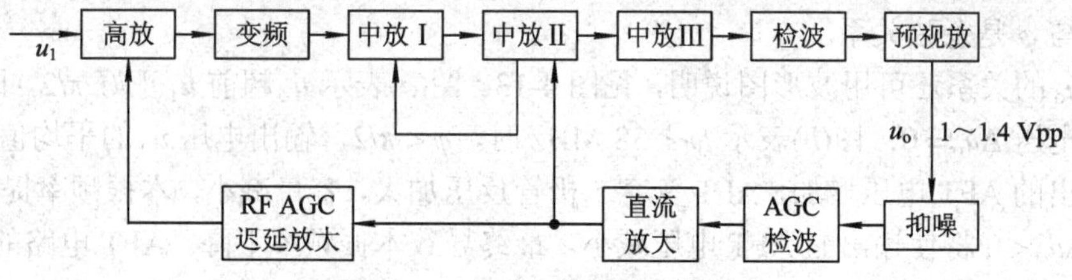

图 4-10　AGC 电路组成方框图

理想的 AGC 特性如图 4-11 所示。由图可见，为保证良好的信噪比，当输入信号增强时，应首先控制中放级增益，再控制高放级增益。在控制中放级增益时，也要求先控制末级中放，再依次控制前级中放增益。

(4) 自动频率微调(AFT)电路。AFT 电路将输入信号偏离标准中频(38 MHz)的频偏大小鉴别出来，并线性地转换成慢变化的直流误差电压，返送至调谐器本振回路的 AFT、变容二极管两端，以微调本振频率，从而保证中频准确、稳定。

AFT 电路主要由限幅放大、移相网络、双差分乘法器等组成，其原理方框图如图 4-12 所示。

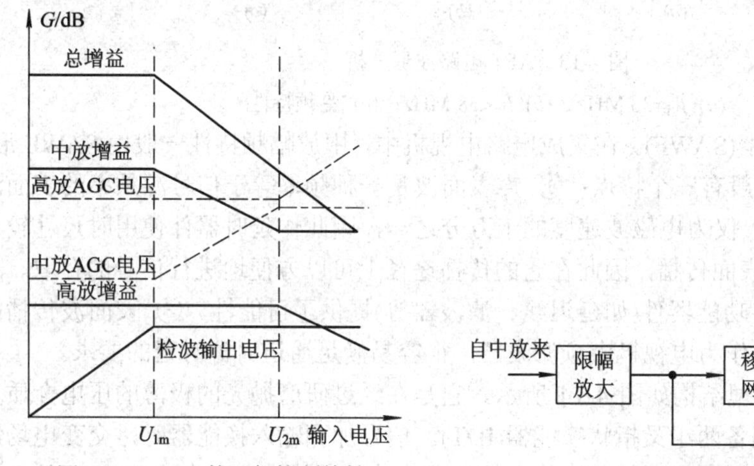

图 4-11　AGC 的理想控制特性　　图 4-12　AFT 原理方框图

现设视频检波系统限幅放大器输出电压为 u_1，经移相后的电压为 u_2，则乘法器输出电压 u_o 为

$$u_o = -Ku_1 \cdot u_2 \tag{4-4}$$

若以 U_{1m} 和 U_{2m} 分别表示 u_1 和 u_2 的振幅，则

$$u_1 = U_{1m} \sin \omega t \tag{4-5}$$

$$u_2 = U_{2m} \sin(\omega t + \varphi) \tag{4-6}$$

将式(4-5)、式(4-6)代入式(4-4)，得

$$\begin{aligned} u_o &= -KU_{1m} \sin \omega t \cdot U_{2m} \sin(\omega t + \varphi) \\ &= \frac{K}{2} U_{1m} U_{2m} \cos \varphi - \frac{K}{2} U_{1m} U_{2m} \cos(2\omega t + \varphi) \end{aligned} \tag{4-7}$$

式(4-7)中第一项为直流分量，第二项为谐波分量，经低通滤波器滤除第二项，乘法器输出为

$$\Delta u_o = \frac{K}{2} U_{1m} U_{2m} \cos\varphi \tag{4-8}$$

可见 Δu_o 与 φ 是余弦关系。

φ 与 u_o 的关系还可用波形图说明，见图 4-13。图(*a*)表示 u_2 超前 u_1 正好 $\pi/2$，即 $\varphi = \pi/2$，输出平均电压 $\Delta u_o = 0$；图(*b*)表示 $f_{PI} < 38$ MHz 时，$\varphi < \pi/2$，输出电压 u_o 的平均值 $\Delta u_o > 0$，这将使输出的 AFT 电压增加，AFT 变容二极管反压加大，容量减小，本振频率提高。反之，$\varphi < \pi/2$，$\Delta u_o < 0$ 将使输出的 AFT 电压减小，最终导致本振频率下降。AFT 电路的鉴频特性 $\Delta u_o \sim \Delta f$ 如图(*c*)所示。

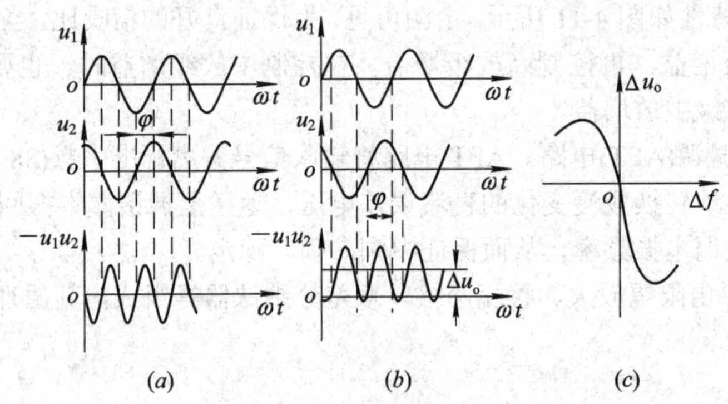

图 4-13　AFT 电路波形分析

(*a*) f_{PI}=38 MHz；(*b*) f_{PI}<38 MHz；(*c*) 鉴频特性

(5) 声表面波滤波器(SAWF)。在集成电路电视机中，中放幅频特性一般由 SAWF 形成。

声表面波滤波器一般有三个特点：① 声表面波是一种频率等于信号源频率的表面波，传播速度为 3 000 m/s，仅为电磁波速度的十万分之一，因此作延时器件使用时尺寸较小。② 声表面波易在固体表面传播，因此在它的传播途径上可以方便地进行信号的存取、放大和分流等，这为制造多功能器件(如延迟线、滤波器等)提供了可能性。③ 表面波传播的速度与频率无关，因此，作为电视机中频滤波器，很容易满足通道对群时延的要求。

声表面波滤波器原理结构如图 4-14 所示。它是在经过研磨抛光的极薄的压电介质基片上，用蒸发光刻工艺制备两组叉指状换能器(IDT)。信号加到输入换能器时，交变电场激起声表面波。声表面波传到输出 IDT，恢复出电信号。其传输特性主要取决于 IDT 的几何形状。为减小界面反射，两端及换能器外表面均涂敷有吸声材料。

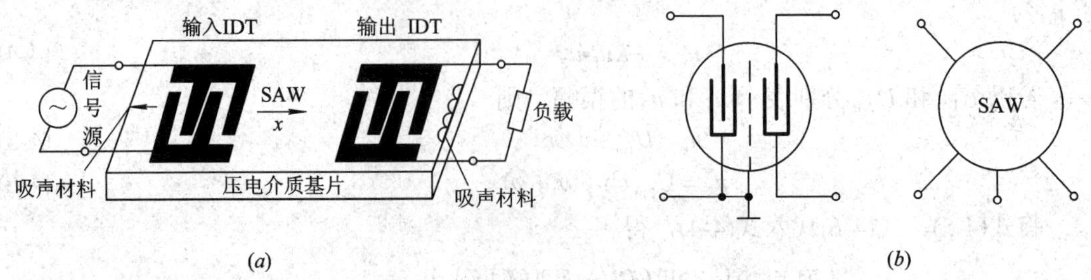

图 4-14　SAWF 原理结构图

(*a*) 结构；(*b*) 符号

实用中常将 SAWF 接在前置中放与中频放大电路之间。图 4-15 为一实用 SAWF 电路。由于 SAWF 的输入和输出阻抗呈容性，因此常在其输入和输出端并接电感和电阻，以便与其电容构成低 Q 值的谐振回路实现匹配。但实际使用时，为了克服声表面波在输入与输出两个换能器之间的多次反射引起滤波特性变坏，常常使输出端匹配，输入端加扼流圈使之处于失配状态，目的在于减小反射波干扰。

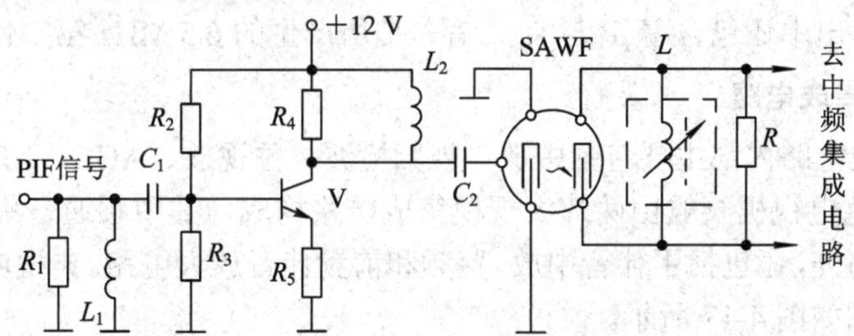

图 4-15　实用 SAWF 电路

如前所述，前置放大管提供约 20 dB 增益、8 MHz 带宽，以便补偿 SAWF 的插入衰减。

2. 视频信号同步检波

由中频电视信号中检出视频信号一般用同步检波电路。视频同步检波器由限幅放大、双差分模拟乘法器和低通滤波器组成，其原理方框图如图 4-16 所示。

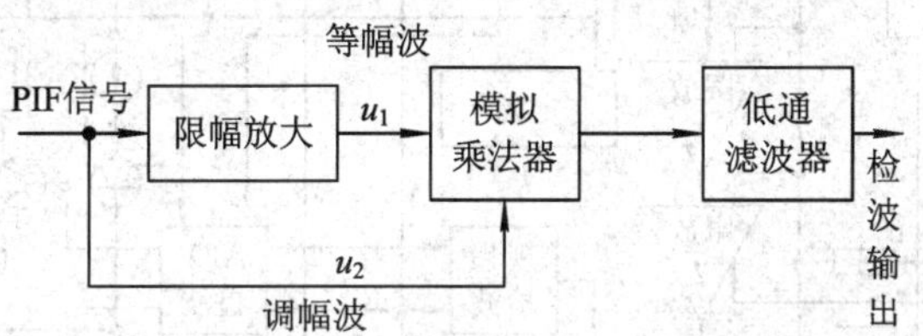

图 4-16　同步检波器原理框图

设图像中频调幅波(PIF)为

$$u_2(t)=U_2(1+m\cos\omega t)\cos\omega_{\mathrm{PI}}t \tag{4-9}$$

式中，U_2、ω_{PI} 分别为图像中频载波振幅和角频率，m 为调幅系数。$u_2(t)$经限幅放大后变为等幅波 $u_1(t)$

$$u_1(t)=U_1\cos(\omega_{\mathrm{P1}}t-\theta) \tag{4-10}$$

式中，θ 为滞后相角。

将 u_1(t)和 $u_2(t)$送乘法器，相乘后的输出以 $u'_{\mathrm{P}}(t)$表示，则

$$\begin{aligned}u'_{\mathrm{P}}(t)&=Ku_1(t)\cdot u_2(t)=KU_1U_2(1+m\cos\omega t)\cos\omega_{\mathrm{P1}}t\cos(\omega_{\mathrm{PI}}t-\theta)\\&=\frac{1}{2}KU_1U_2(1+m\cos\omega t)[\cos(2\omega_{\mathrm{P1}}t-\theta)+\cos\theta]\end{aligned} \tag{4-11}$$

式中，K 为模拟乘法器的传输系数。可见相乘输出中无 PIF 载波成分，再由低通滤波器滤除其中的二次谐波分量后，得到的同步检波输出为

$$u_{\mathrm{P}}(t)=\frac{1}{2}KU_1U_2(1+m\cos\omega t)\cos\theta \tag{4-12}$$

实用中只要调节限幅器外接回路，可调节到使 $\theta=0$，从而得最大输出

$$u_{\mathrm{Pm}}(t)=\frac{1}{2}KU_1U_2(1+m\cos\omega t) \tag{4-13}$$

采用同步检波的好处就在于：① 具有检波增益，其值为 $KU_1/2$。② 由于乘法器型视频同步检波器的输出，理论上不存在载波成分，因此副载波中频 f_{SCIF}(33.57 MHz)与伴音中频 f_{SIF}(31.5 MHz)差拍的 2.07 MHz 也是不存在的。③ 检波线性好。

当然在检波输出中还包含着 f_{PI} 与 f_{SI} 二者差拍所产生的 6.5 MHz 第二伴音中频。

3. 中频通道集成电路

中频通道集成电路内部主要包括中放、视频检波、预视放、AGC、AFC 等功能电路。平面直角遥控彩色电视机一般由两片大规模集成电路构成，其中频通道集成电路除包括了上述全部功能电路外，还包括了伴音中放、鉴频和前置伴音放大电路。典型电路有 TA7680AP 等，其原理方框图如图 4-17 所示。

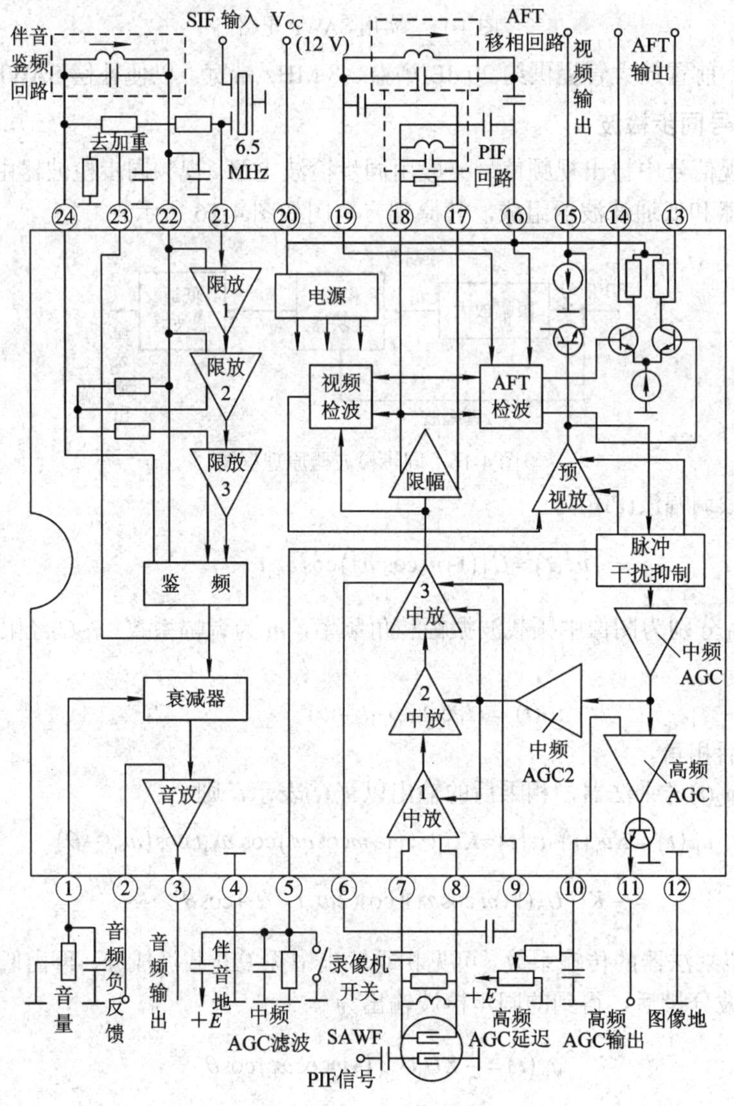

图 4-17 中频通道集成电路原理方框图

(1) 性能特点。由图 4-17 可见，中频通道集成电路的性能特点如下：

① 具有三级直接耦合的中频放大器，中放增益高，频带宽。

② 中放增益可控，中放 AGC 范围大于 60 dB。

③ 视频检波采用双差分模拟乘法器，检波线性好，灵敏度高，伴音载频和色副载波的差拍 2.07 MHz 造成的干扰小。

④ 预视放中设置有黑、白噪声抑制电路，反应速度快，抗脉冲干扰能力强。

⑤ IF AGC 采用峰值检波电路，线路简单，且不需外部调整。

⑥ AFT 采用双差分乘法器，性能稳定，控制灵敏度高。

⑦ 负向 RF AGC 输出，适用于高放级为双栅场效应管的电子调谐器。

⑧ 视频放大级设有磁带录像(VTR)开关，用录像机放像时只要将相应引脚接地即可。

⑨ 预视放级输出的是正极性(同步头朝下)的全电视信号。

⑩ 伴音第二中放采用三级直接耦合差分放大器，具有良好的限幅特性。

⑪ 采用正交鉴频电路，外接元件少。

⑫ 音量调节采用电子音量控制方式，控制范围宽，无电位器接触噪声和引线感应噪声。

⑬ 音频放大级设有负反馈输入端，可从外接末级功放引入负反馈以减小非线性失真。

(2) 应用电路。由集成电路构成的中放通道电路如图 4-18 所示。由电子调谐器输出的中频信号 IF 经 V201 前置中放及 SF 201 声表面波滤波器对称地输入集成电路 IC 201 的⑦、⑧两脚，经其内部具有负向 AGC 特性的三级直接耦合差分放大器放大后送视频检波电路。⑰、⑱引脚外接图像中频谐振回路 T204，调节其中的电感，可使输出最大。视频检波输出经预视放，一路由⑮引脚输出，另一路经消噪电路送 AGC 检波及放大电路，⑤脚外接 C_{227} 为 AGC 检波负载。⑩脚外接有 RF AGC 延时调节电位器 R_{220}，用以调节 RF AGC 的延迟时间。

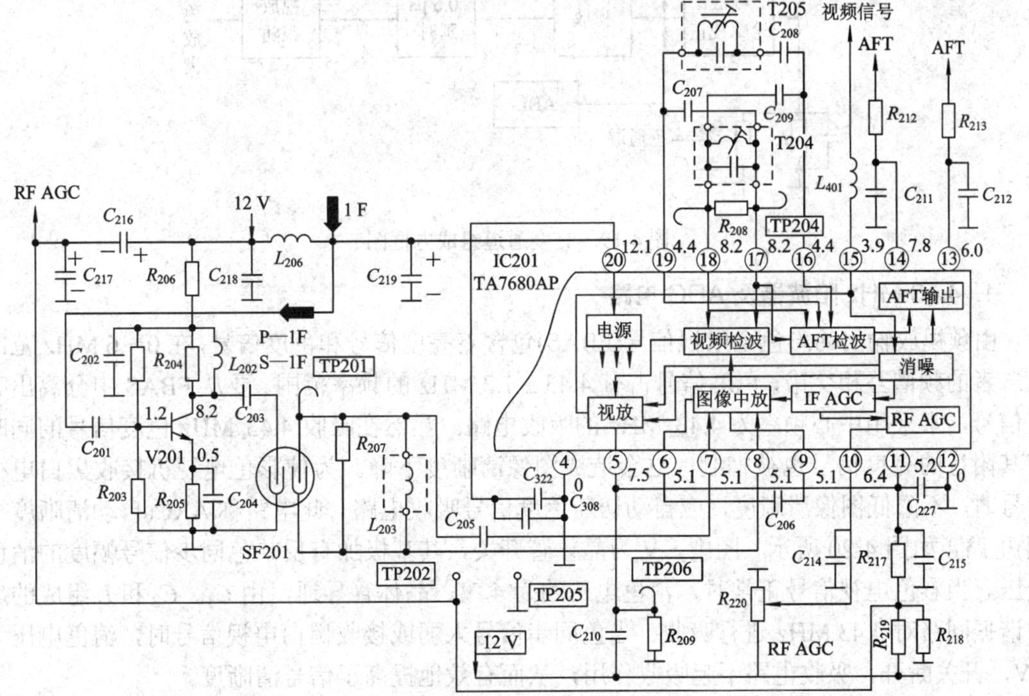

图 4-18　应用电路

AFT 电路采用双差分鉴相电路，其两路输入信号分别为由中放输出经限幅放大后提取的中频载波和经 T205 移相后的中频载波。当图像中频恰好等于 38 MHz 时，⑯、⑲脚外接的移相网络正好将中频移相 90°，AFT 检波输出电压 $U_{AFT}=0$；当图像中频偏离 38 MHz 时，相移不等于 90°，因而 $U_{AFT}\neq 0$，U_{AFT} 电压由⑬、⑭脚输出加于电子调谐器本振 C_{AFT} 变容二极管两端，以微调本振频率。

4.3　视频通道电路分析

视频通道就是将全电视信号经分解变换、放大，而恢复出原发送三基色信号的有关视频信号处理电路。它包括亮度通道、色处理、解码矩阵和基色放大等电路。

4.3.1　亮度通道的组成及电路分析

亮度通道组成方框图如图 4-19 所示。主要由 4.43 MHz 陷波器、轮廓校正、黑色电平钳位、亮度延时和视频放大等电路组成，它应完成亮度信号的分离、放大和加工处理等任务。

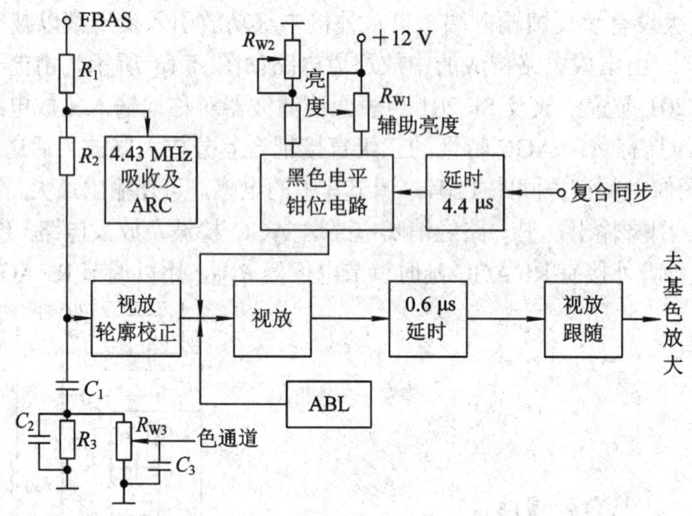

图 4-19　亮度通道组成方框图

1. 4.43 MHz 陷波器及 ARC 电路

由预视放输出的彩色全电视信号(FBAS)包含着亮度信号和色度信号，在 0～6 MHz 范围内二者的频谱互相交错，色度信号占有 4.43 ± 1.3 MHz 的频率范围。要从 FBAS 中分离出亮度信号，常采用中心频率为 4.43 MHz 的吸收电路。显然在吸收 4.43 MHz 色度信号的同时使其附近的亮度信号也被抑制，这会造成图像清晰度下降。为使彩色电视机接收黑白电视信号时，不降低图像清晰度，应自动切断色度信号吸收电路，此电路称 ARC(自动清晰度控制)电路，如图 4-20 所示。图中，V 为晶体管开关，其基极加有反映色同步信号幅度的消色电压。当彩色电视信号正常时，消色电压约为 4 V，晶体管导通，由 C_1、C_2 和 L 组成的串联谐振回路对 4.43 MHz 进行吸收。当色同步信号太弱或接收黑白电视信号时，消色电压为 0 V，开关断开，吸收电路不起吸收作用，从而有效地提高了信号清晰度。

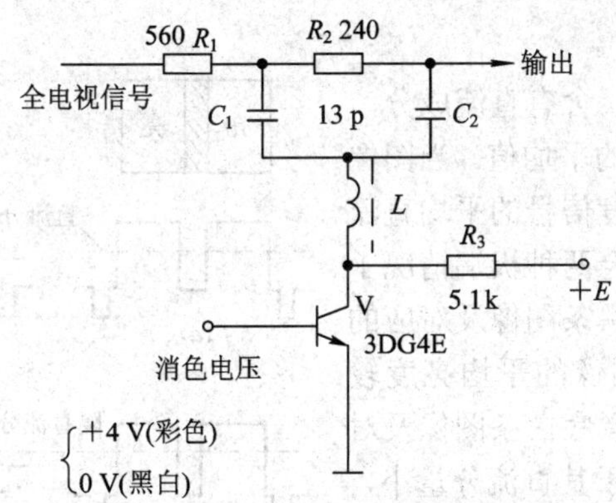

图 4-20　4.43 MHz 陷波器及 ARC 电路

2. 轮廓校正电路

由于 4.43 MHz 陷波器在滤除色度信号的同时滤除了亮度信号的高频成分，若以突变信号为例，则会产生边沿变差，出现灰色过渡区，如图 4-21(*a*)所示。若在脉冲的前、后沿各加一个上冲与下陷，如像给图像勾画了轮廓线，此功能电路常称为轮廓校正或勾边电路。图 4-21(*b*)为一个实际的轮廓校正电路。当其基极作用一个损失了高频分量(即边沿变差)的脉冲信号时，射极跟随输出，输出波形与输入基本相同；而集电极只有在脉冲变化沿，L_1、C_1 谐振而产生输出 u_c，在脉冲平顶部分 L_1 可视为短路，为使集电极在边沿处输出幅度更大，射极增加高频旁路电容 C_e。集电极和发射极输出分别经 C 和 L 耦合在 Σ 点叠加，输出前、后沿陡峭的脉冲信号 u_o。因而该电路具有增强图像轮廓的作用，其各点波形见图 4-21(*c*)。

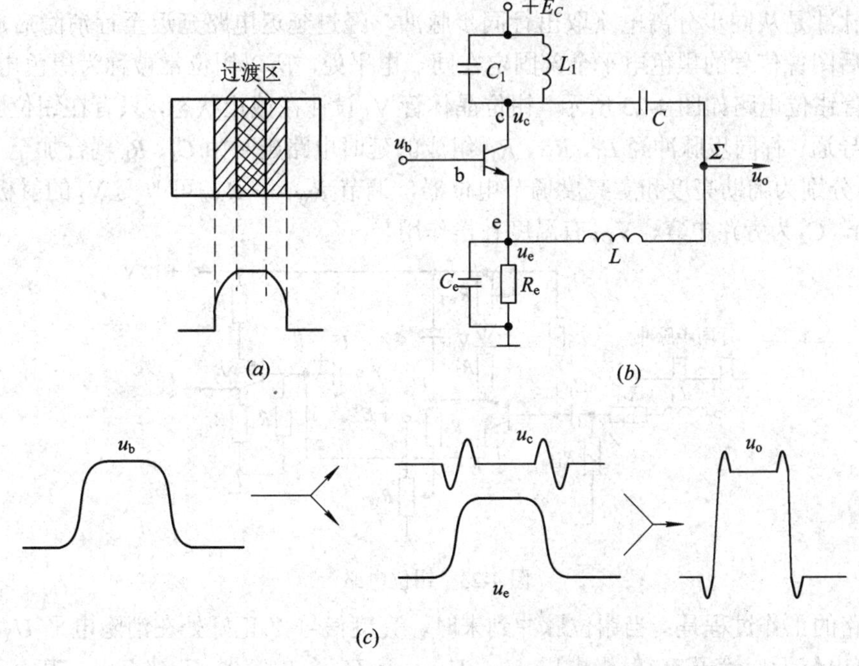

图 4-21　轮廓校正电路及波形

(*a*) 损失高频的电信号；(*b*) 轮廓校正电路；(*c*) 波形形成过程

3. 钳位电路

亮度信号是单极性的，含有直流成分，直流成分的大小等于信号的平均值。当图像平均亮度发生变化时，亮度信号的平均直流分量也随之变化。下面结合两种极端情况予以说明。图 4-22(*a*)为白底黑条图像及对应的正极性电视信号，由于图像的平均亮度较高，称亮场。图 4-22(*b*)为黑底白条图像及对应的正极性电视信号，由于其直流分量小，平均亮度低，称暗场。若采用 *RC* 耦合放大器放大此亮度信号，则因耦合电容的隔直流作用，使直流分量损失，因而暗场的消隐电平抬高，变成灰色电平，使消隐效果变差，见图 4-22(*c*)。此外，对于黑白图像信号，丢失直流会使图像背景发生变化；对于彩色电视信号，除背景变化外，还会影响到重现图像的色调和饱和度。

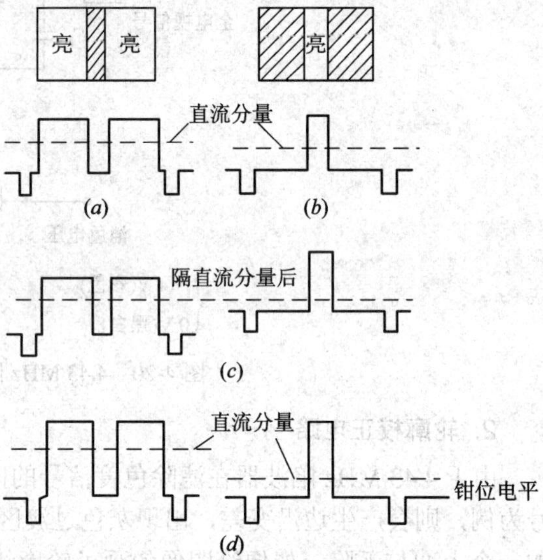

图 4-22　钳位过程的波形分析

(*a*) 亮场图像及波形；(*b*) 暗场图像及波形

(*c*) 隔直流之后波形；(*d*) 钳位恢复直流后波形

钳位电路的作用是使视频图像信号的电平在钳位脉冲作用期间达到某一预定值。一般采用在行消隐后肩黑色电平处出现行频钳位脉冲每行钳位一次。图 4-22(*d*)示出了钳位脉冲及钳位后的电视图像信号。

钳位脉冲是从同步分离电路取出行同步脉冲，经过延迟电路延迟至行消隐后肩处得到的。钳位后图像信号的黑色电平全部固定在同一电平处，所以钳位常被称为黑色电平钳位。

晶体管钳位电路如图 4-23 所示。钳位晶体管 V_1 设计在截止状态，只有在钳位脉冲到来时才饱和导通。行同步脉冲经 L_1、R_{11}、R_{12} 组成的延时电路延时由 C_1、R_b 耦合加至 V_1 基极。R_{W1}、R_{W2} 分别为辅助亮度和主亮度调节电位器，调节 R_{W1} 和 R_{W2} 可改变 V_1 的射极电位(即钳位电平)，C_2 为旁路电容，V_{D1} 有温度补偿作用。

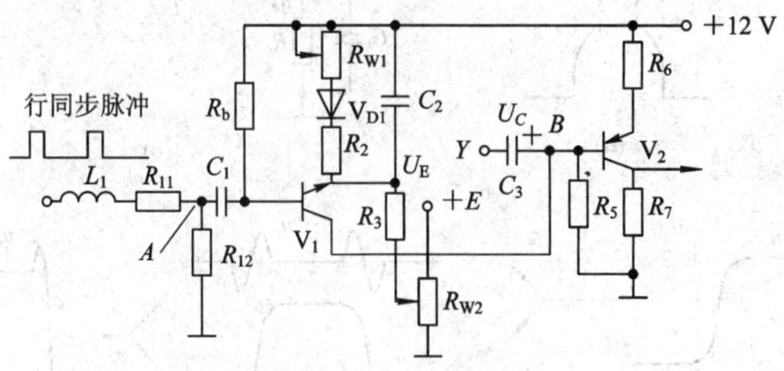

图 4-23　钳位电路

该电路的工作过程是：当钳位脉冲到来时，亮度信号 *Y* 正好处在消隐电平 U_{Y0}，因 V_1 导通 *B* 点电位近似等于 V_1 射极电压 U_E，U_E 大于 U_{Y0}，电容器 C_3 被充电，其充得电压为 $U_{C3} = U_E - U_{Y0}$。钳位脉冲过后，亮度信号的平均直流以 U_Y 表示，显然 $U_Y > U_{Y0}$，此时 V_1 截止，C_3 经 R_5 及 V_2 管的输入阻抗放电。电路设计保证此放电时常数远大于行周期(64 μs)，所以在一行的扫描时间间隔内 U_{C3} 基本不变，仍保持$(U_E - U_{Y0})$值。不难计算出 B 点在扫描正程期间电位为

$$\begin{aligned}U_B &= U_Y + U_{C3} = U_Y + U_E - U_{Y0} \\ &= U_E + (U_Y - U_{Y0})\end{aligned} \tag{4-14}$$

式中，$U_Y - U_{Y0}$ 为电视信号直流分量与消隐信号电平之差。当亮度信号变化时，$U_Y - U_{Y0}$ 变化，但消隐脉冲的电平总处于 U_E 不变(即钳位于 U_E)，与信号内容变化无关。上述过程可以用图 4-24 所示的波形关系图予以说明。

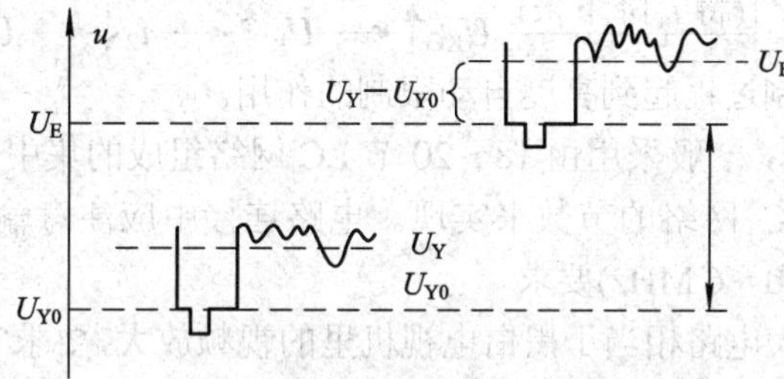

图 4-24 钳位过程的波形变化

4. 自动亮度限制(ABL)电路

显像管亮度过高，意味着其高压电流 i_a 过大，有可能造成高压电路过载、输出高压不稳、元器件损坏或荧光屏过早老化等现象。所以，彩色电视机要设置 ABL 电路，用以限制显像管的 i_a，达到自动调节其亮度的目的。

ABL 电路形式较多，它既可设计在视频放大级，也可设计在显像管栅极电路中，前者称为亮控型 ABL 电路，后者称为栅控型 ABL 电路。

一种实用的亮控型 ABL 电路如图 4-25 所示。其中，V_1 为视放管，V_2、V_3 组成基色输出电路(图中仅画一路)，R_1 为取样电阻，T 为行输出变压器，V_{D3} 为高压整流二极管。

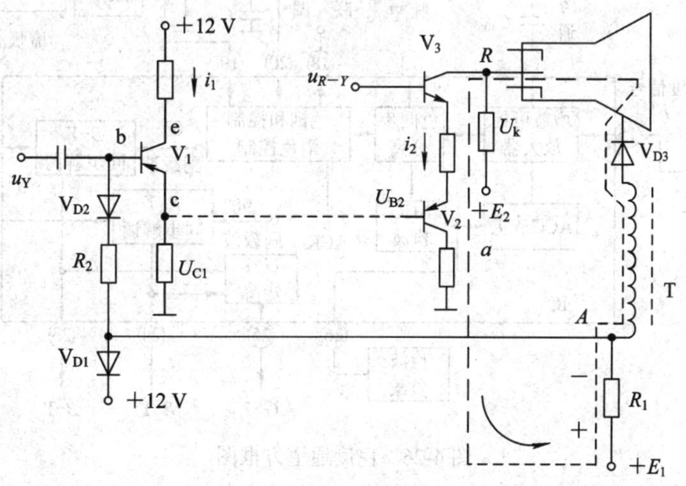

图 4-25 ABL 实用电路

当阳极电流 i_a 沿图中虚线流动时，会在 R_1 两端产生下正、上负的电压降，不难看出 A 点电压 U_A 为

$$U_A = E_1 - i_a R_1 \tag{4-15}$$

当 i_a 小于规定值时，设计使 U_A>12 V，二极管 V_{D1} 导通，U_A 被钳位在近似 12 V，因 V_1 的基极电位低于 12 V，所以 V_{D2} 截止，视频放大器处于正常工作状态，ABL 电路不起控制作用。当 i_a 大于规定值时，R_1 上的压降增大，导致 U_A 小于 12 V，二极管 V_{D1} 截止，V_{D2} 导通。当某一原因使 i_a 超过规定值时，如下的控制过程将使 i_a 降下来。

某原因使 $i_a\uparrow \longrightarrow U_A\downarrow \longrightarrow U_{B1}\downarrow \longrightarrow i_1\uparrow \longrightarrow U_{C1}$

(将 i_a 降下来) $U_{KG}\uparrow \longleftarrow U_k\uparrow \longleftarrow i_2\downarrow \longleftarrow U_{B2}\uparrow$

可见，上述的负反馈控制过程起到亮度自动限制的作用。

亮度通道延时 0.6 μs，一般采用由 18～20 节 LC 网络组成的集中参数型延迟线。延迟时间的调整可通过改变 LC 网络的节数来实现。电路连接中应注意输入、输出阻抗匹配(约 1.5 kΩ)和满足信号带宽(0～6 MHz)要求。

彩色电视机亮度放大电路相当于黑白电视机里的视频放大，要求它不失真地放大彩色全电视信号中的亮度成分，使图像具有足够的对比度和清晰度。为此，它应有满足要求的带宽和足够的线性放大量。

4.3.2 色度通道的组成及电路分析

色度通道原理方框图如图 4-26 所示。它主要包括色度增益可控放大、色同步分离、梳状滤波器、同步解调、自动色饱和度控制(ACC)、自动消色(ACK)及绿色差矩阵等电路。它应完成从彩色全电视信号中获得色差信号输出的任务。

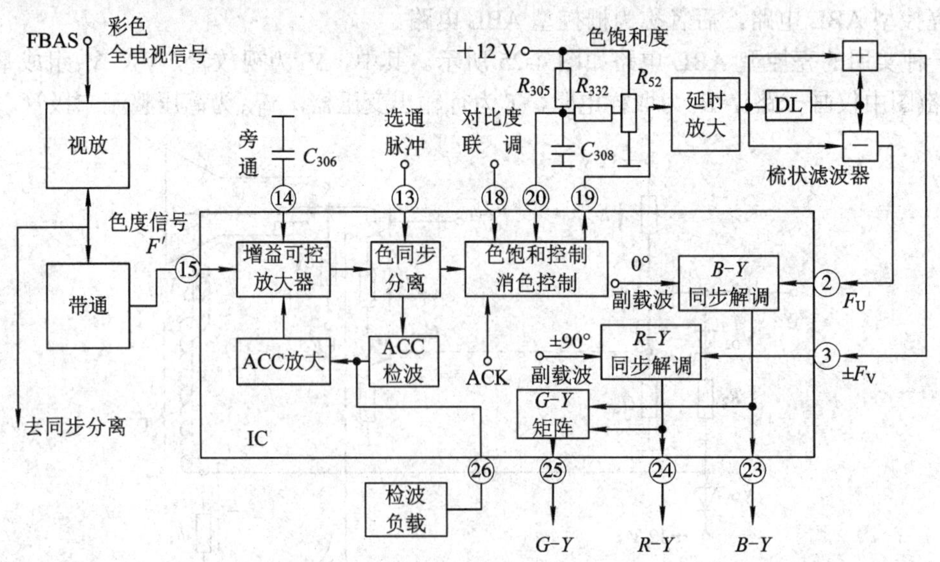

图 4-26　色度通道方框图

1. 增益可控放大器及 ACC 电路

增益可控放大器和 ACC 电路基本电路形式如图 4-27 所示。晶体管 V_7、V_8 为 ACC 峰值检波器，R_2、C_2 为检波负载，V_9、V_{10} 为 ACC 放大，V_{11}～V_{16} 为差分对色度信号放大器，其中 V_{15} 和 V_{12} 组成共发—共基主放大器，V_{11}、V_{13}、V_{14}、V_{16} 起直流补偿作用。

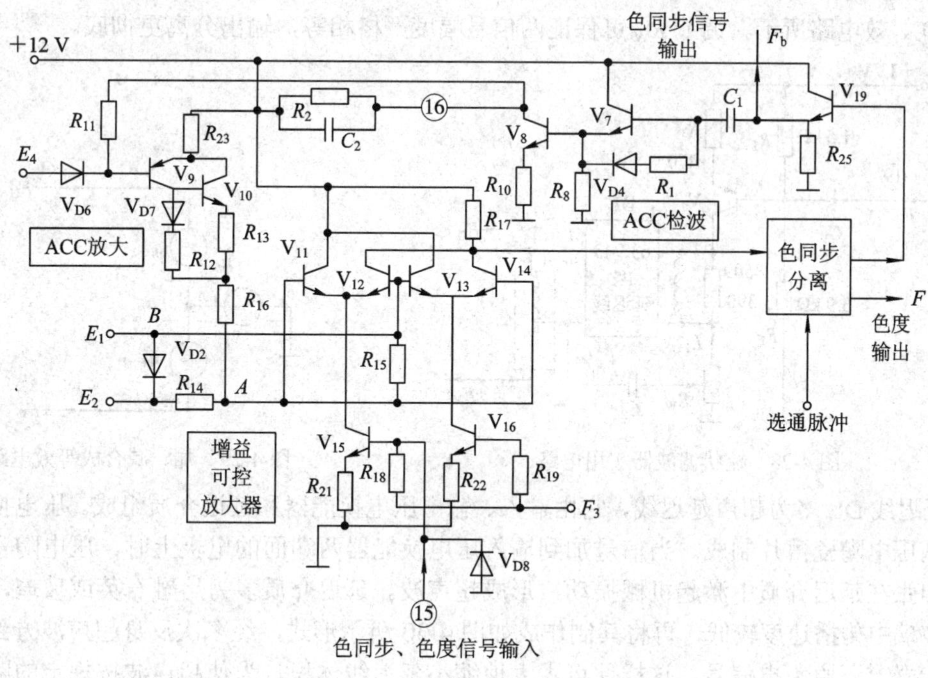

图 4-27　增益可控放大器和 ACC 电路

由色同步分离输出的色同步信号加于 V_{19} 的基极，经缓冲使 V_7、V_8 导通，并对 V_8 集电极所接负载电容 C_2 充电，从而造成 V_8 集极电位 U_C 下降，经 R_{11} 耦合至 V_9、V_{10} 复合管倒相放大，造成 A 点电位上升。当然，色同步信号愈大，V_8 集极电位 U_C 下降愈多，因而 A 点电位上升也愈多。色同步过后，V_7、V_8 管截止，于是 C_2 经 R_2 放电，因所设计的时常数(R_2C_2)远大于行周期，C_2 上电压下降很少，第二个色同步信号又使它再次充电，依次类推。因而，电容 C_2 上平均电压正比于色同步信号峰值。电路中，V_7、V_8 完成峰值检波(即 ACC 检波)，V_9、V_{10} 完成 ACC 倒相放大。

经带通滤波器从 FBAS 中分离出的色度及色同步信号(即 F 与 F_b)由主放大器 V_{15} 基极输入，经 V_{15} 和 V_{12} 级联放大，在负载 R_{17} 上形成输出电压。在色同步信号较小时，A 点电位较低，电路设计使 V_{D2} 导通，因而 V_{12}、V_{13} 管较 V_{11} 和 V_{14} 管基极电位高，V_{12}、V_{13} 处于大电流工作状态，因此电路增益较大。在色同步信号较大时，A 点电位则上升，导致 V_{11}、V_{14} 电流增大，V_{12}、V_{13} 电流减小，故主放大器放大倍数减小；反之亦然。因为色同步信号的大小，反映着色度信号的大小，故通过对色同步信号大小的检测，就可以得到 ACC 控制电压，以此来自动地调节主放大器的增益。

2. 梳状滤波器

根据第 3 章分析，我们知道梳状滤波器主要由延迟线、相加电路和相减电路构成，用以分离 F_U 和 $\pm F_V$。一个实用的梳状滤波器电路如图 4-28 所示。其中，V_1 为延时激励放大器，DL 为延迟线，T_1 为裂相变压器，L_1 为配谐电感，C_2 为耦合电容。

色度信号 F 经电容 C_1 耦合加于 V_1 基极，经放大由其集极输出，再经延迟线由 A 点加于裂相变压器 T_1 上端，取自 R_W 的直通信号经 C_1 耦合加至 T_1 中点，这样可在输出端分别得到相加和相减输出。将直通信号和延迟信号分别用 u_n 和 u_{n-1} 表示，其输出电压合成原理如图 4-29 等效电路所示。调节 R_W 可保证两信号幅度严格相等，输出分离更彻底。

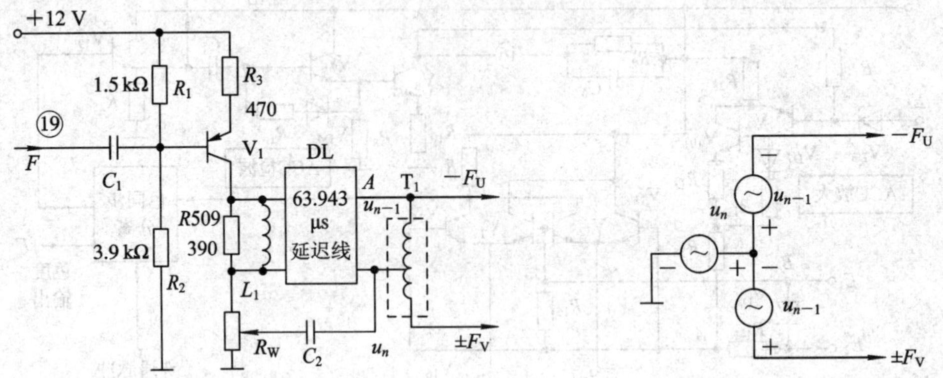

图 4-28　梳状滤波器实用电路　　　　图 4-29　加、减合成等效电路

延迟线 DL 多为超声延迟线，它由输入、输出压电换能器和延迟介质组成。压电换能器由多晶压电陶瓷薄片制成。当信号加到输入压电换能器两端面的电极上时，压电陶瓷因压缩或伸张在延迟介质中激起机械振动，形成超声波。延迟介质多为熔融石英或玻璃，超声波在玻璃中传播速度较低，再将其制作成如图 4-30 所示形式，经多次反身超声波方到达输出换能器，还原为电信号，这样便可大大地缩小延迟线体积。为使超声波按规定的路径传播，减少不规则反射引起的干扰杂波，在延迟线表面涂有若干吸声点，吸声点所涂吸声材料由橡胶、环氧树脂和钨粉配制而成。最后用塑料外壳封装，以减小外界的影响。

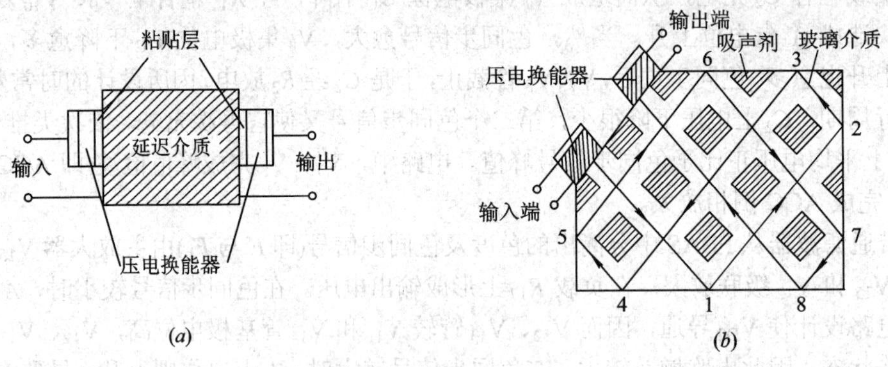

图 4-30　超声延迟线

3. 同步检波电路

梳状滤波器分离出的两个色度分量都是平衡调幅所得信号，其包络不反映调制信号，所以必须用同步检波电路来恢复原调制信号。集成电路内部同步检波单元是双差分模拟乘法器，如图 4-31 所示。

图中，V_1～V_6 组成 U 同步检波器；V_7～V_{12} 组成 V 同步检波器；V_{14}、R_2 和 R_3 及相应恒流源组成($G-Y$)矩阵电路。电路设计时，调整了每个相乘器增益，直接反压缩输出相应的色差信号。

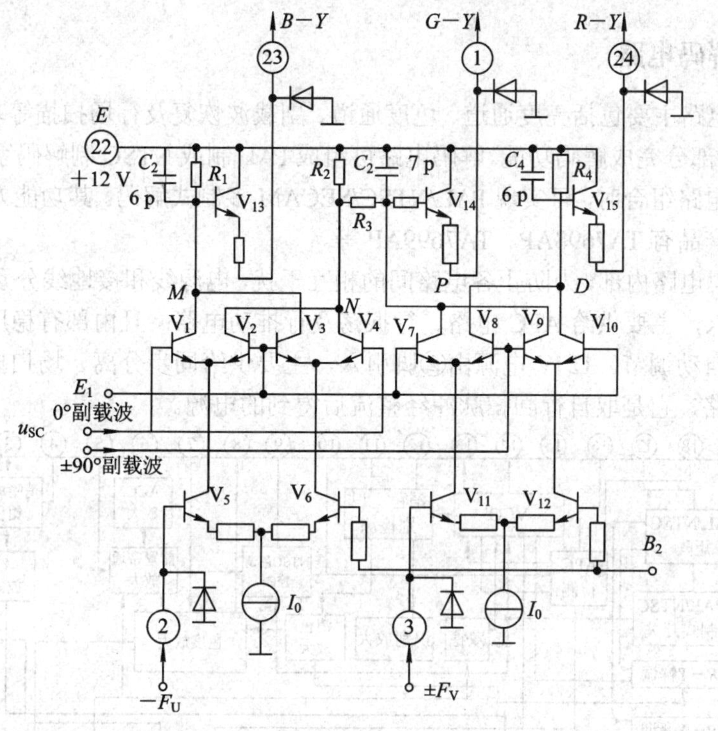

图 4-31　同步检波与(G－Y)矩阵电路

由于 F_U 与 $\pm F_V$ 色度信号分量幅度较小，分别加于各自乘法器的尾管，它们工作于线性状态。恢复副载波 u_{SC} 幅度很大，分别加于各自乘法器对管的输入，它们工作于开关状态。开关工作将产生谐波成分，但它们均将被接于 V_{13} 和 V_{15} 基极的 C_2 和 C_4 滤波电路所滤除，因而 V_{13} 和 V_{15} 射极分别输出$(B-Y)$和$(R-Y)$有用信号。

与 M 和 D 点相反，N 和 P 点将分别输出$-(B-Y)$和$-(R-Y)$信号，它们经 R_2、R_3 及恒流源电阻分压、叠加，便由 V_{14} 射极输出$(G-Y)$色差信号。

现以 U 同步检波器为例，说明同步检波器工作过程，如图 4-32 所示的波形示意图。在 t_1 期间，设 F_U 与 u_{SC} 同相，在副载波正半周 V_1、V_4 导通，V_2、V_3 截止。同时因 u_{SC} 也为正半周，V_5 电流增大，V_6 电流减小。相应的 V_1 集电极电位下降，V_4 集电极电位上升。在 u_{SC} 和 F_U 的负半周，V_1、V_4 截止，V_2、V_3 导通；V_5 电流减小，V_6 电流增大，引起 V_3 集电极电位下降，V_2 集电极电位升高。可见，在 t_1 期间，V_1、V_3 输出低电平，V_2、V_4 输出高电平。同理可分析得出其他时间段相应的输出，经 C_2 滤去二倍以上副载波的各次谐波成分后，由 V_1 和 V_3 经 V_{13} 输出$(B-Y)$色差信号。

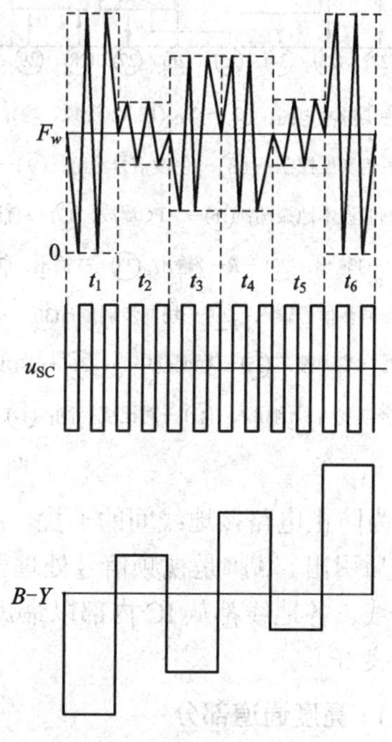

图 4-32　同步检波波形关系

4.3.3　集成解码电路

集成解码电路主要包括亮度通道、色度通道、副载波恢复及行场扫描等功能电路。除扫描部分外，其余部分完成解码功能。解码电路可组成 PAL 制或 NTSC 制解码系统，与 SECAM 制解码及开关电路组合时，可实现 PAL/NTSC/SECAM 多制式解码。其功能方框图如图 4-33 所示。其相应产品有 TA7698AP、TA7699AP 等。

在集成解码电路内部，为防止各电路间的相互干扰，电源线和接地线分别使用两组。8 V 电源由㉝脚引入，主要供给 AFC 电路、行振荡及行推动电路；且内部有稳压电路，对外电路负载变化能自动调节。12 V 电源由②脚引入，主要供给同步分离、场扫描、视频信号处理和色解码电路，它是取自行回扫脉冲经整流后得到的电源。

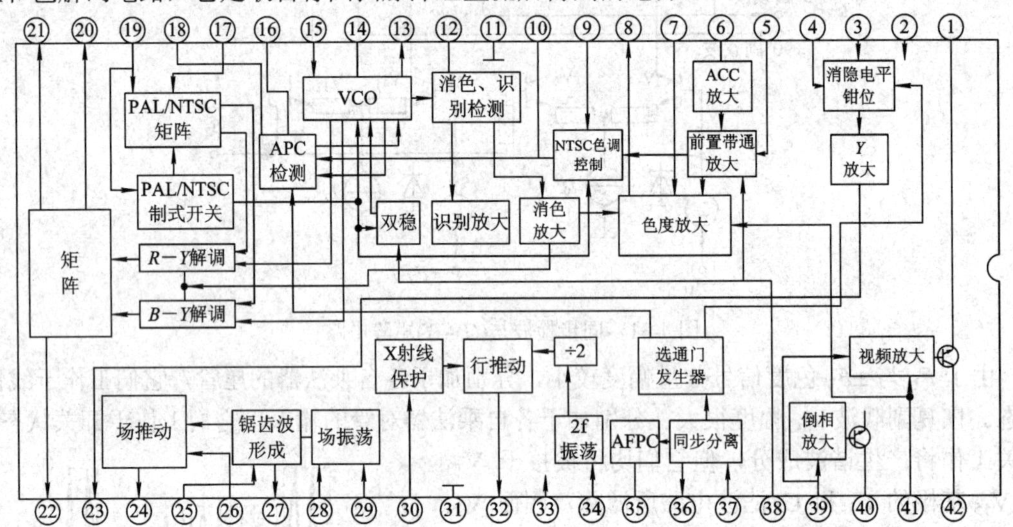

①—去尖脉冲电路；②—V_{CC}(12 V)(视频、场)；③—亮度信号输入；④—亮度控制；⑤—色度信号输入；⑥—ACC滤波；⑦—色饱和度控制；⑧—色度信号输出；⑨—色调控制；⑩—色同步选频回路；⑪—地(视频)；⑫—消色、识别滤波；⑭—副载波本地振荡；⑯—APC滤波；⑰—直通色度信号输入；⑱—APC滤波；⑲—延迟色度信号输入；⑳—$G-Y$输出；㉑—$R-Y$输出；㉒—$R-Y$输出；㉓—Y输出；㉔—场推动输出；㉕—场幅调整；㉖—场反馈输入；㉗—场锯齿波形成；㉘—场同步信号输入；㉙—场同步调整；㉚—X射线保护；㉛—地行场同步分离；㉜—行推动输出；㉝—V_{CC}(8 V、行)；㉞—行同步调整；㉟—行调整中心；㊱—同步分离输出；㊲—同步分离输入；㊳—行回扫脉冲输入；㊴—全电视信号输入；㊵—全电视信号倒相入；㊶—对比度控制；㊷—视频信号输出；

图 4-33　集成解码电路方框图

为防止电路接地线间的干扰，在 IC 内部扫描部分与解码部分有各自独立的地线，合成两组后引出。⑪脚是视频信号处理器和色解码电路的地线；㉛脚是同步分离电路和扫描电路的地线。各地线都从 IC 内部以最短距离引出。因而在使用时，外部引线也要注意既短而又接地良好。

1. 亮度通道部分

亮度通道信号处理方框图如图 4-34 所示。它包括倒相放大器、对比度放大器、黑色电平钳位放大器与视频放大器。

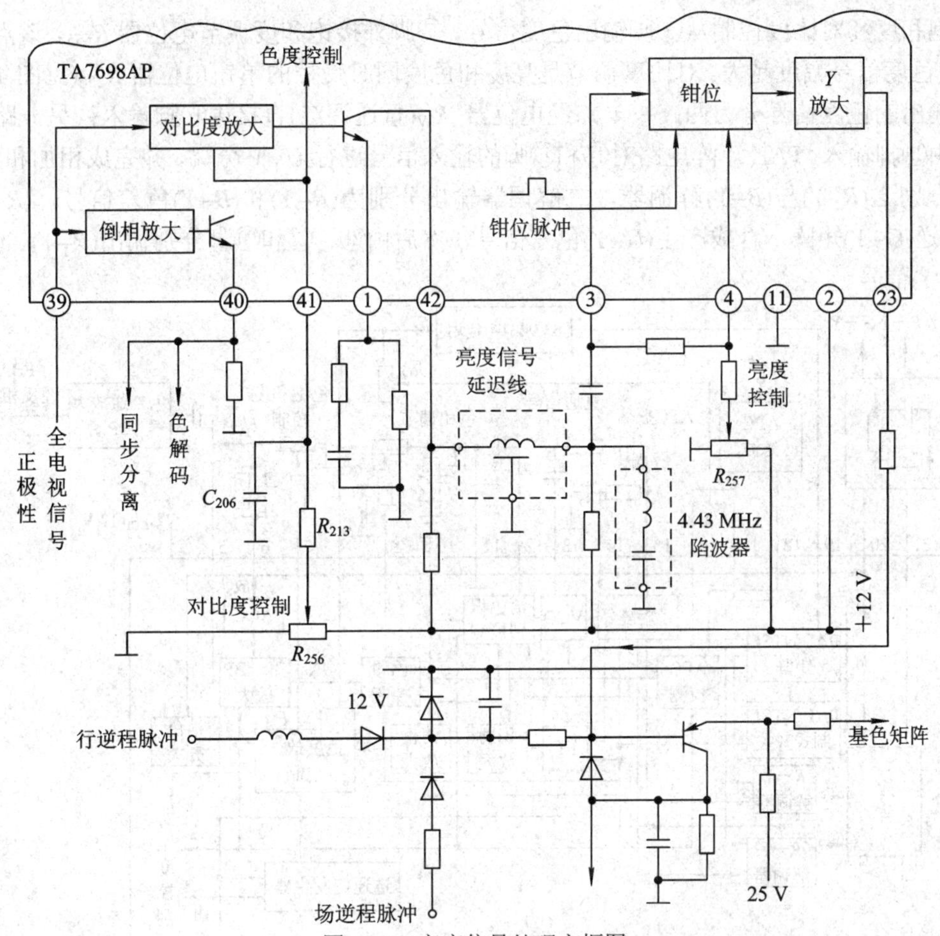

图 4-34　亮度信号处理方框图

正极性全电视信号，经 6.5 MHz 陷波器滤除伴音中频信号后从㊴脚输入，输入后分为两路，其中，一路进入对比度放大器，另一路进入倒相放大器。倒相放大后的信号经缓冲级由㊵脚输出，送色解码和同步分离。经对比度放大后的视频信号由㊷脚输出，经亮度延时线延迟和 4.43 MHz 陷波电路，由③脚送入黑色电平钳位放大器。黑色电平钳位放大器恢复信号中的直流并放大后，经视频放大器再放大，由㉓脚输出一 Y 信号。调节 R_{257} 可改变钳位放大器的直流电平，从而实现亮度调节。㊶脚外接 R_{256} 为对比度调节电位器，R_{213} 和 C_{206} 为去耦滤波电路。

2. 色度通道部分

色度通道信号处理方框图如图 4-35 所示。它主要包括色度信号放大、分离控制和副载波恢复等电路。

(1) 色度信号放大与分离控制电路。色度信号放大、分离控制电路包括第一 BP(带通)放大，ACC 放大，U、V 分离，$(R-Y)$、$(B-Y)$解调及$(G-Y)$色差矩阵。

全电视信号经色带通放大滤波器，取出色度信号由⑤脚送至第一 BP(带通)放大器输入端，其放大倍数受 ACC 电路控制，ACC 电路的滤波元件接于⑥脚。选通脉冲由选通门发生器加于第一带通放大，在其内部将 F 和 F_b 分离。滤除色同步信号后的色度信号经色度放大，并受饱和度和对比度控制从⑧脚输出色度信号。⑦脚外接饱和度调节电位器 R_{555}，该点电压越高，色度信号幅度越大。对比度调节是亮度和色度同时受控的单钮电位器 R_{256}(见图 4-34)。⑧脚输出的色度信号分为两路：一路经电位器 R_W(直通调节)直接由⑰脚输入；另一路经延迟后由⑲脚输入。PAL 矩阵电路对⑰和⑲脚的输入信号进行 U、V 分离，并完成相加和相减，输出分别送($R-Y$)与($B-Y$)解调器，二解调器输出分别为($R-Y$)和($B-Y$)色差信号，($R-Y$)和($B-Y$)送($G-Y$)矩阵，合成产生($G-Y$)色差信号，然后由㉑、㉒和⑳脚分别输出($R-Y$)、($B-Y$)和($G-Y$)信号。

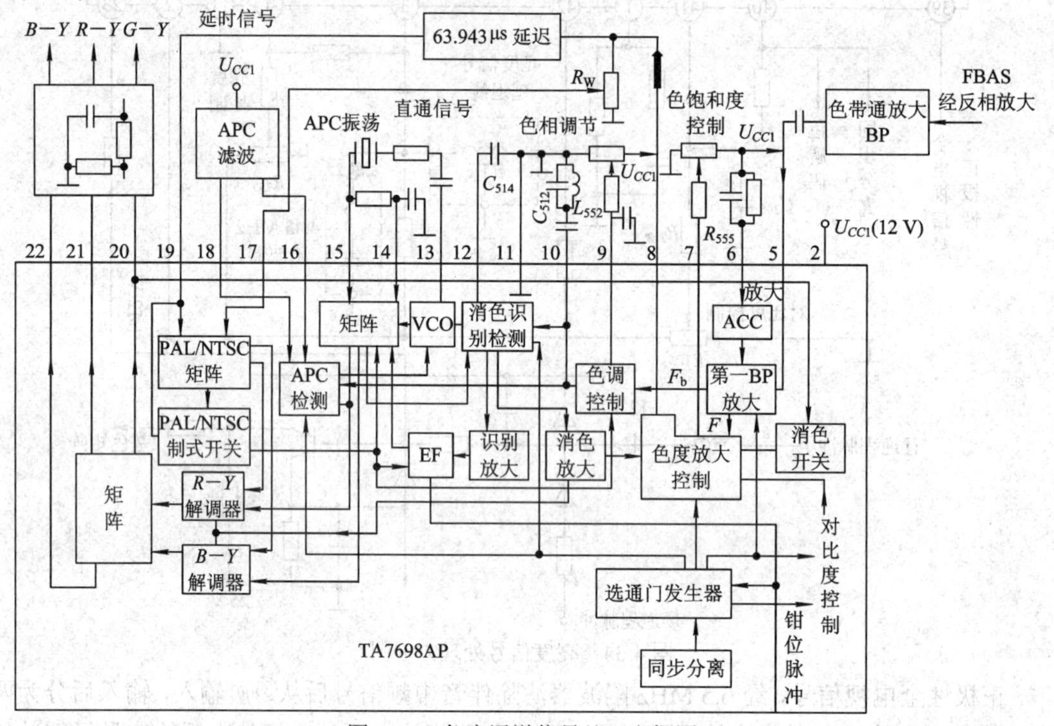

图 4-35　色度通道信号处理方框图

(2) 副载波恢复电路。副载波恢复电路包括 APC(鉴相)、VCO(压控振荡器)、矩阵电路、消色/识别检测、放大及双稳态触发器。

由第一带通放大分离出的色同步信号，通过色调控制电路(由色相控制电位器调节，在 PAL 时不起作用)，分两路分别送消色识别检测和 APC 检测电路。⑫脚外接滤波电容 C_{514}，通过 C_{514} 上电压大小，可判断消色器的工作状态。当收看黑白节目或 PAL 开关错误时，⑫脚电压值为 8 V，消色器工作；当收看彩色电视信号，且 PAL 开关正确时，⑫脚电压升高，消色器停止工作。⑩脚外接的 L_{552} 和 C_{512} 用于滤除色同步脉冲上叠加的干扰。

压控振荡器 VCO 的输出经矩阵电路后，分别送($R-Y$)、($B-Y$)解调器和 APC 鉴相电路。鉴相电路对矩阵电路及色调控制电路送来的信号进行鉴相，输出控制 VCO 振荡频率的直流电压。其中，APC 滤波电路接于⑯与⑱脚，且在选通脉冲到来时才鉴相。

4.3.4　解码矩阵及基色放大电路

解码矩阵和基色放大电路的原理方框图如图 4-36 所示，其中包括 $G-Y$ 矩阵、基色矩阵和基色放大电路。主要完成三基色信号 R、G、B 的恢复和放大。

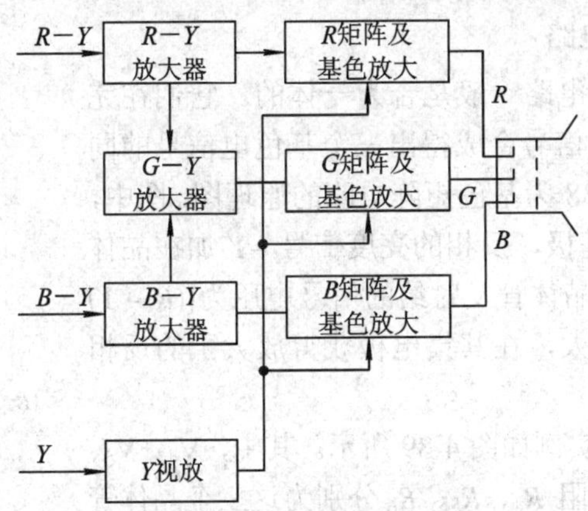

图 4-36　解码矩阵及基色放大器方框图

1. G–Y 矩阵电路

由第 2 章式(2-5)可知，

$$G-Y=-0.51(R-Y)-0.19(B-Y)$$

那么，只要将色差信号$(R-Y)$与$(B-Y)$按 0.51∶0.19 的比例关系合成并反相即可得到$(G-Y)$色差信号。简单的电阻元件构成的矩阵电路如图 4-37(*a*)所示。若忽略 U_1、U_2 两信号内阻及反相放大器输入阻抗的影响，利用叠加原理可求得

$$-U_o=\frac{R_2 // R_2}{R_1+R_2 // R_3}U_1+\frac{R_1 // R_2}{R_2+R_1 // R_3}U_2$$

选择元件时，使 R_1、$R_2 \gg R_3$，则上式可近似为

$$-U_o=\frac{R_3}{R_1}U_1+\frac{R_3}{R_2}U_2 \tag{4-16}$$

用$(R-Y)$和$(B-Y)$分别取代输入电压 U_1 和 U_2，并选取 R_3/R_1 与 R_3/R_2 之比等于 0.51/0.19 = 2.7 时，那么输出 U_o 即为$(G-Y)$色差信号。

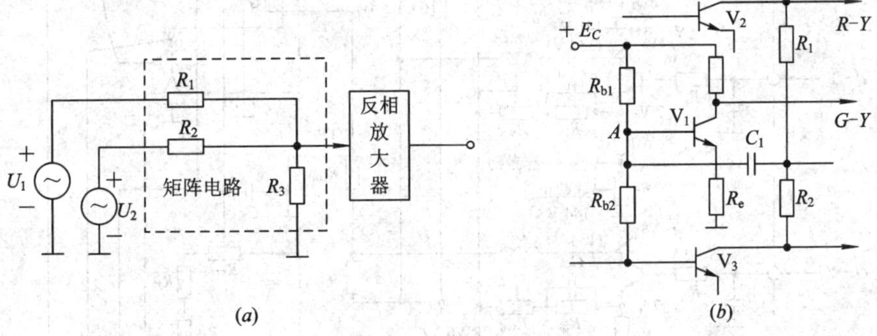

图 4-37　G – Y 矩阵电路

(*a*) 电阻矩阵电路；(*b*) G – Y 矩阵实际电路

实际的$(G-Y)$矩阵电路如图 4-37(*b*)所示。由图可见，V_2 和 V_3 管输出的色差信号$(R-Y)$和$(B-Y)$分别经 R_1 和 R_2 及耦合电容 C_1 加至 V_1 输入端 *A* 点，而 V_1 管输入阻抗设计较低，远小于 R_1 和 R_2，所以只要 R_1 和 R_2 的比值满足要求，即可求得所要求的$(G-Y)$。比如，选 R_2=75 kΩ，R_1 = 27 kΩ，则 R_2/R_1 = 2.7，那么 V_1 集电极便可输出$(G-Y)$色差信号电压。

2. 基色矩阵及放大电路

基色矩阵及基色放大电路一般是合为一体的。它们在完成由三个色差信号与亮度信号合成得出三个基色电信号的同时对其进行了放大。图 4-38 为基色矩阵电路的原理图。图中，$(R-Y)$加在晶体管 V 的基极，反相的亮度信号 $-Y$ 加在晶体管 V 的发射极，因而加在晶体管发射结的信号电压为$[(R-Y)-(-Y)]=R$，经晶体管放大，在其集电极获得放大了的反相红基色信号$(-R)$。

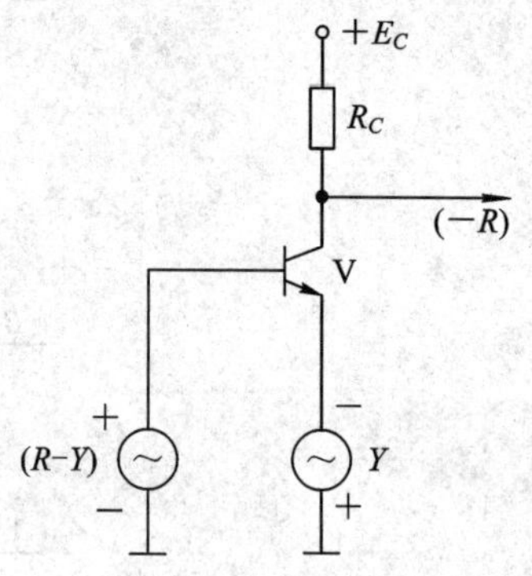

图 4-38　基色矩阵原理电路

基色矩阵及放大电路实例如图 4-39 所示。其中，V_4、V_5、V_6是三个基色放大管，电阻 R_4、R_5、R_6分别为这三个晶体管的集电极负载电阻。色差信号$(B-Y)$、$(R-Y)$、$(G-Y)$分别通过 V_4、V_5、V_6 管的基极耦合电阻加入各管的基极。R_{10}、R_{W1}，R_{11}、R_{W2}，R_{13}、R_{W3} 分别为 V_4、V_5、V_6的负反馈电阻，调节 R_{W1}、R_{W2}、R_{W3} 可分别调整三个晶体管的直流工作状态。电容 C_1、C_2、C_3 起滤除杂波(包括副载波及其谐波干扰)作用。负极性的亮度信号$(-Y)$分别加于 V_4、V_5 和 V_6 的发射极，它们与各自基极所加的色差信号进行代数和以产生相应的基色控制信号，经放大后从 V_4、V_5、V_6 的集电极输出，分别为 $-B$、$-R$、$-G$。这三个基色信号电压分别通过高频补偿电感 L_1、L_2、L_3 和隔离电阻 R_{15}、R_{19}、R_{20} 加于彩色显像管三个阴极上。

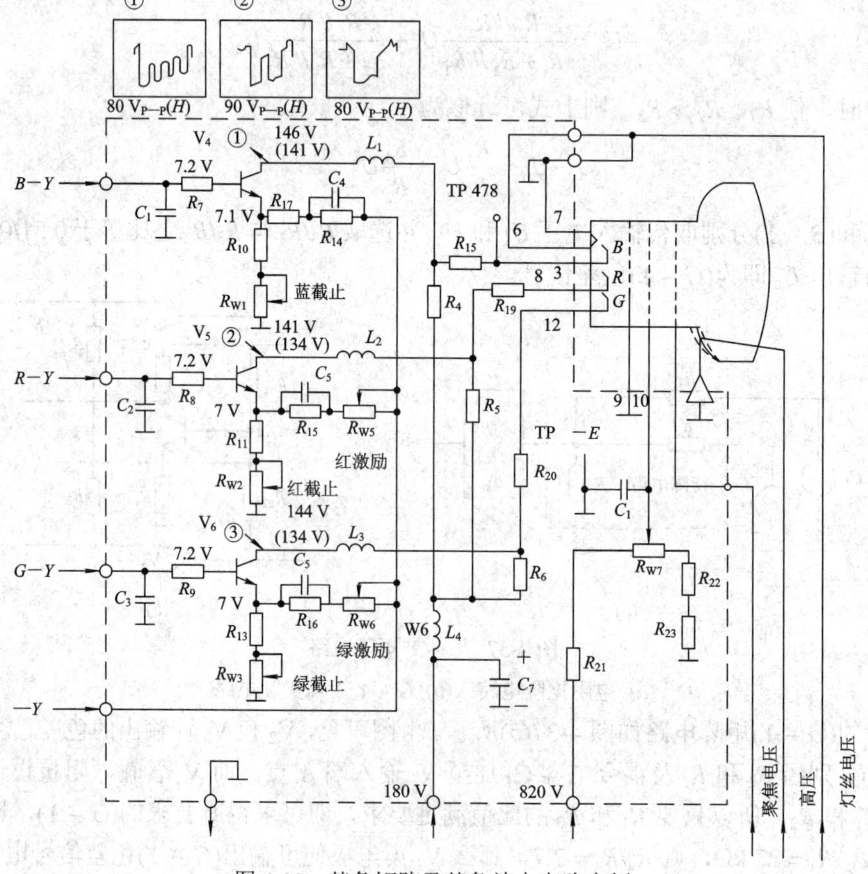

图 4-39　基色矩阵及基色放大电路实例

电路中的 R_{W5} 和 R_{W6} 分别可以调整 V_5 和 V_6 管的放大量，而 R_{W1}、R_{W2}、R_{W3} 用以改变 V_4、V_5、V_6 的直流电位。前者用以调整亮平衡，后者用以调整暗平衡。

3. 白平衡及其调整

(1) 白平衡的概念。所谓白平衡就是指彩色电视机在接收黑白图像信号或接收彩色图像的黑白部分时，尽管荧光屏上三种荧光粉都在发光，但其合成的光在任何对比度和亮度情况下都不应出现彩色。理想情况下，三个电子枪调制特性完全一致，三种荧光粉的发光特性也完全相同，只要三基色电压相等，三种荧光粉各自发光亮度一样，达到完全的黑白平衡。但实际情况并非如此，三个电子枪的调制特性的斜率及截止点会因制造工艺的误差有所不同，尤其是三种荧光粉的发光效率不完全相同，因之可能在画面的某些地方出现彩色，而并非显示所希望的黑白图像。这种现象称为白不平衡，需要调整予以解决。

白不平衡又分为暗平衡和亮平衡。暗平衡是指彩色电视机在重现亮度较低的黑白图像时，表现出的白不平衡现象；而亮平衡指重现亮度较高的黑白图像时，所表现出的白不平衡现象。

实际中，白不平衡的调整是对亮平衡和暗平衡反复进行调整，才能收到满意的效果。

(2) 调整原理及调整方法。对于自会聚彩色显像管，因为其电子枪是一体化的结构，不能通过改变其加速极电压进行调整。通常采用改变三个基色放大管发射极电流的方法，从而间接地改变显像管三个阴极的直流电位，使三个基色视频控制信号的消隐电平分别移至 R、G、B 各自调制特性曲线的三个截止点上，以此实现暗平衡调节，如图 4-40 所示。

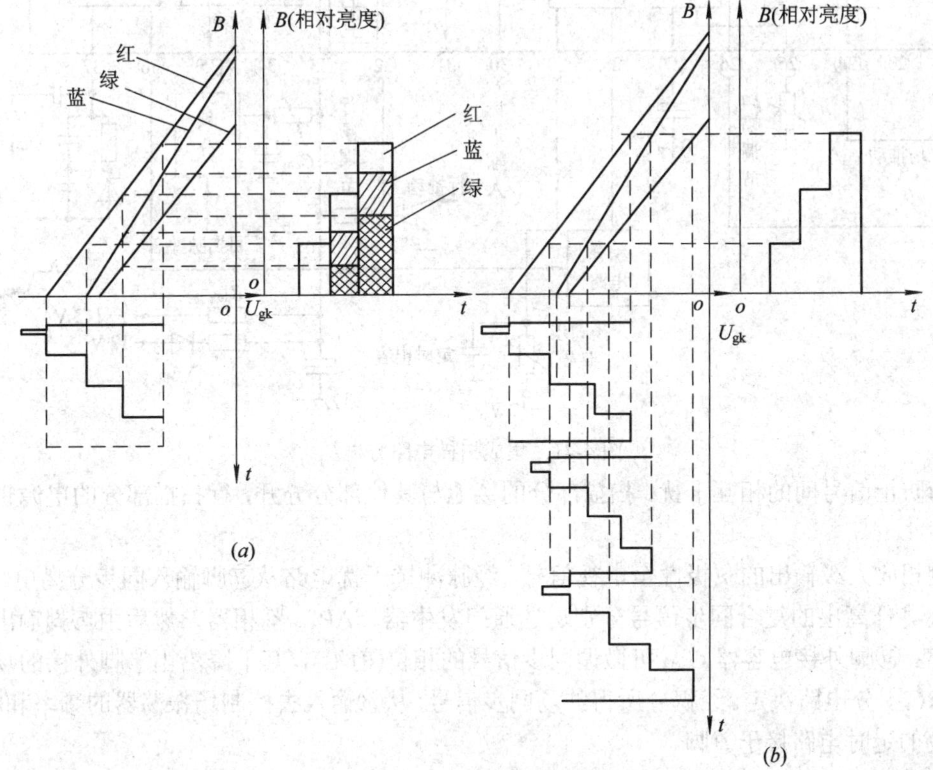

图 4-40　自会聚管暗平衡调整示意图

亮平衡的调整是通过改变三基色激励信号幅度大小实现的，以此来补偿三个调制特性的斜率及三种荧光粉发光效率的差异。因为三者中只需调整两个即可改变三者的比例关系。故在图 4-39 所示的实例中，只设置 R_{W5} 和 R_{W6} 两个电位器，分别改变红激励和绿激励大小即可。

4.4 扫描系统电路分析

扫描系统主要包括同步分离，行、场振荡，行、场激励和行、场输出级的有关电路。目前除行、场输出级因功耗大、电压高而未能集成外，其他部分都已被集成。所以，本节只分析集成电路中的扫描电路部分和分立元件的行、场输出级电路。

4.4.1 扫描电路

扫描电路部分如图 4-41 所示。其中包括同步分离、APC、行振荡、行预激励、X 射线防护、场振荡、场预激励等电路。

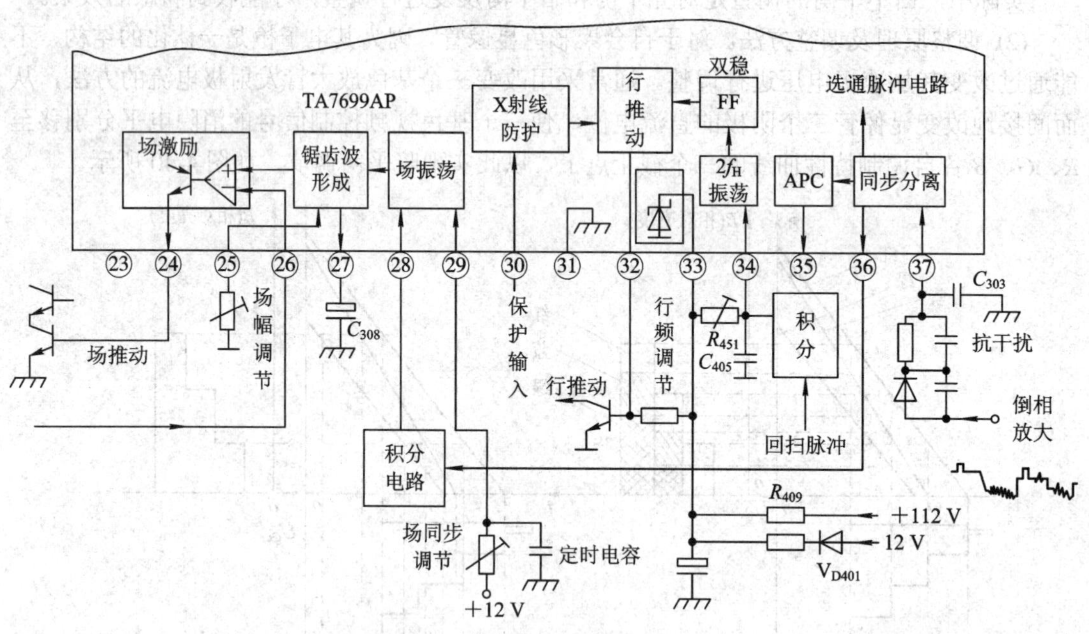

图 4-41　集成扫描电路方框图

为防止信号间的相互干扰，扫描部分的接地与其他部分分开，行扫描部分的电源也单独外接。

倒相放大级输出的负极性全电视信号，经脉冲抗干扰电路从㊲脚输入同步分离电路。同步分离将分离出的复合同步信号分别送选通门发生器、APC 鉴相器，然后由㊱脚输出至积分电路。㊲脚外接电容器 C_{303} 可微调同步信号的相位(前沿)，其下降沿由㊱脚外接的场同步提取 RC 积分电路决定。经积分所得的场同步信号，从㉘输入去控制场振荡器的频率和相位，场振荡的定时电路接于㉙脚。

为了克服场频与场幅之间的互相牵涉，集成电路内部场振荡与场锯齿波形成电路是互相分开的。㉗脚外接锯齿波形成电容 C_{308}，通过恒流充、放电产生线性的场锯齿波。㉕脚的电位器决定着场幅的大小。场锯齿波经场预激励电路从㉔脚输出加至场推动电路。场输出电路输出电压的一部分可由㉖脚输入形成负反馈，以改善线性、稳定工作点。

经同步分离后得到的复合同步脉冲，从集成电路内部送入行 APC 电路。此外，在㉟脚 APC 端，行回扫脉冲经 RC 电路积分形成行频锯齿波电压，此电压在 APC 电路内与行同步信号比较。比较所得的 APC 电压在㉟脚输出，经再次积分，从㉞脚输入，对行振荡频率实行电压控制。

行振荡电路由正反馈型施密特触发器及㉞脚外接的 R_{451}、C_{405} 组成。电源经 R_{451} 等电阻向 C_{405} 充电，并通过集成电路内部放电，从而形成振荡。调节 R_{451} 可改变充电时常数，因而也就改变了行频。行振荡频率为 $2f_H$，$2f_H$ 经触发器分频输出行频 f_H，送行预推动电路。其之所以采用两倍行频振荡器是为了减小行、场扫描的相互影响，避免隔行扫描的并行现象。行预推动从㉜脚输出行脉冲送行推动电路。

X 射线防护电路是为避免显像管过压时产生过量的 X 射线而设计的。当 X 射线过量时，㉚脚电压发生变化，经防护电路降低预激励输出，最终使行输出脉冲幅度降低，高压随之下降，减少 X 射线的辐射。在不使用该电路时，将㉚脚接地即可。

TA7698AP 的行扫描部分电源，由开关电源输出的 112 V 和行输出变压器输出的 12 V 电源，从㉝脚加入。集成块内稳压电路将由㉝脚加入的电压稳压至 8 V 供电路使用。启动时，112 V 开关电源电压经 R_{409} 降压后提供工作电流，使行扫描电路工作。当行扫描级正常工作后，由行逆程脉冲整流所得 12 V 电压作为行扫描级工作电源。接入 D_{401} 二极管起隔离作用。

4.4.2　行扫描输出级

行推动与行输出电路由 Q_{202}、Q_{204} 和耦合变压器 T_{401} 与行输出变压器 T_{461} 等元件组成。其等效电路如图 4-42 所示，以下结合此等效电路介绍行扫描输出级的工作原理。

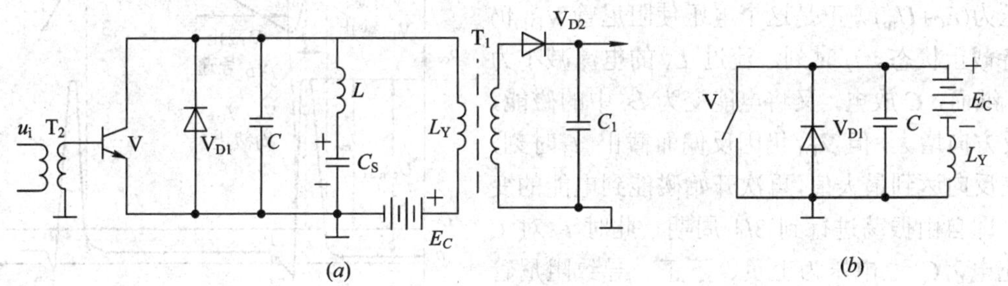

图 4-42　行输出级电路

(*a*) 原理电路；(*b*) 简化等效电路

行输出管 V 工作于开关状态，激励脉冲由耦合变压器 T_2 加入，行偏转线圈 L_Y 及逆程变压器 T_1 均作为行输出级负载。C_S 是 S 校正电容，C 是逆程电容，V_{D2} 是等效的高压整流管(实际电路中为多级一次升压)，V_{D1} 是阻尼二极管，与普通的二极管不同，具有较高的击穿电压(400～1 500 V)和较好的开关特性，在电路中起开关作用，对 L_Y 与 C 之间的自由振荡起阻尼作用。

由图 4-42(*a*)可见，电源 E_C 对校正电容 C_S 充电，使其上总保持上正、下负数值上近似等于 E_C 的电压。进而可用电源 E_C 取代 C_S 进行等效，同时考虑到 T_1 初级电感量远大于 L_Y，故电路可进一步简化为图 4-42(*b*)。

其工作过程如下：

在 0～t_1 期间，激励电压 u_i 为高电平，V 饱和导通，u_{ce}≈0，相当于开关接通，电源 E_C(即 C_S 上的电压)通过 V 对 L_Y 进行充磁，其电流 i_Y 按指数规律增长，关系式为

$$i_Y = \frac{E_C}{R}\left(1 - e^{-t/\tau}\right) \tag{4-17}$$

式中，$\tau = L_Y/R$，R 为充磁回路中的总损耗(包括偏转线圈的损耗和 V 的导通电阻)电阻。电路设计中使 $\tau \gg T_{HS}/2$(T_{HS} 是输入 u_i 的正半周期)，因而

$$i_Y \approx \frac{E_C}{L_Y}t \tag{4-18}$$

可见，在 0～t_1 期间，偏转线圈中的电流 i_Y 近似线性增长，当 $t = T_{HS}/2$ 时，达到最大值。其值为

$$i_{YM} = \frac{E_C}{L_Y}\frac{T_{HS}}{2} \tag{4-19}$$

0～t_1 时间段，对应行扫描正程后半段。如图 4-43 波形所示。

在 t_1～t_3 期间，输入 u_i 从 t_1 时刻突跳为低电平，使 V 截止，但因 i_Y 不能突变，在 L_Y 中产生很大的电动势，并与逆程电容 C 发生电磁能交换，形成自由振荡。t_1～t_2 期间完成自由振荡 1/4 周期，i_Y 对 C 充电，使 C 上电压上升，t_2 时上升至 U_m，再加上 E_C 电源电压，电容 C 上总的电压为(E_C+U_m)。正是这个电压使阻尼管 V_{D1} 仍保持截止状态。t_2 时刻，流过 L_Y 的电流减小为零。继而，C 放电，又将电能变为 L_Y 中的磁能，i_Y 反方向增大，但 V_{D1} 仍因反偏而截止。t_3 时刻，i_Y 在反向达到最大值，再次开始磁能到电能的变换，即自由振荡进行到 3/4 周期。此时 i_Y 对 C 反充电，C 上电压为上负、下正，导致阻尼管 V_{D1} 导通，这正说明 V_{D1} 对 C 和 L_Y 的自由振荡起到了阻尼作用。自由振荡的周期决定了逆程的长短。自由振荡的波形幅度可计算如下：

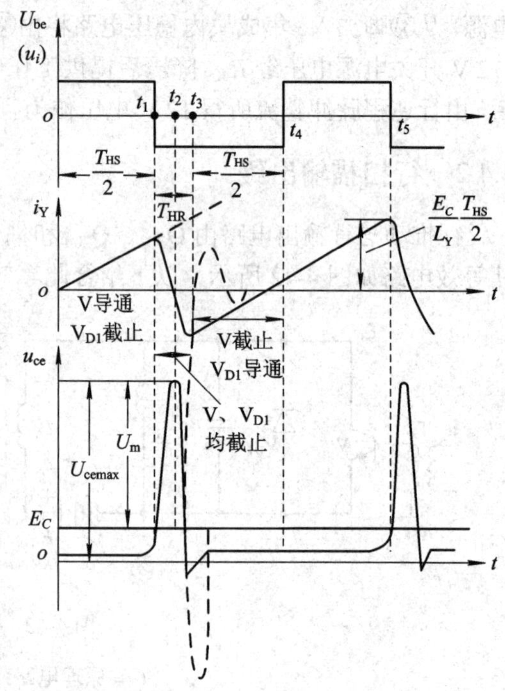

图 4-43　行输出级工作波形

根据 L_Y 中的最大磁能等于电容器 C 中的最大电能，有

$$\frac{1}{2}L_Y i_{Ym}^2 = \frac{1}{2}CU_m^2 \tag{4-20}$$

可知

$$U_m = i_{Ym}\sqrt{\frac{L_Y}{C}} \tag{4-21}$$

又因自由振荡周期 $T=2\pi\sqrt{CL_Y}$，逆程时间 $T_{HR}=T/2$，故可求得

$$U_m = E_C \cdot \frac{\pi}{2} \cdot \frac{T_{HS}}{T_{HR}} \tag{4-22}$$

将我国扫描参数 T_{HS}=52 μs、T_{HR}=12 μs 代入式(4-22)中，得

$$U_m = E_C \cdot \frac{3.14}{2} \cdot \frac{52}{12} \approx 7E_C \tag{4-23}$$

故晶体管 V 的 c、e 极最高电压

$$U_{ce\,max} = E_C + U_m \approx 8E_C \tag{4-24}$$

式(4-24)的结果就是行输出管及阻尼管在扫描期间应承受的最大脉冲电压，它对行输出管和阻尼管来说均属反偏电压，故称反峰电压。

t_3～t_4 时刻，因 V_{D1} 导通使自由振荡被迫停止，L_Y 中的磁能经 V_{D1} 泄放，i_Y 从负的最大值线性地减小到零。t_4 之后重复前述过程。工作波形见图 4-43。

4.4.3　场扫描输出级

与行输出级一样，场输出级通常亦由分立元件组成。电路形式虽较多，但都属于低频功率放大器电路的改进或变形。一般采用 OTL 功放电路，典型场输出级电路如图 4-44 所示。

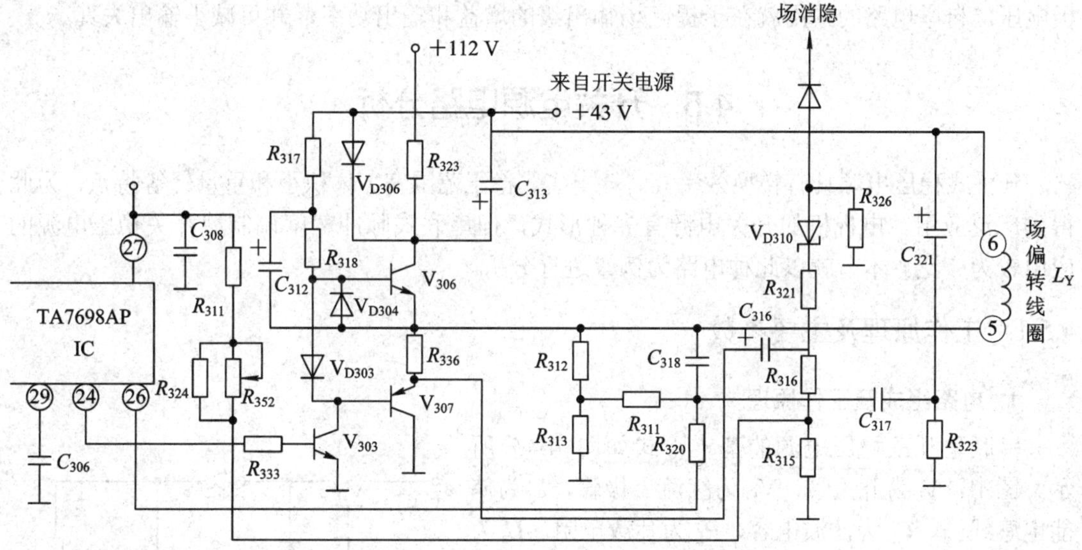

图 4-44　场输出级电路原理图

为了改善扫描电流的线性，场输出级有两条反馈支路。一条反馈支路从场偏转线圈一端引出，经 C_{317}、R_{320} 将场偏转电流在 R_{323} 上的压降反馈到集成电路的㉖脚，构成深度负反馈，有利于改善场扫描电流的线性。另一条反馈支路，将场输出级电压经 R_{316}、R_{352}、R_{324} 及 R_{311}、C_{308} 积分电路叠加在㉗脚的场锯齿波形成电路上，以产生预校正电压，使场线性得到改善。

电路工作过程如下：

在扫描正程的前半段，V_{303} 推动管的基极电压较低，集电极电流较小，故 V_{303} 集电极电位较高，使 V_{306} 导通，V_{307} 截止。于是 43 V 电源电压为 V_{306} 提供集极电流，完成正程前

半段的扫描。此时 C_{321} 被充电，在偏转线圈中电流由⑤端流向⑥端。

扫描正程后半段，V_{303} 的基极电压增大，集电极电流随之增大，使得集极电压下降，于是 V_{306} 截止，V_{307} 导通，C_{321} 在扫描前半段所充电荷经 V_{307} 及偏转线圈放电。偏转线圈中的电流方向是从⑥端到⑤端。

在扫描正程后半段，V_{306} 截止期间，开关电源输出的 112 V 正电压经 R_{325} 对 C_{313} 充电，正程结束时 C_{313} 正端对地电压大约为 86 V，此电压使 $V_{D_{306}}$ 截止。场逆程时，因 V_{303} 集极电压很高，使 V_{306} 再次恢复导通时，由 C_{313} 供电。可见，场扫描输出级的正程由 43 V 低电压供电，而扫描逆程则由 86 V 供电。由于逆程电压高，保证了逆程期间偏转电流大，而正程供电电压低，从而大大地降低了场输出级的功耗。由高、低压轮流供电的双电源供电方式犹如一个泵，故常称其为泵电源。与一般单电源供电方式相比，泵电源效率可由 25%提高到约 60%。

电路中，V_{D304} 是 V_{306} 晶体管的 be 结保护二极管。C_{312} 是自举电容，与 R_{317} 构成自举电路。当 V_{303} 集极输出的负向锯齿波趋近于峰值时，V_{306} 工作在大电流状态，这要求其基极应有足够高的激励电压，不然在锯齿波到达正峰值附近时将产生畸变。由于 R_{317} 和 R_{318} 的存在影响了激励电压的提高。为此，接入电容 C_{312}，当送至 V_{306} 基极的锯齿波接近正峰值时，输出级中点(V_{306} 与 V_{307} 发射极)电位提高。由于这是发生在逆程，电位变化速度较快，而 C_{312} 又较大，其上电压来不及突变，故 R_{318} 上端电位也随之提高，这就提高了 V_{306} 的基极电压。自举电路的作用就在于提高场输出级的增益和输出功率，并可减小输出失真。

4.5 开关电源电路分析

开关式稳压电源具有转换效率高、耗电省、稳压范围宽、体积小和重量轻等特点，为此得到广泛应用。电视机的开关电源有多种形式，但串联式脉冲宽度调制型开关稳压电源的应用较为广泛。本节就以此种电路为例来进行分析。

4.5.1 工作原理及主要参数

1. 电路组成及工作原理

串联型开关稳压电源的基本形式如图 4-45 所示。图中，V 为开关管，V_D 为续流二极管，L 为储能电感线圈，C_L 为滤波电容，R_L 为负载电阻。U_i 为输入电压，U_o 为输出直流电压。

由图可见，储能电感线圈 L 和负载电阻 R_L 相对于输入电压 U_i 来说是串联的，故这种电路形式被称为串联型开关稳压电源。

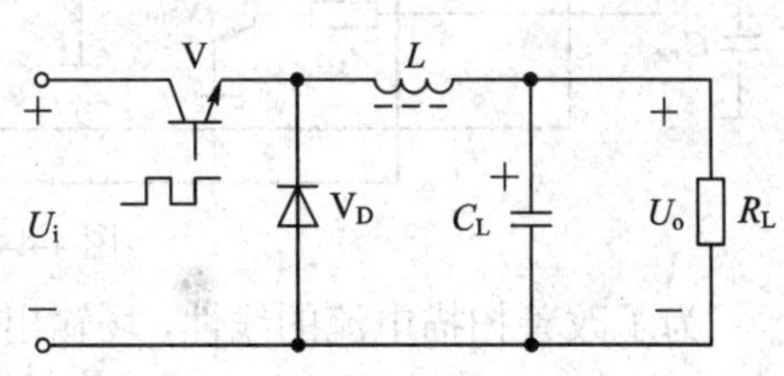

图 4-45 串联型开关电源原理图

开关电源工作时，只要控制 V 的导通时间 T_1 与截止时间 T_2 的比例，便可得到所需的直流电压 U_o。如果 V 和 V_D 是理想开关，即在导通时两端压降为 0，断开时，流过管子电流为 0，则在转换中，电路不消耗功率。所以，它的效率要比传统的串联调整式的稳压电源高得多。串联型开关电源等效电路如图 4-46 所示。

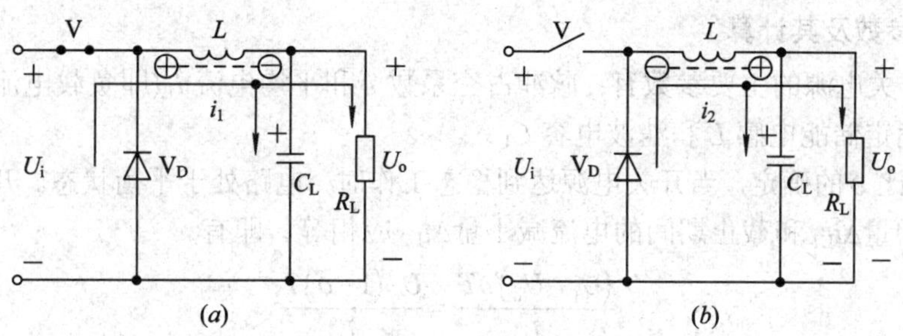

(*a*)　　(*b*)

图 4-46　串联型开关电源等效电路

(*a*) V 导通；(*b*) V 截止

其稳态工作过程可作如下分析：

设开关管 V 在 T_1 期间导通，T_2 期间截止，周期性地变化，则其工作周期为 $T=T_1+T_2$，见图 4-47(*a*)。由于负载 R_L 端电压为 U_o，所以负载功率为 $P_o=U^2_o/R_L$，负载电流为 $I_o=U_o/R_L$。

t_0～t_1 期间，V 导通，其等效电路如图 4-46(*a*)所示。因 V 导通，使二极管 V_D 反偏截止，电感 L 两端电压为(U_1-U_o)。电路参数选择 L 和滤波电容 C_L 足够大。U_i 经 L 对 C_L 充电，同时为 R_L 提供负载电流。当然流过 L 的电流 i_L 也对 L 充磁，故称 L 为储能电感。i_L 线性上升，其电流增加量为

$$\Delta i_{L1} \approx \frac{(U_i - U_o)\cdot\delta\cdot T}{L} \tag{4-25}$$

式中，δ 为脉冲占空系数，$\delta = T_1/T_o$

t_1～t_2 期间，开关管 V 截止，相当于开关断开。由于电感线圈 L 中电流不能突变，仍以 V 关断前的大小和方向为起始值和起始方向进行新的变化，同时在 L 两端感应出左负、右正的感应电压。此感应电压使 V_D 正偏而导通，如图 4-46(*b*)所示，故称 V_D 为续流二极管。L 中储存的磁能通过 V_D 向并联的 C_L 和 R_L 释放，在负载中产生输出电压 U_o。泄放电流 i_2 随时间线性下降，T_2 期间的减少量为

$$\Delta i_{L2} = \frac{U_o T_2}{L} = \frac{U_o(1-\delta)T}{L} \tag{4-26}$$

其电流波形见图 4-47。

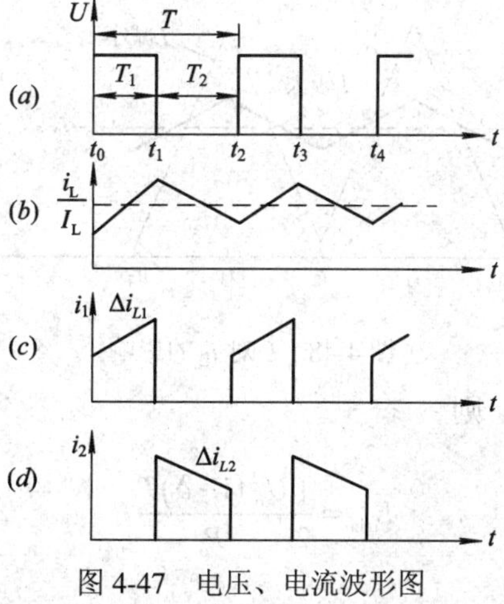

图 4-47　电压、电流波形图

2. 主要参数及其计算

串联型开关电源的主要参数有：脉冲占空系数 δ 和平均电流 I_L(即负载电流)。电路设计时，主要是确定储能电感 L 和滤波电容 C_L。

(1) 占空比 δ 的确定。当开关电源达到稳态工作时，电路处于平衡状态。开关管 V 导通期间的电流增量 Δi_{L1} 和截止期间的电流减小量 Δi_{L2} 应相等，即有

$$\frac{(U_i - U_o)\delta T}{L} = \frac{U_o(1-\delta)T}{L} \tag{4-27}$$

由此得出

$$\delta = \frac{U_o}{U_i} \tag{4-28}$$

或

$$U_o = \frac{T_1 U_i}{T} \tag{4-29}$$

由此可见，只要控制 V 的导通时间 T_1 与周期 T 之比，就可得到所需的输出电压 U_o。

调宽式开关稳压电路，就是保持开关管的开关周期 T 恒定不变(电视中一般等于行周期 64 μs)。当输出电压 U_o 变化时，控制电路自动地调整开关管导通时间(即改变 T_1)，通过调整脉冲宽度来稳定输出电压，故称调宽式开关稳压电路。这种电路有两个特点：一是频率固定，易于设计滤波器；二是 T_1/T 有最小值，故其输入电压调节范围受到限制。

(2) 平均电流 I_L 及 L 的确定。由于负载与电感 L 是串联的，因此电感中的平均电流即为负载电流 I_o，故有

$$I_L = I_o \tag{4-30}$$

此式即为已知负载电流 I_o 情况下确定电感电流的依据。

当 U_i 和 U_o 确定后，由式(4-28)和式(4-30)δ、I_o 也随之确定。由图 4-48 可见，如果 L 减小，锯齿形的纹波将增大。在极限情况下，$i_L(t_0) = 0$，而 $i_L(t_1) = 2I_o$，若进一步减小 L 值，输出电压和输出电流就不能稳定在 U_o 和 I_o 上了。

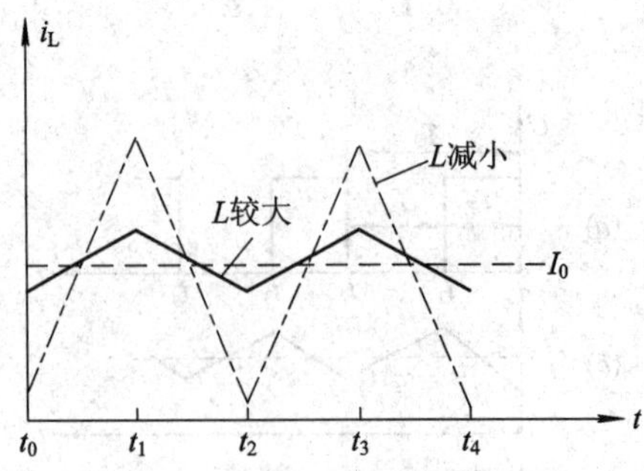

图 4-48　L 对 i_L 的影响

L 的最小值以 L_{min} 表示，则

$$L_{min} = \frac{1}{2}\frac{U_o^2(1-\delta)T}{P_o} \tag{4-31}$$

考虑到负载变化及输入电压波动，应选 $P_o = P_{o\,min}$ 和 $\delta = \delta_{min}$ 代入上式为好。

实用中，应选 L 大于 L_{min}，其值越大，i_L 的纹波越小。

(3) 滤波电容 C_L 的确定。L 中的电流 i_L 是包含有三角波的脉动电流，因此应在负载 R_L 两端并联 C_L，以滤除纹波。

一般选取 $R_L C_L \gg T$ 即可满足要求。因一般彩电开关电源中选取 $T = 64$ μs，故负载端滤波电容一般选 200 μF 左右即可。

4.5.2　串联式脉宽调制型开关电源电路分析

串联式脉宽调制型开关电源实例如图 4-49 所示。

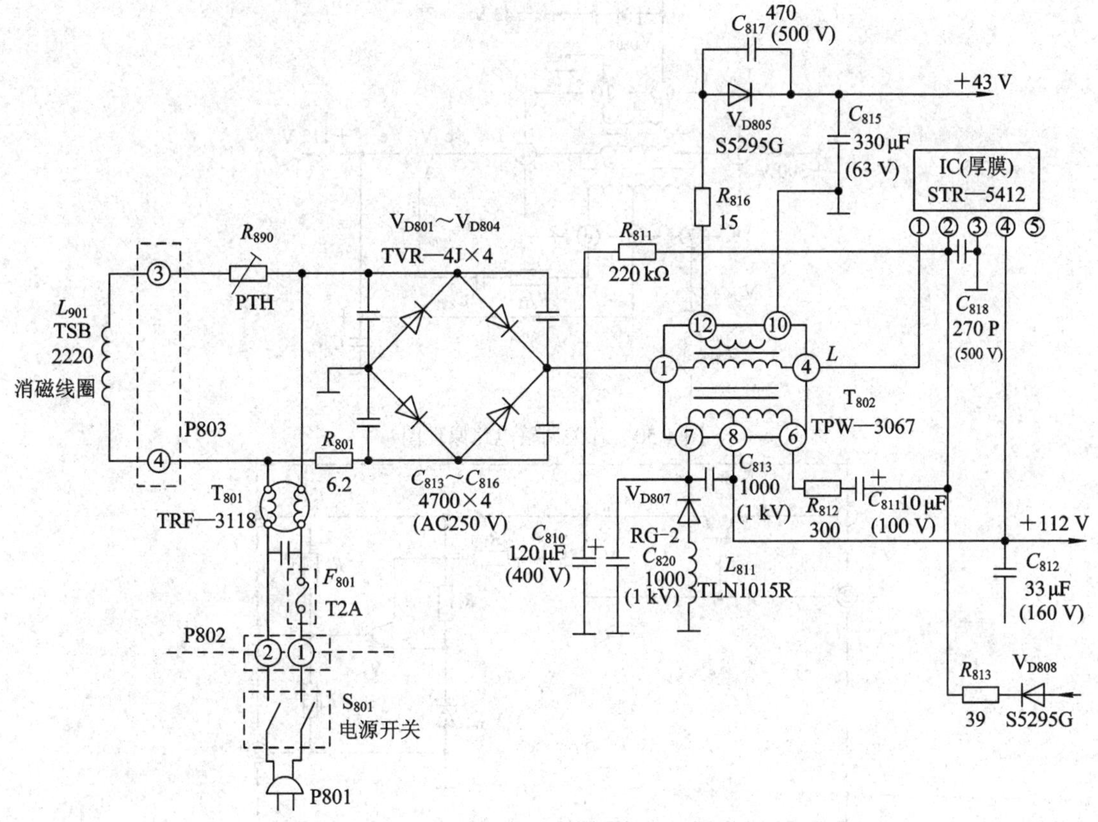

图 4-49　开关电源实例电路

该电路由整流滤波、开关调整级、脉冲整流滤波级、误差放大和脉宽控制级等组成。各部分电路构成一闭环反馈控制系统。

串联式脉宽调制型开关电源的基本稳压过程如下：电网的交流电压经整流滤波送开关调整电路，由其变换为频率较高的脉冲电压，此电压再经整流滤波变为直流 U_o 输出。为了保证输出 U_o 稳定，系统中加有反馈控制电路，控制其输出脉冲宽度，从而保持 U_o 基本稳定。

1. 整流滤波电路

电网电压经电源开关 S_{801} 和保险丝 F_{801} 加至互感滤波器 T_{801}。互感滤波器滤除进入电网的干扰脉冲及窜入电网的传导干扰。经互感滤波器滤波后的交流电压，一路经消磁热敏电

阻 R_{890} 送入消磁线圈 L_{901}，在开机瞬间消磁线圈中产生交变磁场，以此对显像管进行消磁；另一路经 V_{D801}～V_{D804} 进行桥式整流，C_{810} 滤波，输出 300 V 直流电压。图中 C_{813}～C_{816} 用于旁路整流二极管的高次谐波，以免产生辐射干扰。R_{801} 为限流电阻，对整流管起保护作用。

2. 开关调整及间歇振荡电路

开关调整及间歇振荡电路是开关稳压电源的核心。其中，开关调整由厚膜集成电路 STR—5412 中的开关管 V_1、开关变压器 T_{802}、续流二极管 V_{D807} 和滤波电容 C_{812} 等组成。该部分电路原理分别如图 4-50 和图 4-51 所示。

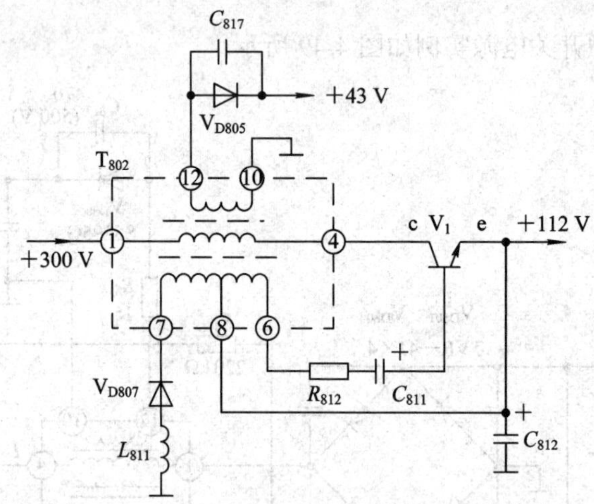

图 4-50　开关调整电路原理图

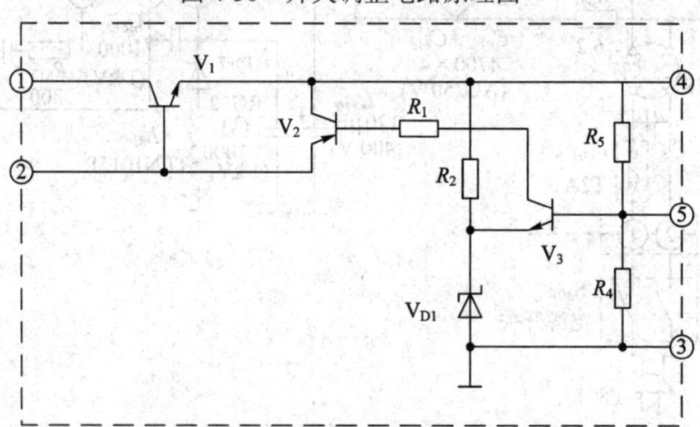

图 4-51　厚膜集成电路原理图

图 4-50 中，开关电源变压器 T_{802} 作用之一是储存能量，相当于图 4-45 原理电路中的储能电感 L。当开关管 V_1 导通时，整流输出的 300 V 电压经 T_{802} 初级绕组①～④端及 V_1 的 c、e 极向滤波电容 C_{812} 和负载提供电流，此时 T_{802} 储存能量。当开关管 V_1 截止时，T_{802} 的次级绕组⑦～⑧端经 V_{D807} 续流二极管构成通路对 C_{812} 和负载提供电流，并释放能量。

此外，T_{802}、V_1、C_{811}、R_{812} 等组成间歇振荡器。基极启动电流 I_b 使 V_1 产生上升的集极电流 I_c，I_c 流经 T_{802} 的初级①～④绕组。由同名端可知，同时在 T_{802} 的次级绕组⑧～⑥上也感应出一个上升电压，经 R_{812}、C_{811} 使 V_1 基极电压上升，基极电流进一步上升，从而导致 I_c 进一步增加，因而产生正反馈的累积过程，促使 V_1 迅速进入饱和导通状态。V_1 饱和后，

T_{802}初级电流线性增长，在T_{802}次级绕组上感应电压通过R_{812}对C_{811}充电，此过程使V_1基极电压下降，其基极电流I_b减小。当I_b减小到不能满足V_1饱和导通时，V_1退出饱和区进入放大区，V_1的集极电流I_c开始下降，T_{802}次级绕组产生⑥端负、⑧端正的互感电压，通过T_{802}的⑥～⑧绕组及C_{811}、R_{812}的正反馈作用，使V_1迅速进入截止状态。V_1截止后，C_{811}通过R_{812}、T_{802}的⑥～⑧绕组以及行输出变压器的②～⑤绕组、V_{D808}、R_{813}构成回路放电。当C_{811}放电到一定程度后，V_1重新导通，进入下一个振荡周期，以后便周而复始地进行振荡。此外，由行输出变压器②～⑤绕组反馈来的逆程脉冲通过V_{D808}、R_{813}加至V_1基极，强迫电源自激振荡的频率与行频同步。这样做有利于提高开关电源的稳定性能，同时还可以减小电源对电视信号的干扰。

图 4-49 中，由T_{802}次级绕组⑩～⑫中的感应电压经V_{D805}整流、C_{815}滤波后获得+43 V 直流电压，供给场输出级。

3. 误差放大及稳压控制电路

误差放大器由V_3、V_{D1}、R_2、R_3和R_4构成，如图 4-51 所示。其中，R_2、V_{D1}构成基准电源；R_3、R_4对输出电压进行分压取样；二者在V_3发射结进行比较，在其集电极输出放大了的误差电压。

稳压控制电路主要由V_2和R_1构成。V_3集电极输出的误差电压经R_1加到V_2基极，随着误差电压变化，V_2管的基极电流变化，受其控制V_2发射极电流作相应变化，此电流对开关管V_1的基极电流起分流作用，因而改变V_1的导通时间，相应地也就改变了输出脉宽。

4.6　遥控电路分析

随着微型计算机和大规模集成电路技术的发展，彩电遥控电路也在不断地更新。其发展趋势是逐步趋向于微型计算机控制的标准结构。我国的电视行业从 20 世纪 80 年代后期，竞相开发，型号繁多，各具特色，很难找出一种通用电路。本节通过典型电路分析其构成及工作原理。

4.6.1　电路组成及控制功能

1. 电路组成

遥控彩色电视机的电路组成框图如图 4-52 所示。图中虚线方框内为遥控电路部分，它主要由遥控发射、遥控接收、微处理器及存储器等电路组成。完成的功能主要是代替频道预选器和调节控制装置。图中箭头所指即表示受控对象及控制的电路部位。

遥控发射器上的每个按键代表着一种控制功能，按动其面板按钮，即产生有规律的编码数字脉冲串。这些指令代码中的“1”和“0”是以脉冲宽度来区分的，不论是“1”或“0”，均以 0.56 ms 作为脉冲的基本起始宽度。将代码调制在频率为 38 kHz(或 40 kHz)的载波上，由载波激励发送器中的红外发光二极管产生受调制红外波。

在接收器中，接收到的遥控信号通过红外光学滤波器和光电二极管转换为 38 kHz(或 40 kHz)的电信号，此信号经放大、检波、整形等环节，恢复出原发送代码，控制代码加到微处理器，经识别并实施控制。

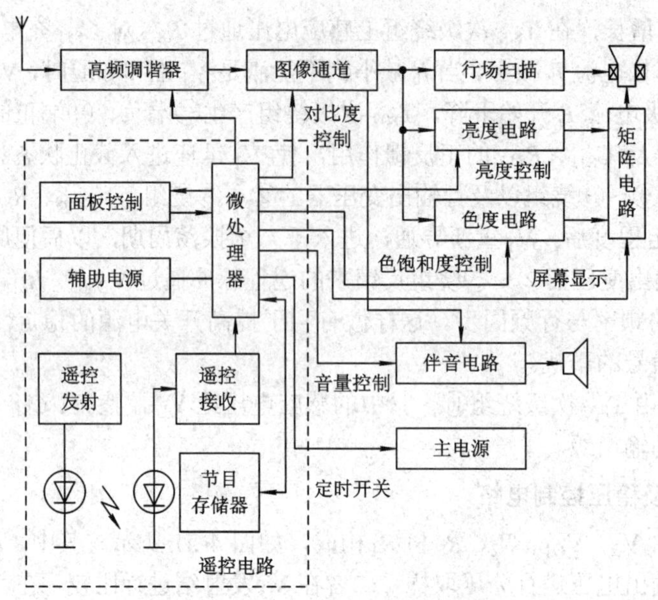

图 4-52　遥控彩色电视机组成框图

2. 控制功能

遥控电路已经历了由单项控制到多项控制，由电视机控制到 AV 设备的控制，由单机控制到多机控制的发展过程。这里仅说明其一般控制功能。

(1) 切换频道(选台)。为了选台，微机应能输出两种电压信号：其一是波段选择信号电压 U_B，以确定电子调谐器的工作频段是 UHF 或 VHF(L)或 VHF(H)；其二是在一个波段内选择不同频道的调谐电压(通常是 0～32 V 可调)U_T，具体数值取决于所选频道和电子调谐器所配用的变容二极管。

变换频道的方式一般有两种：一是直接选台，即设有 1～12(或 30)个预置位置，标有信道数码，每一信道都可在 1～68 个频道中任选一个预置。当按下信道的控制键时，电视接收机立即调谐到预置的频道上；二是搜索选台，遥控器上设有“频道(+–)”键。当按下此键时，微处理机即自动控制接收信道由低到高或由高到低依次选台。这里所说的“信道”，是指遥控器上的预置位置编号，任何一个信道都可以选择 1～68 个频道中的一个。

(2) 对比度调节。通过“对比度(+–)”键，控制高、低变化的对比度电压来调节对比度。对比度控制电压是分级变化的。

(3) 音量调节。控制电路输出信号为可变调整电压，可以使音量分为数十个等级(50～60 级)变化。通过“音量(+–)”按键，可准确地控制输出电压的大小而使音量加大或变小。

(4) 屏幕显示。“屏幕显示”键按下时，遥控电路便输出预先写入内存中的字符信息，在屏幕上逐行显示。其信息有：信道标号、音量等级、定时剩余时间等。此键再按一次，字符消失以免影响节目观看。屏幕显示字符在选台时自动出现，一般约 3～5 秒自动消失。此信号是按行频出现的脉冲信号，约占 30～40 余行，它可以直接显示，不需要数模变换。

(5) 开关机及定时控制。键盘上的“电源开关”，一般是“双稳态”开关。若按下该键使主电源开启，全机工作；再按一次则主电源关闭，主机停止工作。若此键按的时间较长时，通过继电器控制还可实现交流关机。

定时关机通常在欲睡前使用。当按下“定时”键时，指示灯亮，此时微处理器进行秒脉冲计数，当达到预定时间时，自动关闭主电源。

(6) 标准状态。“标准状态”也称“正常调节”功能，一般用“→・←”符号来表示。当按下此键时，遥控电路输出标准电压，使伴音为最大音量的 30%、对比度为 80%、色饱和度为 50%。它可帮助用户从调乱的状态迅速恢复到标准状态。

(7) 伴音静噪。“静噪”亦称“消音”。按下此键，控制电路输出的音量控制电压突变为零，关闭伴音通道，伴音立即消失。再按一次此键，伴音自动恢复到原来的等级，不必重调。设置此功能的目的在于暂时中断伴音，以便倾听别人呼叫或谈话。这项功能在每次选台时都自动起作用，以防选台过程中的噪声干扰。

除以上各功能外，一般还有亮度增减控制、色饱和度增减控制及自动调谐等功能。

此外，遥控电路还增加了诸如 TV/VIDEO(电视/视频)转换、自动关机、数字 AFT 等功能。

4.6.2　电压合成式遥控电路

遥控系统从电路类型上可分为锁相环频率合成式和电压合成式两种。由于频率合成式遥控电路选台输出为本振频率值，而音量、对比度等其他控制功能的实现是电压值，二者完全不同，因此结构复杂、造价高。所以目前大多数遥控电路都采用电压合成式控制电路。

1. 电路组成

电压合成式遥控电路组成方框图如图 4-53 所示。主要由微处理器，接口电路及红外收、发装置等组成。其主要特点是：产生选台的调谐电压和音量、对比度、饱和度和亮度等控制电压的电路型式基本相同，这就减少了电路类型，统一了控制操作方式，故电路简单，价格低廉，因而得到广泛应用。

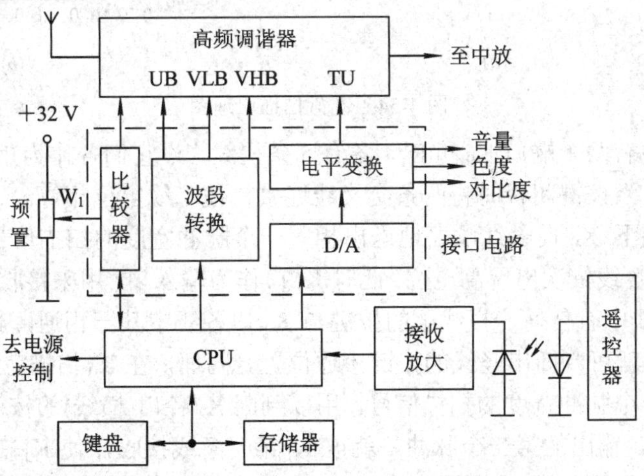

图 4-53　电压合成式遥控电路方框图

图中，CPU 为中央处理单元，它还包括 ROM、RAM 及专用的 D/A 变换器等单元电路。它既是控制中心，又是各种合成电压信号及开关控制信号的产生源。

介于 CPU 与受控对象之间的是接口电路，其主要任务是将 CPU 输出的各种脉冲信号变为模拟电压去控制相应的对象，因此，它要完成数模转换和电平移动。这里的数模转换仅仅是将脉冲信号变为直流，计算机再按照程序指令将控制信息变为宽度或重复周期不同的脉冲信号，经滤波变为所需直流电压去实施控制。所谓电平移动，是将控制电压经放大和控制变为适合受控电路要求的电平。例如，调谐电压的控制，微机的输出脉冲峰值仅为 5 V，经 D/A 变换输出还不到 5 V，需经电平移动变为 0～32 V 的电压，方能满足对变容二极管实施控制的调谐电压。外存储器一般为 E^2PROM，它不仅将每个频道预置时代表调谐电压的 CPU 输出的数码记忆下来，同时还可存储其他的控制参数及状态参数。

2. 工作原理

(1) 控制信号输入。当按下电视机面板或遥控器上某个功能键，就有相应的控制码送给微处理器。微处理器依靠扫描键盘来识别键的功能。图 4-54 为键盘扫描原理图。

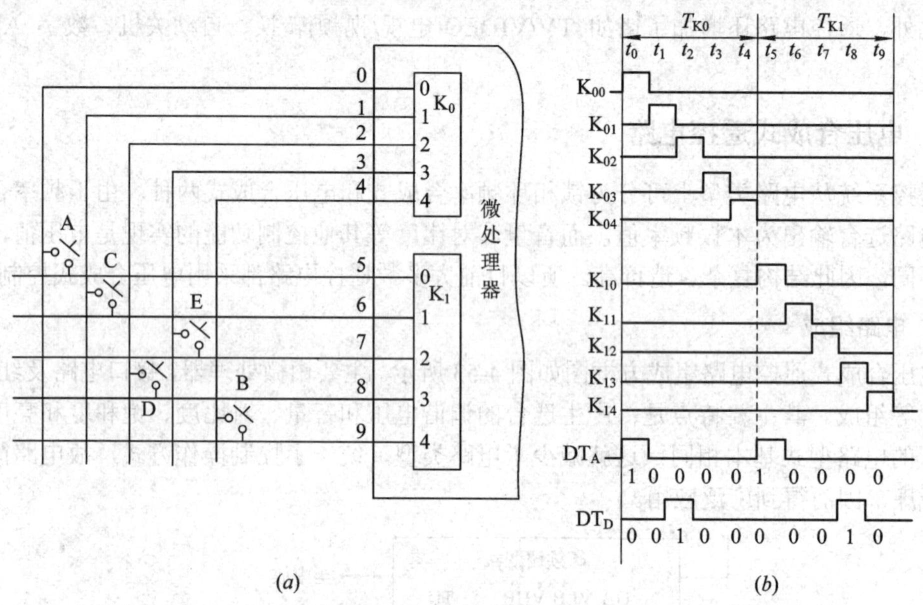

图 4-54　键盘扫描原理图

在微处理机中有两个端口 K_0 和 K_1，各有 5 条引线，设它们各作为矩阵的一边，在其交叉点上接有按键。当按键闭合时将两条交叉线连接，使二线电位相等。

在 CPU 控制下 K_0 向各线顺序地送出相差一个脉冲宽度的扫描信号，如图 4-54(*b*)中 K_{00}～K_{04} 波形，使各线依次出现高电位。此时 K_1 口作为输入口，用来接收 K_0 口各线的电压。如果 K_0 的 0～4 线中有任何一根线上的按键与 K_1 口各线中其一相通，就会在相应时刻 K_1 变为高电平，这样就可判断出竖线的按键接通位置。同理，在 K_0 扫描完之后，K_1 再向各线顺序地送出相差一个脉冲宽度的扫描信号，用以判断 K_1 各口(横线)的按键接通位置。例如，当键 A 按下时，K_0 输出的第一个脉冲，就被 K_1 第一条线接收，使 K_1 在 t_0 时间(第一位)为高电平，数码表示为置“1”，而其他各位为低电位，均置“0”，总数码为 10000；而在 T_{K1} 期间 K_1 输出的第一个脉冲(t_5 时间，第五条线)就被 K_0 接收置“1”，其他各位亦置“0”，相应数码为 10000，则 A 键的编码值 DT_A 为 1000010000。同理可知 D 键的编码值 DT_D 为 0010000010。

这样，由于键盘扫描作用，就可以将各键位赋以不同的二进制编码值，读出了编码就知道是哪个键按下，再根据该键代表的控制内容去执行操作。根据遥控器不同，K_0 和 K_1 分别对应的线数多少不同。对于 K_0 和 K_1 分别为 5 条线的情况，可以组成 5×5 个矩阵点，共可设置 25 个控制种类。例如，选台用 12 个，其余 13 个可用于对比度、音量、饱和度、标准状态和开机、关机控制等。$T_{K0}+T_{K1}$ 为总的扫描时间，将全部键位扫描一次的时间通常小于 10～20 ms。若用人手触及按键，按下一个键的时间约为 100 ms，可见扫描键盘的时间还是比较快的。

因遥控器中也有与电视机面板上相同的键盘和键扫描系统，按下遥控器上某个按键，便有相应的键位码输出，该码对高频(38 kHz)调制，并驱动红外发光二极管变为红外光脉冲发射出去。接收机收到红外光后转变为电信号，经放大、检波、整形后形成键控制码加于微处理器去执行控制。显然，对同一部电视机来说，遥控器输出的键位脉冲编码与机器面板上的键位脉冲编码应完全一样。为简化设备，通常将电视机上安装的键盘取消不用。

(2) 控制电压的产生与变换。微处理器接收到控制命令后，即进行解码并与设计时写入内存的各种控制码值进行比较，找出相同的编码，即为该命令所指出的内存储器的地址。根据这一地址，微处理器从内存(ROM)中取出相应的操作指令。在操作指令的控制下，将微处理器的时钟脉冲进行变换处理，形成一系列的频率和宽度为指定值的脉冲信号。而这个指定值就具体地代表了控制脉冲平均电压的高低。

(3) 频道的预置与记忆。频道预置即预调谐，其具体过程如下：

① 将开关置“预置”位置，用 W_1(见图 4-53)代替外存储器来控制 CPU 产生脉冲的参数。

② 将 CPU 产生的调谐电压与 W_1 的电位作比较，并输出比较信号控制 CPU，使之产生与 W_1 调节的电位相等的调谐电压。调整 W_1 时，CPU 输出的调谐电压随之同步变化。当调到欲接收频道时，按下“记忆”按钮，CPU 立即发出送数指令，将此时的控制脉冲参数写入外存储器本信道的存储区保存。

③ 更换频道，再调整 W_1 选台，按“记忆”键，将此频道的控制脉冲参数写入外存储区中。重复上述操作，就可将多个频道信息存入外存储器。

④ 释放预置开关，恢复到正常工作状态，就可以按键选台了。

3. 调谐电压及模拟控制电压的产生

用于选台的调谐电压是由 CPU 内的专用 D/A 变换器产生的，如图 4-55 所示。

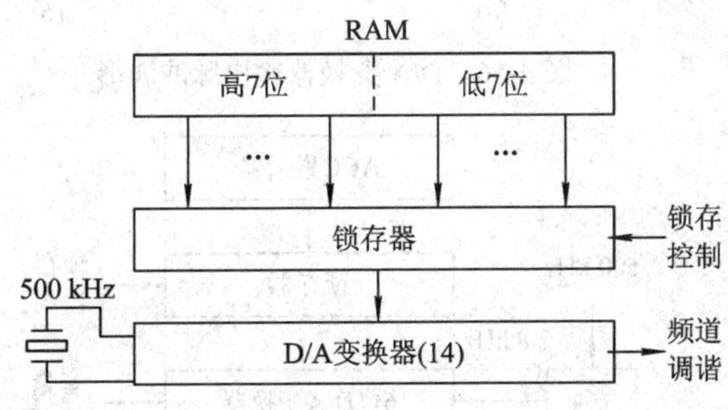

图 4-55　调谐电压产生方框图

图中 D/A 变换器为 14 位，它是具有分频和组合功能的特殊脉冲加工电路。它既可以将晶振输出的 500 kHz(2 μs 周期)作时钟输入进行分频，也可将分频后的各种脉冲进行组合叠加。其输出脉冲的频率与宽度由 RAM 中存储的 14 位数码控制。其中，RAM 中的低 7 位决定输出脉冲个数，即决定分频系数。比如，当低 7 位全为“1”时分频系数最大(2^{14} = 16 384)，此时输出脉冲频率为 500 000/16 384≈30.5 Hz，周期为 32.8 ms；当低 7 位全为“0”时分频系数最小，为 2^7=128，此时输出脉冲频率为 500 000/128≈3 906 Hz，周期为 256 μs。可见 D/A 变换器输出脉冲的频率可在 30.5～3 906 Hz 之间变化，共分为 128 个等级。RAM 中的高 7 位决定输出脉冲的宽度。当高 7 位全为“1”时输出脉冲宽度最小，仅 2 μs；当高 7 位全为“0”时，输出脉冲宽度最大，为 254 μs。因此，D/A 输出脉宽在 2～254 μs 之间变化，同样有 128 个等级。

改变 14 位 RAM 中的存储数码，D/A 变换器输出的脉冲频率和宽度都将发生变化，共有 $2^7 \times 2^7 = 2^{14}$ 种组合。故可组成 2^{14} 种不同的电压信号。对于总幅度为 32 V 的调谐电压来说，每个等级为 32 000/16 384=2 mV，故可认为是近似连续变化的。图 4-56 给出了受 RAM 中 14 位数码控制的 D/A 变换器输出脉冲频率和宽度变化的工作波形。

音量、对比度、亮度和色饱和度控制电压的产生与调谐电压产生过程基本类似，也是由 CPU 内的专用 D/A 变换器产生的。

现以音量控制电压的产生为例予以说明。如图 4-57 所示，音量控制 D/A 变换器一般只有 6 位，受 CPU 内累加器 ACC 中的 6 位数码所控制。当按下键盘上的“音量(+ –)”控制键时，ACC 累加器中的 6 位数码变化，它使 D/A 输出的脉冲宽度变化(频率不变)，而改变其直流分量，从而使音量随之变化。一旦释放“音量(+ –)”控制键，累加器中的数码停止变化，控制电压及音量都将保持不变。因 D/A 变换器为 6 位，故可产生 64 种控制电平。

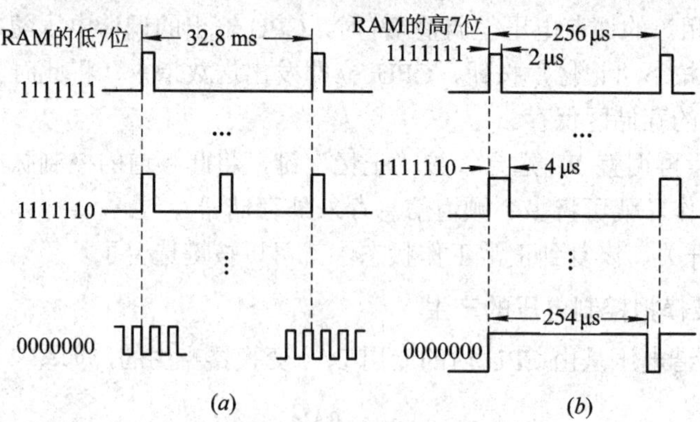

图 4-56　D/A 变换器输出脉冲波形

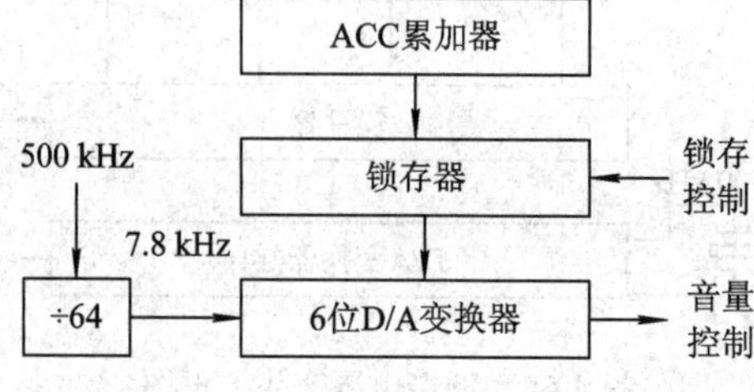

图 4-57　模拟控制电压的产生

▼ 思考题与习题

1．AFT 电路的工作原理是什么？在收看电视节目调节频道时，AFT 开关应置于何位置？

2．PAL_D 解码电路主要由哪几部分组成？各部分的作用是什么？

3．CRT 彩色电视接收机能否接受黑白电视信号？请说明理由。

4．为什么要在亮度通道中设置 4.43 MHz 陷波器、0.6 μs 延时电路、钳位电路和轮廓校正电路？

5．画出 PAL_D 解码电路方框图，给出各点的波形或频谱？

6．为什么要进行白平衡调整？如何调整？

7．PAL 制为什么要进行逐行倒相？如何实现逐行倒相？PAL 识别信号如何形成？

8．CRT 彩色电视机电路有哪些主要特点？

9．试用几个最主要波形，概述 CRT 彩色电视接收机的工作过程。

10．分别说明 ABL、ARC、AFT、ACC、AGC、ACK、ADC 电路的原理和功用。

11．梳状滤波器由哪几部分电路组成？其幅频特性有何特点？

12．CRT 彩色电视机开关电源主要由哪几部分组成？它的主要优点何在？

13．全频道电子调谐器主要包括哪几部分电路？为什么 VHF 要分为 H、L 两波段，而 UHF 不要分波段？

14．集成电路解码器中主要包括哪些功能电路？

15．电视机遥控电路主要有哪几种合成方式？电压合成式遥控电路有哪些主要特点？

16．电视机遥控系统为什么要采用红外遥控器而不采用无线电或超声波遥控器？

第 5 章　平板显示器与平板电视

显示技术是现代社会信息交互的桥梁。随着信息技术的发展，各种显示器不断涌现，日新月异，其中平面显示技术与器件尤为突出。近年来伴随着大屏幕平板显示器件的发展，平板电视也得到飞速发展，城市用户已相当普及。因此，研究平板显示器件与平板电视势在必行。

平板电视的核心部件是平板显示器。所谓平板显示器通常指显示器的厚度小于屏幕对角线尺寸 1/4 以上的显示器件。这类器件有代表性的是液晶显示器(Liquid Crystal Display, LCD)、等离子体显示器(Plasma Display Panel, PDP)和具有发展前景的有机发光二极管显示器(Organic Light Emitting Diode, OLED)。本章重点介绍 LCD、PDP 和 OLED，并与 CRT 显示器进行比较，在此基础上介绍相关的平板电视原理与组成。

5.1　平板显示器

5.1.1　平板显示器及分类

平板显示器从 20 世纪 60 年代诞生以来，发展速度较快。但由于屏幕尺寸、显示亮度、响应速度等相关技术与工艺未得到突破，在电视领域未能获得推广应用。直到 21 世纪这些关键技术获得重大突破之后，其应用领域才迅速扩大，现在已在很多领域得到应用。平板显示器种类繁多，其分类如图 5-1 所示。

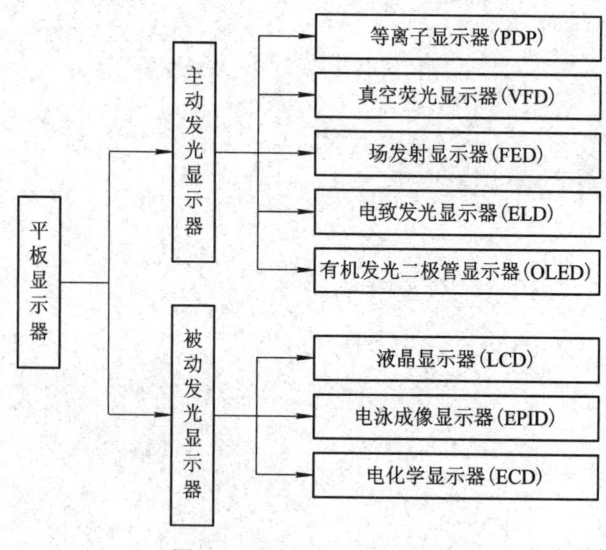

图 5-1　平板显示器的分类

由图 5-1 可见，按像素本身发光与否，平板显示器总体上又可分为主动发光显示器和被动发光显示器两大类，每种类型又都包含多种显示器。目前在电视机中广泛应用的是不同尺寸的液晶、等离子体等平板显示器。

主动发光显示器的特点是在外加电信号的作用下器件本身产生光辐射，故也可以称为发光型显示器或光辐射器；而被动发光显示器在外加信号作用下材料的光学特性发生变化，或是使光透过，或是使光反射、散射、干涉，从而使照射在它上面的光受调制，人眼看到的是这种带有特定信息的调制光，所以这类显示器又被称为光调制器或受光型显示器。

5.1.2　平板显示器的发展

平板显示器用于电视的时间并不长，液晶显示器(LCD)应用于电视还不到 40 年、等离子体显示器(PDP)应用于电视才仅仅 10 年，但它们所形成的产业链及在 IT 产业中所占份额却是十分可观的。

1. 液晶显示器的发展

液晶起源于 1888 年，是奥地利植物学家莱尼茨发现的一种特殊混合物质，它在常态下处于固态和液态之间，具有固态和液态物质的双重特性，因而称其为液态的晶体(Liquid Crystal)。液晶的组成物质是一种以碳为中心所构成的有机化合物。1963 年，美国科学家威廉发现液晶受到电场影响会产生偏转，同时还发现光线射入液晶中会产生折射现象。在威廉发现光会因液晶产生折射后的 5 年，也就是 1968 年，RCA 公司的 Heil 振荡器开发部开发出了全球首台利用液晶特性形成画面的屏幕，液晶显示器从此宣告诞生。在莱尼茨发现液晶物质整整 80 年后，“液晶”和“显示器”这两个专有名词才联系在一起，至此“液晶显示器”才成为行业的专业名词。1968 年首次亮相的液晶显示器还不能稳定工作，离实用还有相当距离。直到 1973 年，英国科学家葛雷教授发现利用联苯可以制作液晶显示器，这才使液晶显示器产品得以批量生产，并为日本 SHARP 公司生产的电子计算机提供了屏幕。自此以后，开启了液晶的多方面应用，也逐渐促进了 LCD 产业的兴起。

液晶显示技术真正的长足发展并获得大量应用，得益于便携式计算机的研制成功。1985 年，日本东芝公司采用大规模集成电路和 LCD 相结合，推出世界上第一台笔记本电脑，从此 LCD 迅速成为各种便携式电子设备显示器的主流。随着 LCD 逐步完成从单色到彩色、从低分辨率到高分辨率、从无源点阵型到有源点阵型的发展，其技术日趋成熟，品种也不断翻新，性能直追 CRT 显示器，尤其大屏幕彩色 LCD 的问世，其应用领域更加广阔。

LCD 的巨大发展主要得益于电子技术的飞速发展，尤其是微电子技术的巨大成就。只有大规模和超大规模集成电路与 LCD 完美结合，才能将 LCD 显示器的优点发挥得淋漓尽致，也才能导致市场有如此巨大的需求，并不断促进 LCD 性能提升。

我国对 LCD 技术的研究始于 20 世纪 70 年代末，80 年代我国开始引进液晶显示器生产线，进入 90 年代我国液晶显示技术获得迅猛发展，并迅速完成了产业化过程。目前我国已成为仅次于日本的 LCD 生产大国。

2. 等离子体显示器的发展

等离子体(Plasma)是由部分电子被剥夺后的原子及原子被电离后产生的正负电子组成的离子化气体状物质，它是除去固体、液体、气体外，物质存在的第四态。等离子体是一种很好的导电体，利用经过巧妙设计的磁场可以捕捉、移动和加速等离子体。等离子体物理的研究进展为材料、能源、信息、环境空间科学等的进一步发展提供理论和技术基础。

等离子显示器于 1964 年由美国伊利诺斯大学的两位教授发明，70 年代初实现了 10 英寸 512×512 线单色 PDP 的批量生产，80 年代中期，美国的 Photonisc 公司研制了 60 英寸级显示容量为 2048×2048 线单色 PDP。但直到 90 年代才突破彩色化、亮度和寿命等关键技术，进入彩色实用化阶段。

1993 年日本富士通公司首先进行 21 英寸 640×480 像素的彩色屏 PDP 生产，接着日本的三菱、松下、NEC、先锋和 WHK 等公司先后推出了各自研制的彩色 PDP，其分辨率达到实用化阶段。富士通公司开发的 55 英寸彩色 PDP 的分辨率达到了 1920×1080 像素，完全达到高清晰度电视的显示要求。近年来，韩国的 LG、三星、现代，我国台湾省的明基、中华映管等公司都已走出了研制开发阶段，建立了 40 英寸级的中试生产线，美国的 Plasmaco 公司、荷兰的飞利浦公司和法国的汤姆逊公司等都开发了各自的 PDP 产品。2008 年日本松下公司又推出 85 英寸超大 PDP，很适合构建高清影音播放的家庭影院。

3. 显示器的发展趋势

LCD、PDP、OLED(有机发光二极管显示器)发展势头很猛，2008 年全球液晶电视出货量约为 1.1 亿台，预计未来五年液晶电视将以 15%的年复合增长率迅速增长，2012 年预计达到 2 亿台，约占全球所有电视出货量的 75%，其中我国约占 30%即 7000 万台；2008 年全球 PDP 电视的市场容量已达到 1440 万台，销售金额达 150 亿美元。受金融危机和液晶大尺寸量产规模扩张等因素的影响，2009 年，PDP 产业发展速度有所减缓，2012 年全球 PDP 电视的市场容量将达到 1590 万台，其中，我国约占 30%；目前 OLED 正处于产业化初期，产业规模不大，2008 年全球 OLED 产值约为 6 亿美元，预计到 2016 年，全球 OLED 产值将达到 88 亿美元以上。

显示器的发展过程和发展趋势可以用图 5-2 来概括。它经历了从 CRT 显示器为主流到 CRT 显示器与平板 LCD 和 PDP 等显示器竞相发展的局面。最终的发展目标是高临场感、超高精细和便于携带。

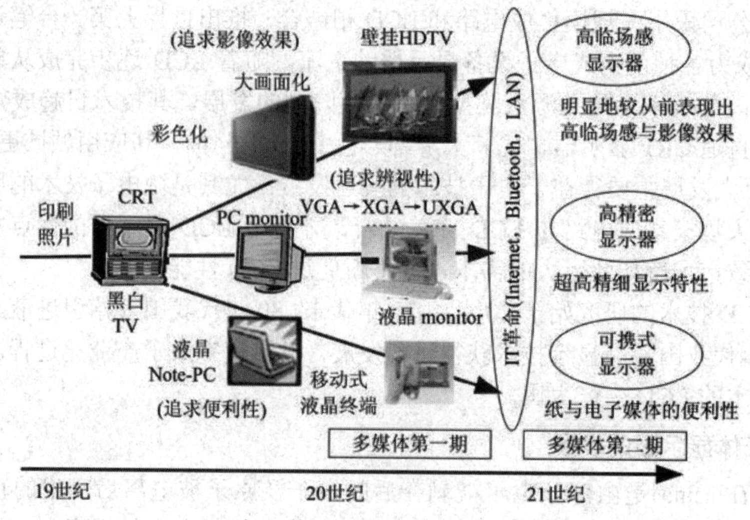

图 5-2　显示器的发展趋势

5.2　液晶显示器(LCD)

液晶显示器(LCD)是众多平板显示器件中发展最成熟、应用面最广、早已经产业化并仍在迅猛发展着的一种显示器件。

5.2.1　LCD 显像原理概述

液晶显示器依驱动方式的不同可分为静态驱动(Static Matrix)、单纯矩阵驱动(Simple Matrix)以及主动矩阵驱动(Active Matrix)三种。其中，单纯矩阵型即是俗称的被动式(Passive)，又可分为扭转式向列型(Twisted Nematic， TN)和超扭转式向列型(Super Twisted Nematic，STN)两种；主动矩阵型则以薄膜式晶体管型(Thin Film Transistor，TFT)为代表，它是目前的主流 LCD。

TFT 型液晶显示器的显像原理如图 5-3 所示。首先背光源发光，也就是最下面的荧光灯管投射出可见光，光源发出的光经过导光板到达偏光板，然后再经过偏光板穿过液晶分子，液晶分子的排列方式改变穿透液晶的光线角度，最后这些光线还必须经过前方的彩色滤光板与另一块偏光滤色玻璃后导出。位于外层的薄膜式晶体管配向膜，可借由改变液晶的电压值控制最后出现的光线强度与色彩，并进而能在液晶面板上组合出有不同深浅颜色的图像。

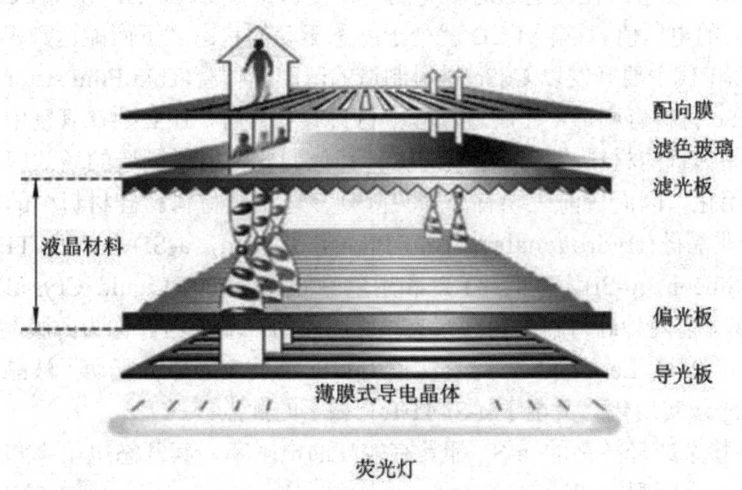

图 5-3　TFT 型液晶显示器的显像原理

液晶显示器的优点是工作电压低，功耗低；平板式结构，重量轻；彩色较柔和；无辐射，无污染，对视力损伤极小；寿命长(通常可达 50000 小时)；分辨率很高。其缺点为显示视角较小；响应速度较慢；制造工艺较复杂；被动发光。

近几年通过技术攻关，其响应速度、对比度不断提高，视角逐渐加大，大屏幕及超大屏幕技术也获得突破。近期世界最大的液晶显示屏(1100 mm × 1300 mm)生产线将落户上海，生产目前世界上最先进的第五代薄膜晶体管液晶显示屏(TFT-LCD)。

5.2.2　TFT-LCD 显示器

1. TFT-LCD 内部结构及原理

TFT-LCD 通常被称为三端子有源矩阵，其原因在于 LCD 有源矩阵一般采用三端器件场效应晶体管(Field Effect Transistor，FET)作为开关元件。图 5-4 表示如何将电控开关的概念引入 LCD，又如何以 FET 代替电控开关，使之实用化。

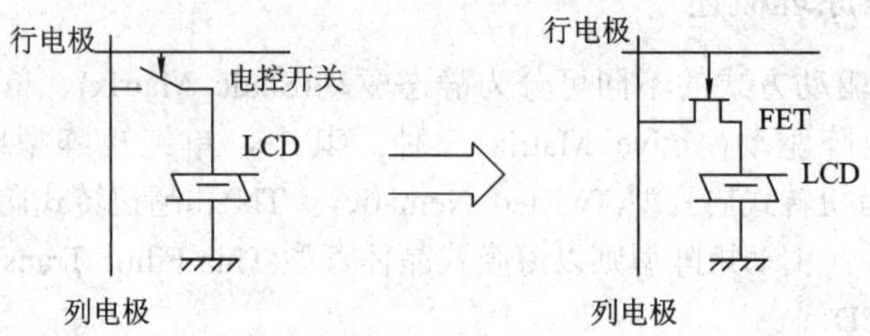

图 5-4　TFT-LCD 有源矩阵与电控开关的对应关系

实际上，电控开关的控制极，也就是 FET 的栅极与行扫描电极连接，使得开关，或者说 FET，只是在该行被选择的时间为接通态，此时 LCD 充电，两端的最终电压取决于列电极馈入的电平。不同于纯矩阵的列电极电压，只能在被选或非选两种状态中选择，三端子有源矩阵的列电压可以是任意值，因而在 LCD 上可获得灰度分级显示。该行非选通时，电控开关 FET 为断开状态。在被选通时所充的电荷便保持在 LCD 上，使得 LCD 的两端维持在充电结束以后的电压值。这样 LCD 就处于静态驱动的状态之下而能达到极高的对比度。

20 世纪 80 年代主要开发以 CdSe 材料制造的薄膜晶体管(Thin Film sistor，TFT)三端有源开关，但 CdSe 材料有剧毒，在制造过程中材料容易分解，还必须在真空中以掩模板覆盖逐层淀积形成晶体管的材料，目前已被淘汰。其他的各种材料制造的场效应晶体管因为漏电大而难以实用化。因而目前三端有源开关阵列多选用硅材料。硅材料中的三端子元件又可分为以氢化非晶硅(Hydrogenated AmorPhous Silicon，a-Si)为基的 TFT、以多晶硅(Poly -crystal Silicon，p-Si)为基的 TFT 和用单晶硅片为基的(Liquid Crystal On Silicon，LCOS)三种类型。前两种硅材料为薄膜形态，所制成的三端子器件称为薄膜晶体管，即所谓的 TFT。1979 年 P. C. Le Comber 等首次使用 a-Si 场效应晶体管驱动了液晶显示器，从此 TFT-LCD 逐步进入实用化。又由于 a-Si-TFT 有如下的优点：

① 无论不掺杂或轻掺杂的 a-Si 都具有较高的电阻率，其开态电阻率和关态电阻率与 LCD 所需数值完全匹配；

② 具有非常高的开态与关态电阻比，其开关比能满足 LCD 开启和关断的要求；

③ 可以在低于 350℃的条件下制造，因此可以采用大面积、廉价的硼钙玻璃作衬底；

④ 器件的制作过程可以与平面工艺相容，传统的半导体加工设备即可制作而无需定制特殊的设备。同时光刻工艺的微细化加工特点能缩小薄膜晶体管的尺寸，从而可提高单位面积的像素数。

因此，a-Si 型的 TFT 目前已经发展成为 LCD 有源矩阵中唯一得到大规模应用的三端子器件。TFT-LCD 使液晶显示器进入高画质、真彩色显示的阶段，所有高档的液晶显示器中都已毫无例外地使用 TFT 有源矩阵。

a-Si-TFT 是一种利用表面效应的绝缘栅场效应晶体管，它通常是由基片上淀积的不掺杂或轻掺杂(掺硼)的弱 P 型氢化非晶硅(a-Si:H)薄膜为基础制作而成。为了讲清楚 TFT 的基本工作原理，图 5-5 给出了顶栅结构的增强型 N 沟道 TFT 的构造示意图。TFT 有三个电极，与弱 P 型氢化非晶硅薄膜层直接接触的一对欧姆电极分别称为源极和漏极，与绝缘层接触并隔着绝缘层正对源极和漏极间隙的电极称为栅极。工作时需在源极和漏极之间加上电压，称为源漏电压 V_{cd}，相应的电流称源漏电流 I_{cd}，或称为沟道电流，因为它被限制在源极和漏极之间的导电沟道之中，故其大小由沟道尺寸和其中的多数载流子的密度及迁移率所决定。在栅极上所加的可变直流电压称为栅压 V_g。当栅压 V_g 为 0 时，a-Si:H 薄膜为 P 型，其多数载流子为空穴，源极与漏极呈现 N 型，源极与漏极之间相当于两个背对背的 PN 结串联，此时为不导电状态。在栅极加正电压后，栅压通过绝缘层在半导体表面形成一电场，使电子在此处被吸引到绝缘层 a-Si:H 薄膜层界面附近。随着栅压的升高，该界面上的电子密度也随之增加，界面附近的多数载流子由空穴改变为电子，即界面附近薄层的半导体由 P 型变为 N 型，即出现反型显像，使得背对背的 PN 结遭到破坏，因而源极和漏极之间变为导通。因界面附近的 a-Si 薄膜变为 N 型半导体，所以在该 N 型半导体与封底的 P 型半导体之间形成高电阻的势垒区，与衬底绝缘。在 TFT 的工作过程中，沟道的产生和消失，以及沟道中载流子密度的高和低都受栅极电压的控制。

同一般液晶显示器件类似，a-Si-TFT 液晶显示器件也是在两块玻璃之间封入液晶。但在电视显示器中，一般液晶处于宽视角工作模式，在下基板上要同时制造出行电极和列电极，彼此构成一个矩阵，在行电极和列电极的交点处制作了 TFT 有源器件和像素电极；其上基板为公共电极，需要做出微滤色器阵列。TFT-LCD 具体结构如图 5-6 所示。

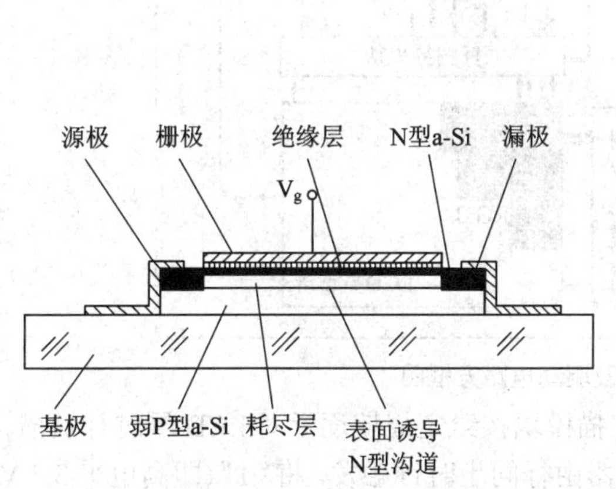

图 5-5　顶栅型 TFT 单元结构示意图

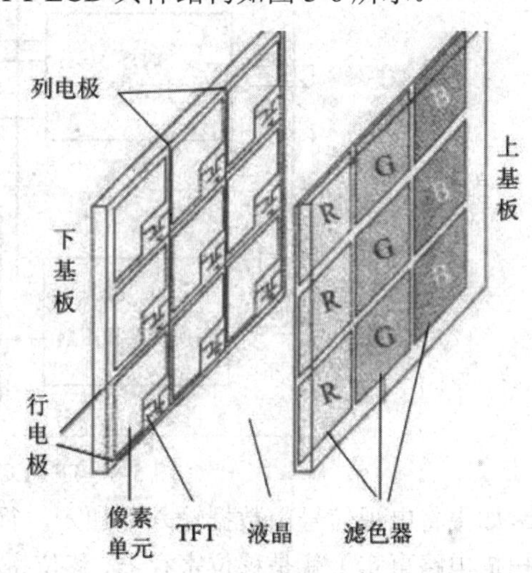

图 5-6　TFT-LCD 结构示意图

从图 5-5 可以看出，TFT 的源极与漏极是等同的，习惯上将连接在 LCD 单元的电极称为源极。与列电极连接的电极称为漏极。同一行中与各像素串联的场效应管的栅极被连在一起，故行电极 X 也被称为栅极母线；信号电极 Y 将同一列中各场效应管的漏极连在一起，故列电极 Y 也被称为漏极母线。场效应管 FET 的源极与液晶的像素电极相连，像素的另一个电极为上基板上的电极，称为公共电极。为了减少液晶材料的漏电造成 LCD 两端电压降低，一般还在液晶像素上并联适当电容，以增加像素单元的放电时间常数(RC)。

图 5-7 为有源矩阵 LCD 的电路原理图。当扫描到某一行时，扫描脉冲使该行上的全部 TFT 导通，同时各列将信号电压通过 TFT 施加到液晶像素上，对 LCD 单元和与之相并联的电容器充电。扫描过这一行后，该行各 TFT 处于开路状态，不管此后列上信号如何变化，对该行上的 LCD 像素都无影响，即扫描期间 LCD 和存储电容上因储存的电荷而导致的电压可保持接近一帧的时间，因而 LCD 上的占空比达到百分之百，而与扫描行数 *N* 无关。这样就彻底解决了纯矩阵驱动中的驱动比随扫描行数 *N* 的增加而变小的问题。电容器的另一头接于上一行的栅极母线上，这是因为位于下基板的电容的另一端电极无法与上基板的公共电极连接，栅极母线完成扫描后电位复位为 0，等效于公共电极。以上分析说明了 TFT 液晶显示屏矩阵扫描的工作原理。

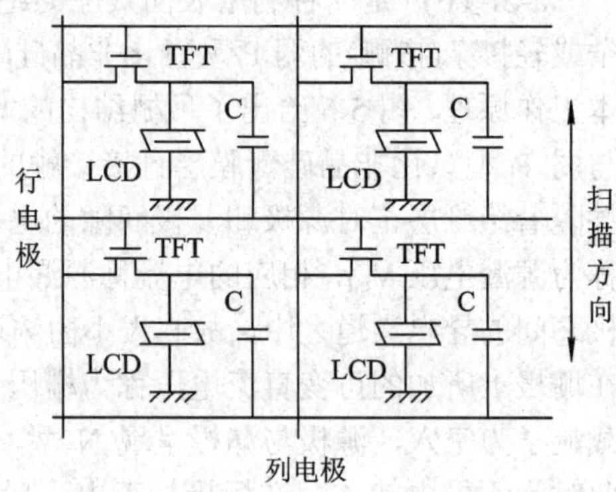

图 5-7　有源矩阵 LCD 电路原理图

2. TFT 液晶显示屏及驱动电路

TFT 液晶显示屏及驱动电路主要由行扫描模块、列驱动模块、电源变换及稳压电路、同步与时序控制等组成。如图 5-8 所示。

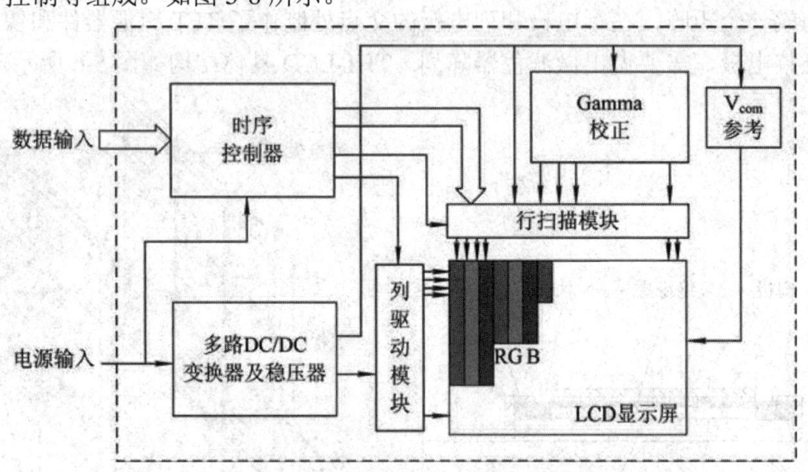

图 5-8　TFT-LCD 及驱动电路方框图

如果将电视信号由数据输入端加入，行扫描模块按给定周期逐行对 LCD 屏进行扫描。行扫描电路事实上就是移位寄存器，移位寄存器由行同步时钟触发，将“1”(即高电平 3.3 V)按第 1 行、第 2 行、…、第 *N* 行的顺序逐次向下一级移位，而在一帧的开始由帧同步信号对第 1 位写“1”，由此完成行扫描的过程。移位寄存器的输出控制 TFT 构成的开关阵列，使之接通或断开，以便将 LCD 阵列上对应行的 TFT 的栅极顺序地脱离“地”电位而切换到高电平上。LCD 屏上栅极切换到高电平上的那 1 行的 TFT 全部导通，称为导通行，任何时刻导通行最多只有 1 行。在扫描到相应行时列驱动模块将相应的信号电压通过 TFT 施加到液晶像素上，对于幅度调制且以串行方式输入的灰度信号也要先转化成并行的、以幅度大小代表的灰度信号，然后在行扫描期间准确地提供给 LCD，按照时序控制电路给定的逻辑有序地进行扫描和列送数据，从而便可在 LCD 显示屏上显示出所需的彩色图像。

图中的 Gamma 校正是为了克服图像的 Gamma 失真而加入的，电源变换及稳压器用于给行扫描模块、列驱动模块以及校正电路提供所需的直流电压。

5.2.3　液晶显示器的主要技术参数

(1) 可视角度及广视角技术。液晶显示器的可视角度左右对称，而上下则不一定对称。举例来说，当背光源的入射光通过偏光板、液晶及配向膜后，输出光便具备了特定的方向特性，也就是说，大多数从屏幕射出的光具备了垂直方向。假如从一个非常斜的角度观看一个全白的画面，我们可能会看到黑色或者色彩失真。一般来说，上下角度要小于或等于左右角度。如果可视角度为左右 80 度，表示在位于屏幕法线 80 度的位置时还可以清晰地看见屏幕图像。但是，由于人的视力范围不同，如果没有站在最佳的可视角度内，所看到的颜色和亮度将会有误差。现在不少厂商就采用各种广视角技术，以改善液晶显示器的视角特性，目前已得到大规模应用的有如下两种：横向场模式技术，该模式技术又分为平面开关模式(In Plane Switching Mode，IPS)和边缘场开关模式(Fringe Field Switching Mode，FFS)、多畴垂直趋向技术(Multi-domain Vertical Alignment，MVA)等。这些技术都能把液晶显示器的可视角度增加到 160 度，乃至更高。

(2) 可视面积与点距。液晶显示器所标示的尺寸虽然也以屏幕对角线给出，但它与实际可以显示的屏幕范围一致，这一点与 CRT 显示屏有所不同。例如，一个 15.1 英寸的液晶显示器约等于 17 英寸 CRT 屏幕的可视范围。

液晶显示器的点距实际上就是屏幕上像素的间距。它的计算方法是：可视宽度除以水平像素数，或者可视高度除以垂直像素数而得到。举例来说，一般 14 英寸 LCD 的可视面积为 285.7 mm × 214.3 mm，它的最大分辨率为 1024 × 768，那么它的点距即为 285.7 mm/1024 = 0.279 mm 或者 214.3 mm/768 = 0.279 mm。

(3) 色度、对比度和亮度。色度即彩色表现度，与第 1 章定义相同。色度也是 LCD 显示器重要的参数之一。我们知道自然界的任何一种色彩都可以由红、绿、蓝三种基本色合成。LCD 屏面是由许许多多(如 1024 × 768)个像素点阵组成的阵列显示图像，每个独立的像素色彩是由红、绿、蓝(R、G、B)三种基色合成的。目前大部分厂商生产的液晶显示器，每个基色(R、G、B)可被分成 6 位二进制数表示的等级，即有 64 种表现度，那么每个独立的像素就有 64 × 64 × 64 = 262 144 种色彩。也有不少厂商使用了所谓的 FRC(Frame Rate Control)技术以仿真的方式来表现出全彩的画面，也就是每个基本色(R、G、B)能达到 8 位二进制数，即 256 种表现度，那么每个独立的像素就有高达 256 × 256 × 256 = 16 777 216 种色彩了。

对比度(即对比度值)，定义为最大亮度值(全白)与最小亮度值(全黑)的比值。CRT 显示器的对比度通常高达 500∶1，以致在 CRT 显示器上呈现真正全黑的画面是很容易的。但对 LCD 来说就不是那么容易了，由冷阴极射线管所构成的背光源很难实现快速地开关动作，因此背光源始终处于点亮的状态。为了要得到全黑画面，液晶模块必须把由背光源而来的光全部遮挡，但由于物理特性的原因，这些元件是无法完全达到这样的要求的，总会有一些漏光存在。故一般来说液晶显示屏的对比度不如 CRT(阴极射线管)显示器的对比度高。但由于人眼一般可以接受的对比度值约为 250∶1，所以液晶显示器的对比度完全可以满足收看电视节目的要求。

液晶显示器的最大亮度通常由冷阴极射线管(背光源)来决定，其亮度值一般都在 200～250 cd/m^2 范围。液晶显示器的亮度略低，会觉得屏幕发暗。虽然技术上可以达到更高亮度，但是这并不代表亮度值越高越好，因为亮度太高的显示器有可能会使眼睛更容易受伤。

(4) 响应时间。响应时间是指液晶显示器各像素点对输入信号变化的反应速度，一般液晶显示器的响应时间在 20～30 ms 之间。此值是越小越好。如果响应时间太长了，就有可能使液晶显示器在显示动态图像时，有尾影拖曳的感觉。目前电视机厂商采用动态补偿技术可以大大地改善其动态特性。

5.3 等离子体显示器(PDP)

5.3.1 PDP 显示原理

等离子体显示器是利用惰性气体(如氖气)放电原理激发荧光粉发光的显示装置。等离子体显示器具有阴极射线管的优点，但具有很薄的平板结构，如图 5-9 所示。

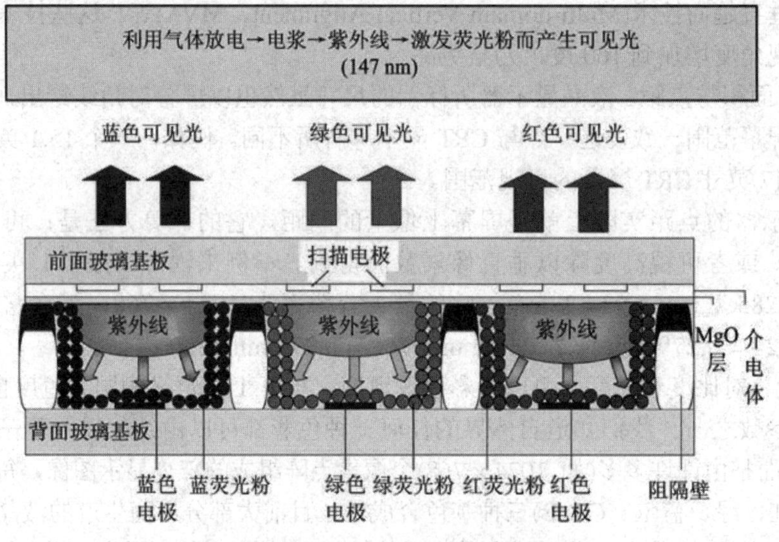

图 5-9　等离子显示器发光原理与结构

等离子体显示器的工作机理类似普通日光灯，由相距几百微米的两块玻璃板，中间排列大量的等离子管密封组成的。每个等离子管是在两层间隔为 100～200 μm 的玻璃衬板之间隔成的小室，每个小室内都充有氖氙气体。在等离子管电极间加上高压后，封在两层玻璃之间的等离子管小室中的气体会产生辉光放电，产生紫外光(147 nm)，激发平板显示屏上的红绿蓝三基色磷光体荧光粉发出可见光。每个等离子腔体作为一个像素，这些像素的明暗和颜色变化合成了各种灰度和色彩的电视图像。

等离子体可分为两种：高温和低温等离子体。高温等离子体只有在温度足够高时才会发生，如太阳、恒星、闪电中所存在的等离子体，它占了整个宇宙的 99%。现在人们已经掌握利用电场和磁场来控制等离子体技术，例如：焊工们用高温等离子体焊接金属；低温等离子体可以在常温下发生，现在它被广泛运用于多种生产领域。例如：等离子电视，氧化、变性等表面处理，更重要的是用于电脑芯片中的蚀刻等。

目前，主流产品的尺寸为 40～42 英寸，50～60 英寸的产品也已经面世。其主要优点是：对比度和亮度高；色彩好，灰度等级高；适用于大屏幕；反应速度快(约为 2～20 μs)，比 LCD 的反应速度(20～30 ms)约快 1000 倍。它的主要缺点是：功耗大；成本高。

等离子显示器的发展趋势是：研制新型材料提高亮度及发光效率，如开发专用荧光粉，优化放电气体及单元结构；改进制作工艺，降低成本(如采用喷沙工艺等降低障壁制作工艺)；有效消除串扰，降低功耗；延长彩色 PDP 的工作寿命；降低显示屏与驱动电路的成本。

5.3.2　寻址与驱动电路组成及工作原理

等离子体驱动电路主要由视频处理单元、扫描逻辑与 Y 扫描驱动、保持逻辑与 X 和 Y 驱动、字段数据和列数据、数据寻址驱动以及电源等组成，如图 5-10 所示。

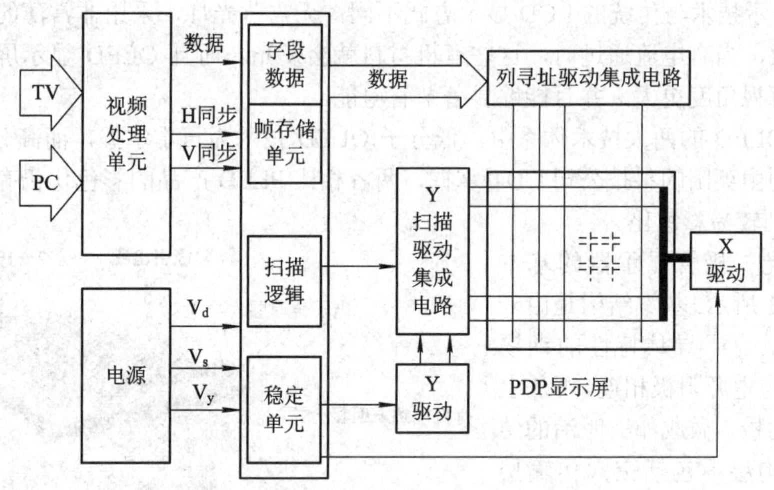

图 5-10　等离子体显示屏驱动电路

图中 X 电极和 Y 电极构成 RGB 显示单元(即像素)的行电极，用于产生紫外光脉冲。列电极(常称 A 电极)上的电压与 Y 电极上的电压共同作用使需点亮单元(即寻址单元)产生放电而被点亮。一场画面的显示通常分为准备期、寻址期和维持期。在准备期，首先给所有 X 电极上加一个擦除脉冲(约 100 V)，擦除前一场的图像；接着在所有扫描电极 Y 电极上加一个写脉冲(约 300 V)，使所有单元点亮(确保所有放电单元具有相同的壁电荷积累)；然后，在 X 电极和 Y 电极间加一个擦除脉冲，使所有单元熄灭，为显示图像做好准备。在寻址期，Y 电极依次逐行施加扫描脉冲，寻址电极列(A 电极)上根据所需显示的图像同步的加上寻址脉冲(该脉冲由图像信号转换而来)。只有那些同时在寻址电极 A 和扫描电极 Y 上有相应电压的单元才会放电(点亮)，其余单元保持熄灭状态。寻址结束后，在 X 电极和 Y 电极间加方波维持电压(频率约 50～200 kHz)，只有那些在寻址期放电的单元才会继续产生放电，维持点亮状态。如此，在三电极的共同作用下，周期性地完成一场接一场的图像画面的显示。

需要说明的是：扫描电极 Y 和维持电极 X 由行驱动电路驱动，寻址电极 A 由列驱动电路驱动。驱动电路均属高压电路，这是因为气体放电一般要达到 100 V 以上的电压才会发生。因此，要实现图像的显示，需要将低压图像数据信号转换为高压脉冲施加在寻址电极 A

上，同时扫描电极 Y 和维持电极 X 上也要按相应时序施加相应的高压脉冲以完成寻址和维持显示等项操作。驱动电路的功能除按驱动要求为显示屏提供所需各种高压脉冲外，还必须对显示数据进行相应的处理。

5.4　有机发光二极管显示器(OLED)

5.4.1　OLED 显示原理

OLED，即有机发光二极管(Organic Light-Emitting Diode)，又称为有机电激光显示(Organic Electroluminesence Display, OELD)。因为具备轻薄、省电等特性，因此从 2003 年开始，这种显示设备在 MP3 播放器上得到了广泛应用，而在其他方面还未进入实际应用的阶段。

OLED 显示技术与传统的 LCD 显示方式不同，无需背光灯，采用非常薄的有机材料涂层和玻璃基板，当有电流通过时，这些有机材料就会发光。而且 OLED 显示屏幕可以做得更轻更薄，可视角度更大，并且能够显著节省电能。

目前在 OLED 的两大技术体系中，低分子 OLED 技术为日本掌握，而高分子的 PLED 技术及专利则由英国的科技公司 CDT 掌握，两者相比 PLED 产品的彩色化仍有困难。而低分子 OLED 则较易彩色化。

有机发光二极管显示器的基本结构如图 5-11 所示。基本结构是由一薄而透明的具有半导体特性的铟锡氧化物(ITO)与电源阳极相连，再加上另一个金属阴极，做成如三明治的结构。整个结构层中包括空穴传输层(HTL)、发光层(EL)与电子传输层(ETL)。当加上适当电压时，阳极空穴与阴极电荷就会在发光层中结合，产生光亮，依其配方不同产生红、绿和蓝三原色，构成基本色彩。

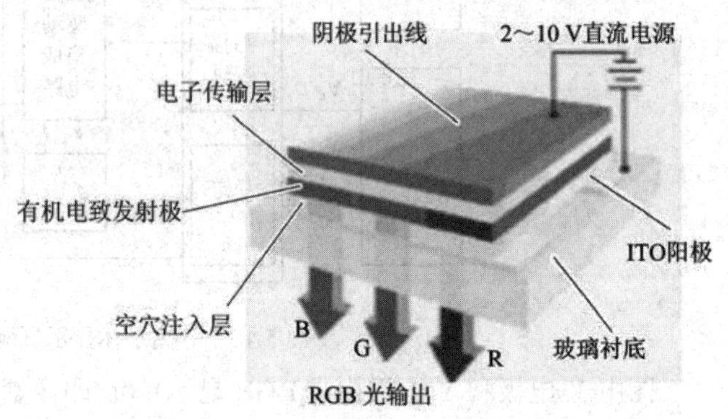

图 5-11　有机发光二极管(OLED)显示原理

显示器全彩色是检验显示器是否在市场上具有竞争力的重要标志，因此许多全彩色化技术也应用到了 OLED 显示器上，按面板的类型通常分为三种：RGB 像素独立发光、光色转换和彩色滤光膜。目前采用最多的彩色模式是利用发光材料独立发光。它是利用精密的金属荫罩与 CCD 像素对位技术，首先制备红、绿、蓝三基色发光中心，然后调节三种颜色组合的混色比，产生真彩色，使三色 OLED 元件独立发光构成一个像素。该项技术的关键在于提高发光材料的色纯度和发光效率，同时金属荫罩刻蚀技术也至关重要。OLED 有主动式和被动式之分。被动方式下由行列地址选中的单元被点亮，主动方式下，OLED 单元后有一个薄膜晶体管(TFT)，发光单元在 TFT 驱动下点亮。主动式的 OLED 比较省电，但被动式的 OLED 显示性能更佳。

OLED 技术的发展趋势为：开发新型的 OLED 有机材料，进一步提高器件性能；改善生产工艺，提高成品率，降低成本，确保市场竞争力；研发低温多晶硅 TFT 方式的 OLED

显示器。

5.4.2　驱动电路和原理

OLED 驱动电路如图 5-12 所示。分为主动式驱动(有源驱动)和被动式驱动(无源驱动)，图中分别给出了无源和有源两种驱动方式。

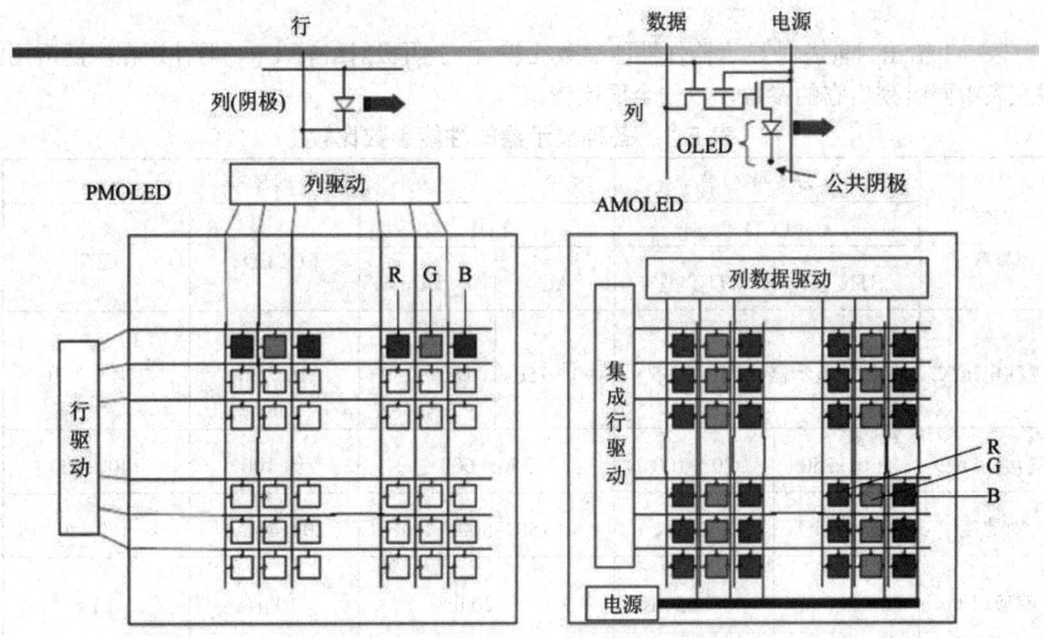

图 5-12　有机发光二极管显示器驱动方式

1. 无源驱动(PM OLED)

无源驱动又分为静态驱动电路和动态驱动电路。静态驱动电路一般用于段式显示屏的驱动，这里不再赘述。

在动态驱动的有机发光显示器件上，人们把像素的两个电极做成了矩阵型结构，即水平一组显示像素的同一性质的电极是共用的，纵向一组显示像素的相同性质的另一电极是共用的。如果像素可分为 N 行和 M 列，就可有 N 个行电极和 M 个列电极。行和列分别对应发光像素的两个电极。即阴极和阳极。在驱动电路工作的过程中，通常采用逐行扫描的方式，列电极为数据电极。实现方式是：循环地给每行电极施加脉冲，同时所有列电极给出该行像素的驱动电流脉冲，从而实现一行所有像素的显示。该行不在同一行或同一列的像素就加上反向电压使其不显示，以避免“交叉效应”，这种扫描是逐行顺序进行的，扫描所有行所需的时间叫做帧周期。

2. 有源驱动(AM OLED)

有源驱动的每个像素配备具有开关功能的低温多晶硅薄膜晶体管(TFT)，而且每个像素配备一个电荷存储电容，外围驱动电路和显示阵列整个系统集成在同一玻璃基板上。与 LCD 相同的 TFT 结构，无法用于 OLED。这是因为 LCD 采用电压驱动，而 OLED 却依赖电流驱动，其亮度与电流量成正比，因此除了进行 ON/OFF 切换动作的选址 TFT 之外，还需要能让足够电流通过的导通阻抗较低的小型驱动 TFT。

有源驱动属于静态驱动方式，具有存储效应，可进行 100%负载驱动，这种驱动不受扫描电极数的限制，可以对各像素独立进行选择性调节。

5.5　各种显示器的性能比较

表 5-1 给出目前各种显示器件性能参数比较。由于阴极射线管(CRT)器件还在广泛应用，故在表中同时列出它的参数，以便全面比较。

表 5-1　各种显示器的性能参数比较

类别 参数	非主动发光型显示		主动发光型显示			
	LCD		PDP		OLED	CRT
	STN 型	TFT 型	AC	DC		
驱动电压/V	各种显示器比较 AC2-5		90～150	180～250	10～30	2 万～3 万
亮度 cd/m2	200～250	70～100	350～600		约 100	140～500
对比度	10～25：1	80～120：1	150～500：1		20～40：1	150：1
响应时间	50～200 ms	40～65 ms	2～20 μs		10 μs	1 μs
显示色	黑白/多色～全色		单色或全色		单色或多色	黑白和全色
功耗	很小	较小	很大		较小	较大
全色化	很好		很好		勉强	很好
多灰度可调性	勉强	很好	很好		一般	很好
大型化	勉强	一般	很好		极难	一般
像素	VGA 为主	1280×768	50 寸以上 1365×768 1280×768		与屏幕大小有关。2～3 寸：QVGA	节距：0.65～0.75 cm
高分辨率	一般*	很好	一般		勉强	一般
屏厚度/mm	5	5	3～4		1	300 以上
整机厚度/cm	4～7	4～7	8～10		1～2	55(32 吋)
薄型轻量化	很好		一般		很好	极难
存储功能	极难		很好		勉强	极难
寿命	一般		一般		勉强	很好
视角(度)	80～130	170	160		170	170

CRT 的发展趋势是进一步薄型化，减小重量和体积；向 125 度(Philips)、134 度、140 度(Sarnoff)偏转角发展；大屏幕化(向 32～38 寸过度)；向高分辨率和平面化发展。

今后几年将是各种平板显示器迅猛发展的时期，LCD、PDP 将是这一时期的主流，特别是 LCD 的发展势头将会更强劲。CRT 虽然市场份额不断减少，但由于其不可比拟的价格及性能的优势，加之其本身技术的发展，其销售数量将会保持一段时期不变。由于 OLED 的独特优势，使其可能会成为下一代显示器件的主流，必须给予充分的关注。

5.6　平板电视组成及工作原理

平板电视，顾名思义就是显示器为平板显示屏的电视。目前多为采用数字技术的电视机，或正在推广的数字电视。数字电视正全面进入居民家庭，所以我们在这里结合数字电视的一些特点介绍平板电视。无论何种体制的数字电视，主要分为三个部分：一是视频源的采集，如同用摄像机录下图像，或者说节目源部分；二是将视频信号压缩编码后通过线路(有线或者无线)传输到用户家中，即解决信号的传输问题；三是信号在用户家中的数字电视机上通过放大、解码实现重现的过程。

数字视频源的采集通常是在电视台解决，与原来模拟视频源类似(第 6 章涉及有关内容)，但这里提供的是数字信号。第 7 章将详细讨论数字电视与数字信号。

视频信号的压缩编码以及通过何种方式传到用户的家中(终端机)，是目前在广电部门讨论最为激烈的话题，也就是所谓的数字电视标准。在国家数字电视标准最终确定以后，紧接着就是电视台铺设网络，电视厂商大量生产基于这种标准的数字电视接收机，一场规模宏大的电视升级换代也就开始了。数字电视与目前普通无线/有线电视的区别在于：数字电视不但具有高质量的画质，而且具有交互的特点，用户想看什么就看什么，想什么时间看就什么时间看，具有所谓的 VOD 视频点播功能，数字付费电视就是一例。当然，大部分用户还是在电视台播放的节目中选择收看，一般只有在错过了想看节目之后，才会用到点播。

5.6.1　平板电视的基本组成

尽管目前平板电视机种类繁多，型号各异，但是它们的组成可概括为图 5-13 所示。不同的平板电视其差异仅在图像显示部分，信号处理部分基本相同。由图可见，整机可分为四大部分：模拟处理、数字处理、开关电源和显示部分。其中模拟处理部分主要由高/中频组件(相当于传统 CRT 彩电的高频调谐器和中频通道)、伴音处理机功放、解码及处理电路、画质改善等电路构成，其作用在于完成高频放大与处理、中频放大与处理、输入信号切换、视频解码、画质处理及行场同步等。数字处理部分是平板电视的核心，主要完成 A/D 变换、隔行/逐行转换、平板图像处理、时序变换、DVI 接收等。各种平板电视一般都采用开关电源。LCD、PDP 和 OLED 主要差别就在于行、列驱动电路，这部分内容已在 5.2～5.4 节做过详细论述。

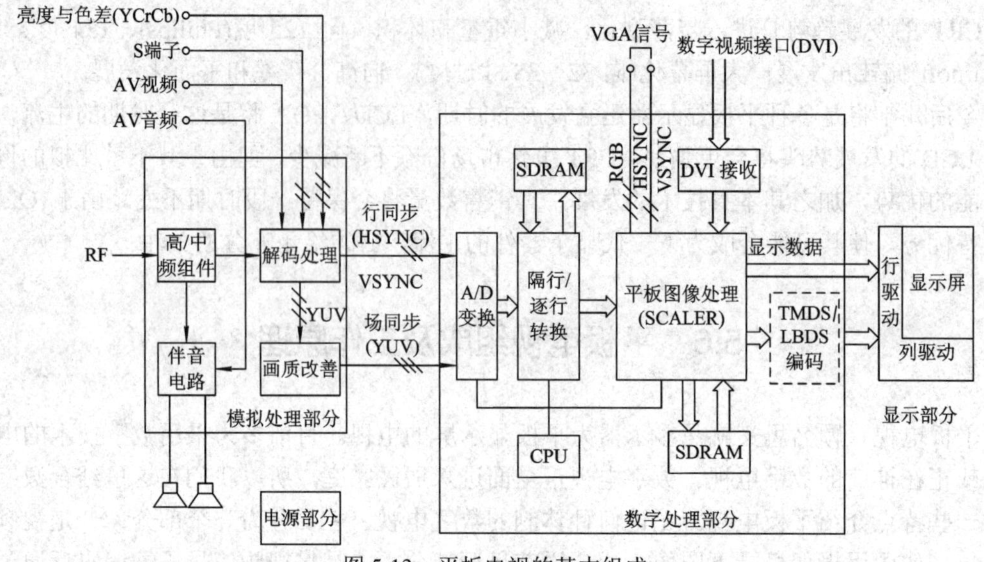

图 5-13　平板电视的基本组成

5.6.2　平板电视主要单元电路分析

下面结合商用 42 英寸液晶电视系列机，分析平板电视视频信号处理、音频信号处理、同步控制、媒体播放、图像显示及开关电源等单元电路及工作原理。这类电视一般支持射频、视频、S 端子、色差(YCbCr / YPbPr)复用端子、VGA 端子、DVI 等多种图像输入方式，具有逐行高清处理、数字梳状滤波、ZOOM 缩放、耳机输出等功能。读者可借助这里的分析举一反三，触类旁通。

1. 视频信号处理单元

液晶平板电视视频信号处理单元组成如图 5-14 所示。

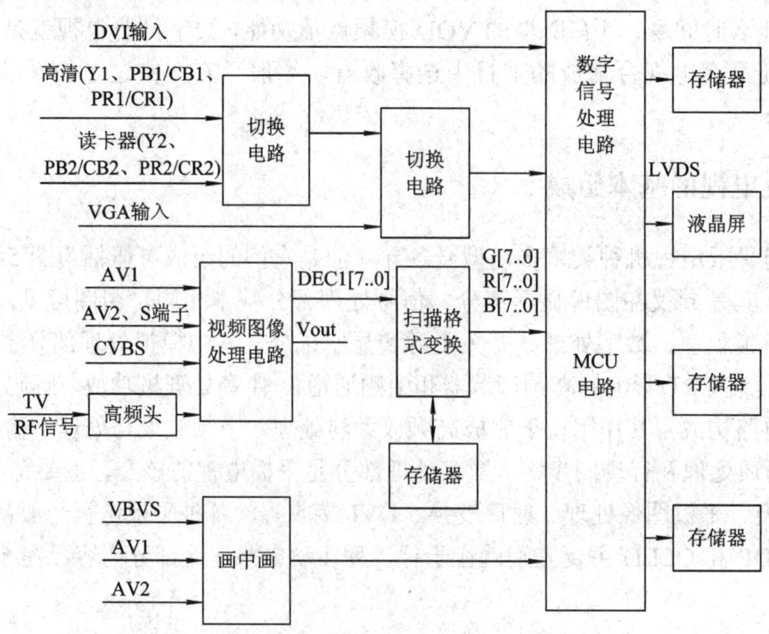

图 5-14　视频信号处理单元流程框图

(1) 射频信号接收及处理。射频信号的接收及处理均在多制式一体化高频头内部完成。由于本机具有射频画中画功能，因此采用了两个高频头。其中一个高频头接收和处理的射频信号作为主通道信号输入视频图像解码 IC(如 VPC3230)，其输出的数字信号被传送到扫描格式变换 IC(如 FLI2300)，经过它逐行处理后送入主芯片(如 GM15ol；另一个高频头接收和处理的射频信号作为子画面的信号输入画中画(PIP)单元进行通道解码，其输出也送入主处理芯片(GM15ol)完成画中画和双视窗处理。

(2) 视频、S 端子信号。外部输入视频信号分别输入到模拟解码 IC 中。所送入的视频信号与内部视频信号在 VPC3230 内进行选择：一路输出复合视频信号，其后的信号通路与射频信号通路相同；另外一路作为视频画中画，同样送入主处理芯片(GM15ol)完成画中画和双视窗处理。

S 端子输入信号只馈送到视频图像解码 IC，处理过程与进入主通道的视频信号相同，所以不能在子通道显示。

(3) 高清信号、读卡器信号和 VGA 信号。高清信号与读卡器输入信号经过高速切换开关转换后直接进入切换 IC(P15V330)与 VGA 信号进行再次切换，然后直接进入主处理芯片进行 A/D 转换，最终通过低压差分数据传输格式(LVDS)连线在液晶屏上显示。

(4) DVI 信号。外部输入的 DVI 信号直接输入主处理芯片进行处理，其后的信号通路与 VGA 信号传输路径相同。

2. 音频信号处理单元

图 5-15 所示为液晶平板电视音频信号处理组成单元。由图可见音频信号处理单元包括 TV 音频解码电路、各类伴音输入电路、音效处理电路、扬声器功放和耳机功放等。

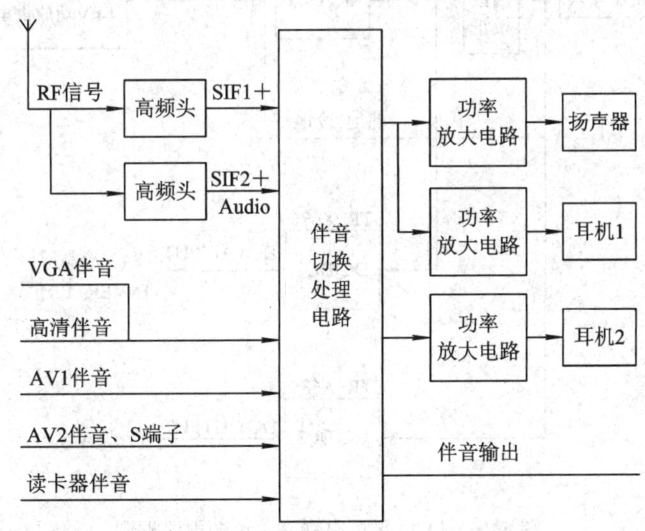

图 5-15　音频信号处理单元流程框图

(1) 音频输入电路。将从高频头送来的第二伴音中频信号(SIF)、VGA 伴音、AV 伴音以及读卡器伴音信号输入到音频信号处理 IC(如 MSP3460G)中进行伴音切换。

(2) 音频处理电路。第二伴音中频信号进入音频信号处理 IC 后，经内部转换开关选择、AGC 控制放大和 A/D 转换变为数字伴音中频信号。内部载波识别电路对数字伴音中频进行检测，判断伴音中频制式是单声道 FM 伴音还是双载波立体声伴音，然后通过制式开关切换到相应的音频解调电路。调频单声道 FM 伴音经模拟乘法器解调出数字音频，再通过低通滤波相位幅度处理后进入音频基带单元；双载波立体声 FM 经两组模拟乘法器解调出 R+L 声道信号，再通过低通滤波相位幅度处理后与单声道数字音频同时送入音频基带单元。送入音频基带单元的音频信号通过自适应去加重、预定比例和调频矩阵处理与输入 A/D 转换后的 AV 数字音频信号进行信道切换，被选通的音频基带信号，在芯片内部经高音、低音、音量平衡处理和 D/A 转换后输出至功放电路。目前，在各种机型中广泛采用的音频信号处理电路有：M3450、M3460、MSP3460、MSP3463 等。

(3) 音频功放电路。音频功放电路结构很多，常用的有 OTL、OCL 电路，相应的集成芯片多为双通道 B 类线性音频功率放大器，内部还设有两个独立的音频前置、推动和互补推挽放大通道、负反馈电路以及静音/待机控制电路。音频处理电路通常输出两路，其中一路送伴音功放(如 TDA7266B)，经放大后驱动扬声器；另外一路到耳机功放(如 TDA2822M)，经放大后驱动耳机 1。还有一路输出的伴音为画中画子画面的左右声道，送入耳机功放(如 TDA2822M)，经放大后驱动耳机 2。

3. 开关电源电路

LCD 平板电视电源主要由待机电源、小信号部分主电源、背光灯部分电源等 3 个相对独立的电源组成，如图 5-16 所示。

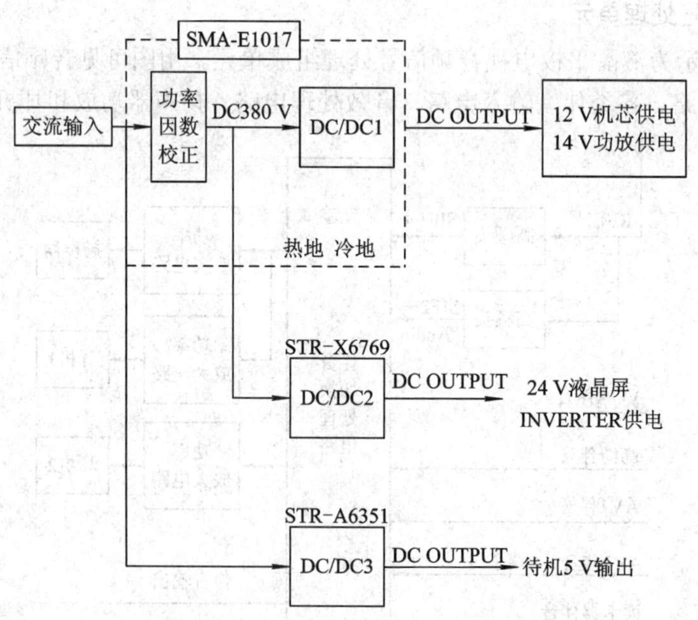

图 5-16　LCD 平板电视开关电源电路框图

电源电路需输出+5 V-S、+5 V-M、12 V、14 V、24 V、3.3 V、1.8 V、2.5 V 等多组工作电压。通电后，交流电压(AC 85～264 V)加入，随后待机电源启动，输出 5 V 给 CPU，CPU 根据整机设定情况发出 ON / OFF 指令，该指令反馈给电源电路，通过继电器将主电路接通，交流电压(AC 85～264 V)经整流输出，通过功率因数校正 PFC(Power Factor Correction) 电路将整流后的电压升到 375 V 左右。此电压分成两路：一路通过 PFC 内部集成的脉宽调制

PWM(Pulse Width Modulation) 芯片驱动开关管(MOSFET)，经变压器转换输出 12 V、14 V、5 V；另一路经过厚膜电路(如 STR x6769)及变压器转换输出 24 V，此时电源进入正常工作状态。需要说明的是，厚膜电路的瞬间启动是在 PFC 电路启动后通过 PFC 电感的次级来完成的，如果 PFC 不启动(一般是 12 V，没带负载)，是不会有 24 V 电压输出的，从而保证了正常的开机时序。

(1) 12 V 直流电源部分。12 V 电源电压主要给两部分电路供电：一是通过条形连接线(如 XP017)接到主板，然后通过接显示屏的 LVDS 连线直接给显示屏的逻辑模块供电(在 42 英寸彩电中，此部分电源为 5 V)；二是给伴音板供电，12 V 电源通过三端稳压电路(7808)稳压输出 8 V，为伴音信号处理主模块(如 MSP3460G)和多个功率放大模块(如 TDA2822)供电，推动耳机正常发声。8 V 电压再通过三端稳压器(7805)稳压得到 5 V 直流，为整机的两个高频头提供所需电压。

(2) 5 V 直流电源部分。一般 5 V 电压分为两种：一是+5 V-M 电源，此电源作为主 5 V 为主画面和子画面视频图像处理 IC(如 VPC3230)和电子开关转换 IC(如 P15V330)等部分供电，并变换为 3.3 V、2.5 V、1.8 V 供给逐行处理 IC (如 FLI2300)和存储器(如 HY57V643220)等；二是+5 V-S 电源，此电源作为待机 5 V，给 MAX232、遥控接收等部分供电，并变换为 3.3 V、2.5 V、1.8 V 给数字信号处理主芯片(如 GM150l)和 DDR 存储器供电。

(3) 14 V 直流电源部分。14 V 电压主要为伴音功放 IC(如 TDA7266B)供电。

(4) 24 V 直流电源部分。24 V 电压主要提供给液晶屏内部的逆变光电源驱动板，其将 24 V 直流电压变为频率 60 kHz、有效值(RMS)约为 760 V 的正弦交流电压来驱动背光源的冷阴极射线管(CCFL)。

4. 数字媒体播放电路组成

数字媒体播放器组成如图 5-17 所示。它一般可以识别多达 5 种存储卡，分别为袖珍闪存卡(CF 卡，Compact flash card)，智能媒体卡(SM 卡，Smart media card)，多媒体卡(MMC 卡，Multimedia card)，记忆棒(MS 卡，Memory stick)，安全数码记忆卡(SD 卡，Secure Digital memory card)，同时还可以浏览 JPEG 格式的图片，听 MP3 音乐，欣赏 MPEG1、MPEG4 等格式的视频文件。

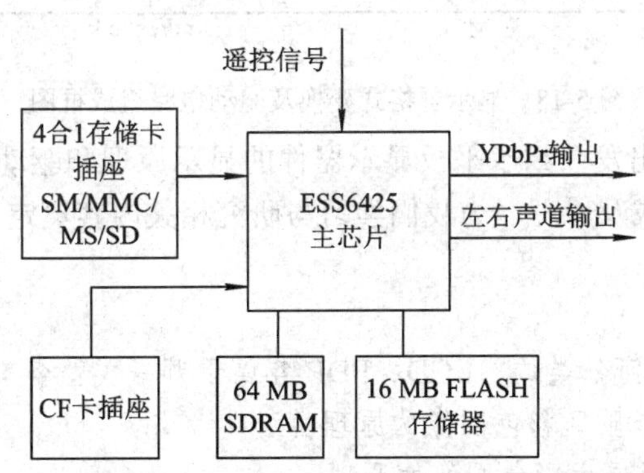

图 5-17　数字媒体播放电路组成简图

(1) 直流电源部分。读卡器的电源有 5 V、3.3 V、1.8 V 三种，均为直流电源供电。直接供给读卡器板的电源是 5 V，该电压首先经过一个电子开关器件(如 IRF7314)，其控制信号由插座的 ON / OFF 提供，这样电视机就可以控制读卡器板电源的通断；然后经过一个直流稳压器输出 3.3 V，供给 SDRAM 和 FLASH 存储器；另外还经过两个稳压器分别输出 3.3 V 和 1.8 V，供给主芯片(如 ESS6425)。

(2) 存储卡接口及存储器部分。该读卡器带有两个存储卡插座，支持 5 种存储卡。一个 4 合 1 存储卡插座(如 P5S02E920)，支持 SM / MMC / MS / SD 卡；另一个是 CF 卡插座。读卡器板内存一般是 IS42S16400-7T，程序存储器一般是 MX29LV160ABTC-70。

(3) 音频信号处理部分。音频信号处理的作用是把从主芯片传送来的数字信号转化为模拟信号进行输出，常用芯片为 DA1132。

5. LCD 屏格式变换及驱动信号形成

LCD 屏格式变换及驱动作用在于对视频信号进行处理，形成液晶屏所需的 TTL 或 LVDS 信号。目前的液晶显示处理器多为组合电路，其内部集成有 A / D 转换及系统控制电路。彩色电视机中常用的组合式格式变换和驱动电路有：MST518、MG5221、MG1501 等多种芯片。这里仅以 MST518 为例作简单介绍。图 5-18 为 MST518 显示屏格式变换及驱动电路组成方框图。由图可见，MST518 内部集成了一组切换开关、高性能 A/D 变换器、高质量缩放变换单元、OSD 发生器、输出时钟产生器、多格式输出显示接口，是一款高集成度、高性能液晶显示专用驱动芯片。它不但能支持 SXGA 格式(即 1280 × 1204 格式)，也可支持 TTL、LVDS、RVDS 格式输出。

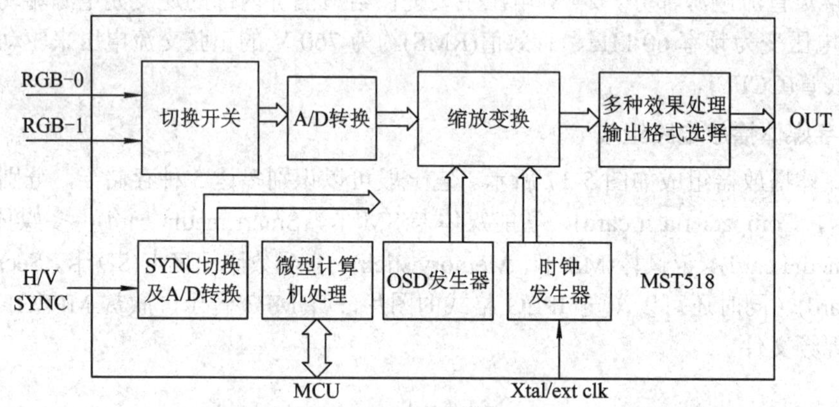

图 5-18　显示屏格式变换及驱动电路组成框图

本章仅从电视角度出发介绍了平板显示器件的显示原理和驱动电路，在此基础上概要地介绍了平板电视的组成及原理，为我们学习与研究相关内容奠定了基础。

▼ 思考题与习题

1．平板显示器是如何分类的？LCD、PDP 各属于哪一类？各有什么特点？

2．简述 LCD 显示器显示彩色图像的原理。

3．简述 PDP 显示器显示彩色图像的原理。

4．TFT-LCD 的主要特点是什么？为什么这种显示器能得到广泛应用？

5．简述 TFT-LCD 驱动电路的组成及工作原理。

6．平板电视主要由哪几部分组成？简述各部分在电视机中的作用。

7．平板电视中视频处理单元的主要功能是什么？它主要由哪几部分组成？简述各部分的基本功能和作用。

8．平板电视中音频处理单元的主要功能是什么？它主要由哪几部分组成？简述各部分的基本功能和作用。

9．平板电视中的开关电源可以提供哪些输出电压？这些电压分别供给哪些单元电路？说明每个电压分别是如何获得的？

10．平板电视未来的发展方向是什么？

11．请对 LCD、PDP、OLED 和 CRT 的优缺点进行比较。

第6章　有线电视系统

6.1 概　　述

6.1.1 基本概念

1. 定义与分类

(1) 定义。有线电视系统是采用缆线作为传输媒质来传送电视节目的一种闭路电视系统(Closed Circuit Television，CCTV)，它以有线的方式在电视中心和用户终端之间传递声、像信息。所谓闭路，指的是不向空间辐射电磁波。

随着科学技术的发展，特别是光缆技术和双向传输技术，以及卫星和微波通信技术的发展，打破了有线电视闭路与开路的界限，其传输媒质包括从平衡电缆、同轴(射频)电缆到光缆，再到卫星和微波；提供的节目从一般的电视广播到各种服务，再到宽带综合业务数字网(B-ISDN)，它们都有了长足的发展。有线电视网通过信息高速公路的主干线与世界各地相连，是实现全球个人通信(PC)的一条重要途径。1995 年 5 月 4 日，美国最大的有线电视服务供应公司 Tele-Communications 宣称，它正在和硅谷的一家风险投资企业联合建立一家公司——@home，通过现有有线电视系统向 Internet 提供高速访问。

有线电视从产生之日起，发展就非常迅猛。国外发达国家的有线电视已非常普及，国内到 1994 年 10 月底，经广播电影电视部批准建立的有线电视台已超过 1100 座，有线电视用户超过 3000 万户，占全国电视用户总数的 13%左右。1995 年，中央电视台加密频道播出，有线电视用户增加更多，到 2009 年，我国有线电视用户已达到 1.74 亿户，预计 2011 年将突破 2 亿。

(2) 分类。按照用途分，有线电视系统有广播有线电视和专用有线电视(即应用电视)两类。不过，随着技术的发展，这两种有线电视的界限已不十分明显，有逐渐融和交叉的趋势。

应用电视按应用领域可分为工业电视 ITV(Industrial TV)、教育电视 ETV(Education TV)、医用电视 MTV(Medical TV)、电视电话(Video Telephone)、会议电视、交通管理电视、通信电视、监视电视、军用电视、农业电视、电视节目的制作播出系统等。按照用途或成像方式分，应用电视可分为通用、特殊环境用(微光、防尘、防爆、防高温、室外、井下、水下等)、特殊目的用(跟踪、测量等)、特殊成像方式(X 射线、红外热释电、紫外线、超声波等)几种。

广播有线电视的雏形是共用天线电视系统(Community Antenna TV 或 Master Antenna TV，简称 CATV 或 MATV)。它是在有利位置架设高质量接收天线，经有源或无源分配网络，将收到的电视信号送到众多电视机用户，解决在难以接收电视信号环境中收看电视的问题。共用天线电视系统的分配系统一般较小，多数是为公寓大楼、宾馆、饭店以及小型住宅区服务，它的前端也非常简单。由于科学技术的不断发展，人们并没有满足“共用天线电视系统”原有概念所包含的内容。把开路电视广播、调频广播以及录像机和调制器自行播放的节目，通过同轴电缆分配给广大电视用户，这就是电缆电视 CATV(Cable TV)系统。从这个意义上讲，共用天线电视系统属于电缆电视的范畴。但由于它们都简称 CATV，因此有时也不加以区别而混用。实际上，它们是两种不同的系统。一般来讲，电缆电视在前端有接收、处理信号的功能，传输分配网络的规划和复杂程度，以及用户终端数量等方面都比共用天线电视系统复杂得多。

严格来讲，有线电视有电缆有线电视、光缆有线电视和混合有线电视之分，但我国广播电视机构把电缆电视也称为有线电视，因此，我们就不加区分地把有线电视也叫做 CATV。

应当指出，本章所讲的有线电视系统主要指广播有线电视，对应用电视不作详细论述。

2. 传输方式

应用电视和广播有线电视均采用同轴电缆或光缆甚至微波和卫星作为电视信号的传输介质。电视信号在传输过程中普遍采用两种传输方式：一种是射频信号传输，又称高频传输；另一种是视频信号传输，又称低频传输。应用电视系统都采用视频信号传输方式，而广播有线电视系统通常采用射频信号传输方式，且保留着无线广播制式和信号调制方式，因此，并不改变电视接收机的基本性能。

广播有线电视系统在中近距离传输时，通常采用隔频(道)传输、邻频(道)传输、增补频道传输、双向传输等方式，其传输媒质一般是同轴电缆、光缆、平衡电缆等有线介质。而在较远距离传输时，除用光缆和同轴电缆—光缆混合方式外，还常用微波和卫星等无线传输媒质。因此，有人把微波和卫星传输称为“有线中的无线”、“无线中的有线”。

3. 工作频段及频道

应当强调指出：有线电视的工作频段及频道指的是在干(支)线中传输的信号的频段及频道，并不是指前端接收信号的频段。

我们知道，除应用电视采用视频传输外，广播有线电视一般均采用射频传输。以下对它的工作频段及频道从几方面加以说明。

(1) 有线电视的工作频段及频道分布如图 6-1 所示，它包括 VHF 和 UHF 两个频段。

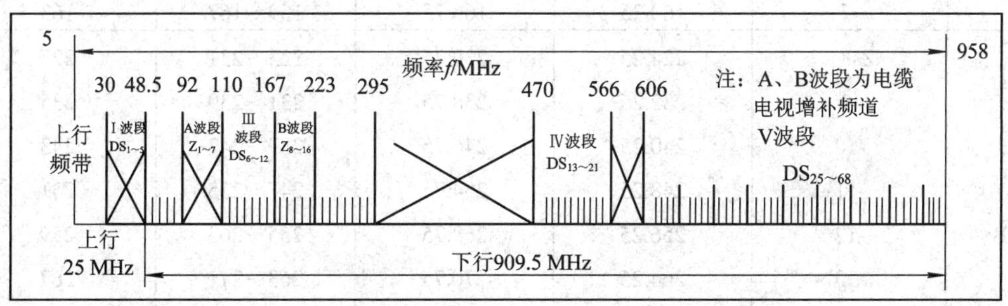

图 6-1　有线电视的工作频段及频道分布

其中，与表 3-1 对应的频道称为标准电视频道，常用 DS 来表示。A、B 波段是有线电视的增补频道，称为非标准频道，常用 Z 来表示。此外，5～30 MHz 为双向传输时的上行频带，即用户终端向有线电视前端传送信号所用的频段，而其他频段为下行频带。

(2) 我国的无线(开路)广播电视台按行政区域覆盖范围实行中央、省(市)、地区和县四级布局。由于电视接收机对(相)邻频道的抑制能力较差，为了防止相互干扰，各级电视台的发射功率和频率(VHF 的 DS 1～DS 12，UHF 的 DS 13～DS 68)必须按照全国统一规划实行隔频传输。一般地，在 VHF 频段，主要抑制邻频干扰，常常只需间隔一个频道就可防止相互干扰；而在 UHF 频段，除防止邻频干扰外，还要考虑镜(像)频(率)干扰，接收机本振泄漏及交、互调干扰等，常常需要隔 4～6 个频道传输。有线电视系统在频道数不是很多时也通常采用隔频传输。但是，如果频道数较多或频道范围有限(如频道范围为 48.5～300 MHz)，则要采用邻频传输或增补频道传输。

(3) 邻频道指的是相邻的标准广播电视频道。邻频道传输是增加有线电视频道的一种有效方法，但是，它对前端设备和电视接收机的要求都较高。

(4) 增补频道传输也是增加有线电视频道的一种方法。增补频道是非标准频道，它是在国家规定的开路电视标准频道没有采用的频段中增设的电视频道，只有在有线电视中才使用，其带宽与标准频道一样，为 8 MHz。

根据工作频段的不同，有线电视可分为不同的系统。在不同的系统中，增补频道的设置是不一样的。在 48.5～223 MHz 的 VHF 系统中，增补频道的频率范围为 111～167 MHz，有 7 个频道；48.5～295 MHz 的 300 MHz 系统中，增补频道为 111～167 MHz 频段的 Z1～Z7 和 223～295 MHz 频段的 Z8～Z16，共 16 个频道；在 295～447 MHz 设置 Z17～Z35。88～108 MHz 仍为 FM 广播频段。Z1～Z16 的频道分配见表 6-1。不同系统的频道数划分见表 6-2。由表 6-2 可知，扩展传输频带也可以增加频道数。

表 6-1　Z1～Z16 频道分配表

频段	频道	图像载频	伴音载频	频带	中心频率
A	Z-1	112.25	118.75	111～119	115
	-2	120.25	126.75	119～127	123
	-3	128.25	134.75	127～135	131
	-4	136.25	142.75	135～143	139
	-5	144.25	150.75	143～151	147
	-6	152.25	158.75	151～159	155
	-7	160.25	166.75	159～167	163
B	Z-8	224.25	230.75	223～231	227
	-9	232.25	238.75	231～239	235
	-10	240.25	246.75	239～247	243
	-11	248.25	254.75	247～255	251
	-12	256.25	262.75	255～263	259
	-13	264.25	270.75	263～271	267
	-14	272.25	278.75	271～279	275
	-15	280.25	286.75	279～287	283
	-16	288.25	294.75	287～295	291

表 6-2　CATV 的频道划分表

频道范围/MHz	系统种类	国际电视频道数	增补频道数	总频道数
48.5～223	VHF 系统	12	7	19
48.5～300	300 MHz 系统	12	16	28
48.5～450	450 MHz 系统	12	35	47
48.5～550	550 MHz 系统	22	36	58
48.5～600	600 MHz 系统	24	40	64
48.5～750	750 MHz 系统	42	41	83
48.5～860	860 MHz 系统	55	41	96
48.5～958	V+U 系统(含增补)	68	41	109

应当指出，高于 300 MHz 的信号由于在电缆中损耗增大而不利于信号的远距离传送。因此，目前国内的有线电视系统常用 300 MHz 系统，采用邻频传输和增补频道技术，最多可容纳 28 个频道。从长远考虑，最好还是启用高频段系统。这虽然暂时会增加系统成本，但对系统的扩容等有利。

国内大多数用户的电视机高频头都具有 AFC 的电调谐功能，中频滤波器采用选择性高的声表面波滤波器(SAWF)，对邻频的抑制度可达 40 dB 以上，且采用同步检波方式，基本上可以做到没有邻频干扰，直观收看效果可达 4 级以上。那么，现有电视机对增补频道的适应性如何呢？

经过对现有大多数全频道彩色电视机的测试表明，在不作任何改动情况下，目前使用的大多数全频道彩色电视机，不论国产的还是国外进口的，均可满意地收到至少 8 个增补频道节目。我们知道，影响接收增补频道的因素主要是电视机的输入滤波器和高放、混频及本振调谐用变容二极管，因此，适当提高 VHF Ⅲ波段输入滤波器的截止频率，提高调谐电路的供电电压，降低最低电压值，就可以进一步扩展对增补频道的覆盖范围。当然，要从根本上解决增补频道的接收问题，需要使用专用有线电视接收机。这就要淘汰现有电视机。因此，这种方法一时还不适宜采用。作为过渡方式，可以采用在现有电视机上加装机上变换器的方法，把系统传来的多频道节目，变换到一个标准频道上去，再送至现有电视机，从而实现对增补频道的接收。从经济角度来看，用现有接收机直接收看增补频道，最具现实意义。

(5) 有线电视的无线传输手段主要有卫星和微波两种，而微波传输方式主要有多频道微波分配系统 MMDS(Multi-Channel Microwave Distribution System)和调幅微波链路 AML(Amplitude Modulated Microwave Link)两种。其中，MMDS 的工作频段为 2.5～2.7 GHz，带宽为 200 MHz，可容纳 24 个 PAL 制电视频道；AML 的工作频段为 12.7～13.2 GHz，带宽为 500 MHz，可传送 50 套左右的 PAL 电视信号。当然，调频微波链路 FML(Frequency Modulated Microwave Link)在远距离频道传输时，性能较好。

4. 特性与功能

有线电视近年来发展很快，其发展之所以迅速，主要在于它有如下特性：

(1) 高质量。有线电视的高质量性主要表现在两个方面：一是它能改善弱场强区和“阴影区”的电视接收质量；二是其抗干扰性能好。

VHF、UHF 广播电视信号由于频率高，具有“视距”传播的特征。因此，在离电视台较远的地方，便出现了弱场强区；在直线传播途中，遇到高山或高大建筑物的遮挡，就形成了“阴影区”。在这些区域中，电视信号非常微弱，导致电视用户不能正常收看。有线电视系统通过采取多种有效措施，如架高接收天线，增设低噪声天线放大器等，使用户的电视机可以获得较理想的电视信号。

随着城市高层建筑的建设和各类电气干扰源的日益增多，使电视机在接收过程中出现重影和杂波干扰，且这种现象日益严重。有线电视系统可采用优质、高增益、尖锐方向性的天线或防重影天线来消除重影；采用窄带滤波器、陷波器等来抑制空间的杂波干扰。同轴电缆或光缆的屏蔽性能好，也为抑制外来干扰和防止辐射提供了保证。

(2) 宽带性。同轴电缆、光缆和微波链路以及卫星转发器的频带都很宽，可容纳很多个电视频道，并可传输其他信息。

(3) 保密性和安全性。有线电视以闭路的方式传输，受外部干扰和向外部泄漏都很少，且加扰容易，具有很强的保密性和安全性。

此外，有线电视在安装时，在天线、放大器和电源等部位都加装防雷设备，因此，通过有线电视系统收看电视节目要比个体安装室外天线收看电视节目安全。

(4) 反馈性。有线电视系统可以实现双向传输，既可由有线电视中心向用户(下行)传送各种电视节目，也可由用户向电视中心反向(上行)传送节目或其他信息。

(5) 控制性。这里的控制指的并不是干线放大器、前端设备等处的自动控制，而是有线电视中心对各干线放大器的监控和对各电视用户的可寻址控制，从而实现付费电视或有偿服务。

(6) 灵活性。有线电视系统与环境没有密切的关系，形式多样，灵活机动。

(7) 发展性。有线电视的发展性表现在很多方面。比如，前端系统从接收放大到接收转播，再到自办节目和接收卫星节目；传输媒介从同轴电缆到光缆、微波，再到三者的混合；传送的信息从开路电视节目和 FM 立体声广播到图像、声音和数据的多媒体(Multimedia)信息；从模拟有线电视到数字有线电视，等等。

此外，在有线电视系统中，成千上万的用户共用一组天线，特别是采用光纤这种原料丰富的传输媒质，大大节省了有色金属材料。同时，又扫除了“天线森林”现象，有利于美化市容。

有线电视的基本功能是传送电视和 FM 广播节目，但它还可以有其他的功能，如计算机联网、市话入网、数据库、系统自检、用户管理、高清晰度电视、图文电视、电视电话、数字音频、付费电视、信息查询、电视购物、安全监控、防火防盗、来客找人、医疗急救等。总之，有线电视系统具有娱乐、社政、经济、教育与教学、研究与训练、管理、监视、综合服务和特殊服务等功能，能较好地满足人们的工作、生活、娱乐等广泛需要。

6.1.2　有线电视系统的构成

1. 基本组成

有线电视系统一般由接收信号源、前端处理、干线传输、用户分配和用户终端几部分组成，而各个子系统包括多少部件和设备，要根据具体需要来决定。图 6-2 是有线电视系统的基本组成图。

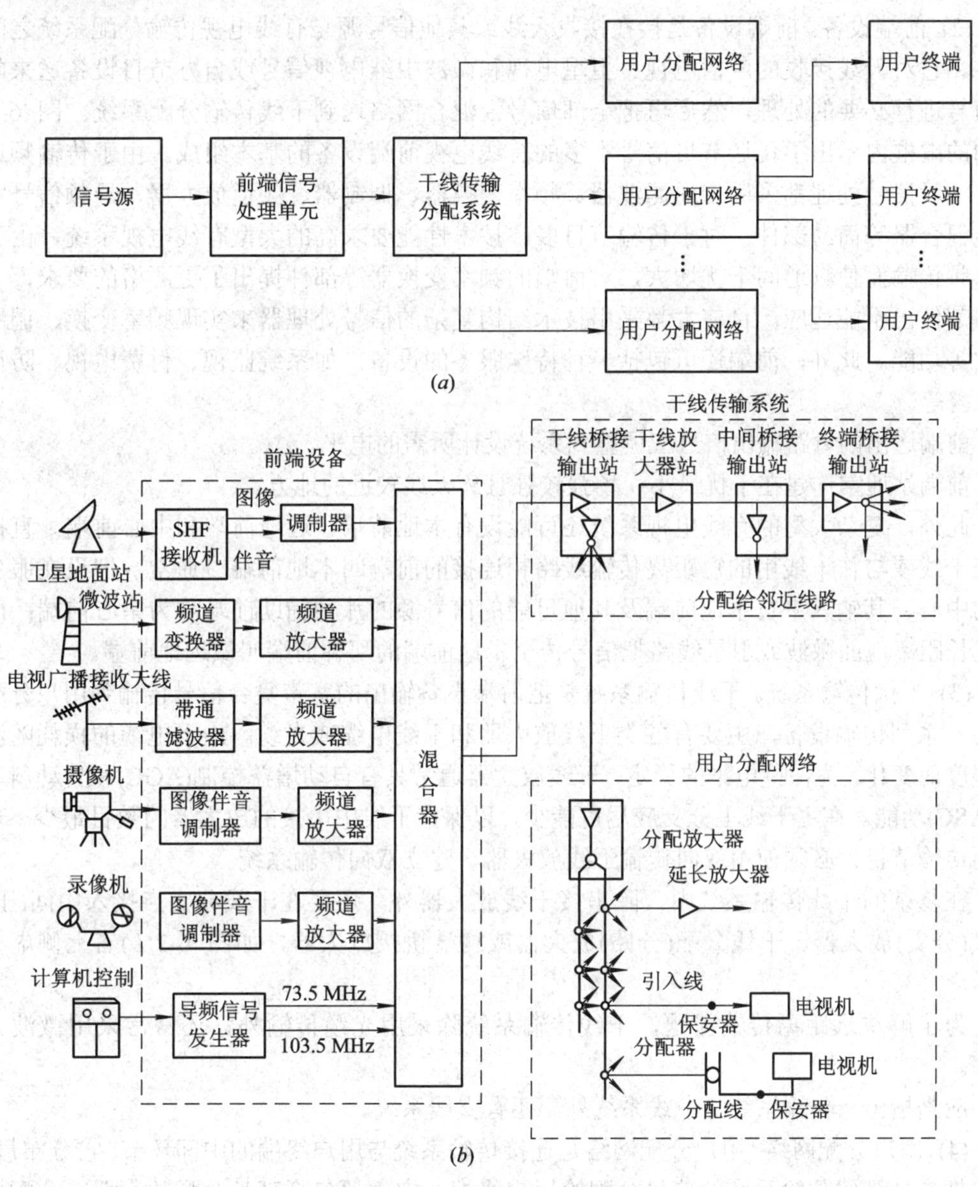

图 6-2　有线电视系统的基本组成

(*a*) 组成框图；(*b*) 实例

(1) 接收信号源。接收信号源通常包括卫星地面站、微波站、无线接收天线、有线电视网、电视转播车、录像机、摄像机、电视电影机、字幕机等。在目前的 CATV 系统中，最主要的还是接收开路广播电视节目的天线，因为它能接收许多频道的电视节目，在有线电视系统传输的节目中占有很大比例。

天线有无源天线和有源天线两种。有源天线可使天线系统实现高增益、高信噪比接收，通常天线放大器安装在天线的竖杆上，可以把它看成天线的一部分。天线及天线放大器直接影响接收信号的质量，因此，不仅要注意天线系统本身的质量、安装架设位置，同时还要注意使它与前端设备有良好的匹配，这对于减少信号反射、减少重影都是非常有效的。

(2) 前端设备。前端设备是接在接收天线或其他信号源与有线电视传输分配系统之间的设备。它对天线接收的广播电视、卫星电视和微波中继电视信号或自办节目设备送来的电视信号进行必要的处理，然后再把全部信号经混合网络送到干线传输分配系统。图 6-2(*b*)左侧的虚框内示出了传送节目信号不多的有线电视前端设备的基本组成。由于传输频道不多，一般信号处理都采用带通滤波器、频率变换器、调制器、频道放大器、导频信号发生器及混合器等简易部件。对于传输节目多、技术性能要求高的大型有线电视系统，由于采用邻频传输而使频道间干扰增大，对前端的频率变换器等部件提出了更严格的要求，一般简易部件已不能适应。目前大都采用技术结构复杂的信号处理器来实现频率变换、调制、放大等功能。此外，前端还可包括多种特殊服务的设备，如系统监视、付费电视、防盗防火报警等。

前端送出的每路输出信号应调整到系统设计所需的电平。

前端站通常选建在干扰最小、场强较强且离天线较近的地方。

此外，复杂大型的有线电视系统还可能设有本地前端、远地前端和中心前端。直接与系统干线或与作干线用的短距离传输线路相连接的前端叫本地前端。通常，把设在服务区域的中心，其输入来自本地前端及其他可能的信号源的那种辅助前端称为中心前端；而把经过长距离地面微波或卫星线路把信号传至本地前端的那种前端叫做远地前端。

(3) 干扰传输系统。干线传输系统是把前端设备输出的宽带复合信号传输到用户分配网络的一系列传输设备，主要有各类干线放大器和干线电缆或光缆。由于电缆的损耗随温度和湿度而变化，为保持电平的稳定，干线放大器通常具有自动增益控制(AGC)和自动斜率控制(ASC)功能。在主干线上分支应尽可能少，以保持干线中串接的放大器的数目最少。若要双向传输节目，必须使用双向传输干线放大器，建立双向传输系统。

在复杂的干线传输系统中，除串接干线放大器外，还要在干线分支点接入中间(干线)桥接(分支)放大器、干线分配(分路)放大器或终端桥接放大器，如图 6-2(*b*)右上侧虚框内所示。

为了解决远距离传输问题，干线传输系统除采用光缆传输外，还常常采用微波方式传输。

应当指出，传输系统除干线系统外，还有支线系统。

(4) 用户分配网络。用户分配网络是连接传输系统与用户终端的中间环节。它分布最广，直接把来自干线传输系统的信号分配给用户终端。它主要包括延长分配放大器、分配器、串接单元、分支器、用户线等，如图 6-2(*b*)右下侧所示。用户分配网络的电缆与干线电缆比较，可用细一点的、允许损耗大一点的电缆，以降低成本。

应当指出，干线传输系统和用户分配网络构成有线电视的缆线传输分配网或信号传输分配网。传输与分配常常密不可分，特别是支线系统，既可把它看成传输系统的一部分，也可看做分配网络的重要组成部分。

(5) 用户终端。用户终端是有线电视系统的最后部分，它从分配网络中获得信号。在双向有线电视系统中，某用户终端也可能作为信号源，但它不是前端或首端。

每个用户终端都装有终端盒。简单的终端盒有接收电视信号的插座，有的终端盒分别有接收电视、调频广播和有线广播信号的插座。在多功能有线电视系统中，终端设备有多种。

用户终端的形式取决于有线电视的多功能应用。不同的功能需要不同的终端设备，例如：

- 电视：接收机上变换器、解扰器、电视接收机；
- 调频广播：收录机、收音机；
- 通信：调制解调器(Modem)、复用器、电话机、传真机、电视电话机；
- 计算机：调制解调器、计算机；
- 报警：调制解调器、传感器、报警器。

为了对各种终端进行简化和合并，可以采用多媒体终端形式。多媒体终端是运用计算机技术，把计算机、电视、广播、录音、录像等技术融为一体，将文字、数据、图形、图像、活动影像和声音等多种媒体的信息进行综合处理和管理，从而使用户可以对上述多种媒体进行交互式应用的一种终端形式。随着技术的发展，多媒体终端将逐渐取代原来简单的电视接收机。

2. 拓扑结构

有线电视系统的拓扑结构指的是其传输分配网络的结构形式。

传统的有线电视系统(电缆电视系统)的拓扑结构为树枝型，即信号在“树根”(前端)产生，然后沿“主干”(干线)到达“树枝”(分支线、分配线)，最后送到“树叶”(用户)。树状结构具有多路传送、分支分配、放大等功能，且可以中继传送，适合同轴电缆网。树枝型结构的示意图如图 6-3(*b*)。在树枝型结构中，干线和支线是有区别的。干线的主要特征是采用中电平传输方式(干线放大输出电平较低，通常在 90 dBμV 到 100 dBμV 之间)，选择低损耗电缆和低增益干线放大器。这样做的目的是降低交调和减小载噪比的下降。支线的主要特征是输出电平高、串接放大器少(一般不超过 3 个)、传输距离近。支线系统中的线路放大器的输出电平一般在 110 dBμV 以上，能较好地负担数目众多的用户终端。

进入 20 世纪 90 年代，随着光纤技术的日益成熟和价格的不断下降，光纤传输系统在有线电视网中得到了大量的应用。光纤的突出优点是损耗小，因此传输距离远，载噪比高。对光纤传输系统来讲，比较合适的结构形式是直线型、星型(图 6-3(*c*))和环形(图 6-3(*a*))。直线型主要指的是光缆的超干线(Super Trunk)传输，即在远地前端(Remote Headend)与本地前端(Local Headend)或本地前端与中心前端(Hub Headend)之间用光缆直接传输。这种形式较适合于对原有 CATV 网的改造和升级。应该说明的是，直线型实际上是指具体的连接方式，星型和环型是指网络的拓扑结构。星形结构是由前端分离出两条或多条干线传输到分配点，或从分配点分出多路用户支线去连接用户。这种结构中的干线通常为专线，一般不宜开口，直接通往中心前端或分配点，适宜于前端位于服务中心呈辐射状分布且干线距离较长的场合，容易实现双向传输，但造价较高。用光缆实现的具体的连接方式还有干线光缆 FB(Fiber Backbone，本地前端或中心前端到支线)、光纤到节点 FTTN(Fiber to the Node，前端到分配点)、光纤到路边或街道 FTTC(Fiber to the Curb)和光纤到最后一个放大器 FTTL(Fiber to the Last Amplifier)。其中，以 FB 中的光纤到支线 FTF(Fiber to Feeder)和 FTTN 方式用得最多。FTTN 方式的特点是干线和支线都使用了光纤，使光纤延伸至分配网络的中心；光接收机置于分配网络的中心(光节点)。这个分配网络称为片区。

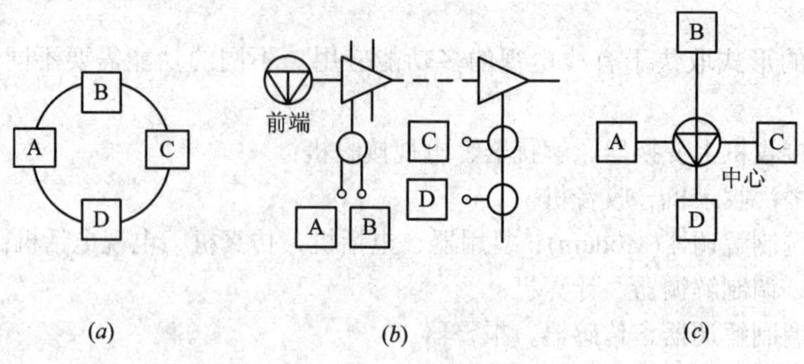

图 6-3　有线电视拓扑结构

(a) 环型；(b) 树枝型；(c) 星型

光纤 CATV 的拓扑结构示于图 6-4。

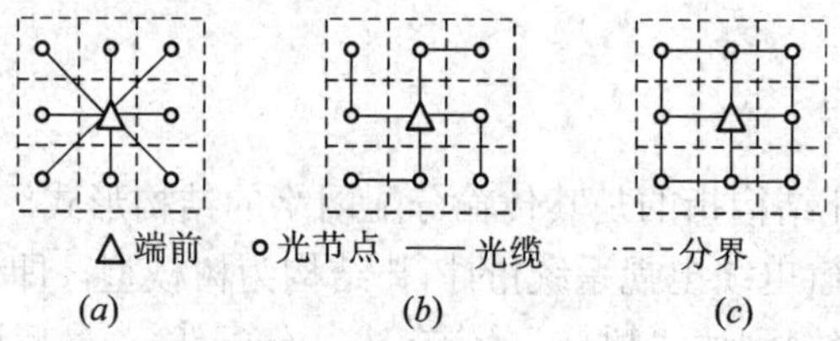

图 6-4　光纤 CATV 拓扑结构

(a) 星—树型网络；(b) 根树型网络；(c) 格子网

在现阶段以单向广播为主的光纤有线电视网中，网络设计应以距离最短为原则。星—树型网络(图 6-4(a))是在给定传输质量时使用光发射机最少的网络。根树型网络(图 6-4(b))是相同用户分布时使用光缆线路总长度最短的网络。格子网(图 6-4(c))是安全性较好的网络，即任意一点都有备份路由。当网络升级时，根树型网络很容易升为格子网。当然，从安全性和多路由保护代价来看，环型网优于星型或星—树型网络。

微波链路常用直线型或星型连接。

总之，有线电视网的拓扑结构有树枝型、直线型、星型、环型以及它们的混合型。树枝型是传统型，用得最为普遍，一般用于本地网(区域内服务)；星型主要用于区域间互连；直线型主要用于远距离传输；环型多用于双向有线电视。

3. 基本类型

有线电视系统种类繁多，分类方法复杂，但总可把它归结为以下几种基本类型。

按系统规模或用户数量来分，有线电视有 A、B、C、D 四类(见表 6-3)，分别对应大型、中型、中小型和小型系统。小型系统是一种简单系统，节目频道少，传输和分配网络简单，通常指一般的共用天线系统。与小型系统相比，大型系统增加了接收内容，增加了信号源，增加了前端信号处理设备，同时，还要有复杂的干线传输和分配网络。中型、中小型系统介于大型和小型系统之间，它们的前端、传输和分配系统都比较灵活，是最常用的系统。图 6-5(a)、(b)分别为大、小型 CATV 示意图。

表 6-3　有线电视系统的基本类型

系统类别	用户数量	适 用 地 点
A	>10 000	城市有线电视网、大型企业生活区
B	3000～10 000	住宅小区、大型企业生活区
C	500～3000	城市大楼、城镇生活区
D	<500	城乡居民住宅、公寓楼

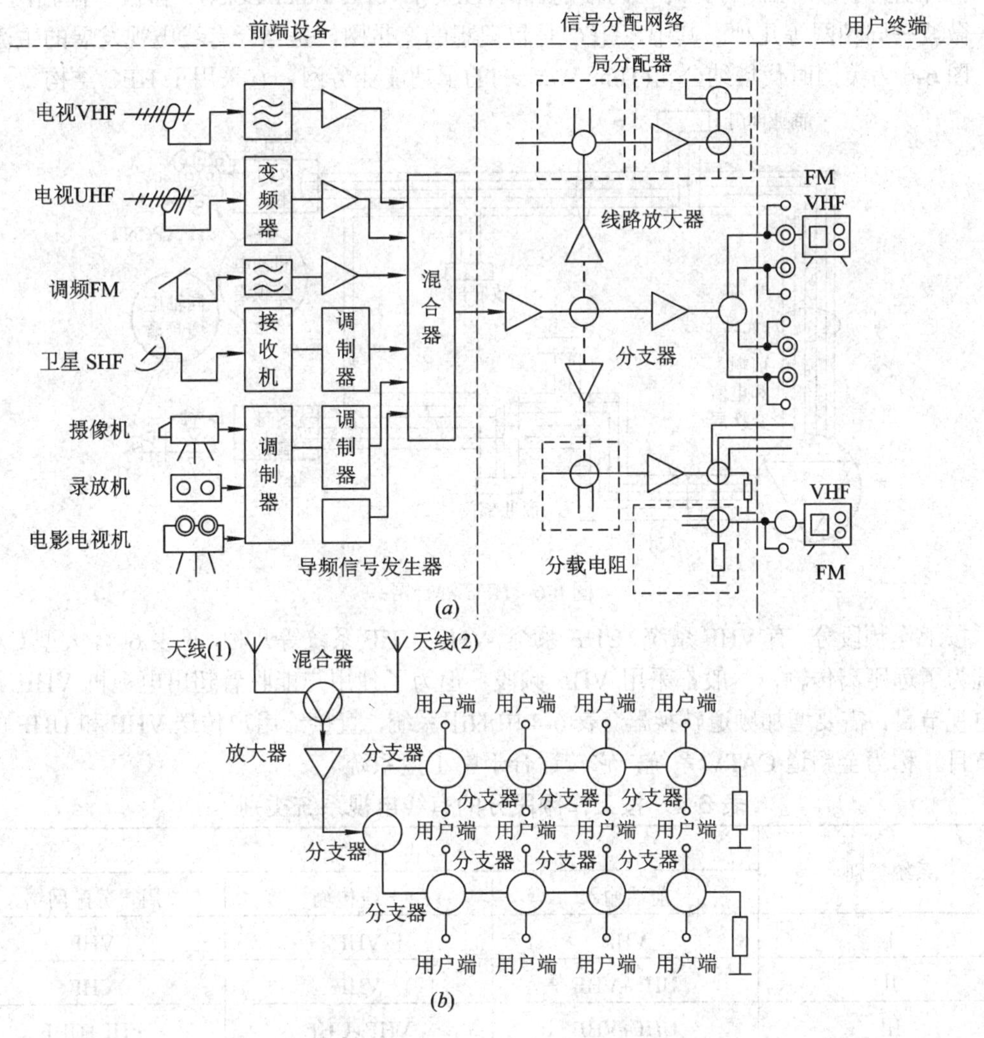

图 6-5　大型和小型 CATV 系统示意图

(*a*) 大型 CATV；(*b*) 小型 CATV

按网络构成分，有线电视系统有以下几种模式：

① 同轴电缆网。这是一种传统模式，传输距离不太远(≤10 km)，比较适合于中小型或小型有线电视系统。

② 光缆网。这是一种新兴的有线电视模式。与同轴电缆网相比，其传输容量、传输距

离和传输质量都要好于同轴电缆网。但是，采用这种模式的有线电视网造价高，通常它与同轴电缆系统相配合，构成大型或中型有线电视系统。

③ 微波网。微波网实际上只是用微波作超干线或干线。它有两种方式：一种是调频微波网(微波中继干线)；另一种是多路或单路调幅微波网，它又有AML和MMDS两种。AML主要组成一点对多点网；MMDS主要组成点对面的覆盖网，覆盖面积取决于发射功率和天线增益。

④ 混合网。混合网有光纤—同轴混合网 HFC(Hybrid Fiber/Coax)、微波—同轴网、光纤—微波—同轴网等几种。其中，HFC是较理想的宽带网，是当今有线电视发展的主流。

图6-6为美国时代华纳公司(Time Warner)的全功能业务网，它采用了HFC结构。

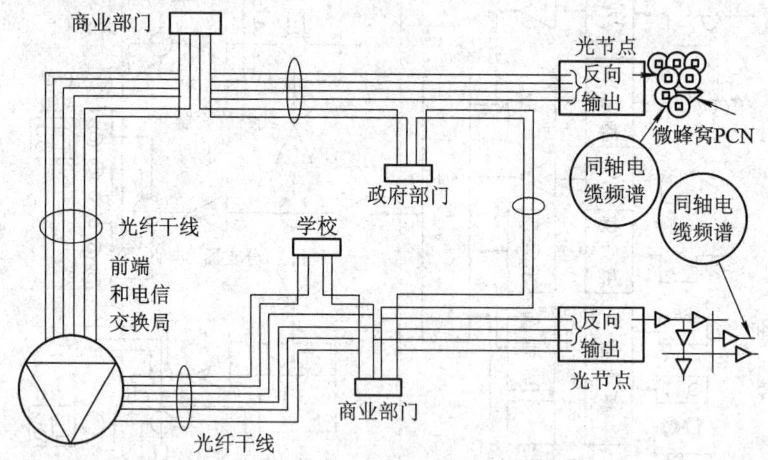

图6-6 HFC混合网

按工作频段分，有VHF系统、UHF系统、VHF+UHF系统等几种，见表6-4。大型CATV系统为了远距离传输，一般都采用VHF频段，但为了使用户能收看超出电视机VHF频段的电视节目，需要增加频道转换器。表6-4中的Ⅲ系统，直接给用户传送VHF和UHF的电视节目，称为全频道CATV系统，它较适合于中小型系统。

表6-4 按工作频段分的有线电视系统类别

系统类别	占用频段		
	前端输入	干线传输	用户分配网络
Ⅰ	VHF	VHF	VHF
Ⅱ	UHF+VHF	VHF	VHF
Ⅲ	UHF+VHF	VHF+UHF	VHF+UHF
Ⅳ	UHF+VHF	VHF	UHF+VHF
Ⅴ	UHF+VHF	UHF	UHF

按功能分，有线电视系统有一般型和多功能型两种。一般型CATV系统只传送电视节目和FM广播，而多功能型CATV系统是一种宽带综合网络，除具有一般型CATV系统的功能外，还能满足通信、信息、监控、报警、综合服务等多种业务的需要，并能用计算机对全系统进行自动控制和管理。多功能的实现主要建立在双向传输的基础上。

6.2　信号接收与信号源

有线电视系统的信号接收与信号源部分以不同的方式为整个系统提供多种节目资源。

6.2.1　信号接收

最简单的信号接收是只有一副天线接收一个频道的电视节目。复杂的信号接收需要用高性能的电视接收天线接收开路电视节目(多套)；用卫星接收站接收星上转发的电视节目(多套)；用微波终端接收由微波干线传送的电视节目。

1. 开路电视信号的接收

开路电视信号的接收指的是对地面广播电视系统信号的接收。接收天线通常采用多单元引向天线，并用多组接收多套电视节目，或者采用天线阵接收。多单元引向天线在很多资料中已有论述，其中，天线阵的接收性能是比较好的。

(1) 差值天线。所谓差值天线，就是两副参数完全相同的天线按一定方式组合而成的天线，如图 6-7 所示。其组成有如下特点：

① 两副天线处于同一水平面，且天线方向正对需要接收的电视信号(主信号)入射方向。

② 两副天线一前一后，前后距离 d 等于所要接收的电视信号中心波长 λ_0 的一半。

③ 两副天线一左一右，左右间距 $D \geqslant 3\lambda_0/4$，以避免两副天线互相干扰。

④ 干扰信号的入射方向与两副天线馈点间的连线方向垂直。

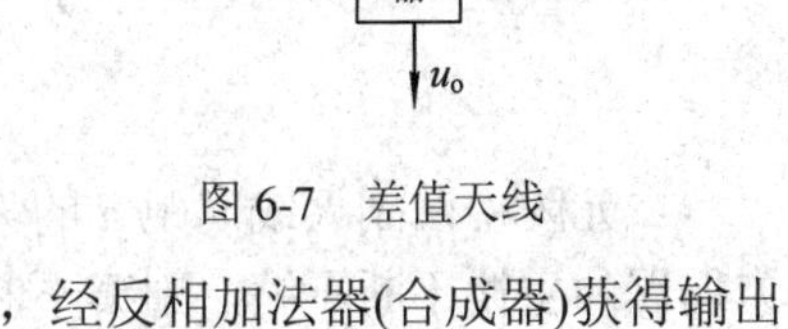

图 6-7　差值天线

⑤ 两副天线的两条引下的馈线长度相等，即 $L_A = L_B$，经反相加法器(合成器)获得输出信号 u_o。

差值天线是一种抗重天线，它除了可接收正常主信号外，还能消除同频干扰或重影。其抗干扰机理是：对于主信号，两副天线所接收的空中波是反相的，经引下馈线仍是反相的，再经反相加法器相加，输出合成信号增强；对于干扰信号，两副天线接收的空中波是同相的，经引下馈线并加于反相加法器后，输出信号为两接收信号之差，即相互抵消，从而达到抗干扰的目的。

设入射信号与天线方向夹角为 α，如图 6-8 所示，则空中波到达 A、B 两点的相位差为

$$\Delta\varphi = \frac{2\pi}{\lambda_0}\sqrt{D^2 + \left(\frac{\lambda_0}{2}\right)^2}\,\sin(\theta - \alpha) \qquad (6\text{-}1)$$

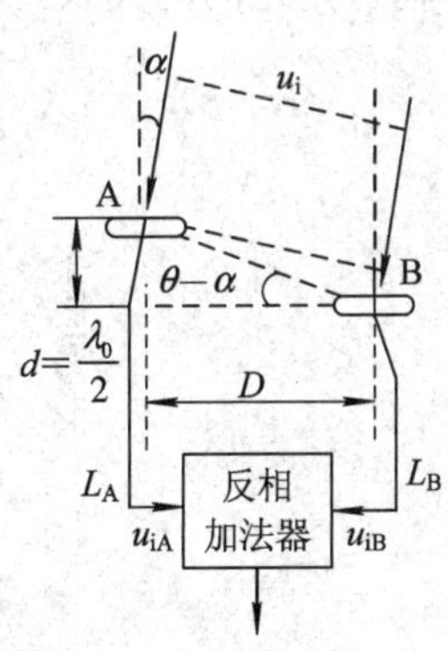

图 6-8　差值天线的抗干扰角分析

式中，$\Delta\varphi$ 的取值对合成信号 u_o 有很大影响。

当 $\Delta\varphi = 2n\pi(n = 0, \pm1, \pm2, \cdots)$时，使合成信号 u_o 为最小时对应的角 α 称为抗干扰角。

当 $\Delta\varphi = (2n+1)\pi(n = 0, \pm1, \pm2, \cdots)$时，使成合信号 u_o 为最大时对应的角 α 称为增强角。

在 D 值一定时，抗干扰角和增强角间隔排列。干扰信号方向与天线方向的夹角等于抗干扰角时可以消除干扰信号；干扰信号方向与天线方向的夹角等于增强角时，不仅不能消除干扰，反而会增强干扰。因此，在实际使用差值天线时要考虑抗干扰角和增强角。

(2) 可变方向性天线。不同的天线阵有不同的方向图。改变天线阵中天线的间距或其相移，使天线阵方向性改变，这就是可变方向性天线。若使天线阵方向图的零辐射角对准干扰信号(常见为反射波)的来向，就可抗干扰(或消除重影)。

① 分集接收天线。如图 6-9 所示的水平或垂直排列的由两副相同结构的天线构成的二元天线阵，能较好地消除同频干扰。

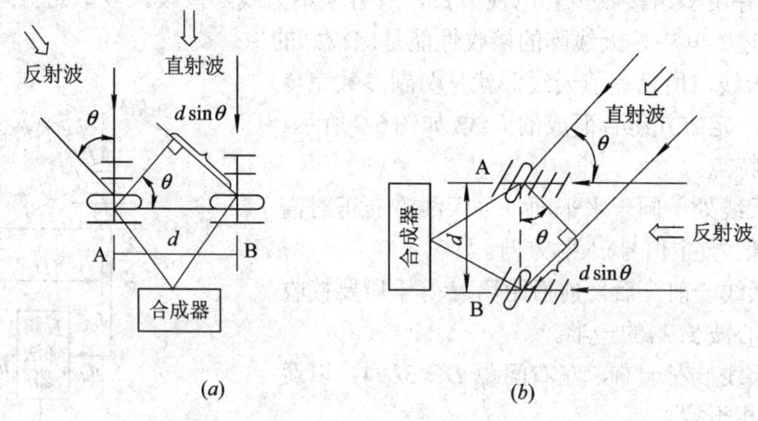

图 6-9　分集接收天线

二元阵中两副天线间距 d 的大小，对天线阵的方向图影响最大。当 d 由小到大变化时，方向图的主瓣不断压缩，副瓣不断变大。零辐射角的数量和方位也随 d 值变化，从离主瓣最近的数起，依次为第一零辐射角、第二零辐射角、……。图 6-10 示出了二元天线阵间距 d 与零辐射角之间的关系。根据反射波与直射波的夹角 θ 可方便地确定消除重影所要求的 d 值。

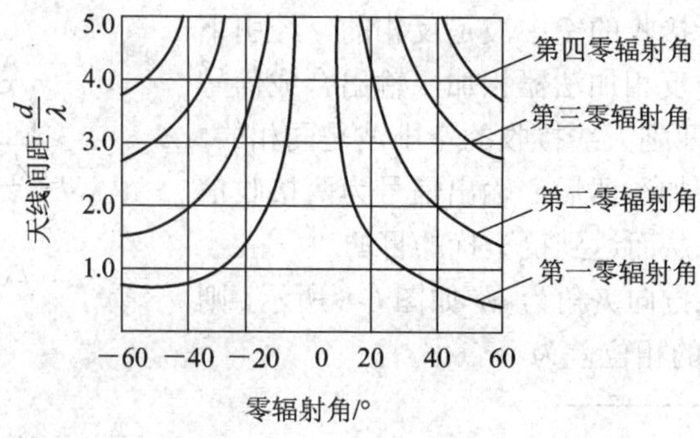

图 6-10　d 与零辐射角的关系曲线

② 移相天线。分集接收天线在改变频道时需要改变天线阵中两副天线的间距 d，而移相天线可以不改变天线的空间位置(d 不变)，只改变两副天线上感应信号间的相移，就可使天线阵的零辐射角对准反射波。图 6-11 所示为移相天线的组成原理图。

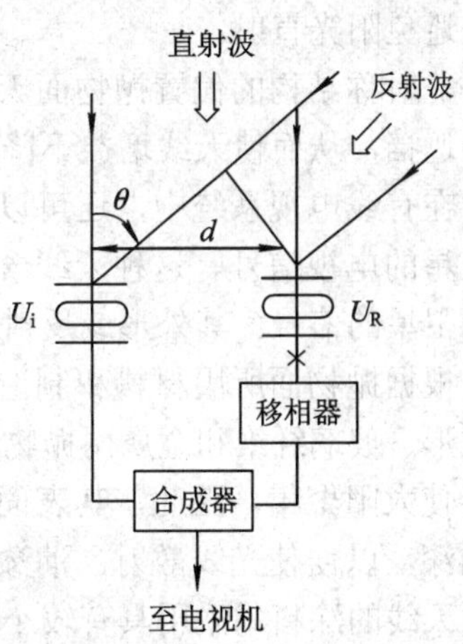

图 6-11　移相天线组成原理

二元天线阵方向图零辐射角 θ 与天线间距 d 和波长缩短系数 δ 之间的关系为

$$\theta = \arcsin\left(\frac{1}{\delta d}\right) = \arcsin\left(\frac{\lambda}{d\lambda_g}\right) \tag{6-2}$$

式中，λ 为信号波长，λ_g 为馈线中信号的波长。

改变天线馈线的长度(即改变相移)，就可使天线阵的零辐射角对准重影信号。

应当说明的是，上述几种天线均可消除或减弱重影，因此有人称它们为抗重影天线。

2. 卫星与微波电视信号的接收

卫星电视信号的接收是采用卫星接收机，微波电视信号(主干线微波中继)的接收是采用微波收信机。卫星电视信号和微波电视信号虽然都是由视频、声音副载波组成的基带对载波再调频的微波信号，但由于参数(如收发频率、中频、接口阻抗等)不太一致，因此两种接收设备是不能简单地相互替代的；但是，两者的接收天线常常都可采用抛物面天线。家庭接收卫星电视信号时，也可用螺旋天线组成的天线阵。

抛物面天线具有很强的方向性和很高的增益。它有两种基本类型：一是主焦点抛物面天线，它只有一个反射面，如图 6-12(*a*)所示；二是卡塞格伦天线，它除了主反射面(抛物面)外，还有副反射面，电波经两次反射后才集中到一点，如图 6-12(*b*)所示。

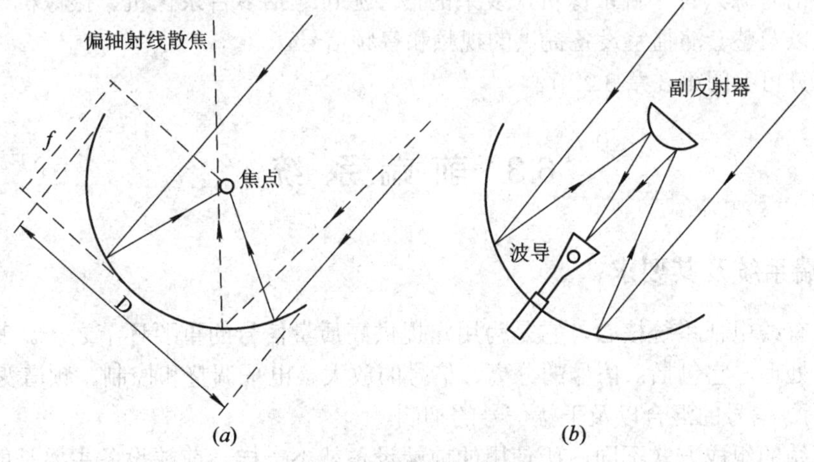

图 6-12　抛物面天线的类型

(*a*) 主焦点抛物面天线；(*b*) 卡塞格伦天线

主焦点抛物面天线比较简单，但其性能不如卡塞格伦天线。卡塞格伦天线的成本较高，特别适合于热带的卫星电视接收站使用，因为它的低噪声放大器(LNA)可以放在抛物面背后，避免阳光直射。

非对称结构的偏置抛物面天线，可以避免抛物面反射器受到馈源、副反射器及其支撑杆的遮挡，从而使天线增益下降和旁瓣的增高不多。

在有线电视系统中，还可以采用多焦点抛物面天线，用一个固定的天线可同时接收多个卫星的电视信号。这种天线含有多个馈源，可以形成多个波束，每个馈源分别接收来自不同卫星的信号。其外形或反射面常使用变形的球面或抛物面，且其口径也稍大。

根据抛物面所用材料和制造工艺的不同，抛物面天线可分为四种类型：旋压成形、冲压成形、玻璃纤维和金属网抛物面天线。应当注意，抛物面天线在使微波射线聚集的同时，也会使太阳聚集，因此，其表面涂料的选择非常重要。从光学角度上看一般选择比较粗糙的油漆，以便使光线散射。油漆的颜色最好是黑色，但由于美观上的原因，目前大多数抛物面天线的涂料均采用具有较小颗粒的银灰色漆。

接收天线除了要有足够高的增益和尽可能低的噪声外，还要有正确的天线指向极化方式。目前应用的接收天线，主要有 1 m、3 m、4.5 m、5 m、6 m、7.3 m、10 m 等几种，它们都工作在 C 波段。4.5 m 的卡塞格伦天线的电特性为

频率：C 波段 3.7～4.2 GHz；

增益：G>43.8 dB，第一旁瓣低于 17 dB；

极化特性：圆极化，可分为左、右旋两种，并可方便地改成线极化；

工作环境：−50℃～+45℃，可抗 10～12 级风；

可调范围：方位 ±90°，微调 ±5°，俯仰：0°～90°；

跟踪方式：手动。

在微波接收天线参数与卫星接收天线参数基本一致时，两种天线可直接相互套用。

6.2.2 信号源

简单的信号源只有一台录像机，复杂的信号源可包括多台录像机、摄像机、电视电影机、字幕机以及整套演播室设备提供的视频和音频信号。

这一部分可参阅第 3 章 3.2 节。

6.3 前端系统

6.3.1 前端系统及其要求

前端是有线电视系统核心，它是为用户提供高质量信号的重要环节之一。其主要作用是进行信号处理，它包括：信号的分离、信号的放大、电平调整和控制、频谱变换(调制、解调、变频)、信号的混合以及干扰信号的抑制。

前端系统的组成方式不同，所使用的前端设备就不一样。前端设备主要是射频和中频信号处理设备，如天线放大器、频道滤波器、调制器、混合器、导频信号发生器等。

有线电视系统最基本、最重要的特性指标有四项：频率范围、载噪比(C/N)、用户电平和干扰抑制指标。对前端系统的要求也主要是指这几方面的指标。

目前的有线电视系统的频道设置，一般要求充分利用 VHF 频段，设置情况如下(N 为频

道数)：

$N \leqslant 7$：隔频设置，即用 D-1、DS-3、DS-5、DS-6、DS-8、DS-10、DS-12；

$7 \leqslant N \leqslant 10$：隔频设置，加增补频道；

$11 \leqslant N \leqslant 19$：邻频设置，加增补频道，即用 DS-1～DS-12 和 Z1～Z7；

$20 \leqslant N \leqslant 28$：邻频设置，加增补频道，即用 DS-1～DS-12、Z1～Z7 和 Z8～Z16。

系统的载噪比主要由前端载噪比决定。国标规定：若有线电视系统的载噪比 $C/N \geqslant$ 43 dB，则要求前端系统的载噪比$(C/N)_{\mathrm{h}}$为

$$\left(\frac{C}{N}\right)_{\mathrm{h}} = \frac{C}{N} - 10\lg K \tag{6-3}$$

式中，K 为分配系数，若 $K = 0.3$，则$(C/N)_{\mathrm{h}} = 48.2$ dB。前端的输入信号电平应为

$$S = \left(\frac{C}{N}\right)_{\mathrm{h}}(\mathrm{dB}) + N_F(\mathrm{dB}) + 2.5(\mathrm{dB}) \tag{6-4}$$

式中，2.5 dB 为 75 Ω 噪声源内阻上的等效噪声电平。若前端系统的 $N_F = 8$ dB，则 S 应为 58.7 dB(我国通常指 dBμv。)

应当指出，前端系统的输入信号电平不能太低，也不能太高。太低时载噪比指标不能满足，用户接收质量差；太高时容易产生非线性失真。一般要求前端系统的输入电平为 56～90 dBμv，如果天线输出电平不足，需加低噪声的天线放大器；如果天线输出电平太高，需加衰减器或频道变换器。在工程上，天线输出电平可以实测，也可以按下式估算：

$$S_{\mathrm{a}}(\mathrm{dB\mu v}) = E(\mathrm{dB\mu v}) + G(\mathrm{dB}) + 20\lg\lambda - L_{\mathrm{A}}(\mathrm{dB}) - 18(\mathrm{dB}) \tag{6-5}$$

式中，E 为接收点的场强，G 为接收天线的绝对增益，λ 为信号波长(单位为 m)，L_{A} 为接收天线至前端间电缆的衰减量(单位为 dB)。

前端系统输出电平与传输分配系统的规模及用户的多少有关，通常它在 100 dB 以上。输出电平较高的前端可以直接连接无源分配网络而省去一个线路放大器，并可提高分配网络的载噪比。但是，过高的输出电平会产生较大的非线性失真(如交调和互调干扰)。一般前端系统的输出电平比分配放大器(也称主放大器)最大输出电平低 3～5 dB。此外，在前端系统中，各频道之间的电平差别要小。这样才能保证在多频道信号群中，不会由于信号电平太低而引起信噪比下降；也不会由于信号电平过高而使放大器进入非线性区而产生交调和互调失真。通常要求邻频道电平差小于 3 dB；在 VHF 频段，任意 60 MHz 频率范围电平差小于 8 dB；在 UHF 频段，任意 100 MHz 频率范围电平差小于 9 dB。

前端系统对干扰也要有一定的抑制作用。不仅要求能抑制重影干扰和带内的同频干扰，而且要求能抑制带内外干扰产生的交调和互调成分。国标规定，交调比(CM)≥46 dB，互调比(IM)≥57 dB，三阶失真——载波组合三次差拍比 CTB≥54 dB。前端系统的指标分配应根据以下指标分配公式：

$$[\mathrm{CM}]_x = [\mathrm{CM}] - 20\lg K \tag{6-6}$$

$$[\mathrm{IM}]_x = [\mathrm{IM}] - 10\lg K \tag{6-7}$$

$$[\mathrm{CTB}]_x = [\mathrm{CTB}] - 20\lg K \tag{6-8}$$

由于前端放大器级联数少，且高质量前端经常采用频道处理或解调调制方式，因此，前端的非线性指标较高，指标分配系数 K 宜取小些，如取 K 为 0.1 或 0.2。

前端设备的输出端称为集散点(Head End)。在复杂的有线电视系统中，在集散点还经常设置光端机或微波收发信机，以实现光纤或微波的传输与分配。

在前端系统中，有时还要考虑卫星接收问题。

需要强调的是，前端系统中电视信号质量的优劣将对整个有线电视系统质量起决定作用；而且，前端电视信号质量低劣，通常是难以在后面部分进行补救的。

6.3.2 前端系统的组成

1. 前端系统的基本组成方式

前端系统的组成方案不同，前端系统的组成也就各不相同。归纳起来，主要有以下几种：

(1) 常见型。图 6-13 为常见型前端的组成示意图。这种前端方式，对信号的处理比较简单，较适合小型有线电视系统。

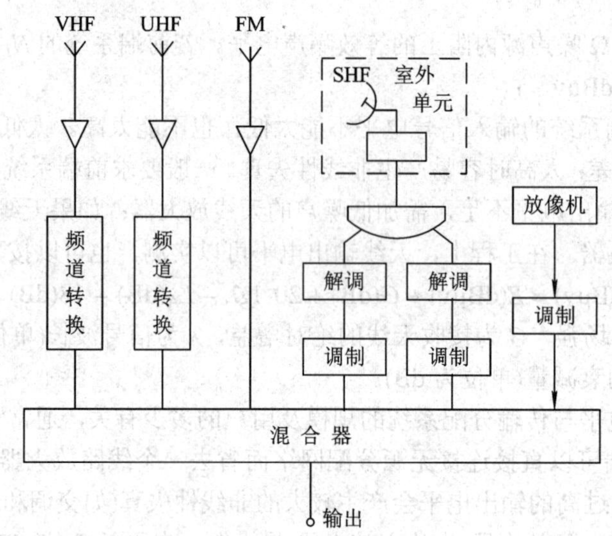

图 6-13 常见型前端

根据具体情况(如场强的大小、用户的多少等)接收天线后面可以不用天线放大器而直接进行混合；也可以采用天线放大器或多波段放大器，经放大后再进行混合。

此外，还有一种常见型前端方式，比较适合于中、小型有线电视系统。它是在每个频道天线之后增加放大器(或衰减器)和滤波器，然后再进行宽带混合。

小型前端系统往往不设置导频信号发生器。中、小型前端系统可以提供手动增益和斜率控制功能。

(2) 重新调制型。重新调制型前端是先把接收的信号解调出来，然后重新调制到所需频道上去。这种方式可以使声和像的电平恒定，且能分别进行调整，改频也容易，交调干扰较小，较适合于中型有线电视系统，如图 6-14 所示。

(3) 外差型。大型有线电视系统常常采用外差型前端。外差型前端多采用 VHF 频段的邻频传输方式。它的性能优越，指标较高。外差型前端的示意图如图 6-15 所示。

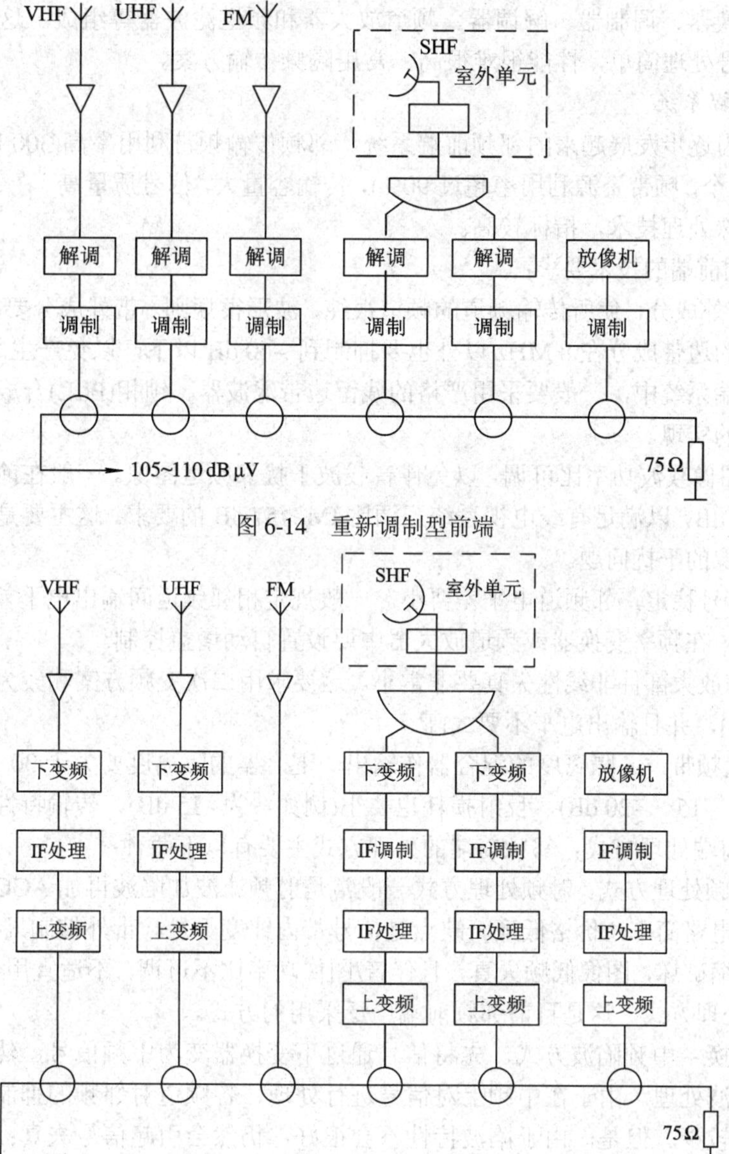

图 6-14　重新调制型前端

图 6-15　外差型前端

大型有线电视前端系统通常设置有导频信号发生器，它所产生的导频信号是为了传输系统进行自动增益控制(AGC)和自动斜率控制(ASC)，从而保证信号的传输质量。有线电视系统常设三个导频，第一导频为 47 MHz，第二导频为 110.7 MHz，第三导频为 229.5 MHz。此外，在付费电视的前端系统中，往往需要加装加密或加扰设备。

2. 有线电视前端系统的发展过程

从有线电视的发展过程看，前端系统的发展有以下三个阶段。

1) 传统型前端系统

这一阶段为早期的传统型前端系统，常见型前端和重新调制型前端多属于传统型前端。其信号处理主要包括信号放大、混合、频谱变换以及干扰信号的滤波，前端设备由天线放大器、频道变换器、调制器、解调器、频道放大器和频道滤波器等组成。这类设备多采用分立元件，信号处理简单，性能很难很高，常用隔频传输方案。

2) 邻频前端系统

这一阶段为逐步发展起来的邻频前端系统。邻频传输频带利用率高(300 MHz 邻频系统频道可高达 27 个，频带资源利用率超过 90%)，传输容量大，信号质量高。在邻频前端系统，采用了许多特殊处理技术，指标较高。

(1) 对邻频前端的技术要求：

① 抑制带外成分，使所传输频道的频谱很纯，波形很规则。带外成分要抑制到 −60 dB 以下，本频道的边带成分在 8 MHz 以外也要抑制到 −60 dB 以下，以免产生邻频干扰。

在邻频前端系统中，一般要采用严格的残留边带滤波器、锁相(PLL)合成载波等方法来保证这一要求的实现。

② 伴音/图像载波功率比可调，以免伴音载波干扰邻频道图像。一般在前端将伴音载波电平压低 7～9 dB，以满足有线电视系统互调比 IM≥57 dB 的要求。这主要是考虑低邻频伴音对本频道图像的干扰问题。

③ 输出信号稳定，邻频道电平差要小。一般规定相邻频道间输出电平差在 ±1.5 dB 之内为好。因此，在频率变换器或频道放大器中要设置自动增益控制。

④ 变频和放大部件非线性失真要非常小。这要求用二次变频方案和较为理想的变频器(如环形调制器)，并且输出电平不要太高。

⑤ 采用宽频带、高隔离度的混合器作输出。混合器的隔离度要大于 30 dB，插入损耗要小(例如，为 −15～−20 dB)，反射损耗也要小(例如，为 −15 dB)，传输特性要平坦。

(2) 邻频前端处理方式。邻频前端的处理方式主要有以下两种：

① 射(高)频处理方式。射频处理方式一般常是射频滤波加陷波再加 AGC 的方式。这种方式的优点是电路简单，价格低廉。缺点是信号带内纯度不足，带外抑制只有 20～30 dB。残留边带被压缩破坏，图像低频失真，且伴音/图像功率比不可调，不适宜用于大容量系统。

② 中频处理方式。这是目前邻频前端广泛采用的方式。

- 中频转换 + 中频陷波方式。先将信号通过下变换器变为中频信号，然后，在中频上对信号进行陷波处理。由于在中频上对信号进行处理，各频道对邻频的抑制均匀一致，通带内特性受损较少。但是，由于陷波特性不会很好，仍然会引起信号失真；而且，这种方式无法对伴音电平进行调整，系统的邻频抑制度也很难达到要求。因此，这种方式只用于要求不高的场合。

- 中频转换 + 声表面波滤波器(SAWF)方式。这种方式主要包括中频调制、中频转换及 AGC、SAWF 和中频放大三部分，如图 6-16 所示。卫星节目经卫星接收机解调成视频和音频信号；自办节目由录像机送出音频和视频信号；开路及微波节目经解调器解调出视频和音频信号。音频和视频信号分别经各自通道，进行中频调制，形成音频和视频的已调中频信号；再经中频转换及 AGC 以及 SAWF 和中放，合成中频视音信号。最后，经变频或调制形成不同频率布局的射频信号而传输出去。

图 6-16　中频处理方式

在这种方式中使用的 SAWF，频率特性好，带外抑制可达 60 dB 以上。由于其插入损耗大，在它前、后通常要加中放来加以补偿。这种方式的伴音图像功率比可调，指标高，性能好，但成本也较高。

近年来，采用这种前端方式和光纤 FTTN 结构，可以实现远距离、多频道、多功能传输。

(3) 频率相关技术。

频率相关技术是邻频传输系统中解决非线性失真对系统影响的一种有效方法，它包括谐波相关载波(HRC)和增量相关载波(IRC)两种方式。

频率相关技术是各频道图像载频都采用同一参考频率源锁相，各频道载波频率只受一个参考频率源的影响。无论何种原因引起的频率漂移，其大小和方向都基本一致，这就保证了各频道间等间隔(如美国为 6 MHz)，各频道的交、互调产物都正好落在图像载频上(也都是 6 MHz 的整数倍)，形成零差拍。当接收机解调时，随载波一起被去掉，因而不会造成明显干扰。美国 NTSC 制电视的 HRC 要求各频道间隔应严格为 6 MHz 的整数倍，而 IRC 要求每个频道的图像载频均锁相在$(0.25 + 6n)$MHz 的基准频率上(n 为整数)。频率相关技术设备主要是一个高精度的梳状信号发生器，它分别产生 $F_n = 6n$(MHz)($n = 9$，10，11 等)和 $F_n = 55.25 + 6n$(MHz)($n = 0$，1，2 等)等多个载频信号，它们分别加在与之兼容的频道处理器或调制器上，使这些设备载频锁定在上述载频上，构成 HRC 和 IRC 前端。

3) 新一代组合式邻频前端

这种前端系统的频道数目较多，采用邻频传输和增补频道技术，而且使用频段也不必局限于 300 MHz 系统，可以是 550 MHz 或 860 MHz 系统。前端设备采用新一代的卫星接收机/调制器组合设备，成本较低。采用中频转换、SAWF 滤波和 PLL 频率合成技术，具有输出频道可在频段内用捷变频选择和多频道邻频传输的特点，而且带外抑制也满足大于 60 dB 的要求。

6.3.3 前端设备

1. 前端系统中的放大器

前端系统中的放大器，按结构和实用性可分天线放大器、频道放大器和高电平输出(功率)放大器等几种。

(1) 天线放大器。天线放大器工作于弱场强区(天线输出电平 $S_a \leqslant 57 \sim 60$ dBμv)，用以改善系统输出信噪比。其主要指标是噪声系数 N_F(匹配时以噪声匹配为最佳)，而增益和输出电平是次要的。天线放大器一般有两种，即频道型和宽带型天线放大器。

宽带型天线放大器一般用于频道较少、带外信号干扰不严重的场合，或者用宽带型天线放大器与频道滤波器组成频道天线放大器，如图 6-17 所示。宽带型天线放大器可以是分立元件形式，也可以是集成电路(IC)形式，其 N_F 目前可以做到 2 dB 左右。

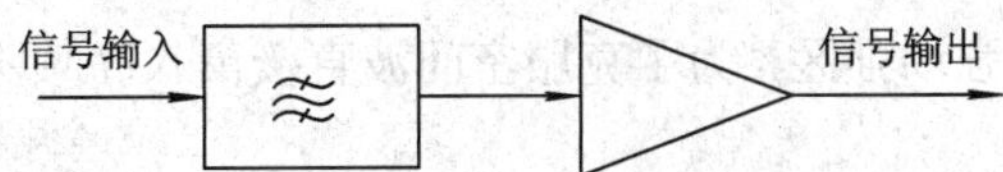

图 6-17　用宽带型天线放大器和频道滤波器组成频道型天线放大器

频道型天线放大器的带宽为一个频道的宽度(例如，为 8 MHz)，工作频率范围由所需放大的频道信号决定。它用于对带外信号要有一定抑制的场合。其 N_F 不如宽带型天线放大器，目前只能做到 3 dB 左右。频道型天线放大器在实现方案上有两种形式：一种是参差调谐方式；另一种是图 6-17 所示的宽带放大器加频道滤波器方式。

天线放大器一般位于天线附近，其直流馈电通常通过电缆馈给。

(2) 频道放大器。频道放大器的作用是频道放大、抑制带外干扰和进行电平控制，有的还具有 AGC 功能。与频道型天线放大器相比，频道放大器的输出电平高(一般为 110～120 dBμV)，N_F稍大，线性好，且不需通过电缆馈电。

频道放大器有两种工作方式：一种是直接频道放大；另一种是二次变频方式。前者与频道型天线放大器相似，后者与频道转换器类同。

具有手动增益控制(MGC)和自动增益控制(AGC)的频道放大器工作原理如图 6-18 所示。

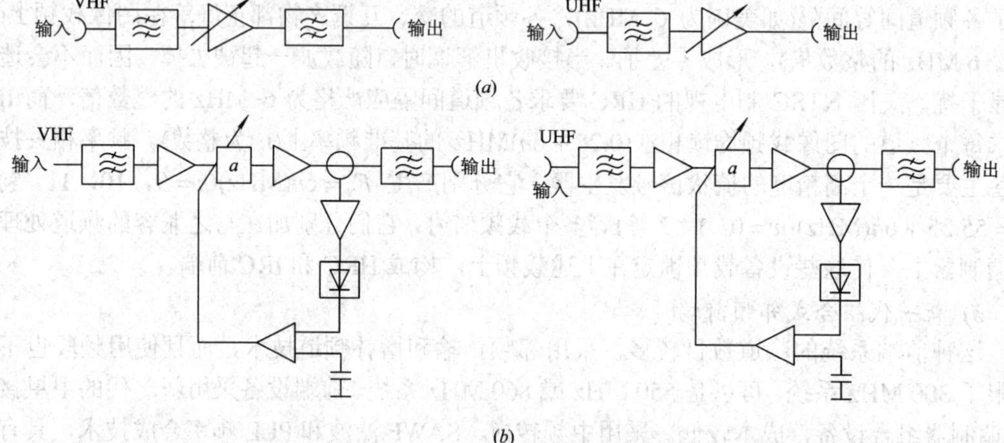

图 6-18　频道放大器工作原理

(a) 手动增益调节频道放大器；(b) 自动增益调节频道放大器

(3) 高电平输出放大器。功率放大器一般为宽带放大器，其主要目的是提高前端输出电平，从而提高前端的带载能力。其主要指标是非线性失真和输出电平。

宽带功率放大器可分为 V_{I} 频段宽放、V_{III}频段宽放、UHF 频段宽放以及全频道宽放等几种。它也可以用在传输分配系统中。

2. 频道转换器

频道转换器是只进行载频搬移而不改变频谱结构的频率变换器，主要有以下几种：

- U—V 转换器。将 UHF 的电视信号转换成 VHF 的电视信号，在 VHF 的较低频率上传输，容易保证信号质量和降低系统成本。
- U—Z 转换器。采用增补频道进行信号传输时需要 U—Z 转换器。
- V—U 转换器。在全频道有线电视系统中，可以用 V—U 转换器把 VHF 的电视信号转换为 UHF 的电视信号。
- V—V 转换器。在强场强区，为了克服空间波直接窜入高频头而形成前重影，往往采用 V—V 转换器。

频道转换器从工作原理上分，有一次变频和二次变频两种。前者结构简单、体积小，但存在许多干扰，而且涉及的品种多；后者干涉少、品种也少，易实现系列化，但是体积大，成本高。

一次变频的频道转换器的原理框图示于图 6-19。为保证频谱不倒置，通常采用低本振取差频方式，即 $f_{P2}=f_{P1}-f_L$。

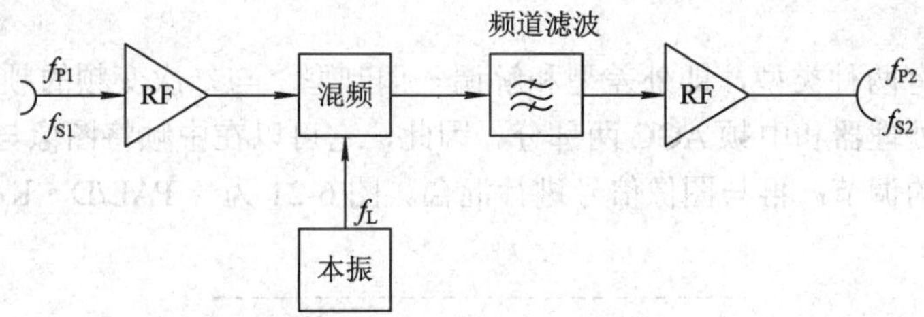

图 6-19　一次变频频道转换器

二次变频的频道转换器由输入变换器(下变频器)和输出变频器(上变频器)构成，如图 6-20 所示。为保证最终伴音载频高于图像载频，两次变频都采用高本振取差频的方式，中间接口频率为中频。对我国电视制式来说，图像中频为 38 MHz，伴音中频为 31.5 MHz。

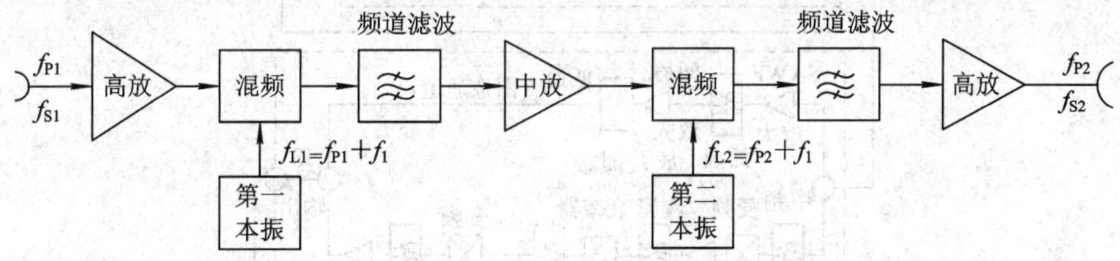

图 6-20　二次变频频道转换器

变频电路的种类很多，主要使用的是环形或平衡混频电路。它的实际电路请参阅有关电子线路书籍。

频道转换器的主要技术指标如表 6-5 所示。

表 6-5　频道转换器的主要技术指标

主要技术参数	Ⅰ类	Ⅱ类
带内平坦度/dB	±1	±1
带外衰减/dB VHF：f_0±12 MHz UHF：f_0±20 MHz	≥20	≥15
AGC 特性	额定输入电平为 70 dBμv 时，输入变化±10 dB，输出变化应不大于±1 dB	
反射损耗/dB 噪声系数/dB 载波互调比/dB 信号交流声比/dB 带外寄生输出抑制/dB　f_0±4 MHz 频率准确度/kHz 频率稳定度	≥10 ≤10 ≥60 ≥52 ≥60 ±2 7.5×10^{-5}	≥54 ≥46 ≥50 ±5

注：(1) f_0为频道中心频率，以图像载波频率处为频响的基准点；

(2) 没有 AGC 特性的变换器不考核此项指标。

3. 频道处理器

在大型有线电视系统的前端，特别是邻频前端，大多采用频道处理器，以保证输出信号质量。

频道处理器有两种类型，即外差型和解调—调制型。与二次变频的频道转换器相比，它主要多了中频处理器和中频 AGC 两部分。因此，它可以在中频将图像与伴音进行分离，并进行伴音电平的调节；再与图像信号进行混合。图 6-21 为一 PAL/D・K 制电视频道处理器框图。

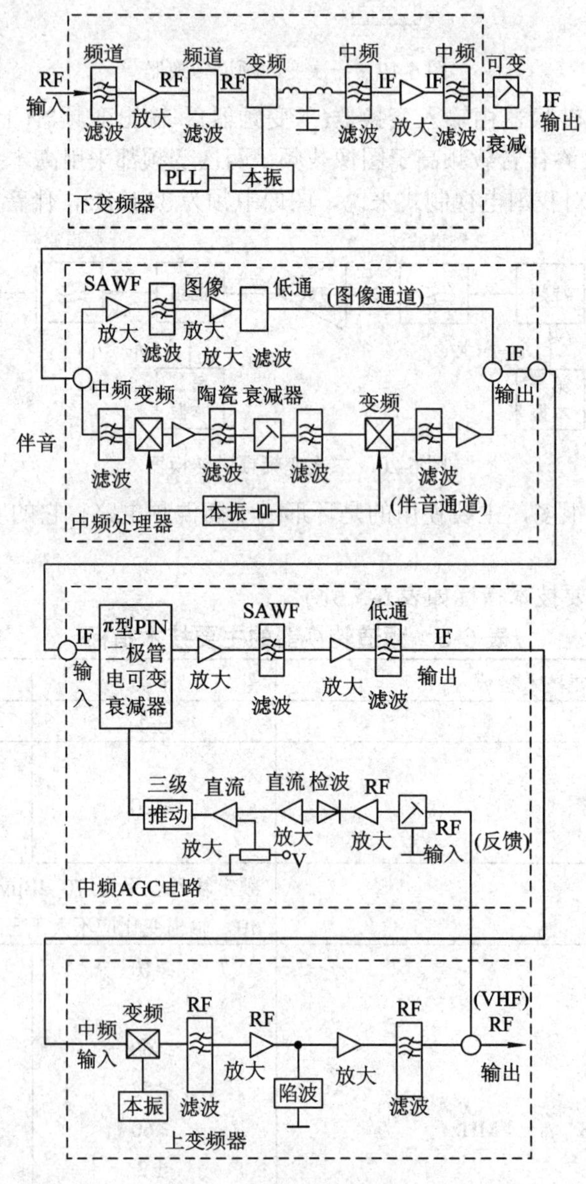

图 6-21　频道处理器框图

解调—调制型频道处理器主要用于通过微波中继的超大型系统，而一般常用的是外差型。

频道处理器的指标与频道变换器类似，在此不再赘述。

4. 调制器

调制器是将视频和音频信号变换成射频电视信号的装置，它常与录像机、摄像机、卫星接收机等配合使用。

调制器有高频(直接)调制和中频调制两种方案，且常常使用后者。

高频直接调制方案的框图如图 6-22 所示。调制电路大多采用三极管高电平调制方式，输出幅度大，失真和干扰也大。混合输出的射频信号要经过 VSB 滤波器。由于每个频道需要一个 VSB 滤波器，因此从设计的角度来看是不可取的。

中频调制是把视频和音频信号调制成中频信号，然后用变频器将中频信号变成射频信号，如图 6-23 所示。由于只有一个中频，因此只需要一个 VSB 滤波器。中频调制一般采用低电平调制电路。它的线性好，微分增益和微分相位失真小，干扰也小，但输出电平低。

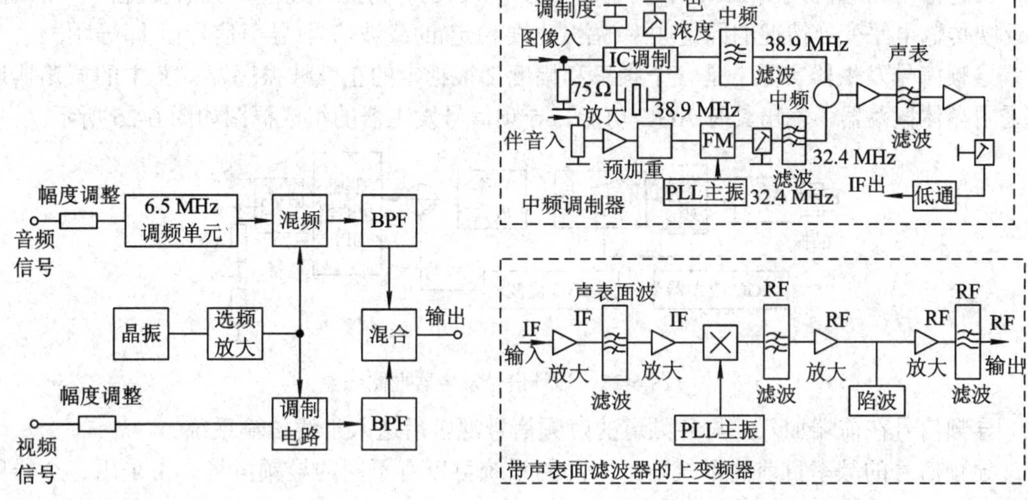

图 6-22　高频直接调制器　　　图 6-23　中频调制器

残留边带(VSB)滤波器的频率特性参见图 3-16。

5. 混合器

混合器是把两路或多路信号混合成一路输出的设备。其主要技术指标是：插入损耗(要小)、隔离度(要大，一般要求>20 dB)、带外衰减(要大)、输入输出阻抗(通常为 75 Ω)。

混合器分为无源和有源混合器两种。有源混合器不仅没有插入损耗，而且有 10～30 dB 的增益。无源混合器又分为滤波器式和宽带变压器式两种，它们分别属于频率分隔混合和功率混合方式。滤波器式混合器可以是由高通和低通滤波器组成的频段混合器，也可以是由带通滤波器组成的频道混合器。宽带变压器混合器对频率没有严格的选择性，它的插入损耗较大，并且随混合路数的增加而增大，但结构简单，使用方便。

混合器的连接方式可以是并接式，也可以是串接式。目前，在我国用得最多的是并接式混合器。图 6-24 是由高通和低通滤波器并接而成混合器的例子。

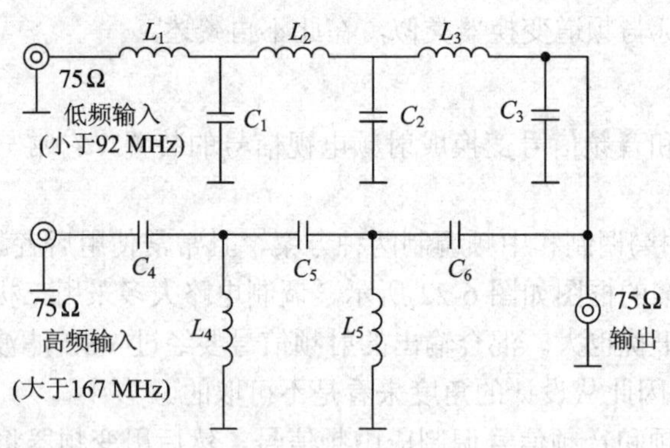

图 6-24　混合器举例

6. 导频信号发生器

为了增加干线长度或补偿由于温度变化而引起电缆衰减量和放大器增益的变化，在干线中要进行自动增益控制(AGC)和自动斜率控制(ASC)。为此，在前端就需要提供一个或两个反映传输电平变换情况的固定频率(幅度也要稳定)的载波信号(导引信号)，即导频。

导频信号发生器实际上是一个频率和幅度都很稳定的正弦波振荡器。其中的振荡器通常采用晶体振荡器，输出具有 AGC 功能。导频信号发生器的组成框图如图 6-25 所示。

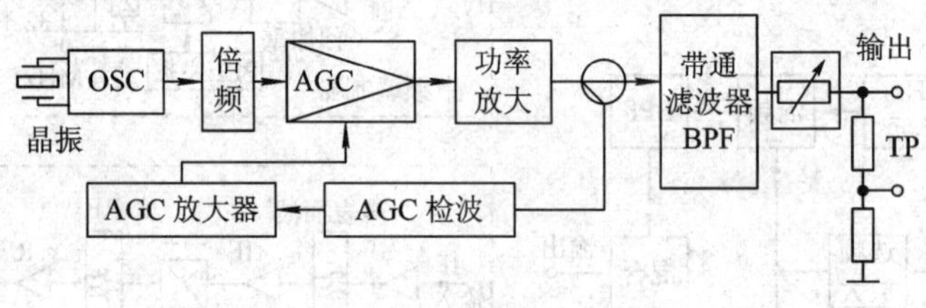

图 6-25　导频信号发生器框图

导频信号在前端加入，与各频道的射频信号混合后送入干线传输系统。

导频信号的频率目前尚不统一，不同的系统可以有不同的导频信号。常采用三个导频信号：一个置于低于 DS 1 频道的频率上；一个置于 VHF(L)和 VHF(H)波段之间；一个置于高于 DS 12 频道的频率上。

导频信号的幅度一般低于电视信号的幅度(通常为 6～10 dB)，以减轻干线放大器的负担，保证交调指标。

6.4　传 输 系 统

有线电视的传输系统是连接前端和分配网络的中间环节，是有线电视的重要组成部分。传输系统性能的优劣在很大程度上直接影响整个系统的性能。

6.4.1　传输系统概述

传输系统是把前端的电视信号送至分配网络的中间传输部分。在大型有线电视系统中，主要指干线和支线(也可能有超干线)；在中、小型有线电视系统中，通常只有支线。

传输系统的信号传输方式有三种：同轴电缆、光缆和微波。因此，传输媒质除电缆和光缆外，还可利用微波传输。

传输系统的网络拓扑主要采用树枝型和星型两种形式。电缆电视系统多采用树枝型，光缆电视的传输系统常用星型结构。

传输系统通常有发送、传输和接收三部分组成。常用的电缆电视系统的干线传输系统由同轴电缆、定向耦合器(分支器)、均衡器和干线放大器组成。

传输系统是整个系统的命脉。传输系统的技术指标与整个系统的指标类似，主要有载噪比、交调比、互调比和输出电平等。对传输系统而言，首先要考虑的问题是在保证系统各项指标的前提下传输距离要远；其次是干线支线电平的稳定性、通带的平坦度以及信号的可靠性等；然后是系统的成本等。

6.4.2　传输媒质

1. 射频同轴电缆

有线电视系统传输电视信号通常采用的是射频同轴电缆(简称同轴电缆)。同轴电缆在支线中使用较为普遍，在分配网络中几乎都采用同轴电缆，在干线中也可使用同轴电缆。

(1) 基本结构。同轴电缆是用介质使内外导体绝缘且保持轴心重合的电缆，其基本结构是由内导体、绝缘体、外导体和护套四部分组成，如图 6-26 所示。

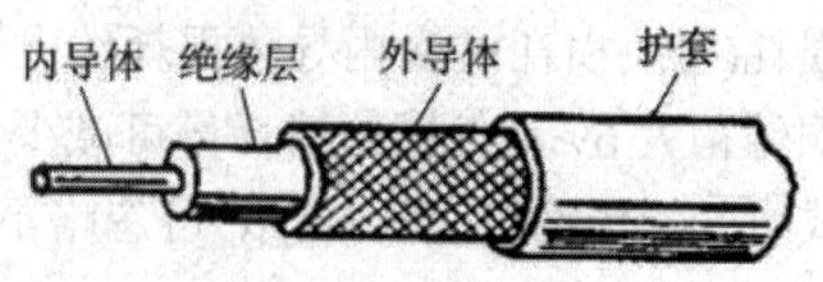

图 6-26　同轴电缆基本结构

① 内导体。通常由一根实芯导体构成，也可以由多根铜线绞合而成。利用高频信号的趋肤效应，可采用空心铜管，也可采用双金属线。一般对不需供电的用户网，采用铜包钢线；而对于需要供电的分配网或主干线，则可采用铜包铝线，这样既能保证电缆的传输特性，又可满足机械性能的要求。目前，美国产品多采用双金属线结构。

② 绝缘体。可以采用聚乙烯、聚丙烯、聚氯乙烯或氟塑料。常用的是介质损耗小、工艺性能好的聚乙烯。绝缘形式各种各样，但可归纳为实芯绝缘、半空气绝缘和空气绝缘三种。由于半空气绝缘的形式在电气和机械性能方面都占有优势，因而得到普遍使用。

③ 外导体。外导体有双重作用，它既作为传输回路的一根导体，又具有屏蔽作用。通常有三种结构：

- 金属管状。采用铜和铝带纵包焊接，或用无缝铝管挤包拉延而成。这种形式屏蔽性能最好，但柔软性差，常用于干线中。
- 铝塑复合带纵包搭接。这种结构屏蔽较好，成本不高。但外导体是带纵缝的圆管，有时会导致电磁波泄漏，应慎用。
- 编织网与铝塑复合带纵包组合。这是从单一编织网结构发展而来的，具有柔软性好、重量轻、接头可靠等优点。这种结构的屏蔽作用主要是由铝塑复合带完成，由镀锡铜网导电。

④ 护套。室外电缆宜采用具有优良耐气候性的黑色聚乙烯；室内用户电缆则宜采用浅色的聚氯乙烯。为安装方便，也可将承重钢索与电缆做成一体，成 8 字状，但较少采用；

做成双护套或内、外护套层之间加钢带铠装的形式，则常用于不同的环境场合。

(2) 性能。

① 特性阻抗。传输线匹配的条件是终端负载阻抗等于传输线特性阻抗 Z，这样才不产生能量反射。有线电视系统的标准特性阻抗为 75 Ω。同轴电缆的特性阻抗由下式计算：

$$Z=\frac{138}{\sqrt{\varepsilon}}\lg\frac{D}{d}\ (\Omega) \tag{6-9}$$

式中，D 为外导体直径(mm)，d 为内导体直径(mm)，ε 为绝缘体的有效介电常数。

② 衰减常数。同轴电缆的衰耗由内、外导体的损耗 α_r 和绝缘介质的损耗 α_g 两部分组成，即

$$\alpha=\alpha_r+\alpha_g=\frac{2.61\sqrt{f\varepsilon}(1/d+1/D)\times10^{-6}}{\lg D/d}+9.08f\sqrt{\varepsilon}\tan\delta\times10^{-8}\quad(\text{dB/m}) \tag{6-10}$$

式中，δ 为绝缘体损耗的正切角，f 为频率(Hz)。

该式表明，α_r、α_g 分别与 $\sqrt{f}$、f 成正比，且均与 $\sqrt{\varepsilon}$ 成正比。研究表明，在内、外导体损耗(金属损耗)中，内导体损耗约占 α_r 的 78%。采用铜内导体铝外导体结构，衰减量仅比全铜结构大 6%，但铜的消耗量可减少 65%。因此，以铝代铜作外导体是合适的。此外，由该式可知，传输频率低时，α_g 可忽略不计。但到 UHF 频段，α_r 和 α_g 几乎各占 50%，这时的 α_g 是不能忽略的。

③ 驻波系数与反射损耗。若电缆线路上有反射波，它与行波相互作用就会产生驻波。电缆上某些点的最大幅值 U_{max} 与最小振幅值 U_{min} 之比称为驻波系数 S。驻波系数越小，反射损耗 L 就越小，电缆内部的均匀性就越好。两者的关系如下：

$$L=20\lg\rho\ (\text{dB}) \tag{6-11}$$

$$S=\frac{1+\rho}{1-\rho} \tag{6-12}$$

式中，ρ 为电缆输入端的反射系数(另一端是匹配的)。

④ 屏蔽系统与屏蔽衰减。屏蔽系数表示屏蔽作用的大小。设被屏蔽空间内某一点电场强度为 E(磁场强度为 H)，无屏蔽层时该点的电场强度为 E' (磁场强度为 H')，则屏蔽系数有 E/E' 或 H/H'，屏蔽衰减为 E'/E 或 H'/H。

⑤ 温度特性。同轴电缆的衰减随温度的变化率为 0.2% dB/℃。

(3) 同轴电缆的发展与规格。有线电视同轴电缆的制作经历了四个发展阶段：

① 最早的是 SYK 型实芯聚乙烯绝缘同轴电缆。这种电缆介电常数高、衰减大，这使电视频道的开通量受到限制。

② 第二阶段以 SSYV 型化学发泡聚乙烯绝缘同轴电缆为代表。它比实芯电缆的介电常数小，电气性能有所改善。但由于 $\tan\delta$ 增大较多(约 6 倍)，因而在 UHF 频道传输时，衰减增大。

③ SYKV 纵孔聚乙烯绝缘同轴电缆属于第三代产品。它比化学发泡电缆介电常数更低，减小了高频道的损耗。其致命弱点是防潮防火性能差。

④ SYWFY 型物理发泡聚乙烯绝缘电缆是第四代同轴电缆。这种电缆衰减小，传输速率快，防潮防水性能也较好。

还有一种同轴电缆，采用具有专利权的竹节式结构，其介质主要是空气，ε 接近 1，性能较好，如图 6-27 所示。

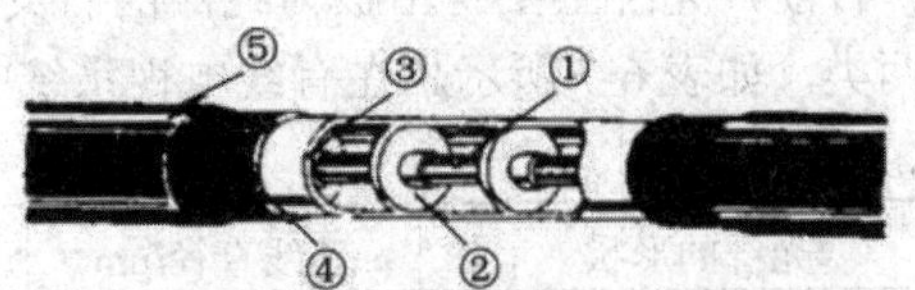

①—中心导线；②—定位板；③—塑料管臂壁；④—外导体；⑤—护套

图 6-27　MC^2 同轴电缆结构

在要求较高的场合或干线系统，目前还采用国外进口电缆，如美国 TRILOGY 公司的 $MC^2$500、COMM/SCOPE 公司的 QR540 和 TFC 公司的 TX565(它们的性能比较见表 6-6)。在一般场合和分配网络中，常采用国产同轴电缆，它们的性能是能满足要求的。

表 6-6　美国三种同轴电缆的性能比较

电缆型号 / 技术特性	$MC^2$500	TX565	QR540
衰减/dB/100 m(5～500 MHz)	0.46～5.09	0.46～5.12	0.46～5.18
最小弯曲半径/mm	152	200	127
拔出力/kgf	123	120	100
传播速度(相对光速)	93%	87%	88%
频带宽度/MHz	1000	1000	1000
寿命/年	50	25	—
温度系数每℃	0.10%	0.18%	—
标称重量/(kg/km)	144	232.9	186
内导体直径/mm	3.1	3.28	3.15
外导体直径/mm	13	14.4	13.72
护套外径/mm	14.9	15.9	15.49
环路直流电阻/(Ω/km)	5.15	4.26	5.28
外导体厚度/mm	0.55	0.6	0.343
疲劳度	往复弯曲 10 周期	2 周期	3 周期
外导体成形	整体焊接	无缝铝管	整体焊接
介质	空气	聚乙烯发泡	聚乙烯发泡

2. 光缆

(1) 结构。光波在光纤中的传播是光缆传输基础。光纤是像头发丝那样细的传输光信号的玻璃纤维，又称光导纤维，它由两种不同的玻璃制成。构成中心区的是光密物质，即折射率较高的、低衰减的透明导光材料，称为纤芯；而周围被光疏物质所包围，即折射率较低的包层。纤芯与包层界面对在纤芯中传输的光形成壁垒，将入射光封闭在纤芯内，光就可在这种波导结构中传输。

目前，光纤主要是由极为纯净的石英制成。按光的传输模式，光纤分为单模(SM)和多模两类，如表 6-7 所示。在有线电视系统中通常只使用单模光纤。

表 6-7　光纤的分类

光纤的形状		芯线直径/μm	折射率分布	光束传输方式	传输带宽
单模光纤 SM		约 10			10 GHz 以上
多模光纤	阶跃型 SI	40～100			10～50 GHz
	渐变型 GI	40～100			数 100 MHz～数 GHz

为增加光纤强度，用硅树脂对裸光纤进行一次涂覆。为使用方便，在一次涂层外用尼龙材料进行二次涂覆，并设缓冲层，形成光纤芯线。然后，包覆铠装层，置入钢丝拉张线，再加装聚乙烯护套，才能成为可使用的光缆。单芯光缆的断面图如图 6-28(*a*)所示，其他光缆结构见图 6-28(*b*)、(*c*)、(*d*)。

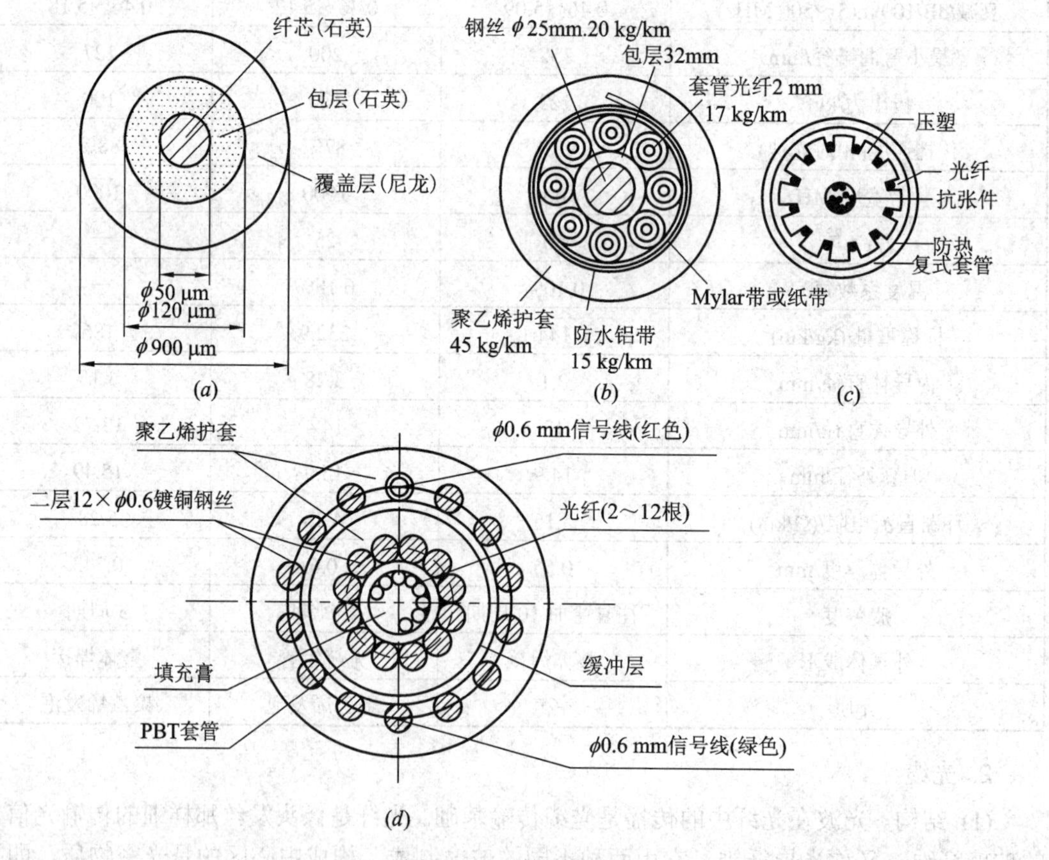

图 6-28　光缆断面图

(2) 性能。

① 衰耗特性。光信号在光纤传输过程中的各种损耗主要有吸收损耗、散射损耗、弯曲

损耗、连接损耗和耦合损耗。而光纤的固有损耗与光波长有关。长波长(1.3 μm)的损耗较小，仅为 0.4 dB/km；短波长(0.8 μm)的损耗较大，在 2 dB/km 左右，即使如此，也远低于同轴电缆的损耗。因此，光纤可传输足够长的距离，省去大量的有源器件和无源接插件，提高了系统的稳定性和可靠性。

此外，由于光纤本身的温度系数极小，因此，在允许的工作温度范围内，光缆的衰减与频率的大小及温度的高、低都关系不大，不需在放大器上进行频率和温度补偿，减少了调试和维护的困难及系统成本。

② 频率特性。光缆的传输频带很宽，单一光源单模光纤的传输频带仅受光端机的限制。目前，用于有线电视的光端机已能在 500 MHz 或更高频率范围内基本不需均衡。单模光纤带宽 $B_f = 132.5/(DL)$(GHz)，其中，D 为色散常数，L 为光纤长度(单位为 km)。在 1.3 μm 波长上，$D < 3.5$ ps/nm • km，若光源谱宽小于 1 nm，则 10 km 单模光纤的频带宽度为 3.786 GHz。

③ 防干扰性能。光缆靠光波传输信号，不受电磁干扰，也不影响和干扰别的线路。

④ 寿命。架空光缆寿命可达 20 年，埋地光缆寿命可达 30～40 年。

⑤ 其他性能。直径细、重量轻、资源丰富。光纤怕水汽，水汽会使涂覆层受到影响，导致衰减增大和寿命缩短。所以，在光缆中应填充油膏，在光纤熔接盒中更要注意密封。

3. 微波

以微波作为传输媒质的除了国家微波干线的大微波和卫星外，还有单路与多路 FM 微波、AM 微波以及多路微波分配系统 MMDS。

微波传输有以下特点：

- 频带宽，传输容量大。
- 传输质量高、稳定性强。在微波频段，天电干扰、工业干扰和太阳黑子的变化的影响等基本可不予考虑。
- 适应性和灵活性强。由于采用无线传输，对一些电缆、光缆难以铺设的区域和分散的 CATV 小区，在工程造价和难易度方面更显优越性。
- 投资少，便于维护。微波传输比电缆或光缆传输可节省投资 60%～80%，传输环节也较少。

6.4.3　传输方式

传输方式有有线传输、无线传输及混合传输等方式。有线传输主要指电缆传输和光缆传输。

1. 同轴电缆传输

同轴电缆传输方式是一种在前端和用户之间用同轴电缆作为传输媒质的有线传输方式。它有干线、支线和分配线等几部分。由于同轴电缆的衰耗较大，为弥补信号在传输过程中的损失，要使用一些放大器(如干线放大器)。同轴电缆的衰减对不同的频率是不同的，为校正电缆的这种频率失真，一般要在放大器前加均衡器(EQ)。由于电缆的衰减特性及其频率特性随温度变化，为保证用户端电平的稳定，在放大器中通常设置增益控制和斜率控制电路。以干线传输系统为例的示意图如图 6-29 所示。

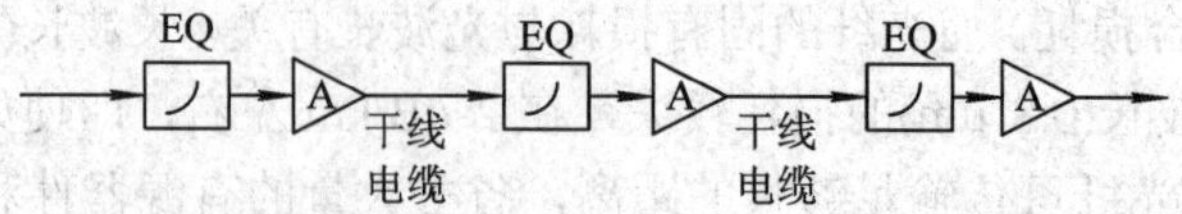

图 6-29　干线传输系统示意图

串接放大器后，系统交调增加，载噪比下降，因此对传输系统中放大器的数目或者传输距离应有所限制。通常，一条干线内串接的放大器应在 30 个以内。传输距离与系统的上限频率有关，一般上限频率越高，传输距离越短。

用同轴电缆传输的电视信号通常为 AM-VSB 信号，前端和用户不需要调制和解调，使用比较方便。

传输系统根据网络拓扑的不同，还常使用分支器和分路器(分配器)。

2. 光缆传输

光纤的损耗很小，在一定距离内不需放大；光纤的频率特性好，可不需要进行均衡处理。

(1) 基本组成。光缆传输系统的基本组成如图 6-30 所示。视频和伴音信号经混合、调制放大后，由驱动电路对发光二极管进行调制，或者对前端输出的射频电视信号直接进行光调制，把电信号转换成光信号，再经光缆传至光接收机。在光接收机中，把光信号变为电信号，然后进行放大、分配，或解调还原成视频和伴音信号。

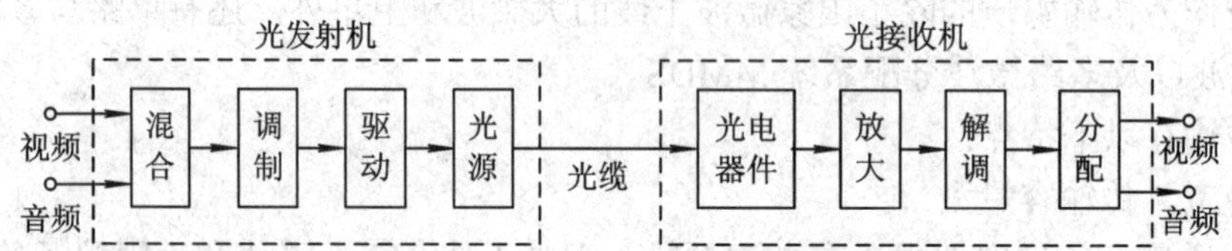

图 6-30　光缆传输系统的基本组成

(2) 光调制方式。光调制方式有模拟和数字两种。模拟方式又有模拟基带直接光强度调制(AM/IM)、调频(FM)、脉冲频率调制(PFM)、脉相调制(PPM)、脉宽调制(PWM)等。在实用中，采用最多的是 AM/IM 和 PFM 调制。AM/IM 方式的优点是其信号调制体制与广播电视相符，输出信号不经转换就可向用户分配，而且这种方式的光链路部分(包括光端机和光缆)可作为 B-ISDN 网的一部分。但是，由于受发光管非线性失真的影响，只能用 LED 作调制，输出功率小；再加上 AM-VSB 射频信号的载噪比要求高，从而使光接收灵敏度降低，因而这种系统的传输距离较短。

数字调制分 PCM 和 DPCM 两种。前者所需带宽宽，解调器复杂，但信号与杂波易分开，适合远距离传输。后者所需频带约为前者的一半，但信号质量较差。不过，随着视频数字压缩技术的发展，符合广播电视数字压缩标准 MPEG-2 的产品将越来越多，价格也会越来越低。

(3) 光缆的多路传输。光缆的多路传输指的是用一根光缆同时传输多路电视信号。目前，常用的光多路传输的方式有波分多路(WDM)和频分多路(FDM)两种。

① 波分多路方式。波分多路是用一根光缆同时传输几个不同波长的光，每个波长的光载有不同的电视信号，如图 6-31(*a*)所示。这种方式用于双向传输。

② 频分多路方式。频分多路是将多路电视信号混合成一路输出，经光调制后在光缆中传输；在接收端，再把各路电视信号分开，如图 6-31(*b*)所示。这种方式适合传输模拟信号，可传的路数主要取决于光源器件的带宽。

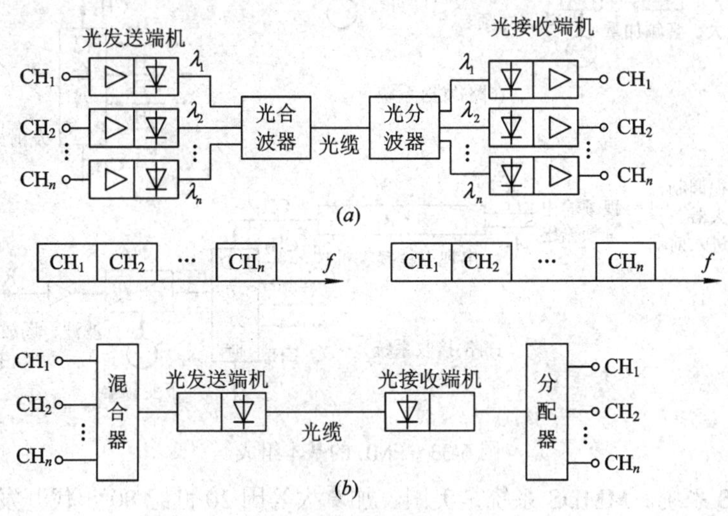

图 6-31　光缆的多路传输

(*a*) 波分多路；(*b*) 频分多路

3. 光缆+电缆传输

这是一种常见的混合传输方式，其特点是用光缆做主干线和支干线，在用户小区用电缆作树枝状的分配网络，如图 6-32 所示。

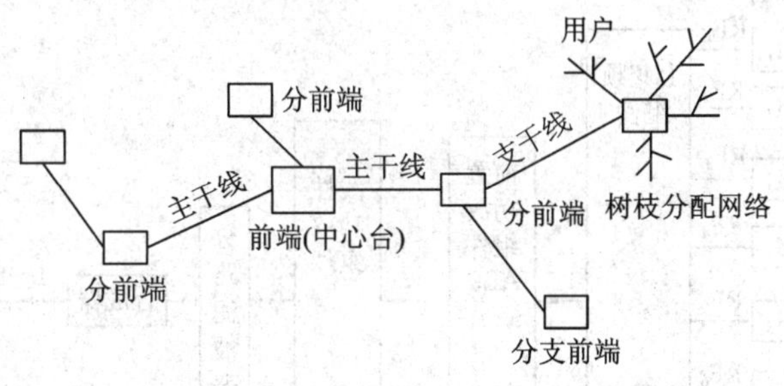

图 6-32　光缆+电缆传输

4. 无线传输

(1) 单/多路 FM 微波电视传输。这属于调频微波链路(FML)，一般用于远距离传输或信杂比超过 56 dB 的高指标要求场合。其频率为 2 GHz 或 12.7～13.25 GHz，频道带宽为 25 MHz 或 12.5 MHz。FML 的基本组成如图 6-33 所示。

这种方式发射系统比较复杂，但传输容量大，传输距离远，信号质量高。单路 FM 微波方式可做点对点、点对多点或中继传输，技术成熟、造价低、但传输的节目路数少。多路 FM 微波方式可做点对点或中继传输，更适合一发多收作大范围区域有线电视台总前端与各 CATV 分前端联网用。FML 的缺点是接收端进入 CATV 分前端时需进行解调和再调制。

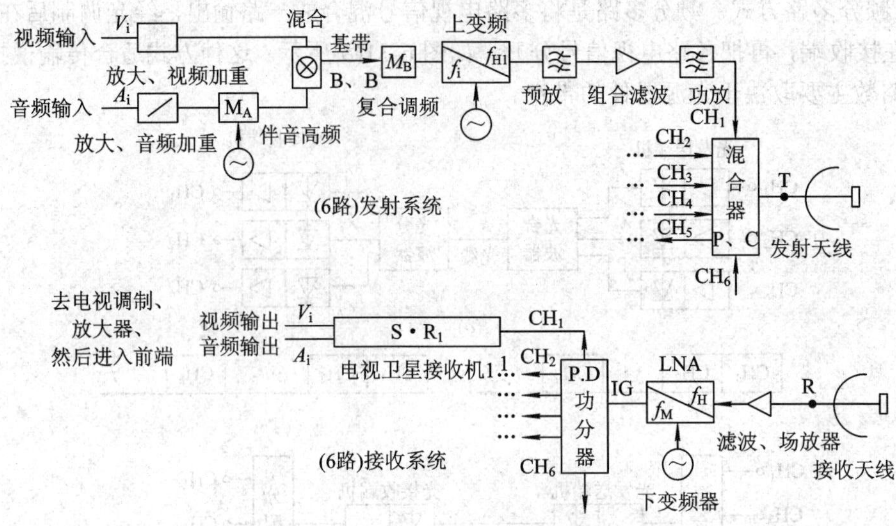

图 6-33　FML 的基本组成

(2) MMDS 系统。MMDS 系统是美国、加拿大等国 20 世纪 80 年代开发的有线电视传输分配系统，使用频段为 1237～1499 MHz 和 2500～2688 MHz，现在有些国家正在向 10 GHz 以上频段进军。

MMDS 系统的构成参见图 6-34。其输入信号是邻频配置的射频信号，可以是 VHF、UHF 或增补频道的某一频段。由于 MMDS 系统的带宽约为 200 MHz，若用于 PAL 制可传 24 套节目。在上变频之前，还可进行加扰和加入寻址编码等处理。上变频后，再经放大、滤波，最后馈送到天线进行发射。

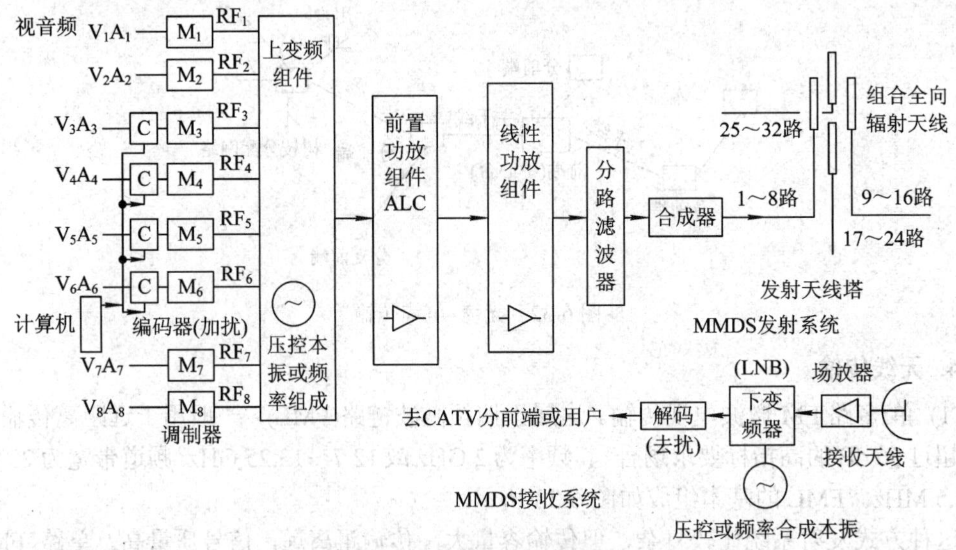

图 6-34　MMDS 系统构成

MMDS 系统是地方性广播分配系统，其核心是多路调幅发射机，多套电视节目通过多路发射机输出，由双工器或合成器组合起来，送到一个或两个发射天线。通常，按隔频组合，如 1、3、5、7 频道组合成一组，用一副天线发射；2、4、6、8 频道组成另一组，用另一副天线发射。典型的天线增益为 11～20 dB，发射功率有 10 W、20 W、50 W、100 W 等。

MMDS 的接收系统比较简单，由一个增益可选的天线系统和下变频器组成。下变频后的信号可直接进入 CATV 前端或用户，也可通过去扰后再进入用户。接收天线的增益一般为 12～28 dB。

MMDS 系统的调幅方式为 VSB 方式，与广播电视兼容。

MMDS 系统有以下特点：

① 要求无阻挡接收，在高层建筑多而必然存在电波无法到达的场合不适用。

② MMDS 系统在采用下变频器接收时的指标不高，不能进行指标的再分配，因此，这种方式通常只适合于个体接收，或者说是一种分配服务系统。在我国某些城市曾用此种方式做干线传输，在小区放置下变频器进行集体接收，效果不佳。

③ 用 MMDS 进行传输和分配，具有投资少、见效快等优点，但无双向功能，对有线电视网的多功能发展有一定的局限性。

(3) AML 系统。调幅微波链路 AML 也是一种调幅微波传输电视信号方式，其工作频率为 12.7～13.2 GHz，共 500 MHz 带宽，定向发射，可传 50 套左右的 PAL 制电视节目。

AML 系统的构成如图 6-35 所示。发射部分由频道处理器、混合器和 AML 发射机组成。频道处理器把由空中接收到的 VHF、UHF 电视信号、FM 广播信号和微波卫星信号分别进行处理后，调制、混合成一个宽带的电视及 FM 广播信号，馈送给 AML 发射机。AML 发射机由放大、混频、滤波、混合等单元组成。混频是由微波载波群变换到 Ku 波段，最后通过波导馈至抛物面天线。目前，一个 AML 发射机可给 16 个以上微波接收机提供信号，在信号质量不下降的情况下，传送距离可达 50 km。在发射机前还可进行加扰或寻址处理。

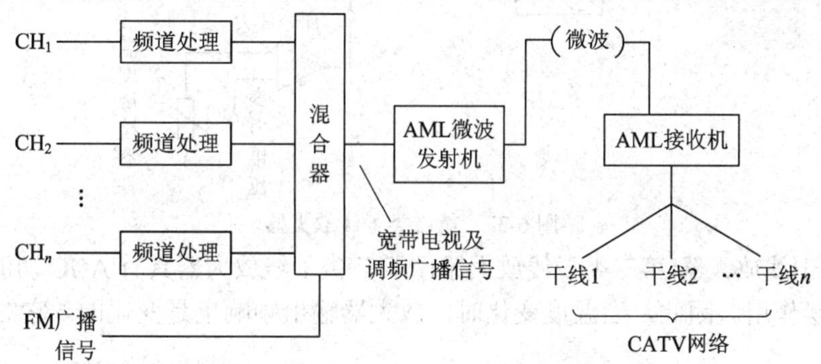

图 6-35　AML 系统的构成

微波接收机是锁相接收机，它将微波频率向下群变换到有线电视频带内，直接馈入 CATV 网中。

AML 系统采用单边带抑制载波调幅方式，系统要求和指标都比较高，既可以代替光缆和电缆进行远距离传输，也可以作为特殊的分配系统，是一种适合集体接收的传输方式。

6.4.4　传输设备

1. 放大器

在电缆传输系统中使用的放大器主要有干线放大器、干线分支(桥接)放大器和干线分配(分路)放大器。在光缆传输系统中要使用光放大器。

(1) 干线放大器。干线放大器是为了弥补电缆的衰减和频率失真而设置的中电平放大器，通常只对信号进行远距离传输而不带终端用户，因此只有一个输出端。干线放大器的指标很多，但主要有增益 G、输出电平 V_{om} 和噪声系数 N_F，干线放大器应用于系统中还要考虑载噪比 C/N 和交调比 IM 等指标。干线放大器的增益一般在 20～30 dB 之间，其电源通常采用低压工频交流电，经同轴电缆供电。

① 干线放大器的分类与组成。

• 手控增益(MGC)和斜率均衡放大器。这种放大器在常温下对电缆的衰减进行补偿，但在温度变化时，这种补偿将失去平衡。这一种很简单的放大器，称为第一类干线放大器。由于其造价低，通常只用于小规模干线系统，它的电路组成如图 6-36 所示。

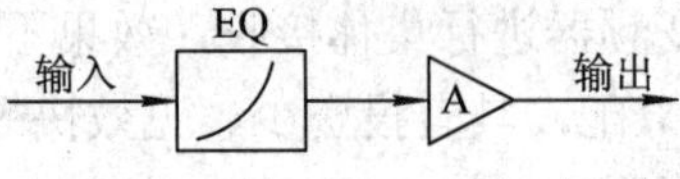

图 6-36 第一类干线放大器

• 手控增益和斜率均衡加温度补偿放大器。这是第二类干线放大器，与第一类类似，但具有温度补偿作用。由于温控元件的温度不可能是外界的环境温度，且温控系统是一个开环系统，因此，这种温度补偿只能在一定程度上克服由于温度变化引起的电缆衰减变化。它的电路组成如图 6-37 所示。

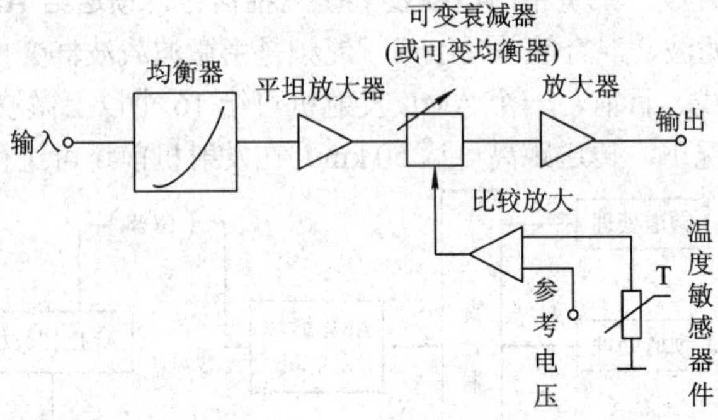

图 6-37 第二类干线放大器

• AGC 干线放大器(第三类干线放大器)。第三类干线放大器具有 AGC 功能，但没有斜率和温度补偿作用。因此，当温度变化时，放大器输出频响也是变化的。它的电路组成如图 6-38 所示。

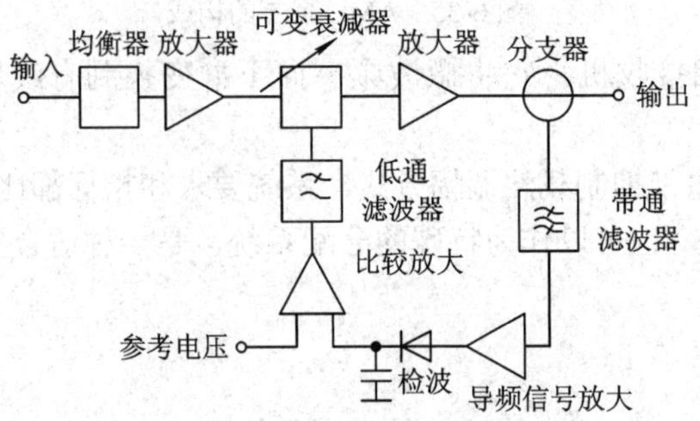

图 6-38 第三类干线放大器

• 带斜率补偿的 AGC 干线放大器(第四类干线放大器)。由于 AGC 放大器中增益和斜率有一定内在联系，因此，可以通过一定的补偿网络，使斜率的改变随增益而变化，从而在控制增益的同时来补偿斜率。

这类放大器的电路组成如图 6-39 所示。它可以传输更长的距离，且可级联的级数也较多(10 级左右)。

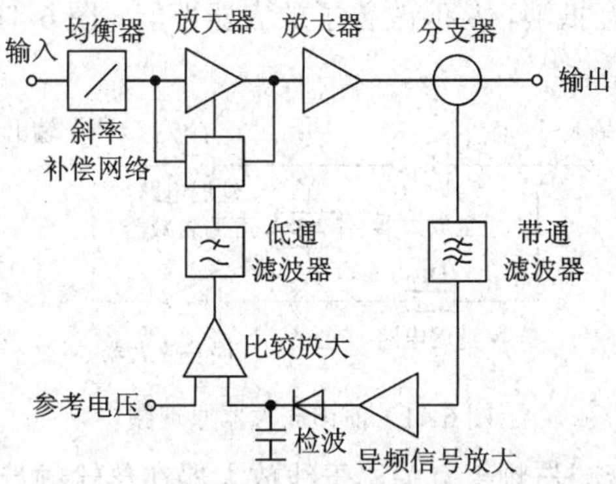

图 6-39　第四类干线放大器

- ALC 干线放大器(第五类干线放大器)。自动电平控制(ALC)包括自动斜率控制(ASC)和 AGC。ASC 与斜率补偿不同，它是一个闭环系统，具有自动误差校正作用。在 ALC 干线中，传输的信号电平和斜率都得到有效控制，误差不会积累。因此，这是一种功能最全、性能最好的干线放大器，传输距离远，可级联级数多(达 30 级左右)，是目前应用最多的干线放大器之一。

ALC 干线放大器的构成如图 6-40 所示，它需要两个导频信号，一个用于 AGC 控制，另一个用于 ASC 控制。

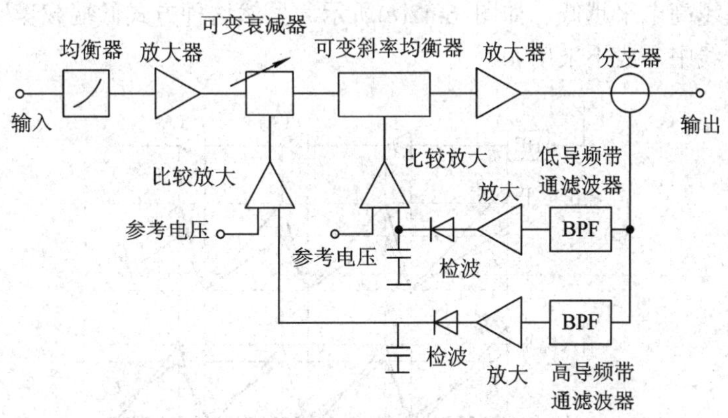

图 6-40　ALC 干线放大器的构成

干线放大器中的 AGC 和 ASC，一般都用导频信号来控制。第三类干线放大器用的导频信号，一般选中间频率(参见 6.3 节)或选在频段中间；第四类干线放大器常用高频导频或中频导频；第五类干线放大器需高、低或高、中两个导频信号。

在邻频传输系统中对干线放大器的要求更为严格，除要求较高的线性增益及较高的互调比和交调比外，还要求带内波动在 ±0.5 dB 左右，屏蔽系数大于 70 dB。

② 干线放大器电路。干线放大器技术已从晶体管单管推挽式发展到由多种模块组成的

新型干线放大器。其中，电路可分为推挽式、功率倍增(功率合成)式、前馈式和组合式等多种电路。

推挽式(模式)是传统方式，功率倍增式比单模块电路的增益和 N_F 都增加 3 dB，互调比改善 2.5 dB。前馈放大技术是一种改善非线性失真的方法，它应用信号相位关系，使有用信号相互合成，失真信号相互抵消，从而改善了放大器性能。图 6-41 是前馈放大器的原理图。其中，DC_1、DC_2 为分支器。

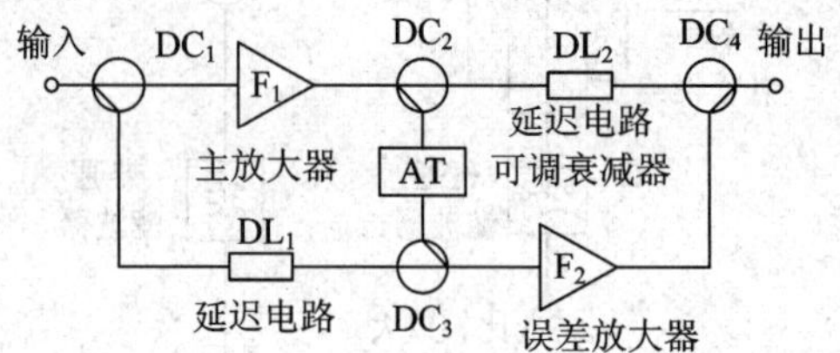

图 6-41　前馈放大器原理图

③ 工作方式。电缆衰减与频率有关，干线放大器在传输频带的高端(f_H)和低端(f_L)可以有不同的输入、输出电平(电平倾斜)，据此可把干线放大器的工作方式(或电平倾斜方式)分为以下三种：

- 全倾斜方式。全倾斜方式的输入信号电平与频率无关(平坦信号)，而输出信号电平随频率升高而升高，如图 6-42(*a*)所示。由于频带的高、低端输出电平不等，因此有利于减小交调，但低端载噪比也较低。全倾斜方式在干线中用得较多。
- 半倾斜方式。半倾斜方式的输入、输出信号均倾斜，输入电平是低端较高，输出电平是高端较高，如图 6-42(*b*)所示。这种方式在干线中采用得也很多。
- 平坦方式。平坦方式的输出信号电平与频率无关(高、低端电平相等)，输入电平随频率倾斜，且频率越高电平越低，如图 6-42(*c*)所示。虽然这种方式低端载噪比较高，但产生的交调较大，干线中一般不采用。

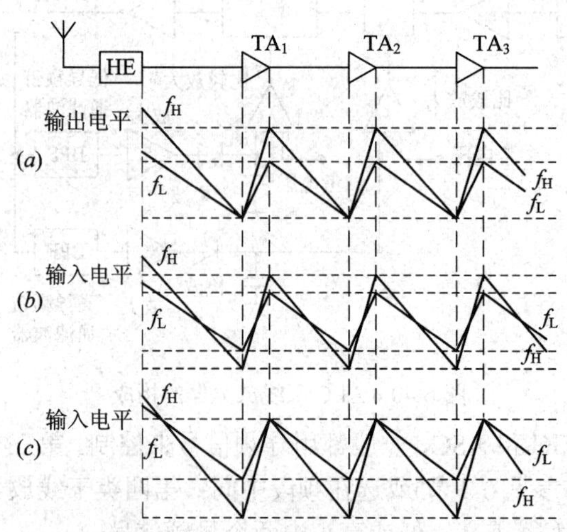

图 6-42　干线放大器的工作方式

(*a*) 全倾斜方式；(*b*) 半倾斜方式；(*c*) 平坦方式

(2) 干线分支和分配放大器。干线分支放大器，又称桥接放大器，它除一个干线输出端外，还有几个定向耦合(分支)输出端，将干线中信号的一小部分取出，然后再经放大送往用户或支线。

干线分配放大器有若干个分配输出端，各端输出电平相等。它通常处于干线末端，用以传输几条支线。

(3) 光放大器。光放大器的使用，标志着光纤 CATV 由第一代进入第二代，若把信号源也包括到光学系统中，光放大器和光纤对所有信号都完全透明，就成为第三代光纤 CATV。

目前有线电视系统使用的光放大器主要是干线光放大器和分配光放大器。按工作原理分，它们主要有半导体激光放大器和光纤激光放大器两种。

① 半导体激光放大器。它是利用能级跃迁受激现象进行光放大的，目前可获得 30 dB 左右的光增益。它有两种类型：一种是将通常的半导体激光器作光放大器，称为法布里泊罗半导体激光放大器(FPA)；另一种是在法布里泊罗激光器的两个端面上涂有抗反射膜，使光在行进过程中被放大，称为行波式光放大器(TWLA)，如图 6-43(*a*)所示，其核心是有源区(它是长约 300 μm、宽约 2 μm、厚约 0.15 μm 的 PN 结)。

这种光放大器体积小，效率高，功耗低，但与光纤耦合困难。

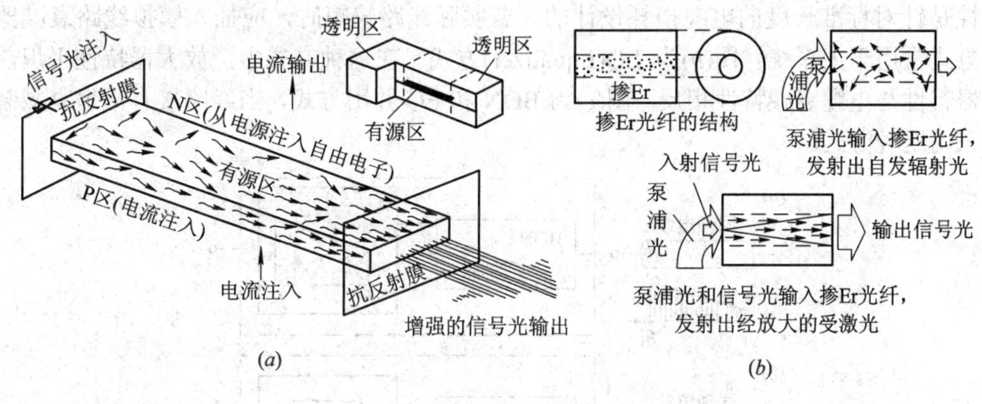

图 6-43　光放大器

(*a*) 行波式光放大器；(*b*) 光纤激光放大器

② 光纤激光放大器。这种放大器是利用光纤的非线性效应制成的。在石英光纤中掺入微量铒(Er)，就形成如图 6-43(*b*)所示的光纤放大器。当强输入光(泵浦光)进入掺铒光纤时，高能级的电子经碰撞后自发辐射出荧光。没有信号光输入时荧光之间不相干。当有信号光输入时，它会接受泵浦光的能量，沿光纤逐步增强，从而将该光信号放大。

这种放大器增益高(可达 46.5 dB)，噪声低，输出功率大，与光纤耦合容易，且接头损耗小，但体积较大。

2. 均衡器(EQ)

在有线电视的信号传输过程中，为使各频道信号的电平差始终保持在规定的范围内，通常要采用均衡措施；否则各级积累的电平差会使系统产生严重的交互调干扰。

均衡器是一个频率特性与电缆相反的无源器件，通常为桥 T 四端网络。在工作频带内，最高频率(f_H)信号通过均衡器的电平损耗 ΔL 称为插入损耗；最低频率(f_L)信号通过的电平损耗与插入损耗之差称为最大均衡量 JL。

设均衡器的衰减特性为 $L(f)$，则有：

$$\Delta L = L(f_H) \tag{6-13}$$

$$JL = L(f_L) - L(f_H) \tag{6-14}$$

设长度为 b 的电缆衰减特性为 $b\varphi(f)$，则

$$L(f) = L_0 - b\varphi(f) + \Delta L(f) \tag{6-15}$$

式中，L_0 取决于具体均衡器的 dB 常量，$\Delta L(f)$为实际均衡器与理想均衡器的逼近误差。

在选择均衡器时，其标称工作频率范围应与所工作系统的信号频率范围相同，JL 应与系统信号最大电平差相等。

若干线放大器的增益为 G，则

$$JL = G\left(1 - \sqrt{\frac{f_L}{f_H}}\right) \tag{6-16}$$

电缆损耗的均衡有三种方式，如图 6-44 所示。图(*a*)为 BON(Building out Network)方式。这是一种用放大器增益随频率提高而倾斜增长的特性来均衡电缆损耗的方式。这种增益频率特性是针对标准长度的电缆损耗设计的，若实际线路较短时，应插入模拟线路衰减器。这种方式常用于大系统。图(*b*)为 EQ(Equalizer)方式。在这种方式中，放大器特性平坦，而均衡器特性与电缆衰减特性相反。图(*c*)为 BON 和 EQ 并用方式，当线路接有平坦衰减装置时宜采用这种方式。

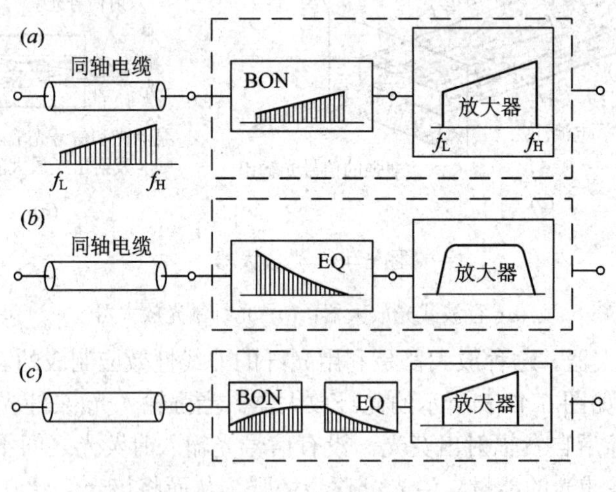

图 6-44　均衡方式

3. 光端机

光端机包括光发射机和光接收机，它有单路和多路两类。单路光端机主要用于电视台机房与发射塔之间，多路光端机主要用于有线电视网。

(1) 光发射机。光发射机主要功能是电/光(E/O)转换，其中，电信号可以是基带、中频、射频或微波的模拟或数字信号，对光信号的调制可以采用调幅、调频或调相方式。光发射机的典型组成如图 6-45 所示。

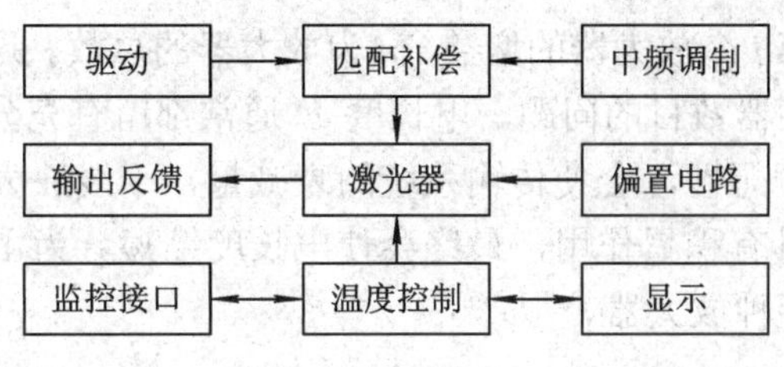

图 6-45　光发射机

激光器是光发射机的重要器件，有线电视常用的有分布反馈式 DFB(Distributed Feed Back)和 Nd：YAG(掺钕钇铝石榴石，简称“亚割”)两种。DFB 采用直接强度调制，较常采用。YAG 为外调制，输出功率大。

(2) 光接收机。光接收机的主要功能是将已调光信号转换为电信号(O/E)。光接收机的解调方式分为相干和非相干两种。非相干解调即功率检波，使用的器件有 PIN 型及 APD(雪崩)型光电二极管。

光接收机的组成比较简单，图 6-46 为一光接收机实用框图。

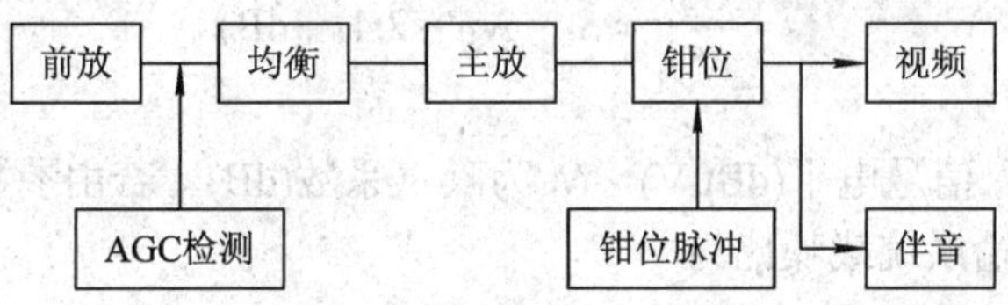

图 6-46　光接收机框图

4. 其他设备

(1) 光分路(耦合)器。它有均分路器和非均分路器两种。在光缆 CATV 中常用后者。从结构上看，它有星型和树枝型，即 $M \times N$ 型和 $1 \times N$ 型，在有线电视中常用后者。

光分路就是指光从一根光纤输入，分成若干根光纤输出。其原理是利用光纤芯外的衰减场相互耦合，使光功率在两根光纤中相互转换。

光分路器的主要指标有分光比 R、耦合系数 K、隔离度 I、插入损耗 L 等。

(2) 光纤活动连接器。它有平端和斜面两种，在光缆 CATV 中常用后者。

6.4.5　传输系统设计

1. 设计要素

传输系统设计要考虑的最基本的有三大条件，即三要素，它们是工作频段(f_L、f_H)、传输长度、工作条件(如温度等)。

工作频段决定频道数，并与传输方式有关。传输长度指传输距离，它可以是相邻两干线放大器之间的距离，也可以是总的传输距离。传输长度的表示方法可用缆线的长度直接表示，也可用电长度(E)间接表示。所谓电长度 E，指的是在传输长度内所有放大器的总增益，即

$$E = \sum_{i=1}^{n} G_i$$

式中，G_i为传输长度内第 i 个放大器的增益，n 为放大器的总数。这样就把传输距离问题转化为传输距离内串接放大器数目的问题。电长度 E 通常都留有充分的裕量。环境温度的变化和均衡的不稳定、非理想性，会使传输系统的衰减量，干线放大器的输入、输出电平等发生变化，且这种变化具有积累作用，最终会使电长度缩短。为了充分利用电长度，在传输系统中，要合理配置各种放大器。

2. 设计依据

传输系统的设计依据是系统的性能参数，主要有载噪比、非线性指标等。

根据系统指标的分配公式(6-3)、式(6-6)～式(6-8)，可以对传输系统进行指标分配。由于传输系统，特别是干线传输系统，传输距离长，放大器级联数多，对载噪比和交、互调比的影响较大，指标分配系数应取大些，即干线部分的指标可在允许的范围内适当放宽要求。

单级放大器载噪比为

$$\left(\frac{C}{N}\right)_{\mathrm{i}} = S_{\mathrm{i}} - N_{\mathrm{F}} - 2.4 \quad (\mathrm{dB}) \tag{6-17}$$

式中，S_{i}为放大器输入信号电平(dBμV)，N_{F}为噪声系数(dB)。若由参数相同的放大器(n 级)组成传输链路，则传输系统载噪比为

$$\left(\frac{C}{N}\right)_{\mathrm{t}} = \left(\frac{C}{N}\right)_{\mathrm{i}} - 10\ \lg n \quad (\mathrm{dB}) \tag{6-18}$$

若由不同参数的放大器组成，则传输系统载噪比为

$$\left(\frac{C}{N}\right)_{\mathrm{t}} = -10\lg\sum_{i=1}^{n}10^{-(C/N)_{\mathrm{i}}/10} \quad (\mathrm{dB}) \tag{6-19}$$

如果单级放大器交调比为$(\mathrm{CM})_{\mathrm{i}}$，即

$$(\mathrm{CM})_{\mathrm{i}} = 60 + 2(S_{\mathrm{m}} - S_{\mathrm{o}}) - 15\ \lg(N-1) \quad (\mathrm{dB}) \tag{6-20}$$

式中，S_{m}、S_{o} 分别为最大输出电平(dBμV)和实际工作电平(dBμV)，N 为传输频道数。若系统由 n 个相同的放大器组成，则传输系统的交调比$(\mathrm{CM})_{\mathrm{t}}$为

$$(\mathrm{CM})_{\mathrm{t}} = (\mathrm{CM})_{\mathrm{i}} - 20\ \lg n \quad (\mathrm{dB}) \tag{6-21}$$

若系统由不同参数的放大器组成，则

$$(\mathrm{CM})_{\mathrm{t}} = -20\lg\sum_{i=1}^{n}10^{-(\mathrm{CM})_{\mathrm{i}}/20} \tag{6-22}$$

$(\mathrm{IM})_{\mathrm{t}}$、$(\mathrm{CTB})_{\mathrm{t}}$等非线性指标的计算方法与上面类似。

用电长度 E 表示传输距离，与电缆的衰减系数无关，但电缆的温度系数 δ 会使系统产生电平波动 ΔS，而 ΔS 与 E 有关，为

$$\Delta S = \delta \cdot E \cdot \Delta t \quad (\mathrm{dB}) \tag{6-23}$$

式中，Δt 为温度的最大变化量。

3. 设计内容

(1) 网络结构设计。对电缆传输系统，干线与支线宜采用树枝型结构，支线至分配放大器宜用星型网。对光缆传输系统多采用星型结构。目前常用的混合网主要是 FTTN+电缆分配网。其中，FTTN 主要用星型结构，电缆分配网主要用树枝型。

当然，网络结构的设计要视具体情况而定，不能一概而论。

(2) 传输链路设计。

① 电缆传输系统设计。根据所选电缆特性、放大器特性及配置情况及温度情况可决定传输距离。

传输系统输出电平通常选为 70 dBμV，考虑到各种波动和误差，再根据国标规定，决定系统允许的电平波动 ΔS，然后由式(6-23)可求出 E，通常小于 143 dB。若采用 AGC 或 ALC 放大器，电长度 E 可延长至 220 dB 左右。由电缆的衰减特性(在 f_H 处衰减值为 I_H dB/m)，可求出实际传输长度为

$$l = \frac{E}{I_H} \quad (m) \tag{6-24}$$

② 光缆传输系统设计。

• 光节点的选定(划分片区)。以每个光接收机覆盖 1～2 km^2 或 1000～3000 用户为原则划分片区，光接收机置于片区中心。

• 确定链路总损耗。光缆 CATV 链路包括光分路器、光缆、活动连接器、固定接头等。光链路的设计实际上是光功率的分配。

光链路总损耗为

$$L = 0.38l + 0.05h + 10\lg\left(\frac{100}{R}\right) + 0.5k + 0.5 \tag{6-25}$$

式中，l 为光缆长度，h 为固定接头数，R 为分路器的分光比，k 为活动连接器数。L 在设计时要留出一定的裕量(常为 1 dB)。一般来讲，要求光链路的载噪比、CTB 和组合二阶差拍 CSD 指标分别为 48～50 dB、62～65 dB。

• 选择相应的光端机。根据系统指标、厂家光端机性能，结合光链路损耗选择合适的光端机。

应当注意，在光链路设计中，要充分发挥光功率的效益，这就要求：光功率不能浪费，也不允许留太多裕量，一般要小于 10%；选取的光路要最短；应尽量减少链路中的接头。

6.5 分配系统

6.5.1 分配系统的作用、组成与特点

1. 分配系统的作用

分配系统的作用主要是把传输系统送来的信号分配至各个用户点。

2. 分配系统的组成

分配系统由放大器和分配网络组成。分配网络的形式很多，但都是由分支器或分配器

及电缆组成。

3. 分配系统的特点

分配系统考虑的主要问题是高效率的电平分配，其主要指标是交、互调比，载噪比，用户电平(系统输出口电平)等。

分配系统具有如下特点：

(1) 用户电平和工作电平高。这是有线电视系统中唯一需要高电平工作的地方。只有这样，才能提高分配效率，增加服务数。通常用户电平可取 70 dBμV，过高的工作电平会使非线性失真加大，串接能力减小；过低的工作电平又会使载噪比不满足要求的指标。因此，在进行指标分配时，分配系统的载噪比指标的分配系数要小点(可占全系统的 10%～20%)，而非线性指标的分配系数要大些，可占全系统的 50%～60%。

(2) 系统长度短，放大器级联级数少(通常只有一二级)，且放大器可不进行增益和斜率控制。

6.5.2 分配方式

有线电视的分配网络一般都是电缆网，其基本方式有如下几种：

1. 串接分支链方式

这是分配网络中常用的分配方式，如图 6-47 所示。串接的分支器数目与分支器的插入损耗和电缆衰减有关。通常在 VHF 系统中，一条分支链上可串接二十几个分支器；在全频道系统中，一条分支链上串接的分支数小于 8 个。

图 6-47　串接分支链方式

2. 分配—分配方式

如图 6-48 所示，分配网络中使用的均是分配器，且常用两级分配形式。需要注意的是，每个分配器的每个输出端都要阻抗匹配，若某一端口不用时要接一个 75 Ω 负载。

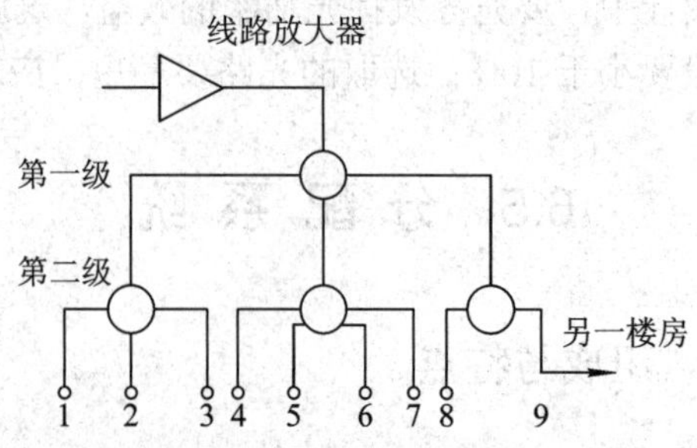

图 6-48　分配—分配方式

3. 分支—分支方式

在这种方式中使用的均是分支器，如图 6-49 所示。这种方式较适于分散的、数目不多的用户终端系统。同样，在最后一个分支器的输出端也要接上一个 75 Ω 的匹配电阻。

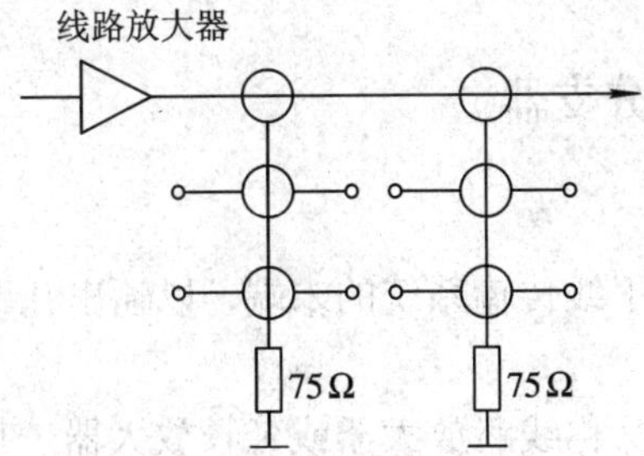

图 6-49　分支—分支方式

4. 分配—分支方式

如图 6-50 所示，这是一种最常用的分配方式。在分配—分支网络中，允许分支器的分支端空载，但最后一个分支器的输出端仍要加 75 Ω(1/4 W)负载。

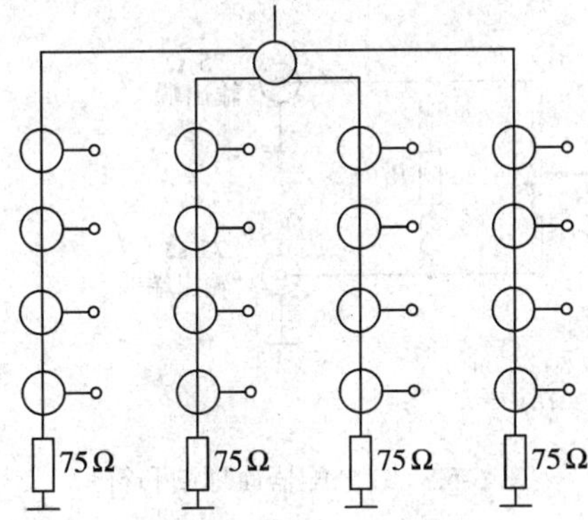

图 6-50　分配—分支方式

5. 分配—分支—分配方式

这种方式带的用户终端较多，但分配器输出端不要空载，如图 6-51 所示。

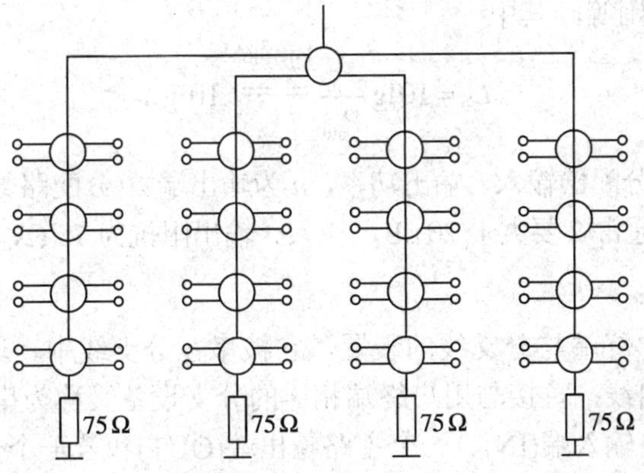

图 6-51　分配—分支—分配方式

此外，类似蜂窝移动通信系统，蜂窝电视是一个有线电视的无线分配系统，可参阅有关资料。

6.5.3　放大器、分配器和分支器

1. 放大器

(1) 分配放大器。它处于干线传输系统的末端，以输出几路分配所需的电平。它通常无 AGC 和 ASC 功能。

(2) 线路延长放大器。它又称线路放大器或延长放大器，其作用是提高信号电平。线路放大器结构简单，增益通常为 20～30 dB，输出电平较高，一般都在 110 dBμV 以上。这种放大器在分配系统中用得最多。

2. 分配器

分配器是将一路输入信号均等或不均等地分配为两路以上信号的部件。常用的有二分配器、三分配器、四分配器和六分配器等，图 6-52 为二分配器的电原理图和符号。

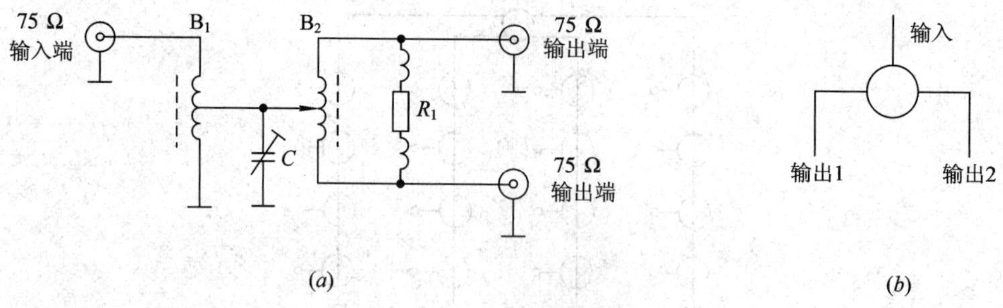

图 6-52　二分配器原理图和符号

(a) 原理图；(b) 符号

分配器的类型很多，有电阻型、传输线变压器型和微带型；有室内型和室外型；有 VHF 型、UHF 型和全频道型。

分配器的电气特性主要有分配损耗(L_S)，端口隔离度 S，输入、输出阻抗，电压驻波比(VSWR)和工作频率范围等，其中

$$L_S = 10\lg\frac{P_{in}}{P_{out}} \xlongequal{\text{均分时}} 10\lg n \tag{6-26}$$

式中，P_{in}、P_{out} 分别为分配器输入、输出功率，n 为输出端数(分配路数)。实际的 L_S 还要比式(6-26)算出的值大些。通常 S 要大于 20 dB，输入、输出阻抗为 75 Ω，各端口的 VSWR≤2。

3. 分支器

分支器是连接用户终端与分支线的装置，它被串在分支线中，取出信号能量的一部分馈给用户。不需要用户线，直接与用户终端相连的分支设备又称为串接单元。

分支器由一个主路输入端(IN)、一个主路输出端(OUT)和若干个分支输出端(BR)构成。图 6-53 所示为一分支器原理图和符号。

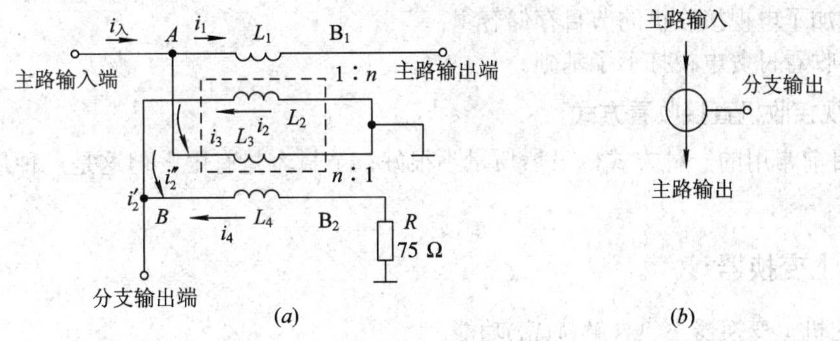

图 6-53　一分支器

(a) 原理图；(b) 符号

分支器根据分支端数目的不同，通常有一分支器、二分支器和四分支器几种。

在分支器中信号的传输是有方向性的，因此分支器又称定向耦合器，它可作混合器使用。

分支器的主要性能指标有插入损耗 L_d、分支损耗 L_c、相互隔离度 S 和反向隔离度 S_r 等，其中：

$$L_d = 10\lg\frac{P_{in}}{P_{out}}\quad(\text{dB}) \tag{6-27}$$

$$L_c = 10\lg\frac{P_{in}}{P_{BR}}\quad(\text{dB}) \tag{6-28}$$

式中，P_{in}、P_{out} 和 P_{BR} 分别为分支器主路输入端、主路输出端和分支端的功率。反向隔离度 S_r 通常在 25 dB 以上。

6.6 用户终端

用户终端的形式很多(参见 6.1 节)，目前常用的是电视接收机及机上变换器。

6.6.1　常用终端技术

1. 有线电视接收机方式

这是一种专用接收技术，它在接收机内部采用特殊的电路和处理方法，使它既能收看普通电视信号，也能收看邻频信号或增补频道节目，甚至可收看付费电视。

2. 集中群变换方式

以某一集中区域为单元，用一个电视频率变换站来控制该区域中的用户终端。

这种方式只是一种过渡方式，对付费电视也不好管理，因此用得很少。

3. 机上变换器方式

这种方式以用户为单元，在其电视接收机前加装机上变换器。这种方式有以下特点：

(1) 对信号作进一步的处理，提高了收视质量；

(2) 可收看邻频(含增补频道)节目；

(3) 增加了电视接收机的节目存储容量；

(4) 为收看付费电视打下了基础。

4. 电视接收机直接收看方式

这是目前常用的一种方式，虽然质量不很好，节目容量有限，但这是一种最简单方便的方法。

6.6.2 机上变换器

这里的机上变换器不包含解扰(密)功能。

1. 机上变换器的组成

机上变换器通常采用高中频的双变频方式或解调—调制方式。

(1) 高中频双变频式机上变换器。该方式的组成如图 6-54 所示，其中第一本振可调，选台就是通过改变第一本振实现的。目前生产的变换器多是此种类型。

这种变换器技术要求低，成本也低。缺点是无视频、音频信号，不能通过变换器对音量、对比度、亮度等进行调节。

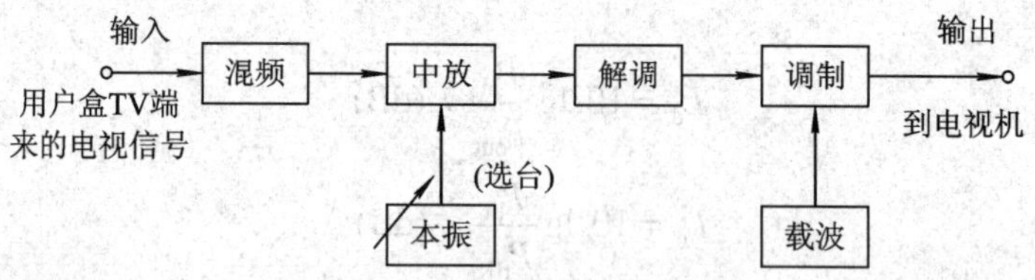

图 6-54　双变频式机上变换器

(2) 解调—调制式机上变换器。这种变换器的组成原理如图 6-55 所示。其最大优点是：有视频、音频信号；可通过变换器对音量、亮度等进行调节；加装解扰器也十分方便。但由于功能多、指标高，因此价格较贵。这是一种很有发展前途的变换器。

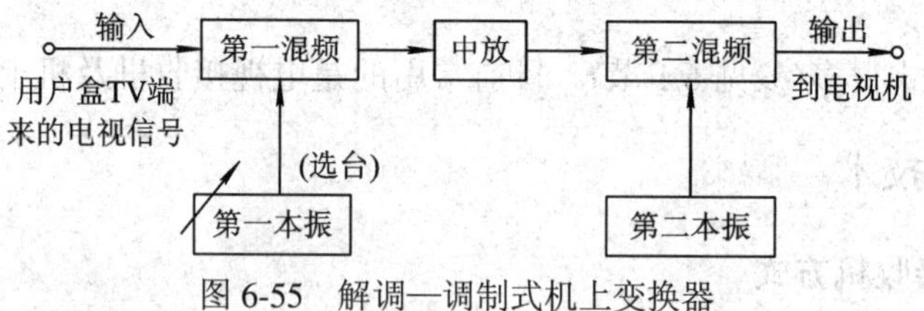

图 6-55　解调—调制式机上变换器

2. 机上变换器的类型

(1) 从上限频率来分。上限频率指的是变换器所能接收和处理的最高信号频率，目前有 300 MHz、450 MHz、550 MHz 等几种。上限频率越高，可接收的频道数越多。

(2) 从调谐方式来分。从变换器组成可以看出，变换器中都有调谐部分，目前的变换器几乎均为数字调谐。数字调谐有两种方式，即电压合成数字调谐和频率合成数字调谐。

6.7 双向有线电视系统

双向传输是有线电视实现多功能化和交互式(interactive)业务的关键。

在双向(two-way 或 bidirectional)有线电视中，由前端向用户终端传送的信号叫下行(downstream)信号或正向通路(forward path)信号；信号从用户端向前端传送的通路称为上行(upstream)通路或反向通路(reverse path)。

交互式业务的主要用途有：多功能服务(如电视购物、电子邮政、医疗等)、付费电视、计算机通信、交换电视节目、系统工作状态监视。双向有线电视的其他功能在第一节中已有论述。

6.7.1　工作方式

双向 CATV 的工作方式指的是双向传输的实现方式或分割方法，主要有以下几种：

1. 空间分割法

又称双缆法，它是利用两根电缆或光缆分别传送上、下行信号。

2. 频率分割法

用同一缆线的不同频段分别传送上、下行信号。这是一种常用的方法，根据分割频率的不同，又有三种方式：① 低分割：分割频率取 30～47 MHz；② 中分割：分割频率取 100 MHz 左右；③ 高分割：分割频率取 200 MHz 左右。

分割方式的选取取决于系统功能的多少、规模的大小、信息量的多少和设备性能的允许程度等。通常规模小、频道少、只传上行控制信号的系统采用 5～30 MHz 的低分割方式；上行信息多(或交互性的)，可用 5～550 MHz 的中、高分割方式。这种方式是目前双向电视系统中的主要传输方式。

3. 时间分割法

这种分割方式类似于通信系统中的时分多址(TDMA)和时分复用(TDM)，它虽然不产生上、下行信号的交、互调干扰，但存在迟延现象，而且技术难度大，需要复杂的取样和传送设备，因此目前还难以实现。

6.7.2　双向 CATV 系统的组成

1. 网络拓扑

双向 CATV 系统的拓扑结构常有环型、星型和树枝型三种。星型适合信息交换，树枝型是传统形式，环型结构也比较常用。

2. 构成方式

不同的分割方式和网络拓扑可以构成不同的双向 CATV 系统，如双缆星型网、单缆树枝型网等。为节省缆线，目前的双向 CATV 系统常用单缆网。

3. 双向 CATV 的基本组成

图 6-56 示出了单缆树枝型双向 CATV 的基本组成。对下行信号的处理与一般有线电视基本一样，而对上行信号的处理比较复杂。

在系统输出口，上行调制器把上行信号调制到某一上行频道，由双向滤波器送入用户端，再经支线、干线传回前端。在前端进行处理后再传给用户。

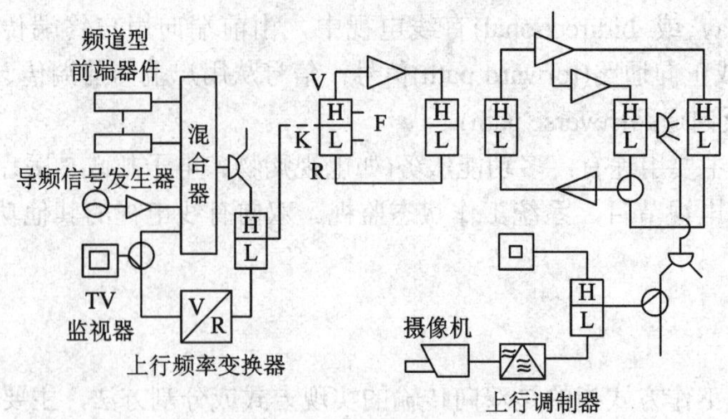

图 6-56　双向 CATV 基本组成

双向传输放大器由双向放大器和双向滤波器组成。其中，双向滤波器还可兼作电源插入器。

前端对上行信号的处理主要是将其变换到某一选定频道(常为 VHF 频道)上，并与前端其他信号相混合。

6.7.3　通信控制

双向 CATV 是多个终端共用传输线路的系统。为避免终端间相互竞争，需进行通信控制。在各个终端具有不同的频道时，控制比较简单；而在多终端共用同一频道时，常用时分方式控制。

时分控制方式常用的有三种。第一种是查询(polling)方式，即中心顺序对各终端查询有无数据发出。第二种是载波侦听多址接入/碰撞检测(CSMA/CD)方式，即不断检测传输线路上有、无载波；若无，允许发送数据；若有，则待下次检测为空闲时再准予发送。第三种是令牌(标记，token)方式。这种方式是巡回地把令牌分配于网中，在某一时刻，只允许具有令牌的终端传送数据。

查询方式多用于信息量少的简单系统，令牌方式多用于环型网，而 CSMA/CD 方式对各终端机会均等。

6.7.4　信息交换方式

现在流行的交互式业务有两种信息交换方式。

1. 分配扫描方式

又称查询方式或巡检方式，其主要构成如图 6-57 所示。这种方式前端主动，用户被动，属于广播型交换方式。

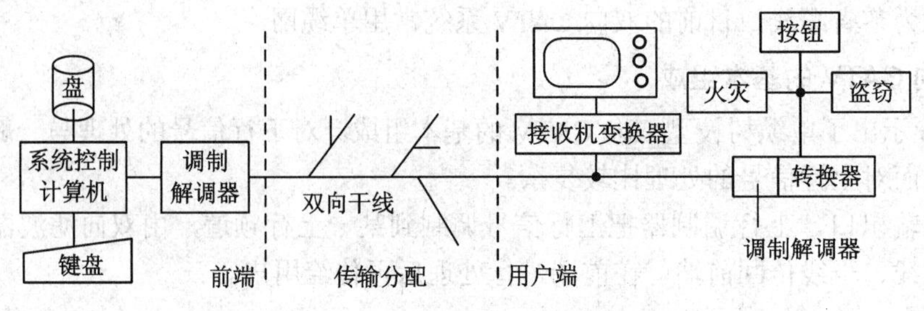

图 6-57　分配扫描方式原理

在双向 CATV 中，完成交互式业务都需要寻址功能。前端计算机存在用户地址、名字和授权指令。由计算机键盘控制计算机发出，到用户的接收机交换器进行查询。若用户键入所需电视节目，经接收变换器处理，使所需信号进入接收机，用户就可在电视机上收看到电视节目，这就是付费电视。

这种方式还可用于火灾报警、病人监护、图文广播、工程管理等。

2. 点—点方式

在采用这种方式的网中，各用户以终端速率传输数据，前端只需一个频率变换器，其基本原理如图 6-58 所示，图(*a*)为传输示意图，图(*b*)为频谱利用情况。

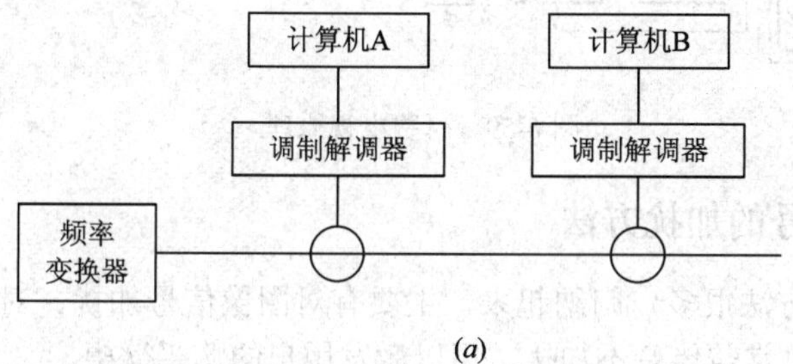

(*a*)

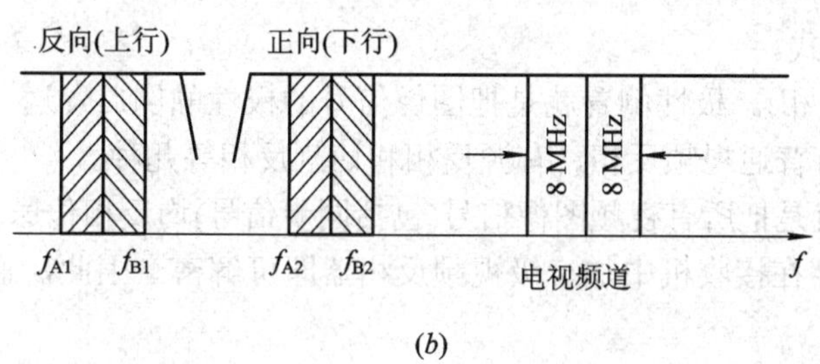

(*b*)

图 6-58　点—点方式

(*a*) 传输示意图；(*b*) 频谱利用情况

上行流动载着由用户(A)的调制解调器输出信号至前端，此利用 f_{A1}。f_{A1} 经前端频率变换后为 f_{A2}，f_{A2} 的下行流由用户(B)的调制解调器接收，从而完成由用户(A)到(B)的传输。

如果数据为双向的，即用户(B)到(A)也有数据传输，则用户(B)以 f_{B1} 反向传输至前端，f_{B1} 经变换后为 f_{B2}，再下行传给用户(A)。

6.8　付费电视系统

付费电视是一种电视信号的有条件接收技术，常用于有线电视系统中。付费方式很多，目前常用的有统一付费方式(按频道每月付一次)、计时付费方式、按片付费(PPV)方式等。

6.8.1　付费电视的基本原理

付费电视就是用加扰(或加密)技术对发送的电视信号进行特定的变换处理，使之成为一种伪装了的信号，一般用户无法正常收视，只有配备解扰(密)器并付费后才能有效收看。其基本原理如图 6-59 所示。

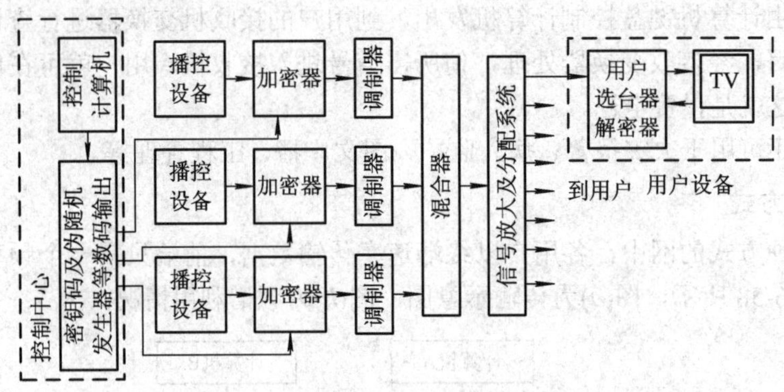

图 6-59　付费电视原理

6.8.2　付费电视信号的加扰方法

电视信号的加扰方法很多，归纳起来，主要有对图像信号加扰、对伴音信号加扰或对两者都加扰三种。而且常常伴音不加扰，用以激发用户的购买欲望。

1. 图像信号加扰的基本方法

(1) 振幅处理方式。

① 极性倒置(反相)。极性倒置就是把图像信号的极性颠倒后发送。倒置或反相的方式很多，主要采用的有普通视频反相、有源反相和切割反相等几种。

普通视频反相就是把所有视频图像信号(包括同步信号)均反相传送的方式。这种方式最原始、最简单，只需在接收机中加一级视频反相器即可解密。因此，通常要和其他方式结合使用。

有源反相常用的有三种方式，即视频信号逐行反相、逐场反相和特定行反相(奇数行反相、偶数行反相、伪随机行反相等)。

切割反相是把一行视频信号切割成几段，并将切割后的各段进行特定段反相，如图 6-60 所示。这种方式常用于数字系统中。

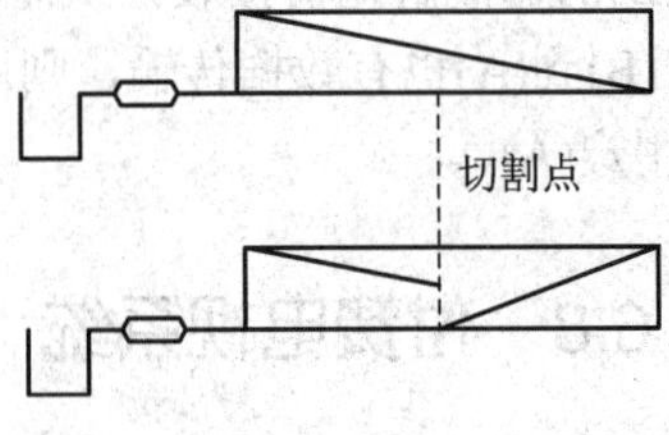

图 6-60　切割反相

② 同步抑制或代换。

• 正弦波同步转换。在视频信号中加入 nf_H(f_H为行频)的正弦波，干扰同步信号，使之落入图像信号的幅度范围内。在这种情况下，电视接收机因无法同步而不能收看。这也是一种比较简单的方法，若知道干扰频率，只需要一个滤波器就可解密。

• 脉冲同步转移。在视频信号中，加入与同步脉冲同步的脉冲串，使同步脉冲衰减或压缩至图像信号幅度范围内。在解扰器中，需要用另外发送的同步信号来解扰。

- 同步代换。将同步信号用非标准的信号波形代换，如在欧丽安(OAK ORION)系统中，行同步信号被调制到 2.5 MHz 的副载波上，并和数据副载波一起发送出去。这是一种较常用的方法。

(2) 频率处理方式。主要有频谱倒置和频谱扰乱两种方法。频谱倒置就是把已调波的频带倒置传输，频谱扰乱就是把图像信号的频谱加以扰乱。

此外，还可以在信号发射频率上进行跳频加密。频率合成技术在有线电视中的应用，便利这种方法实现起来较为简便。

(3) 时基处理方式。

① 行旋转。将每行信号切成若干段，并在交换前、后位置后发送。

② 行置换。随机交换行的位置后发送。

③ 行逆向扫描。扫描自右向左逆向进行。

2. 伴音信号加扰的基本方法

(1) 再调频法。伴音信号用 FM 方式调制到超音频(如 30 kHz 或 70 kHz)载波上，在解密器中要加一个调谐在超音频上的鉴频器。

(2) 频谱倒置和频谱扰乱法。这与图像信号的加扰方法类似。

(3) 时间扰乱法。把伴音信号按时间分段并扰乱其顺序。

(4) 数字伴音。数字音频常用 PCM 技术进行加密。

6.8.3 解密器与收费卡

解密器是供用户插入电视机，以便收看付费电视节目的一种设备。其基本功能在于对已加密信号进行解密处理，以向用户提供正常的音频、视频信号。

解密器的结构与加密方法有关，但其基本组成包括：

1. 数据处理及解密电路

这部分通常由微处理器、存储器及运算电路等组成。它将前端传来的数据信息进行处理，以便进行收费收视授权、信息存储等，输出解扰信号码，供图像和伴音解扰用。

2. 图像及伴音信号处理电路

它包括前端解调电路、A/D、时钟恢复及同步恢复电路等，主要完成图像和伴音信号的解扰。

对按次收费或计时收费等系统，还需购买收费卡后才能解密收看。收费卡是一种专为数据加密系统设计的塑封卡，目前有两种类型：接触式和非接触式，常用前者。

6.8.4 收费管理

付费电视的收费管理方式与电视系统加密方式有关。电视加密系统大致分为受控式和开放式两类。受控式系统由前端控制中心通过计算机系统控制每一个用户的解密器。当某一用户未按时交费时，中心可关断该用户的解密器。这种加密系统的收费方式一般为按片付费(PPV)或计时付费。在收费管理系统中一般都有定址或寻址系统，以便对所管理范围内的任一用户设定址，并控制其工作状态。图 6-61 为一定址系统结构图，其中的定址解码器用来选择频道并将被编码的信号以特定的程序还原成原来的电视信号。根据分配线路及信号走向可分为单向、射频双向和电话双向三种方式。单向、射频双向实际就是单向、双向 CATV。电话双向是利用电话网络，将上行信号送至定址控制器。可寻址闭锁加密系统，从而实现自动收费管理。图 6-62(*a*)为可寻址闭锁前端，图 6-62(*b*)为用户端的可寻址闭锁单元。PC 机将未按时交费的用户清单经处理后送至 CATV 系统进行传输分配，然后送到可寻址闭锁单元进行控制。

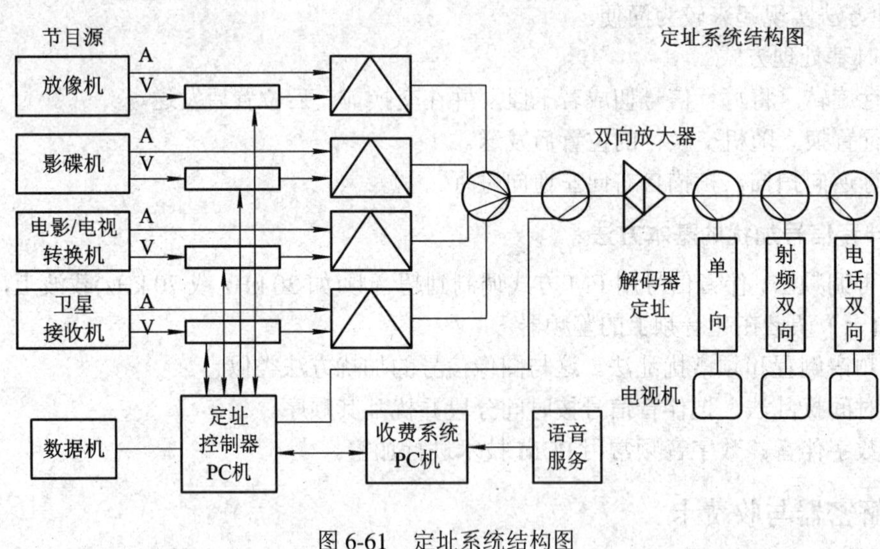

图 6-61　定址系统结构图

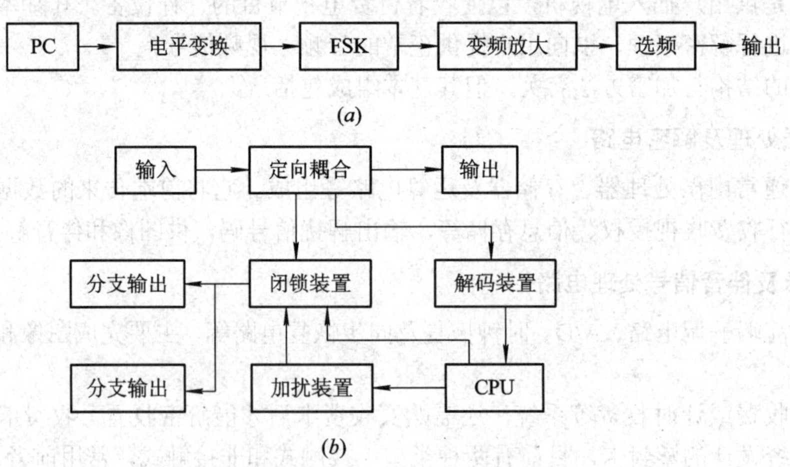

图 6-62　可寻址闭锁系统

(*a*) 可寻址闭锁前端；(*b*) 可寻址闭锁单元

在开放式系统中，前端中心无法完全控制每一个用户的解密器，只能通过预设的“有效时间控制器”，使其到期未交时，使解密器自动失效而无法收看。这种方式的安全性要差一些，但简单易行，比较适合按月收费等统一收费方式。

▼ 思考题与习题

1．说明各种有线电视系统的区别。

2．简述有线电视系统的频道是如何划分的？

3．有线电视系统有何功用和特性？

4．有线电视系统一般由哪几部分组成？拓扑结构都有哪几种？

5．有线电视系统主要有哪些指标？如何分配？

6．前端系统有哪几种类型？为什么邻频前端多采用中频处理方式？

7．若前端系统的输入电平为 60 dBμV，$N_F = 8$ dB，求其载噪比。接收开路广播电视节目时，若前端输入电平不够，在前端将如何处理？

8．为什么接收频道越多，交调就越大？

9．有线电视系统的传输媒介如何选择？

10．有线电视有哪些传输方式？各有什么特点？

11．分配系统有何特点？分配方式有哪些？

12．有线电视系统中有哪几种放大器？各用在何处？

13．付费电视的加密方式有哪些？如何进行收费管理？

第7章　数字电视与高清晰度电视

前面讲述的各种模拟电视系统，虽然在很大程度上满足了人们对视觉信息的基本要求，丰富了文化生活，但是从屏幕的图像质量、人们的主观感受和服务功能等方面来看，都还不是很理想的。也就是说，电视图像的“清晰度”等视频质量和电视的功能还可以进一步提高和改进。因此，各种改进的措施以及新的电视体制，如“高清晰度电视”或“数字电视”就在这种背景下产生了。而且，高清晰度电视是建立在数字电视基础之上的。

当前，伴随着电视广播的全面数字化，传统的电视媒体将在技术、功能上逐步与信息、通信领域的其他手段相互融合，从而形成全新的、庞大的数字电视产业。数字电视被各国视为新世纪的战略技术。

本章主要介绍数字电视的基本原理和某些应用。同时，简要介绍高清晰度电视的概念。

7.1　概　　述

7.1.1　数字电视的概念

1. 数字电视(DTV)的组成原理

数字电视是指包括节目摄制、编辑、发送、传输、存储、接收和显示等环节，全部采用数字处理的全新电视系统。如图 7-1 所示为一般数字电视系统的组成方框图，图中左半部为发送端，数字的视频信号、数字的伴音信号及数据信号经压缩编码后使数码率压缩几十倍，大大提高了传输的有效性；接着进行信道编码，加入各种纠错编码，以提高传输的可靠性；最后进行数字调制，以提高信道的频谱利用率。该数字电视信号经发射机发送出去，在接收端由调谐器接收，经数字解调、信道解码及解调复用器后，分别通过视频、伴音及数据的压缩解码，恢复出原来的数字电视信号。数字的视频及伴音信号经数字/模拟(D/A)变换器变换成模拟电视信号后，即可在显示终端看到图像(某些显示终端如 PDP，可直接进行数字显示)并听到伴音。图 7-1 中接收端一侧的大方框内所包含的部分即为数字电视综合接收解码器(IRD)或称数字电视接收机顶盒。

严格意义上的数字电视系统包括 3 部分：发送端的信源部分、传输或存储的信道部分和接收端的信宿部分，即整个过程均为数字化的。其中信源部分可以是由动画、字幕机、数字摄像机等直接产生的数字电视信号(如图 7-1 所示)，也可以是将模拟的电视信号变换为数字形式的电视信号，还可以是处理后的数字电视信号。信源部分的关键是模拟视音频信号的数字化和信源压缩编码。

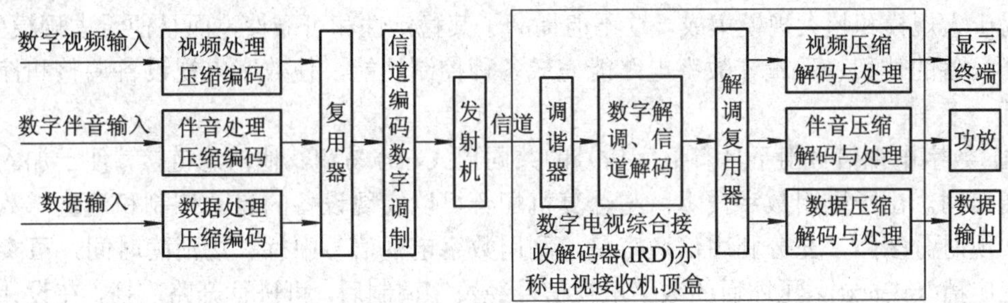

图 7-1　数字电视系统方框图

传输部分的核心内容是数字多路复用、纠错编码与数字调制。当数字信号要进行传输时，为了使信号与信道特性匹配，要进行调制，或者还要进行某些预处理。这一过程也可以称为信道编码。信道则包括各种传输媒质和方式，如微波、卫星、电缆、光纤等传输线路。在接收端则经解调和解码(译码)再变换为模拟电视信号。在许多情况下，编码后的数字电视信号是送给数字信号处理单元进行处理。这些处理单元可以是某些设备中的数字电路(如数字电视机中)，也可以是一些专用设备，比如演播室的各种设备。某些数字处理完成相当于模拟处理的功能，如图像增强、滤波、同步提取、抑噪。也完成包括模拟处理中难以完成的功能，如电视制式转换、各种屏幕特技、图文电视等。数字电视信号还可以进行永久性或半永久性的存储。图上的存储媒质可以是各种半导体存储电路(RAM、ROM、EPROM等)，也可以是 VCD、DVD 等，后者就是永久性的存储媒质。

接收部分的重点是与发送端和传输过程相逆的解调与解复用、纠错译码和解压缩编码。

2. 数字电视的优点

在数字电视系统中，信号处理和传输的质量主要取决于数字化的信源，与传统的模拟电视相比，数字电视系统有许多突出的优点。

(1) 数字电视的抗干扰能力强。数字电视信号是二进制(或多进制)的编码信号，在传输过程中的干扰和失真不容易影响码的正确判决和恢复。信噪比和连续处理的次数无关，电视信号经过数字化后是用若干位二进制的两个电平来表示，因而在连续处理过程中或在传输过程中引入噪声后，其噪声幅度只要不超过某一额定电平，通过数字信号再生，都可能把它清除掉，即使某一噪声电平超过额定值造成误码，也可以利用纠错编、解码技术把它们纠正过来。这样，在传输过程中基本上不产生新的噪声，即使经过长距离传输或反复记录，仍可以几乎无失真地再生复原。由于数字信号的抗干扰能力强，同时又可避免系统的非线性失真，因此，与模拟电视相比，数字电视可以有更好的图像质量。作为广播电视或有线电视来说，意味着可以相应地减小发射信号功率(或增大覆盖区域)。

(2) 数字电视信号易实现存储(包括成帧图像的存储)，而且存储时间与信号的特性无关，从而能进行包括时间轴和空间的二维、三维处理，实现采用模拟方法难以得到的各种信号处理功能。例如，复杂的时基处理可以实现不同同步源信号间的同步切换。图像信号的滤波和空间几何变换，使演播室的各种数字视频特技成为可能，也为演播室的多功能节目制作和电视的高质量接收创造了充分的条件。电视信号的永久性存储，如 DVD、EVD 的出现，成为长时间、高质量的图像记录(几乎可无限重放而不影响质量)的有力工具。

(3) 数字设备输出信号稳定可靠，易于调整，便于生产。数字电视中的存储电路和信号电路易于大规模和超大规模集成，这不但提高了其稳定性和可靠性，而且便于大规模生产，减少了设备的体积、重量。数字电路能完成各种控制功能，使数字电视设备调整和控制简单易行。

(4) 数字电视信号由于具有数字信号的共同形式，容易和其他信息链接，便于加入公用数据通信网。由于采用数字技术，与计算机配合可以实现设备的自动控制和调整。数字技术可实现时分多路，充分利用信道容量，利用数字电视信号中行、场消隐时间，可实现文字多工广播(Teletext)。压缩后的数字电视信号经数字调制后，可进行开路广播，在设计的服务区内(地面广播)，观众将以极大的概率实现“无差错接收”，收看到的电视图像及声音质量非常接近演播室质量。此外，由于采用数字技术，很容易实现加密/解密和加扰/解扰，便于专业应用(包括军用)以及广播应用(特别是开展各类收费业务)。

(5) 数字电视采用数据压缩技术，传输信道带宽较模拟电视大为减少，频带利用率大为提高。同时，数字电视具有可扩展性、可分级性和互操作性，便于在各类通信信道或通信网络中传输，也便于与计算机网络联通，构成多媒体计算机系统，成为“国家信息基础设施(NII)”的重要组成部分。可实现双向交互业务和其他视频服务(如远程教育、会议电视、电视商务、影视点播、网上购物及上网、图文杂志阅读、电子游戏等)。

7.1.2 数字电视的分类

数字电视可以按多种方式分类，通常按照清晰度高低和传输方式(传输通道或信道)等来分类。

1. 按清晰度高低进行分类

从视频效果来看，由于图像质量和信道传输所占的带宽不同，数字电视信号分成了几种不同的标准，即普通清晰度数字电视、标准清晰度数字电视和高清晰度数字电视，不同标准的数字电视信号存在着一定的差别。

1) 普通清晰度数字电视 (LDTV)

普通清晰度数字电视的分辨率最低，图像水平清晰度仅有 250 线(分辨率为 340×255)，视频码速率为 1～2 Mb/s，视频压缩标准为 MPEG-1，主要是对应现有的 VCD 分辨率量级(家用级)。

2) 标准清晰度数字电视(SDTV)

标准清晰度数字电视实质上是现行的数字电视，也就是将目前的广播电视系统数字化。现行的彩色电视经过几十年的发展，在全世界形成了三大彩色电视制式。其中 NTSC 制(扫描行数为 525 行，场频为 60 Hz)与 PAL 制(扫描行数为 625 行，场频为 50 Hz)得到了广泛的应用。由于历史的原因，这两种制式无法统一起来。将这两种现行电视系统数字化后就形成了标准清晰度数字电视。标准清晰度数字电视的图像水平清晰度大于 500 线(PAL 制清晰度为 720×576，NTSC 制清晰度为 720×480)，视频码速率为 2～8 Mb/s，视频压缩标准为 MPEG-2。SDTV 的图像质量可对应现有 DVD 电视节目的分辨率水平(广播级)，是向高清晰度数字电视过渡的最佳选择。

3) 高清晰度数字电视(HDTV)

从视觉效果来看，HDTV 的规格最高，它要求电视节目和接收设备水平分辨率达到 1000

线以上(分辨率最高可达 1920 × 1080)，视频码速率为 8～20 Mb/s，视频压缩标准为 MPEG-3，其图像质量可达到或接近 35 mm 胶片宽银幕电影的水平。高清晰度数字电视以改善电视图像的质量为目的，将电视画面由现行的 4∶3 幅型扩展到 16∶9 幅型，并把图像尺寸加大(一般采用 30 英寸以上的大屏幕)，再加上多路立体声效果，能产生在家里看电影的效果。

根据各个国家使用电视制式的不同，各国家和地区定义的 HDTV 的标准分辨率也不尽相同。目前的 HDTV 有三种显示分辨率格式，分别是：720P(1280×720，逐行)、1080i(1920×1080，隔行)和 1080P(1920×1080，逐行)，其中 P 代表英文单词 Progressive(逐行)，而 i 则是 Interlaced(隔行)的意思。

需要说明，数字电视不一定是高清晰度电视，而高清晰度电视是以数字电视为基础的。

2. 按数字电视传输的方式分类

按照数字电视的传输通道来分，主要有有线数字电视、地面数字电视、卫星数字电视、IPTV 网络电视四种类型。目前国内将有线数字电视作为主流的发展方向，数字电视的高速发展主要依靠有线数字通道拉动。

1) 数字卫星电视(DVB-S)

数字卫星电视是以卫星作为传输介质，经过卫星转发的压缩数字信号，通过卫星接收机后由卫星机顶盒处理，输出现有模拟电视机可以接收的信号。该传输方式覆盖面广，节目量大。目前世界各国统一采用正交移相键控(QPSK)调制方式，工作频率为 11/12 GHz。在使用 MPEG-2 的 MP@ML(主类@主级)格式时，用户端达到 CCIR601 演播室质量的码率为 9 Mb/s，达到 PAL 质量的码率为 5 Mb/s。一个 54 MHz 转发器的传送速率可达 68 Mb/s，并可供多套节目复用。

在 DVB-S 标准公布之后，几乎所有的卫星直播数字电视均采用该标准，包括美国的 EchoStar 等。我国也采用了 DVB-S 标准。

2) 数字有线电视(DVB-C)

数字有线电视是以有线电视网作为传输介质，应用范围广。目前世界各国均采用正交振幅调制(QAM)。它具有 16QAM、32QAM、64QAM 三种工作方式，工作频率在 10 GHz 以下。采用 64QAM 正交振幅调制时，一个 PAL 通道的传输码率为 41.34 Mb/s，还可供多套节目复用。系统的前端可从卫星和地面发射获得信号，在终端需要有一个有线电视机顶盒。DVB-C 实际上是利用原有的模拟电视频道(49.75～863.25 MHz)，采用信道兼容的方式传送数字有线电视，也就是说所传送的数字有线电视不应干扰模拟电视的画面与声音，同样，同一频道的模拟电视也不应干扰同频道的数字有线电视。

3) 数字地面电视(DVB-T)

数字地面广播电视是数字电视传输方式中最复杂的一种传输技术。数字地面发射的传输容量，在理论上大致与有线电视系统相当。由于地面数字广播实际上采用与模拟电视相同的频段来传送数字电视，因此，必须使调制方式有利于实现频道兼容。现采用的是正交频分复用(COFDM)调制方式。8 MHz 带宽内能传送 4 套数字电视节目，本地区覆盖好，而且传输质量高。但这种系统的接收费用高，频道也较少。

4) IPTV 数字电视

IPTV 是以家用电视机为主要显示设备，集互联网、多媒体、通信等多种技术于一体，通过 IP 协议向家庭用户提供多种交互式媒体服务的业务。它是把模拟电视信号转变为数字信号并进行数字信号处理、存储、控制、传输和显示的技术。

IPTV 数字电视是将 IP 网络作为传输通道、利用 IP 网络技术进行数字电视信号的传输与处理的系统。其系统结构主要包括流媒体服务、节目采编、存储及认证计费等子系统，主要存储及传送的内容是以 MP-4 为编码核心的流媒体文件，基于 IP 网络传输，通常要在边缘设置内容分配服务节点，配置流媒体服务及存储设备，用户终端可以是 IP 机顶盒＋电视机，也可以是 PC。

3. 其他分类

按显示屏幕幅型分为 4∶3 幅型比和 16∶9 幅型比两种类型，按接收端产品类型分为电视显示器、数字电视机顶盒和一体化数字电视接收机。

7.1.3　数字电视的演变与发展

传统的模拟电视由于存在的缺陷限制了其应用和发展，已不能满足人们的更高要求。于是新的电视体制——数字电视就应运而生了。其实，早在 1948 年就已提出了视频数字化的概念，但真正的研究开始于 20 世纪 60～70 年代。这主要是数字电视中编码、处理所需的大量存储电路、高速运算电路是当时分立元件电路或小、中规模集成电路难以实现的。大规模和超大规模集成电路的出现，为数字电视准备了物质技术基础。而在此期间发展的数字信号处理理论和技术以及编码(主要是压缩编码)理论又为数字电视的实现作了理论上和技术上的准备。同时，计算机技术、屏幕显示技术、激光技术的发展也为数字电视的实现和发展提供了借鉴和扩展的领域。

在电视领域称雄的日本，早在 20 世纪 60 年代末即从人们的视觉生理研究起，探索新一代电视的途径，提出了所谓的模拟高清晰度电视的设想，这也是数字电视的雏形。其当时的目的仅仅是满足人们对高质量画面的愉悦感和临场感。而欧洲则推出了 HD-MAC 制式的模拟数字混合高清晰度电视系统，并于 1992 年通过卫星进行了巴塞罗那奥运会的实况传播。当时众多的专家都趋向于模拟传输技术。美国对数字电视的研究起步比较晚，在 1988 年美国提出的高清晰度电视的技术原则是必须与彩色 NTSC 兼容。后来虽取消了兼容，但仍然要求节目兼容，并遵守现有地面频道划分规定。20 世纪 90 年代初，美国也进行了高清晰度电视广播制式的研究。最初是支持日本 MUSE(多重亚抽样编码)制的，但随着形势的发展，高清晰度电视所蕴含的潜在的巨大商业价值，令美国人意识到必须不遗余力地投入到这一市场。当时由于对高清晰度电视制式各执一词，相持不下，美国联邦委员会便将所提交的六套方案进行了测试，结果表明，四套全数字传输系统明显优于模拟传输系统，从而使数字传输电视系统占据了主导地位。此后，数字高清晰度电视的研究突飞猛进，最终使欧洲放弃了 HD-MAC 制式，而日本为 MUSE 投入了巨额开发经费后，进退两难，最终决定采用全数字制式。

近年来，国内外各种媒体报道和各类广告宣传中“数码电视”一词频频出现，诸如“超平面数字化彩电”、“数码彩霸”、“全数码多媒体”，彩电名称层出不穷。在这些名目中，其实绝大多数指的是模拟电视机的数字化。这种模拟电视机的数字化是在不改变现行电视广播发射和传输系统的前提下，在电视机的内部采用了某些局部数字处理技术，将经过图像检波后的视频信号，经过伴音鉴频后的音频信号以及其他部分进行了一些数字化处理；另外还采用了倍行、倍场、伴音增强或 OSD(屏幕显示)等技术处理，以此达到部分改善和提高图像质量的目的。模拟电视机数字化并非真正意义上的数字电视，但其对电视的收视效果有一定程度的提高。也可以说是电视数字化发展的第一步。

电视数字化发展的第二步是实现整个电视系统数字化，即电视发送端和接收端，甚至传输信道(通道)都要数字化，也就是从电视节目的产生与制作，到电视信号的处理、传输、存储、记录、接收和控制整个系统都是数字化的。在本书以后的章节中，如无特殊说明，所谓的电视数字化就是指数字电视。

目前，与模拟电视比较，数字电视设备电路复杂，成本较高，因此在普及用户数字电视接收方面还会有一段时间。数字电视的另一个主要缺点就是传输时所需的频带太宽，难以在现有传输模拟信号的带宽内进行传输，并难以实现模拟电视和数字电视的兼容。目前，在数字电视技术中开展的以压缩码率为主要目标的高效编码方法，已取得很大成就，它可以大大压缩数字电视信号的传输频带，甚至可以在小于模拟电视信号的频带内，传送一般用户质量的数字电视信号。

7.1.4　数字电视的标准

不同的国家或地区有权采用自有的数字电视制式，制定自己的数字电视标准。即使在同一国家内，也可以根据应用环境或信号信道的不同，制定多种不同的数字电视标准。

目前全球数字电视广播领域已有三种相对成熟的数字电视标准，它们是美国 ATSC(Advanced Television System Committee，先进电视制式委员会)标准，欧洲的 DVB(Digital Video Broadcasting，数字视频广播)标准和日本的 ISDB(Integrated Services Digital Broadcasting，综合业务数字广播)标准，我国已推出了地面广播的数字电视标准。虽然数字电视标准不统一，但大都采用类似的机制和技术，基本上都是利用 MPEG 标准中的各种图像格式，把现行模拟电视制式下的图像、伴音信号的平均码率压缩到大约 4.69~21 Mb/s，其图像质量可以达到电视演播室的质量水平——胶片质量水平，图像水平清晰度达到 500～1200 线以上，并采用 MPEG-2 或 AC-3 声音信号压缩技术，传输 5.1 声道的环绕声信号。

1. 美国 ATSC 标准

美国 1987 年成立了高级电视业务顾问委员会(ACATS)，策划美国高级电视，于 1996 年 12 月通过 ATSC 数字电视标准作为美国国家标准。

ATSC 数字电视标准由四个分离的层级组成，层级之间有清晰的界面。最高层为图像层，确定图像的形式，包括像素阵列、幅型比和帧频；第二层是图像压缩层，采用 MPEG-2 图像压缩标准；第三层是系统复用层，特定的数据被纳入不同的压缩包中，采用 MPEG-2 系统标准；最后一层是传输层，确定数据传输的调制和信道编码方案。

对于地面广播系统，ATSC 采用了 Zenith 公司开发的 8-VSB(残留边带调制)传输模式，在 6 MHz 地面广播频道上可实现 19.3 Mb/s 的传输速率。该标准也包含适合有线电视系统的 16-VSB 传输模式，可在 6 MHz 有线电视信道中实现 38.6 Mb/s 的传输速率。

2. 欧洲 DVB 标准

欧洲在 1993 年联合了 200 多个组织参加并制定了 DVB 标准，即数字视频广播系统，它包括了卫星、有线电视、无线电视等多种传输方式的普通数字电视和高清晰度电视广播。

DVB 选定 MPEG-2 标准作为音视频的编码压缩方式，对信源编码进行了统一，用 MPEG-2 数据包结构作为数据容器，并使用严格的 DVB 服务信息格式，有效地、方便地实现了多种媒体之间的传输，并实现它们之间的数字信号转换。

1) DVB 传输系统

DVB 传输系统涉及卫星、有线电视、地面、数字卫星共用天线电视(SMATV)、MMDS 等所有传输媒体。它们对应的 DVB 标准分别为 DVB-S 数字卫星广播系统标准、DVB-C 数字有线电视广播系统标准、DVB-T 数字地面电视广播系统标准、DVB-SMATV 数字卫星共用天线电视广播系统标准、DVB-MS 数字广播 MMDS 分配系统标准(高于 10 GHz)和 DVB-MC 数字广播 MMDS 分配系统标准(低于 10 GHz)。

在 DVB-S 数字卫星广播系统标准中，数据流的调制采用四相相移键控调制(QPSK)方式，工作频率为 11G/12 GHz。一个 54 MHz 转发器传送速率可达 68 Mb/s，可用于多套节目的复用。

DVB-C 数字有线电视广播系统标准以有线电视网作为传输介质，应用范围广。它具有 16QAM、32QAM、64QAM(正交振幅调制)三种方式，工作频率在 10 GHz 以下。例如采用 64QAM 正交调幅调制时，一个 PAL 通道的传送码率为 41.34 Mb/s，还可供多套节目(通常为 6～8 套节目)复用。系统前端可从卫星和地面发射获得信号，在终端需要电视机顶盒。

DVB-T 数字地面电视广播系统标准是最复杂的 DVB 传输系统。地面数字电视发射的传输容量理论上与有线电视系统相当，本地区覆盖最好。采用 COFDM (编码正交频分)调制方式，在 8 MHz 带宽内能传送 4 套电视节目，传输质量高，但接收费用也高。

2) DVB 基带附加信息系统

DVB 数字广播系统除传送视频、音频信号外，还可传送接收节目指南、图文、字幕和图标以及综合解码接收机 IRD(Integrated Receiver Decoder)调谐等信息。适用于此类基带附加信息系统的 DVB 标准包括：DVB-SI(数字广播业务信息系统标准)、DVB-TXT(数字图文广播系统标准，用于固定格式图文电视的传送)、DVB-SUB(数字广播字幕系统标准，用于字幕及图标的传送)。

3) DVB 交互业务系统

DVB 数字广播系统能根据需要，提供交互业务服务。构成交互业务系统的要素包括：与其他相关国际标准兼容的交互业务网络独立协议、传送交互服务过程命令与控制信号的回传信道等。对应的 DVB 标准有 DVB-NIP(DVB 交互业务网络独立协议标准)、DVB-RCC(CATV 系统 DVB 反传信道标准)、DVB-RCT(PSTN/ISDN 的 DVB 反传信道标准)。

4) DVB 条件接收及接口标准

在 DVB 数字广播系统中，有些业务传送加扰的条件接收信息。通过条件接收的通用接口，使 IRD 能够解扰采用通用加扰算法的加扰信息。条件接收是付费电视广播的基本部分，对数字电视运行的成功至关重要。DVB 数字广播系统与其他电信网络(如 SDH、ATM 等)连接，扩展了 DVB 技术的应用范围，可实现 DVB 向电信网络的过渡。此外，还有利于连接专业设备及 IRD 的接口。这些接口的 DVB 标准包括 DVB-CI(条件接收及其他应用的通用接口标准)、DVB-PDH(PDH(准同步数字系列)网络 DVB 接口标准)、DVB-SDH(SDH(同步数字系列)网络 DVB 接口标准)、DVB-ATM(ATM 网络 DVB 接口标准)、DVB-PI(CATV/SMATV

前端及类似的专业设备接口标准)、DVB-IRDI(DVB-IRD 接口标准)。

3. 日本 ISDB 标准

日本于 1994 年开始试播高清晰电视节目，1997 年 9 月成立了数字广播专家组 DIBEG(Digital Broadcasting Experts Group)，并提出了综合业务数字广播 ISDB(Integrated Services Digital Broadcasting)系统标准。

ISDB 利用一种已经标准化的复用方案在一个普通的传输信道上发送各种不同种类的信号，同时已经复用的信号也可以通过各种不同的传输信道发送出去。ISDB 具有柔软性、扩展性、共通性等特点，可以灵活地集成和发送多节目的电视和其他数据业务。

7.2　数字电视信号的产生与信源编码

由数字电视系统的组成原理可知，数字电视信号(信源)可以由动画机、字幕机、数字摄像机等直接产生(也可以是经处理的数字电视信号)，也可以将模拟电视信号数字化变换成数字电视信号。由于未压缩的数字电视信号有很高的数据率，为了能在有限的频带内传送更多的电视节目，必须对数字化的电视信号进行压缩处理，称为信源编码。因此，数字电视系统信源部分的关键是模拟视音频信号的数字化和信源压缩编码。

7.2.1　电视信号的数字化

模拟电视信号转换为数字电视信号的过程是一个编码过程，包括取样、量化和编码三个步骤。由于历史的原因也称为 PCM 调制(脉冲编码调制)。由数字电视信号再转换为模拟信号则称 PCM 解调或解码过程。这两个过程在电路实现时，是用图 7-2 中的模拟/数字转换器(A/D)和数字/模拟转换器(D/A)实现的。这和一般的模拟信号(如语言信号)的数字化是相同的。

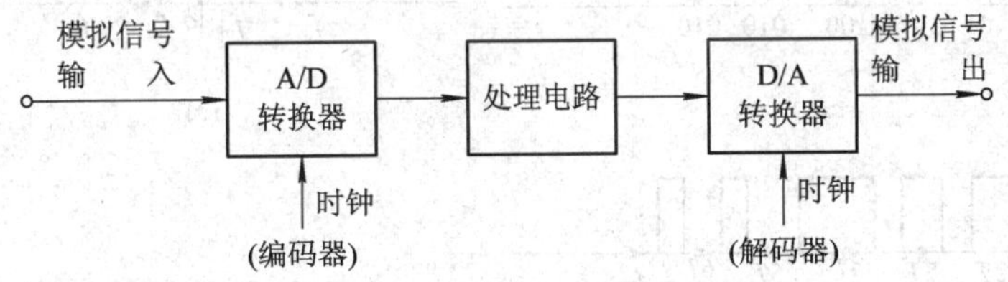

图 7-2　电视信号的编码与解码

1. 模拟电视信号的数字化

在 A/D 转换器中，在时钟和同步信号的控制下，对模拟信号进行取样，取样后的信号为 PAM(脉冲幅度调制)信号。取样频率设为 f_s(周期为 T)，它是由时钟信号产生的。PAM 信号经过量化，变为幅度取有限个离散值的 PAM 信号。然后，再根据取样点的离散值，编为 n 位的二进制数字码。设离散值的最大个数为 M，则 n 与 M 的关系为

$$2^n = M \quad \text{或} \quad n = \text{lb}\, M \tag{7-1}$$

式中，lb M 表示以 2 为底时 M 的对数。

若量化分层是均匀的，则称均匀量化，这种码称为线性码(一般为二进制自然码)。在

A/D 转换器中，量化和编码通常是同时完成的。即在编码的过程中(编码过程可以理解为将取样值与各量化值进行比较，取最接近它的样值，再给出对应码)，舍去或补足小于二分之一的量化层值的量化误差，得到的就是已量化的数字信号。若编出的 n 位码用 n 位线输出，就是并行码。在数字设备内部或近距传输时，常用并行码。若进行远距传输或要与其他数字信号综合传输时，则通过并—串变换，变为串行码。此时，每个数字用 n 比特二进码，数字信号的速率为 nf_S。图 7-3(*a*)、(*b*)、(*c*)、(*d*)以 $n=3$、$M=8$ 为例表示了上述 PCM 的编码过程。图 7-3(*a*)是模拟电视信号 $f(t)$；图(*b*)是理想的取样信号序列 $\delta(t)$；图(*c*)表示取样信号和量化后的数字电视信号；图(*d*)为不归零(NRZ)的串行数字电视信号。

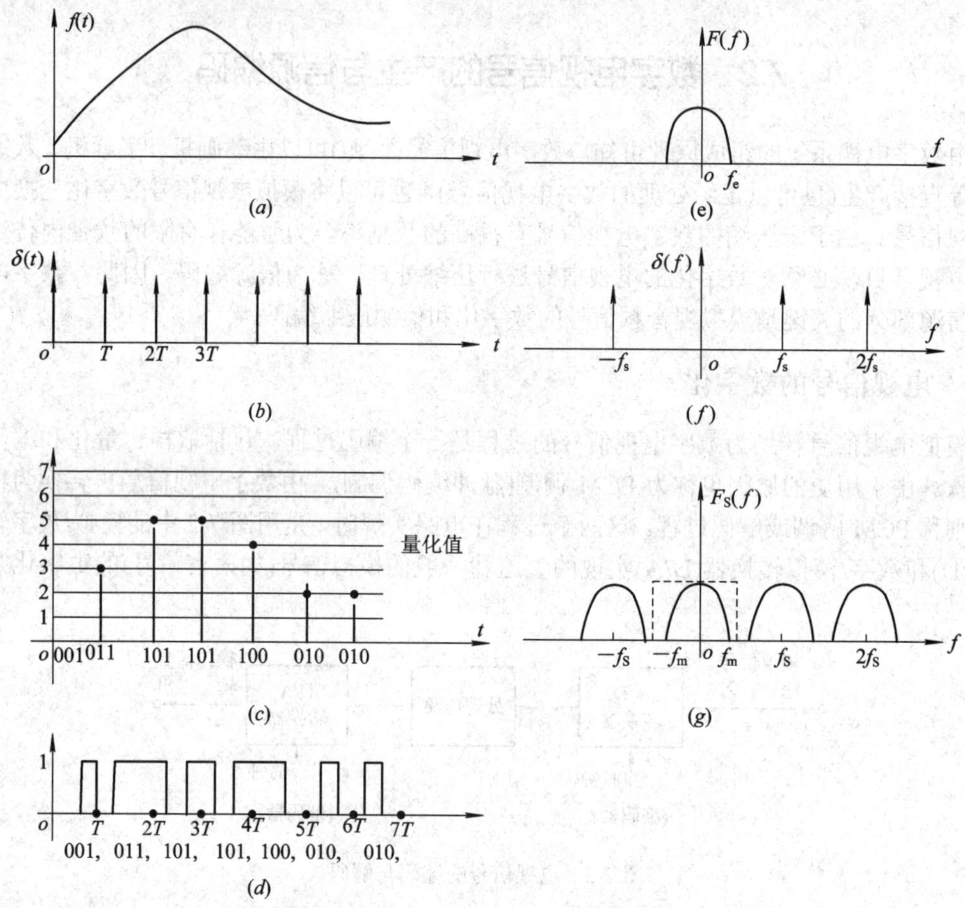

图 7-3 PCM 的编码与解码过程

图 7-3(*e*)、(*f*)、(*g*)表示 PCM 编码过程的频域变换。图 7-3(*e*)是模拟电视信号的频谱；图(*f*)是取样信号的频谱，它是以 f_S 为周期的离散谱。取样过程在时域上实际上是两信号的相乘过程，因此在频域上相当于两信号频谱的卷积，即将 $F(f)$在频率轴上以 f_S 为周期进行拓展；图 7-3(*g*)就是 PAM 信号的频谱。由于 PCM 信号是量化和编码后的 PAM 信号，量化引起的误差是相同的。因此图 7-3(*g*)的频谱也近似为 PCM 信号的频谱。至于在线路上传输的并行码、串行码信号的频谱与 $F(s)$显然是不同的。今后讨论数字电视信号的频谱时(如讨论数字信号滤波)，就是以图 7-3(*g*)的频谱为基础的。从图 7-3(*g*)可以看出，为了能恢复原图

像信号，取样频率 f_S 应大于 $2f_m$，这就是取样定理所规定的频率。若不满足这一要求，就会产生频谱混叠现象，图像就会失真(如产生对彩色的串扰)。为了能用滤波方法分离出原图像信号，便于滤波器的实现，通常 f_S 要大于 $2.2f_m$。

图 7-2 中的 D/A 转换器完成数字电视信号到模拟电视信号的转换。其过程是，PCM 编码信号以并行方式输入(若是串行码则要进行串—并变换)，通过各码的加权相加，得到量化的 PAM 信号，再通过截止频率为 $f_S/2$ 的低通滤波器，就可以得到模拟电视信号。这从图 7-3(g)中很容易看出，图上虚线就表示理想低通滤波器的传输函数特性。由于实际的 PAM 信号是由理想的 PAM 信号经保持电路得到的，是一些平顶脉冲。这一保持过程相当于信号经过一时间窗平滑(信号经过冲击响应是宽为 T_S 的矩形窗)。时间窗的传输函数为 $H(f) = (\sin\pi f/f_S) / (\pi f/f_S)$，因此对视频信号的高频分量有所削减。为补偿这一失真，低通滤波的高频端应有所提升。

2. 视频信号的编码方案与参数确定

这里讲的视频信号，就是指彩色视频图像信号。彩色视频信号通常有两种形式：一种是彩色全电视信号，它是亮度信号 Y 与调制在彩色副载波上的色度信号 C 相加的信号。另一种是以亮度信号 Y 和两个色差信号 $R-Y$、$R-B$ 分别出现的彩色信号。因此，对图像信号的 PCM 编码也有两种方案：全信号编码和分量编码。这两种编码方案各有合适的应用场合和不同的特点。比如在演播室中，从摄像机中得到的是 R、G、B 三基色信号，或经变换的 Y、$G-Y$、$B-Y$ 信号，要进一步处理，当然以分量编码为好。而若在电视接收机中，经中频解调输出的是全电视信号，要进行处理，则全信号编码更为方便。

1) 全电视信号编码

(1) 取样频率。全电视信号编码就是直接对此信号进行 PCM 编码。选择这种编码的取样频率 f_S，除了要满足取样定理的要求外，还要考虑下面的因素。由于全电视信号中，有处于高频范围的副载波频率的色度信号，它的功率较大，取样过程实际上是包括相乘作用的非线性过程。设彩色副载波频率为 f_{SC}，取样后的信号中有 $|pf_S-qf_{SC}|$ 差拍分量，其中，p、q 为正整数。这时，有些分量会落入视频带内，其大小随彩色饱和度变化。若 f_S 与 f_{SC} 不相关，则这个差拍信号的干扰会以运动的花纹图案出现。当取样频率 f_S 取为 f_{SC} 的整数倍，如 $f_S=3f_{SC}$ 或 $f_S=4f_{SC}$ 时，则差拍分量将以 $q=3$、$p=1$ 或 $q=4$、$p=1$ 的零拍出现。色差分量出现在 0～1.3 MHz 范围(PAL 制)。考虑到色度分量与 Y 信号的频谱间置关系，这些差拍分量也处于 Y 信号的频谱间隙中，它对图像的影响不易被察觉。因此，通常按 $f_S = 3f_{SC}$ 或 $f_S = 4f_{SC}$ 取值。对于 NTSC 信号，$3f_{SC}\approx10.7$ MHz 或 $4f_{SC} = 14.3$ MHz。对于 PAL 信号，$3f_{SC}\approx13.3$ MHz 或 $4f_{SC}=17.7$ MHz。选择取样频率时，还应考虑到取样点在屏幕上的位置，应该使取样点构成的点阵在空间位置固定，并垂直对齐，这种结构称为正交取样结构，如图 7-4 所示。这种空间正交取样结构，便于进行行间、场间和帧间的信号处理。现以 PAL 制中取 $f_S=4f_{SC}$ 为例分析。在 PAL 制中，$f_{SC}=(283 + 3/4)f_H + 25$，则

$$f_S = 4f_{SC} = \left(1135 + \frac{4}{625}\right)f_H \tag{7-2}$$

式(7-2)表示一行中有(1135+4/625)个取样周期。显然，经一帧后，经过的行数为 625(1135 + 4/625)整数，这表示两相邻帧间取样点的位置相同。相邻行的周期数为 313(1135+4/625)，

也是近似整数(仅差 0.0032)。因此满足正交结构。可以分析出，对于 $f_S = 3f_{SC}$ 时，点阵结构要四帧重复，且相邻行并不对齐(差 1/4 周期)。因此采用 $f_S = 4f_{SC}$ 较多，它的另一好处是因 $f_{S/2}$ 与 f_m 间有较大间隔，可以降低模拟低通滤波器和数字滤波器的设计难度。

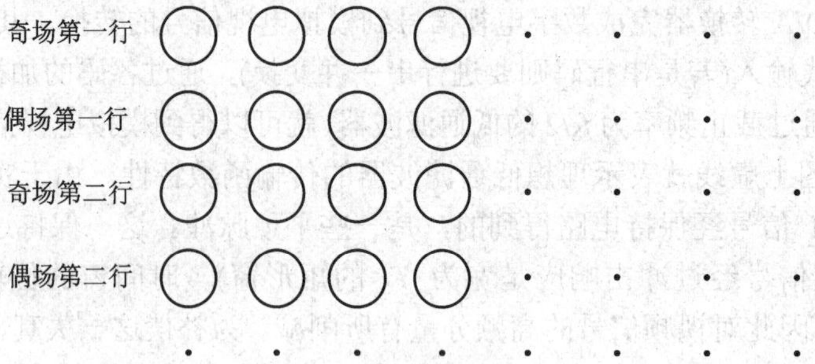

奇场第一行

偶场第一行

奇场第二行

偶场第二行

图 7-4　正交取样结构

(2) 编码位数。视频信号的编码位数 n 是由所需的量化层数决定的。量化层少了，图像中的灰度变化及彩色变化将不能反映，这就失去反映细节的能力，也就是产生了图像失真。位数越多，再生的图像质量就越高。但是位数 n 越大，编码图像的传输速率就越高，所占频带就越宽，存储容量就越大，而且对硬件电路要求就越高。这里可以用由于量化误差引起的信号和量化误差(或称量化噪声)比来分析此问题。对于经过 γ 校正的图像信号，一般都采用均匀量化，即用线性编码。设单极性图像信号的变化范围为 0～1，分为 2^n 个量化层，每个量化层的高为 2^{-n}。由于均匀分布，因此量化误差的均方根值为

$$N_{\text{rms}} = \sqrt{\frac{2^{-2n}}{12}} = \frac{2^{-n}}{\sqrt{12}}$$

对于满量程(S=1)的信噪比为

$$\left(\frac{S}{N_{\text{rms}}}\right)\text{dB} = 20\lg 2^n\sqrt{12}\ (\text{dB})$$

$$\left(\frac{S}{N_{\text{rms}}}\right)\text{dB} = 6n + 10.8(\text{dB}) \tag{7-3}$$

因量化产生的对图像质量的影响，最终是要由人们对图像的主观感觉来判定的。实验表明，当 n=7、8，即将信号量化为 128～256 个层时，人们已很难感到量化的影响。由式(7-3)可知，对应的量化信噪比的范围约为 50～60 dB。

现在看一看，全信号编码时的数据速率。以 PAL 制 $f_S = 4f_{SC}$、$n = 8$ 为例，总的数据速率为

$$4 \times 4.43 \times 8 = 141.76\ \text{Mb/s}$$

可见数字图像信号的数据速率是很高的。每一帧的数据量为 5.67 Mb 或 708.8 kB。

2) 分量编码

分量编码就是对 Y、$R-Y$、$B-Y$ 或三个基色分量 R、G、B 分别进行编码。

(1) 取样频率。取样频率根据分量信号的频谱宽度决定。主观试验表明，在现有的电视制式中，亮度信号有 5.8～6 MHz 带宽、色差信号有 2 MHz 的带宽，就可得到满意的彩色图像质量。对亮度、色差信号的取样频率应选定在大于 2.2 倍最高频率上。同样，为了得到正交取样的点阵结构，取样频率应为行频 f_H 的整数倍。为了便于不同电视制式间的转换，还要

考虑能对现有的 50 Hz、60 Hz 场频和 625 行、525 行两种制式兼容，即 f_S 是两者行频的公倍数。此外，还要求亮度信号的取样频率与色差信号的取样频率之间有整数倍的关系。这样在空间，两者的取样点能重合或有固定的位置关系。为了便于国际间电视节目的交换，也便于演播室数字设备能够通用，早在 1982 年 CCIR(国际无线电咨询委员会)就提出了分量编码的国际标准(601 号建议)。标准规定了对 $Y/R-Y/B-Y$ 的取样频率分别为 13.5/6.75/6.75 MHz，这个标准简称为 4∶2∶2 标准。可看出，它们满足取样定理，亮度信号与色差信号的取样频率间成二倍关系。同时也满足 f_S 与 f_H 的整数倍关系。对 625 行制，每行有 864 个样点；对 525 行制，每行有 858 个样点(525 行彩色制中，f_H=15 734.266 Hz，而不是原来的 15 750 Hz，这是为了满足伴音中频 4.5 MHz 与副载波 f_{SC} 之差应为半行频的奇数倍关系，以减少伴音差拍干扰)。

4∶2∶2 标准是为演播室制定的高质量的分量编码标准。在其他场合，指标可以适当降低，例如可以采用 4∶1∶1(13.5/3.375/3.375 MHz)或 2∶1∶1 标准(6.75/3.375/3.375 MHz)。

(2) 数字有效行。图像信号是在行的正程出现的，因此标准规定在一行中由一定的取样点构成数字有效行，并且规定两种制式的数字有效行的亮度信号样点数都为 720，色度样点为 360 个，这就更便于两种制式的转换。数字有效行与模拟行的对应时间关系，如图 7-5 所示，这里以 625 行制为例。一行的起点定在行同步前沿脉冲的中部。有效行由样点 133 至 852，而正程对应的样点为 142 至 844，有效行期间包括了正程。有效行的数据是必须进行处理和存储的。

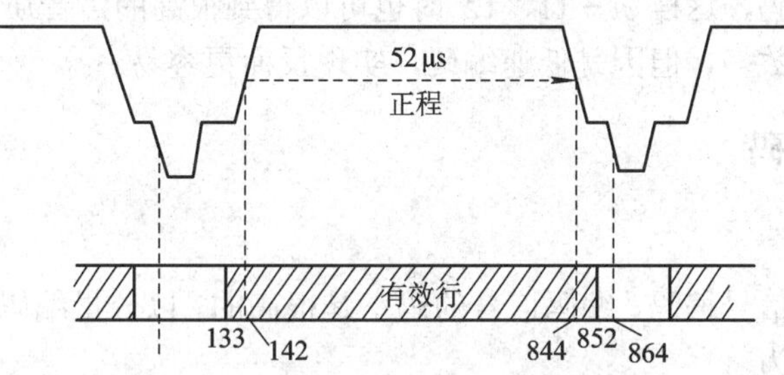

图 7-5　数字有效行的时间关系

(3) 编码位数和排列。分量编码标准规定，亮度信号和色差信号分别归一化为 0～1 及 −0.5～+0.5 的范围，并都编为 8 位线性码。由于原来的 $R-Y$ 最大值为 0.701，$B-Y$ 的最大值为 0.886，故要对 $R-Y$ 和 $B-Y$ 进行压缩，压缩比分别为 k_{R-Y}=0.5/0.701，k_{B-Y}= 0.5/0.886，压缩后三分量 Y、$(R-Y)$、$(B-Y)$的表示式为

$$\left.\begin{aligned} Y&=0.299R+0.587G+0.114B \\ (R-Y)&=0.5R-0.419G-0.081B \\ (B-Y)&=-0.169R-0.331G+0.5B \end{aligned}\right\} \tag{7-4}$$

Y 编为自然二进制码，双极性的$(R-Y)$、$(B-Y)$编为偏移二进制码，即−0.5 对应自然码的 0，+0.5 对应 255，零电平对应为 128。为了防止信号过载，直流漂移，256 个量化级并不全用。亮度信号的黑白电平对应于 16～235 量化级，色差信号则在底部和顶各留 16 个量化级。

分量编码的数字信号在传输时，规定按下面顺序构成复合的数据序列：

$$(B-Y)\,Y\,(R-Y)\,(Y)\,(B-Y)\,Y\,(R-Y)\,(Y)\cdots$$

这里$(B-Y)\ Y\ (R-Y)$是空间同一取样点的数字，而$(R-Y)\ (Y)\ (B-Y)$中(Y)是仅有亮度取样的空间取样点的数字，它规定在一行的偶数样点上。

3. 电视伴音信号的编码

电视中的伴音信号也按 PCM 编码。由于伴音与电视体制没有确定的关系，编码比较简单。模拟伴音信号的频带为 20 Hz～15 kHz，高质量的伴音为 20 Hz～20 kHz。对于 15 kHz 信号取样频率一般取$f_S = 32$ kHz。对于 20 kHz 信号，取样频率可取$f_S = 48$ kHz。当数字伴音信号要与图像信号时分复用时，则取样频率应与图像取样频率保持固定的关系，从同一时钟源得到。比如，在 PAL 的分量编码时，若仍采用 48 kHz 取样频率，就可以保持这种关系，因此

$$13.5(\text{MHz}) \div 375 \div 3 \times 4 = 48\ \text{kHz}$$

伴音编码的位数要比图像编码的位数多。这是因为伴音信号的动态范围大，而高质量的伴音要求很高的信号噪声比。声音信号量化时，要满足高保真的声音质量。平均声音对量化噪声比应达到 60～65 dB。若考虑到声音信号的峰值比平均声音还要高，比如高 25 dB，则相对峰值声音，应为 85～90 dB 的信号量化噪声比。由上面的均匀量化的信噪比公式(7-3)可知，均匀量化所需的编码位数为 13 至 14 位。在演播室的高质量话音编码中，若要对低电平的声音仍有高的信号噪声比，编码位数甚至要取到 16 位。

伴音信号由于信号幅值分布的特性(非均匀分布，幅值大的概率小)以及人的听觉特性，也可以采用非线性编码，这样 $n = 11$、12 时也可以得到很高的声音质量。虽然伴音编码的位数比图像编码的位数多，但因是低速编码，实现反而更容易。

7.2.2　视频压缩编码

1. 概述

上面讨论了视频信号编码，编码信号的码率是很高的。以分量编码为例，按 4:2:2 标准，一路彩色视频的码率为

$$(13.5 + 2 \times 6.35) \times 8 = 209.6\ \text{Mb/s}$$

这样高的码率，要进行远距离传输时，将要占用很宽的频带。比如，要进行射频传输，即使采用 1.5 b/Hz 的高效数字调制，传输频带也要 144 MHz，相当于占用 18 个模拟电视信号的频带(模拟信号一个频道为 8 MHz)。这不但在频率资源利用上很不经济，而且在有些情况下甚至是不可能实现的。比如，在传统的 VHF 波段，根本就无法容纳此信号。而作为电视信号的存储，这样高码率的信号也是难以实现的。因此，很有必要在保持图像质量的前提下压缩数字图像信号的码率，压缩数字电视信号的频带。这种频带压缩也可称为数据压缩。

对视频信号进行数据压缩或频带压缩是可能的，这是由于图像数据和人类感觉存在着各种冗余，如空间冗余(图像的相邻像素相关)、时间冗余(相邻视频帧相关)、频率冗余(相邻的频谱值相关，人眼对高频信号不敏感或分辨率低)、统计冗余(信号中有的字符出现的频率高，可以采用较短的编码；有的信号特征有标度不变性或统计自相似性(如纹理和分形等)、结构冗余(图像数据存在分布模式，相近的图区可分类)、视觉冗余(人眼对亮度变化比对色彩的变化更敏感、对高亮区的量化误差不敏感)等。

根据冗余性质的不同或压缩算法的特点，形成了不同的视频编码方法，如预测编码、

变换编码、统计编码(熵编码)等。熵编码(entropy encoding)是一类利用数据的统计信息进行压缩的无语义数据流的无损编码。信息熵为信源的平均信息量(不确定性的度量)。常见的熵编码有：行程编码(RLE)、LZW 编码、香农(Shannon)编码、哈夫曼(Huffman)编码和算术编码(arithmetic coding)。源编码(source coding)是一类利用信号原数据在时间域和频率域中的相关性和冗余进行压缩的使用语义且通常有损的编码，如预测编码、变换编码和分层编码等。大多数压缩标准都采用熵编码+源编码的混合编码方法进行数据压缩，一般是先利用源编码进行有损压缩，再利用熵编码做进一步的无损压缩，如 H.264、JPEG、MPEG 等。下面分别介绍常用的压缩编码方法和压缩编码标准。

2. 图像编码技术

1) 预测编码

预测编码是以减小空间和时间冗余信息为目的的编码方法。现用的预测编码是线性预测编码，也称为差分脉码调制(DPCM)。图 7-6 是 DPCM 的组成框图。

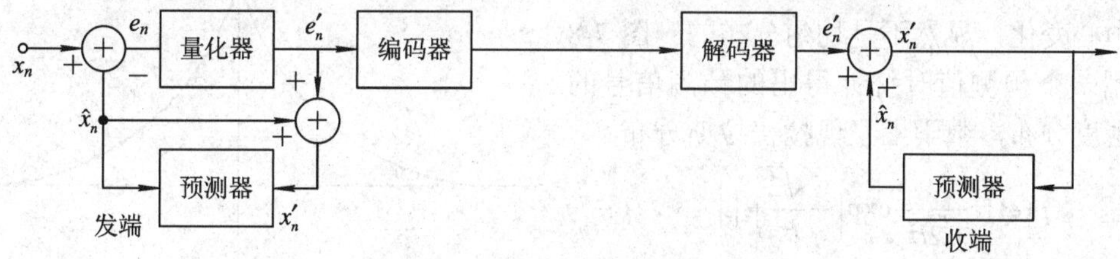

图 7-6　DPCM 编解码框图

图中，x_n 是待编码的电视取样序列，x'_n 为量化后的数字序列，$\hat{x}_n$ 为预测器产生的预测值。预测值 x_n 是由 x'_n 以前已传送各点量化值的线性组合

$$\hat{x}_n = \sum_{i=1}^{N} a_i x'_{n-i} \tag{7-5}$$

式中，x'_{n-1}、x'_{n-2}、…、x'_{n-N} 可以为一行中邻近取样点的值(行内)，也可以是相邻行的对应取样值(行间)，甚至可以是相邻帧的取样值。a_i 是预测系数。当序列的统计特性已知时(如相关函数)，可以得到这些系数的最佳值，使得预测值与样值的预测误差最小(均方误差意义上的最小)，即

$$e'_n = x_n - \hat{x}_n$$

最小。通常 N 只取 3～4 个值。由于图像的统计特性随图像变化很大，因此 a_i 的值可以有不同的取舍方法。如一种称为皮尔希(Pirsch)的预测公式为

$$\hat{x}_n = \frac{1}{2}x'_{n-1} + \frac{1}{4}x'_{n-2} + \frac{1}{8}\hat{x}_{n-3} + \frac{1}{8}x'_{n-4} \tag{7-6}$$

取样点的结构如图 7-7 所示。由图可见，这里既有行内预测，也有行间预测。与取样点间距离越近的点，预测系数值也越大。当预测较准确时，预测误差 e'_n 值比 x_n 值要小得多，这样量化电平数及编码位数就可以减小。

在收端，解码器将编码的数字信号译为 e'_n 值，再通过与预测器产生的预测量 $\hat{x}_n$ 相加，就得到 x'_n，x'_n 与 x_n 的差别只是因量化引入的误差。

在实际 DPCM 中，数字序列的形式和实现电路可以采用不同方案。如图 7-6 中，x_n 是

取样而未被量化的 PAM 信号，相加器则是模拟相加器。此时，预测器为了完成存储及加权和的作用，还包括必需的 A/D 和 D/A 变换，因为信号的存储都是以数字形式实现的。

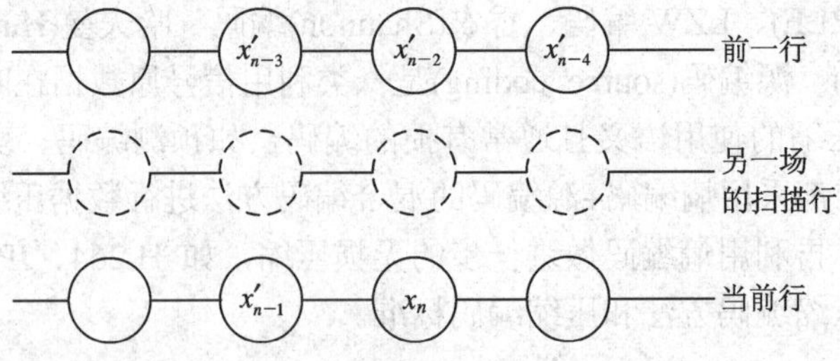

图 7-7　预测取样点的结构

采用线性预测，由于减小了所传预测误差信号的动态范围，为压缩数据创造了条件。但压缩的程度与采用的具体编码方法有很大关系。以亮度信号为例，预测误差信号是以零值为中心变化，显然不是均匀分布的。图 7-8 是只用一个预测值时统计得出的预测信号的概率密度分布，数学上呈现拉普拉斯分布

$$p(e)=\frac{1}{\sqrt{2}\sigma_e}\exp\left(-\frac{\sqrt{2}}{\sigma_e}|e|\right) \qquad (7\text{-}7)$$

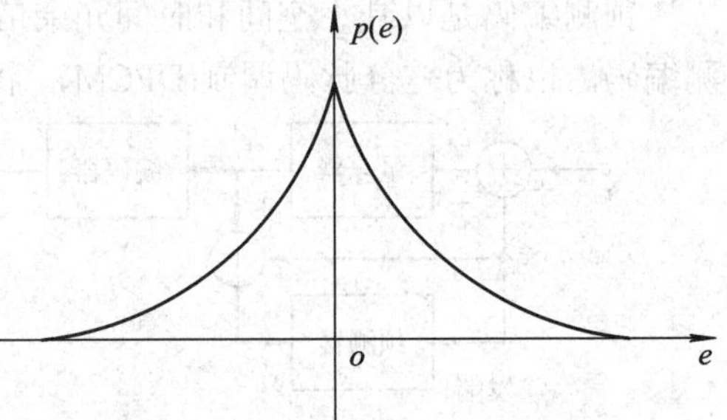

图 7-8　预测误差的概率分布

式中，e 为预测误差信号，σ_e 为其均方根值。呈现大预测误差的概率是很小的。利用这种分布特性，可以用下面两种编码方法压缩数据率。

(1) 非均匀量化编码。采用非均匀量化编码时，对幅值小的范围，量化间距减小；对大的幅值，则用大的量化间隔。即对出现概率大的小信号细量化，对出现概率小的大信号粗量化。与均匀量化比较，在同样编码位数和量化电平数时，非均匀量化的平均信号量化噪声比要大得多，因为对于频繁出现的低电平预测误差信号，有大的信噪比。从另一方面看，当与均匀量化有相同的平均信噪比时，非均匀编码的编码位数 n 较小。设总的量化电平数为 M，按公式(7-7)和使平均信号量化噪声比最小要求，可求出最佳的量化电平和判决电平，也可以求出此时的量化噪声均方值为

$$\sigma^2{}_q=\frac{9}{2M^2}\sigma^2{}_e \qquad (7\text{-}8)$$

设信号(预测误差)的峰-峰值 S 为其均方根值σ_S的 10 倍，即 S=10σ_S，非均匀量化的平均信号量化噪声比(对应峰-峰信号)为

$$\left(\frac{S}{N}\right)_q=20\lg\frac{10\sqrt{2}M\sigma_S}{3\sigma_e}$$

考虑 $M=2^n$，得

$$\left(\frac{S}{N}\right)_{qdB}=13.5+6n+10\lg\frac{\sigma^2{}_S}{\sigma^2{}_e} \qquad (7\text{-}9)$$

式中，$\sigma^2_S/\sigma^2_e\gg1$。比较式(7-9)与均匀量化时的式(7-3)，不难得出前面的结论。对图像进行 PCM 编码，设均匀量化时取 $n=8$；采用 DPCM 编码和非均匀量化，可压缩到每个取样点(像

素 Pellet)只编 5 位，即 5 bit/pel；在以上两种情况下，获得的图像质量大致相同。可能会产生这样一个问题：差值信号大的范围采取粗量化，会不会影响恢复后的图像质量？分析可知，差值大的信号，对应于图像轮廓边缘，上面提到，这时人们对幅度变化的分辨能力要降低，粗量化并不影响人对图像的主观感受。

(2) 可变字长编码。根据预测误差信号统计特性提出的另一种压缩方法是可变字长(即 n 可变)编码。其基本原理是，用均匀量化方法，对出现概率大的小差值信号编为 n 小的码；而对概率小的大差值信号编为 n 大的码。这样恢复图像时不影响质量(因有相同的量化间隔)，而总的码率就要减小。若 n 值随概率变化，就能得到最好的效果。

这种按概率大小进行编码的方法是有理论根据的，即信息论中的概率编码或熵编码原理。设某一数字信号，取有限个(k 个)离散值，相应的概率为 p_1，p_2，…，p_k，则定义此信号的信息量熵 H 为

$$H = -\sum_{i=1}^{k} p_i \mathrm{lb} p_i \tag{7-10}$$

其单位为比特(bit)。如前所述，式中的 $\mathrm{lb}\, p_i$ 表示以 2 为底时 p_i 的对数。以我们熟悉的二进制信号为例，设“0”、“1”为等概率的，都是 p_i=0.5，则由式(7-10)，$H = 1$ bit。这与由 $n = \mathrm{lb}\, M$ 得到的结果相同。这表示 $n = H$，编码效率最高。

$$\eta = \frac{H}{n} \tag{7-11}$$

若对每个样值编码的长度 n_i 与概率 p_i 的对数绝对值成正比，即

$$n_i = \mathrm{C}\ \mathrm{lb}\, p_i \tag{7-12}$$

式中，C 为负常数，则平均码长 n 将等于信号的熵值，有最高的编码效率。这可从下面得到证明。因为

$$\sum_{i=1}^{k} p_i = 1$$

$$H = \sum_{i=1}^{k} H_i = -\sum_{i=1}^{k} p_i \mathrm{lb} p_i$$

平均码长 n 为

$$n = \sum_{i=1}^{k} p_i n_i = \sum_{i=1}^{k} C p_i \mathrm{lb} p_i$$

取 $C = -1$，有 $n = H$。实际上，p_i 是在 0 至 1 间取值，而 n_i 只能取离散值。实际编码只能达到 $n>H$，即编码效率 $\eta < 1$ 的性能。一种称为哈夫曼(Huffman)编码，就是符合这种思想的最佳编码。已经证明它可获得最小的平均码长，且很接近差值信号的熵值。

实际表明，可变字长编码的平均字长比非均匀量化还小些。

DPCM 预测编码结构简单，易于硬件实现，压缩效率高，已成为频带压缩编码的主要方法。DPCM 的主要缺点是抗御误码的能力差。若信号传输过程中产生误码，则在收端通过预测值的反复运算，误差将扩大到图像中的一个较大范围。因此，对误码要求较高，通常还要采用纠错的信道编码。目前采用预测编码，已可以将广播数字电视信号压缩到大约 30 Mb/s 的传输速率。可以在公共数字信道 PCM 三次群(34 Mb/s)中传输，也可以在国际通信卫星组织(INTELSAT)的传输信道(30 Mb/s)中传输。

2) 变换编码

变换编码是采用另一种方法消除图像中相关的冗余信息，达到压缩数据和频带作用。其基本原理是，先将图像中的像素按区域分成一些包括 $M\times N$ 个像素的许多方块，这些像素点的取样值构成一空间(设为 X、Y 二维)的数字阵列。然后，将它们变换到由正交矢量构成的变换域中，再对这些变换域中的阵列系数进行编码后发送出去。关于变换的概念，这里作些简单解释。我们知道一个时间的信号或序列，可以进行富氏变换，其变换域为频域。利用不同频率正余弦信号的正交性，可以用各频率分量的大小表示原时间信号或序列。同样，也可以用其他时间上的正交矢量来表示时间信号，比如，用沃什函数集(时间的函数)表示，就成为沃什变换。现在的图像是空间(X，Y)的序列，根据变换的原理可以进行同样的变换，即用空间(X，Y)的正交函数集(用正交矢量来表示)。若进行富氏变换，变换域也是频域，只是这里“频率”的概念与前面不同。前面的频率表示单位时间内信号变化的周期数。而在这里，“频率”表示单位长度(X、Y 方向)信号变化的周期数。为了区别，这里的频率可称为空间频率，用 f_X、f_Y 表示。图像的空间序列也可以进行空间的沃什变换或其他变换。在图像的变换编码中，常用的变换有离散的余弦变换(DCT)、沃什(Walsh)变换等。这里都是指空间域的变换。

变换编码压缩数据的原因在于，由于图像空间的相关性，在变换域中，各空间频率分量是不均匀的，即空间频率低的区域信号幅度大，高频区域信号幅度小。若根据统计特性，低频部分编 n 大的长码，高频部分编短码，则平均码长和总的码率都会下降，从而达到压缩码率的目的。

图 7-9(a)是对某二场静止图像 4×4 取样点进行二维沃什变换后得到的平均信号幅度，对应的沃什变换矩阵如图 7-9(b)所示。由图 7-9(a)可见，变换后幅度大的信号集中于左上部分，幅度小的信号在右下部分，前者相当于低列率(沃什函数用列率)区，后者是高列率区。对于此信号可以用图 7-9(c)可变字长的最佳比特分配，而不会产生很大的误差。这时每个像素的平均编率为 2 bit/pel。由此例还可看出，图像的二维变换在数学上是进行矩阵运算，用硬、软件都较易实现。

$$\begin{bmatrix} 17.0 & 10.0 & 5.3 & 4.6 \\ 13.8 & 5.2 & 3.3 & 2.8 \\ 8.7 & 3.9 & 2.5 & 2.2 \\ 7.4 & 3.4 & 2.3 & 2.0 \end{bmatrix} \quad \begin{bmatrix} 1 & 1 & 1 & 1 \\ 1 & 1 & -1 & -1 \\ 1 & -1 & -1 & 1 \\ 1 & -1 & 1 & -1 \end{bmatrix} \quad \begin{bmatrix} 6 & 3 & 2 & 2 \\ 4 & 2 & 1 & 1 \\ 3 & 2 & 1 & 0 \\ 3 & 1 & 1 & 0 \end{bmatrix}$$

(a)　　(b)　　(c)

图 7-9　图像的沃什变换编码

(a) 宽度信号变换后的平均幅度；(b) 4×4 沃什变换矩阵；(c) 最佳比特分配

3) 熵编码

熵编码是一类利用数据的统计信息进行压缩的无语义数据流的无损编码。

熵(entropy)本来是热力学中用来度量热力学系统无序性的一种物理量(热力学第二定律：孤立系统内的熵恒增)，(信息)熵 H 的概念则是美国数学家 Claude Elwood Shannon(香农)于 1948 年在他所创建的信息论中引进的，用来度量信息中所含的信息量(为自信息量 $I(s_i)=\log_2 1/p_i$ 的均值/数学期望)：

$$H(S)=\sum_i p_i \log_2 \frac{1}{p_i} \tag{7-13}$$

按照 Shannon 所提出的信息理论，1948 年和 1949 年分别由 Shannon 和 MIT 的数学教授 Robert Fano 描述和实现了一种被称之为香农-范诺(Shannon-Fano)算法的编码方法，它是一种变码长的符号编码。Shannon-Fano 算法采用从上到下的方法进行编码：首先按照符号出现的概率排序，然后从上到下使用递归方法将符号组分成两个部分，使每一部分具有近似相同的频率，在两边分别标记 0 和 1，最后每个符号从顶至底的 0/1 序列就是它的二进制编码。

Fano 的学生 David Albert Huffman(哈夫曼)在 1952 年提出了一种从下到上的编码方法，称为 Huffman 编码，它是一种统计最优的变码长符号编码，让最频繁出现的符号具有最短的编码。Huffman 编码的过程=生成一棵二叉树(H 树)，树中的叶节点为被编码符号及其概率、中间节点为两个概率最小符号(串)的并所构成的符号串及其概率所组成的父节点、根节点为所有符号之串及其概率 1。与香农-范诺编码相比，哈夫曼编码方法的编码效率一般会更高一些。尽管存在某些问题，但哈夫曼编码还是得到了广泛应用。香农-范诺编码和哈夫曼编码都属于不对称、无损、变码长的熵编码。

算术编码(arithmetic coding)是由 P.Elias 于 1960 年提出雏形，R.Pasco 和 J.Rissanen 于 1976 年提出算法，Rissanen 和 G.G.Langdon 于 1979 年系统化并于 1981 年实现，最后由 Rissanen 于 1984 年完善并发布的一种无损压缩算法。从信息论上讲它是与 Huffman 编码一样的最优变码长的熵编码。其主要优点是，克服了 Huffman 编码必须为整数位，与实数的概率值相差大的缺点。如在 Huffman 编码中，本来只需要 0.1 位就可以表示的符号，却必须用 1 位来表示，结果造成 10 倍的浪费。算术编码所采用的解决办法是，不用二进制代码来表示符号，而改用[0，1)中的一个宽度等于其出现概率的实数区间来表示一个符号，符号表中的所有符号刚好布满整个[0，1)区间(概率之和为 1，不重不漏)。把输入符号串(数据流)映射成[0，1)区间中的一个实数值。

行程编码 RLE (Run Length Encoding，行程长度编码)是一种使用广泛的简单熵编码。它被用于 BMP、JPEG/MPEG、TIFF 和 PDF 等编码之中，还被用于传真机。RLE 视数字信息为无语义的字符序列(字节流)，对相邻重复的字符，用一个数字表示连续相同字符的数目(称为行程长度)，可达到压缩信息的目的。RLE 所能获得的压缩比大小，主要是取决于数据本身的特点。如果图像数据(如人工图形)中具有相同颜色的图像块越大，图像块数目越少，获得的压缩比就越高。反之(如自然照片)，压缩比就越小。

RLE 译码采用与编码相同的规则，还原后得到的数据与压缩前的数据完全相同。因此，RLE 是一种无损压缩技术。RLE 压缩编码特别适用于计算机生成的图形，对减少这类图像文件的存储空间非常有效。然而，RLE 对颜色丰富多变的自然图像就显得力不从心，这时在同一行上具有相同颜色的连续像素往往很少，而连续几行都具有相同颜色值的连续行数就更少。如果仍然使用 RLE 编码方法，不仅不能压缩图像数据，反而可能使原来的图像数据变得更大。但是，这并不意味着 RLE 编码方法在自然图像的压缩中毫无用处，恰恰相反，在各种自然图像的压缩方法中(如 JPEG)，仍然不可缺少 RLE。只不过不是单独使用 RLE 一种编码方法，而是和其他压缩技术联合应用。

3. 视频编码标准

早在1980年，国际无线电咨询委员会(CCIR，现称为ITU-R)提出了电视信号模数转换标准的建议，称为数字演播室标准(CCIR-601)，现称为ITU-R601。1984年，国际电报电话咨询委员会(CCITT，现称为ITU-T)成立了一个针对ISDN的会议电视和可视电话的数字压缩编码问题研究的专家小组，该专家小组于1988年提出了H.261建议草案(标准)。此后，在此标准基础上发展出了一系列视频编码标准，如H.262、H.263、H.26L、H.264等。1986年，ISO与CCITT联合成立了联合图片专家组(Joint Photographic Expert Group，JPEG)，于1992年通过了JPEG标准。1988年，ISO又与国际电工委员会(IEC)成立了联合技术委员会ISO/IEC/JTC1，下设一个活动图像专家组(Moving Picture Experts Group，MPEG)，此专家组于1991年提交了ISO11172标准建议(即MPEG-1)，后来又提出了MPEG-2、MPEG-4、MPEG-7和MPEG-21等标准。

JPEG是静态图像压缩标准，适用于连续色调彩色或灰度图像，它包括两部分：一是基于DPCM(空间线性预测)技术的无失真编码，一是基于DCT(离散余弦变换)和哈夫曼编码的有失真算法，前者压缩比很小，主要应用的是后一种算法。在非线性编辑中最常用的是MJPEG算法，即Motion JPEG。它是将视频信号50场/秒(PAL制式)变为25帧/秒，然后按照25帧/秒的速度使用JPEG算法对每一帧进行压缩。通常压缩倍数在3.5～5倍时可以达到Betacam的图像质量。MPEG算法是适用于动态视频的压缩算法，它除了对单幅图像进行编码外还利用图像序列中的相关原则，将冗余去掉，这样可以大大提高视频的压缩比。MPEG-1用于VCD节目中，MPEG-2用于VOD和DVD节目中。

1) H.26x标准系列

H.261标准是为ISDN设计的，主要针对实时编码和解码设计，压缩和解压缩的信号延时不超过150 ms，码率为p×64 k/s(p=1～30)。H.261标准主要采用运动补偿的帧间预测、DCT变换、自适应量化、熵编码等压缩技术。只有I帧和P帧，没有B帧，运动估计精度只精确到像素级。支持两种图像扫描格式：QCIF和CIF。

H.263标准是甚低码率的图像编码国际标准，它一方面以H.261为基础，以混合编码为核心，其基本原理框图和H.261十分相似，原始数据和码流组织也相似；另一方面，H.263也吸收了MPEG等其他一些国际标准中有效、合理的部分，如：半像素精度的运动估计、PB帧预测等，使它性能优于H.261。H.263使用的位率可小于64 kb/s，且传输比特率可不固定(变码率)。H.263支持多种分辨率：SQCIF(128×96)、QCIF、CIF、4CIF、16CIF。

2) MPEG系列标准

MPEG-1 标准用于数字存储体上活动图像及其伴音的编码，其数码率为 1.5 Mb/s。MPEG-1的视频编码原理和H.261的相似。MPEG-1视频压缩技术的特点：① 随机存取；② 快速正向/逆向搜索；③ 逆向重播；④ 视听同步；⑤ 容错性；⑥ 编/解码延迟。为了提高压缩比，MPEG-1 标准同时使用帧内/帧间图像数据压缩技术。帧内压缩算法与 JPEG压缩算法大致相同，采用基于DCT的变换编码技术，用以减少空域冗余信息。帧间压缩算法采用预测法和插补法。预测误差可通过DCT变换编码处理并进一步压缩。帧间编码技术可减少时间轴方向的冗余信息。MPEG-1标准存在着存储容量过大、清晰度不够高和网络传输困难的缺点。

MPEG-2 被称为“21 世纪的电视标准”，它在 MPEG-1 的基础上作了许多重要的扩展和改进，对 MPEG-1 向下兼容。其基本算法和 MPEG-1 相同，主要针对存储媒体、数字电视、高清晰等应用领域，分辨率为：低(352×288)，中(720×480)，次高(1440×1080)，高(1920×1080)。MPEG-2 视频相对 MPEG-1 提升了分辨率，满足了用户高清晰的要求，但由于压缩性能没有提高多少，使得存储容量太大，也不适合网络传输。

MPEG-4 视频压缩算法相对于 MPEG-1/2 在低比特率压缩上有着显著提高，在 CIF(352×288)或者更高清晰度(768×576)情况下的视频压缩，无论从清晰度还是从存储量上都比 MPEG-1 具有更大的优势，也更适合网络传输。另外 MPEG-4 可以方便地动态调整帧率、比特率，以降低存储量。因此，可广泛应用于实时视听通信、多媒体通信、远地监测/监视、VOD、家庭购物/娱乐等方面。

3) JVT 标准

JVT 是由 ISO/IEC MPEG 和 ITU-T VCEG 成立的联合视频工作组(Joint Video Team)，属于新一代数字视频压缩标准。JVT 标准在 ISO/IEC 中的正式名称为 MPEG-4 AVC(part10)标准，在 ITU-T 中的名称为 H.264(早期被称为 H.26L)。

H.264 集中了以往标准的优点，并吸收了以往标准制定中积累的经验，采用简洁设计，使它比 MPEG-4 更容易推广。H.264 创造了多参考帧、多块类型、整数变换、帧内预测等新的压缩技术，使用了更精细的分像素运动矢量(1/4、1/8)和新一代的环路滤波器，使得压缩性能大大提高，系统更加完善。

7.2.3　音频压缩编码

音频压缩编码标准也有两大系列，一是 ITU-T 制定的 G 系列声音压缩标准，如 G.711 使用 μ 率和 A 率压缩算法，信号带宽为 3.4 kHz，压缩后的数据率为 64 Kb/s；G.721 使用 ADPCM 压缩算法，信号带宽为 3.4 kHz，压缩后的数据率为 32 Kb/s；G.722 使用 ADPCM 压缩算法，信号带宽为 7 kHz，压缩后的数据率为 64 Kb/s。在这些标准基础上还制定了许多话音数据压缩标准，如 G.723、G.723.1、G.728、G.729、G.729.A 等。二是基于 MPEG 标准的 MPEG 音频编码标准，如 MPEG Audio Layer 1/2、MPEG Audio Layer 3(即 MP3)、MPEG-2 AAC(即 MP4)、MPEG-4 AAC 等。需要说明，DVD 音频没有采用 MPEG 标准的编码方式。

MPEG 音频第一层和第二层编码是将输入的音频信号进行采样频率为 48 kHz、44.1 kHz、32 kHz 的采样，经滤波器组将其分为 32 个子带，同时利用人耳屏蔽效应，根据音频信号的性质计算各频率分量的人耳屏蔽门限，选择各子带的量化参数，获得高的压缩比。MPEG 第三层是在上述处理后再引入辅助子带、非均匀量化和熵编码技术，进一步提高压缩比。MPEG 音频压缩技术的数据速率为每声道 32～448 Kb/s，适合于 CD-DA 光盘应用。

ISO/MPEG 音频压缩标准里包括了三个使用高性能音频数据压缩方法的感知编码方案(Perceptual Coding Schemes)，按照压缩质量(每比特的声音效果)和编码方案的复杂程度划分为 Layer 1、Layer 2、Layer 3。所有这三层的编码采用的基本结构是相同的，在采用传统的频谱分析和编码技术的基础上还应用了子带分析和心理声学模型理论，也就是通过研究人耳和大脑听觉神经对音频失真的敏感度，在编码时先分析声音文件的波形，利用滤波器找出噪音电平(Noise Level)，然后滤去人耳不敏感的信号，通过矩阵量化的方式将余下的数据每一位打散排列，最后编码形成 MPEG 的文件。其音质听起来与 CD 相差不大。MP3 就是

MPEG Audio Layer 3。需要说明，MP4 并不是 MPEG-4 或者 MPEG Layer 4，从技术上讲，MP4 使用的是 MPEG-2 AAC 技术，也就是俗称的 a2b 或 AAC。MPEG-2 AAC(ISO/IEC 13818-7)在采样率为 8～96 kHz 下提供了 1～48 个声道可选范围的高质量音频编码。AAC 是 Advanced Audio Coding，即先进音频编码，适用于从比特率 8 Kb/s 单声道的电话音质到 160 Kb/s 多声道的超高质量音频范围内的编码，并且允许对多媒体进行编码/解码。AAC 与 MP3 相比，增加了诸如对立体声的完美再现、比特流效果音扫描、多媒体控制、降噪优异等 MP3 没有的特性，使得在音频压缩后仍能完美地再现 CD 音质。MP4 技术的优越性要远远高于 MP3，因为它更适合多媒体技术的发展以及视听欣赏的需求。

具体的 MPEG 的压缩等级与压缩比率如表 7-1 所示。

表 7-1　MPEG 的压缩等级与压缩比率

MPEG 编码等级	压缩比率	数字流码率/(Kb/s)
Layer 1	1：4	384
Layer 2	1：6～8	192～256
Layer 3	1：10～12	128～154

7.3　电视信号的数字处理

7.3.1　概述

各种数字化的电视设备都具有对电视信号的处理功能，有些处理相当于实现模拟电视信号中的相应功能。由于数字电视信号的特点，它还能实现许多模拟电视中难以完成的各种功能，从而达到提高图像质量，丰富电视节目等目的。

数字信号的一般数字运算、逻辑运算，可以实现许多模拟处理中的处理功能。例如，用数字相加器可以完成电视信号的叠加(如亮度与色差信号)；数字信号的乘法运算可以放大或衰减信号，起改变增益的作用；利用数字比较及数字逻辑运算可以完成信号限幅、钳位等作用；组合加法和乘法运算可以完成矩阵运算，如 R、G、B 至 Y、U、V 或 γ 校正运算等。与模拟处理相比，数字运算具有精度高、稳定性好、容易调节和控制等优点。

数字信号的一个重要特点，是容易实现信号的存储和延时。多位寄存器可以进行电视信号的暂存。随机存取存储器(RAM)可以实现大容量的电视信号的存取，例如实现存储几行甚至上帧的数据存取。信号的延时是通过存取(从写入至读出)的时间决定，原则上只由外部定时信号的时间间隔决定，可以由取样周期至行、场、帧周期。与模拟延迟电路比较，数字信号不但延迟时间可很长，而且精度高，信号延迟后无失真。

数字电视信号的上述存储和延时的特点，使它能进行一些新的处理，例如，可以将图像的一行或一帧数据统一进行处理，如下面将介绍的电视时基变换和图像的几何变换。延时电路又是数字滤波器的基础，用不同的延迟时间可以实现水平、垂直及帧间的滤波作用。而这种滤波器在模拟电路中是难以实现的。

7.3.2　数字滤波器

1. 数字滤波器的作用

在电视信号的数字处理中，数字滤波器起着很重要的作用。它可以完成模拟滤波器的各种作用，当然它们具有更好的性能。比如，它可以完成信号的频带限制、高频提升、高低频信号的提取(如图像轮廓信号提取)、信号分离和解调(如亮度分离、色度信号解调)等作用，还可以完成模拟处理中难以实现的作用，比如，通过帧间滤波提取动图面信息。又如，数字滤波器还可以实现动态的信道均衡，消除图像重影。

2. 数字滤波器的基本结构和原理

图 7-10(a)是一种常用数字滤波器的结构和电路模型，它是由一些延迟电路和乘法器、加法器组成。这种滤波器从结构上是以抽头出现，在模拟滤波器中又称为抽头滤波器或横向滤波器。其中，T 为延迟时间，T 可以为抽样周期 T_S，或者为行周期 T_H，或者为帧周期 T_f。C_0，C_1，…，C_N 为加权系数。输入信号 $x(nT_S)$为数字信号序列，由图可见输出信号为

$$y(nT_S)=C_0x(nT_S)+C_1x(nT_S-T)+\cdots+C_Nx(nT_S-NT)$$

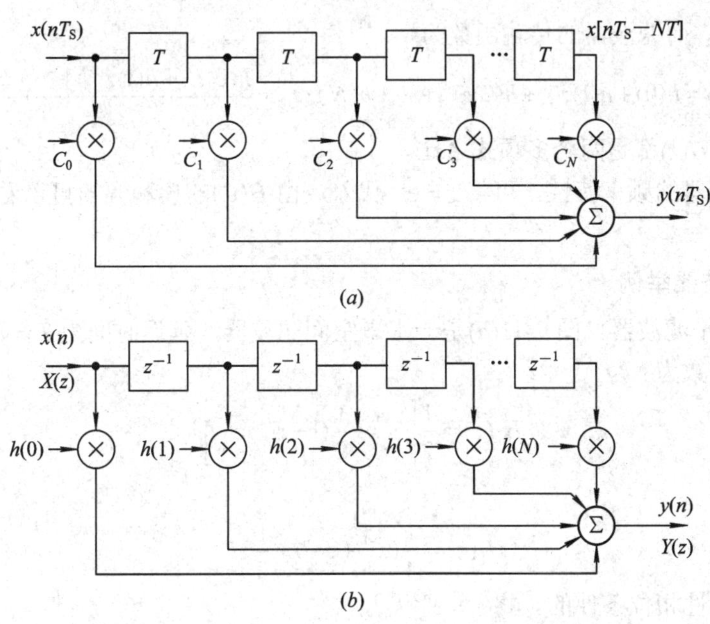

图 7-10　数字滤波器的结构和模型

(a) 电路模型；(b) 数学模型

设延迟时间与数字信号取样周期相同，即 $T=T_S$，则

$$y(nT)=\sum_{k=0}^{N}C_kx\left[(n-k)T\right] \tag{7-14}$$

若输入为一单位脉冲序列，$x(nT)=\delta(nT)$，且

$$\delta(nT)=\begin{cases}1 & n=0\\0 & n\neq 0\end{cases}$$

则输出为

$$y(nT)=\sum_{k=0}^{N}C_k\delta\left[(n-k)T\right] \tag{7-15}$$

若定义此滤波器的单位脉冲响应为 $h(nT)$，显然上式就是 $h(nT)$，因此有

$$C_k=h(kT) \tag{7-16}$$

当 N 为有限值时，单位脉冲响应长度 N 是有限的，因此这种数字滤波器常称为有限脉冲响应滤波器(FIR 滤波器)。

我们关心的是滤波器的频率特性，为此输入信号 $x(nT)$和脉冲响应 $h(nT)$都应用富氏变换到频域进行研究。时间序列 $x(nT)$的变换设为 $X(\Omega)$，它是以 $x(nT)$为系数的富氏级数。延迟环节的传输函数为 $\mathrm{e}^{\mathrm{j}\Omega T}$。

在数字信号的分析中，通常用更一般的分析方法。将数字信号的时间序列 $x(nT)$用归一化的数字序列 $x(n)$代替，而延迟环节 $\mathrm{e}^{\mathrm{j}\Omega T}$ 用一归一化的 $z=\mathrm{e}^{\mathrm{j}\omega}$ 代替，ω 称为数字频率。这种变换关系称为 Z 变换。数字序列 $x(n)$的变换为

$$X(z)=\sum_{n=-\infty}^{\infty}x(n)z^{-n} \tag{7-17}$$

z 为复变量。而滤波器的传输函数为

$$H(z)=h(0)+h(1)z^{-1}+h(2)z^{-2}+\cdots+h(N)z^{-N}=\frac{h(0)z^{n}+h(1)z^{n-1}+\cdots+h(N)}{z^{N}} \tag{7-18}$$

一般情况，$H(z)$都是两个多项式之比。

要研究滤波器的频率特性，可将 $z=\mathrm{e}^{\mathrm{j}\omega}$ 代入，由 $H(\omega)$的模和幅角可以看出它的幅频特性和相频特性。

3. 数字滤波器举例

(1) 亮度水平滤波器。图 7-11(a)是一水平空间滤波器，延迟时间为 $T=T_{\mathrm{S}}$。由图可见，滤波器的传输函数为

$$H_1(z)=\frac{1}{2}\left[z^{-3}+\frac{1}{2}(1+z^{-4})z^{-1}\right]$$

展开此式

$$H_1(z)=\frac{1}{4}(z^{-1}+z^{-5})+\frac{1}{2}z^{-3}$$

它是满足线性相位条件的。将 $z=\mathrm{e}^{\mathrm{j}\omega}$代入

$$H_1(\omega)=\frac{1}{2}\mathrm{e}^{-\mathrm{j}3\omega}\left(1+\frac{\mathrm{e}^{\mathrm{j}2\omega}+\mathrm{e}^{-\mathrm{j}2\omega}}{2}\right)$$

$$\left|H_1(\omega)\right|=\frac{1}{2}(1+\cos 2\omega)=\cos^2\omega$$

化为实际频率 $\omega=2\pi f/f_{\mathrm{S}}$，再考虑 $f_{\mathrm{S}}=4f_{\mathrm{SC}}$，$H_1(f)$为

$$\left|H_1(f)\right|=\cos^2 2\pi\frac{f}{f_{\mathrm{S}}}=\cos^2\frac{\pi}{2}\frac{f}{f_{\mathrm{SC}}} \tag{7-19}$$

其特性如图 7-11(b)所示。此滤波器为低通性质，并对副载波附近的频率有很大衰减。

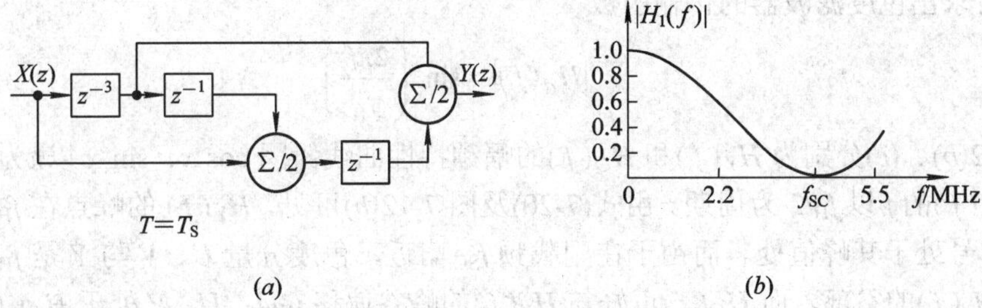

图 7-11　水平空间滤波器

(a) 滤波器的结构；(b) 幅频特性

(2) 分离亮色信号的梳状滤波器。图 7-12(a)是用于 PAL 全电视信号的亮度分离的梳状滤波器。图中，延时 $T=T_H$，A 至 B 之间为亮度信号分离器，传输函数为 $H_Y(\omega)$，A 至 C 之间为色度信号滤波器，传输函数为 $H_C(\omega)$。

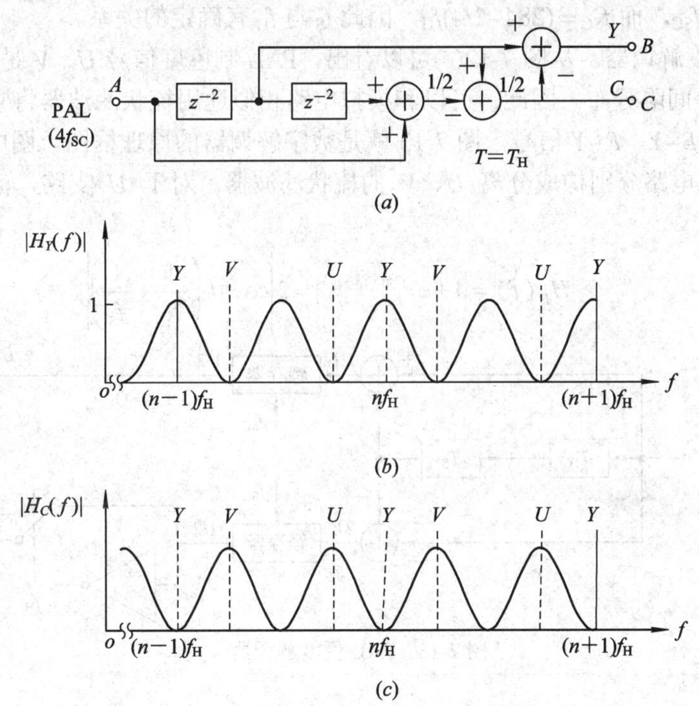

图 7-12　亮色分离梳状滤波器

(a) 滤波器结构；(b) 亮度分离滤波器特性；(c) 色度分离滤波器特性

由图可知

$$H_Y(z)=z^{-2}-\frac{1}{2}\left[z^{-2}-\frac{1}{2}(1+z^{-4})\right]=\frac{1}{2}z^{-2}+\frac{1}{4}(1+z^{-4})$$

这也是线性相移网络。将 $z=e^{j\omega}$及$\omega=\Omega T_H=2\pi f/f_H$代入，得到其幅频特性为

$$|H_Y(\omega)|=\cos^2\omega$$

$$|H_Y(f)|=\cos^2\left(\frac{2\pi f}{f_H}\right) \tag{7-20}$$

同样可求出色度滤波器的传输函数

$$|H_C(f)| = \sin^2\left(\frac{2\pi f}{f_H}\right) \tag{7-21}$$

图 7-12(*b*)、(*c*)分别为 $H_Y(f)$和 $H_C(f)$的幅频特性曲线。因 $\cos^2 x$、$\sin^2 x$ 以π为周期，故 $H_Y(f)$、$H_C(f)$的 f 以 $f_H/2$ 为周期。由式(7-20)及图 7-12(*b*)可见，$H_Y(f)$ 的峰点在 $f_H/2$ 的整数倍区，Y 信号处于其峰值处。而由于在副载频 f_{SC} 附近，色度分量 U、V 与 Y 是 $f_H/4$ 偏置，正好处于 $H_Y(f)$的谷部。而 $H_C(f)$正好与 $H_Y(f)$的峰谷偏移 $f_H/4$；U、V 处于 $H_C(f)$的峰部，而 Y 处于谷部。可见这种滤波器的亮色分离比较彻底。这在模拟电路中是难以实现的，这样就为减小亮、色间的串扰创造了条件。

从上例中还可以看出，在电视的数字滤波器中，数字信号的取样周期与数字滤波器的延迟时间(T_H)并不一定相同。在上例中，数字信号的取样频率为 f_S，波器的定时频率为 f_H，但是 f_S 与 f_H 应保持确定的关系。前面谈到选择取样频率的原则时就考虑了这一要求。比如，在上例中，$f_S = 4f_{SC}$，而 $f_{SC} = (284-1/4)f_H$，因此 f_S 与 f_H 有确定的关系。

(3) PAL 色度解调器。从图 7-12(*c*)可以看出，PAL 制色度信号 U、V 是以副载频 f_{SC} 为中心相距 $f_H/2$ 等间隔分布。因此，可以和模拟电路相似地用梳状滤波器将它们分离，然后进行数字解调为 $B-Y$、$R-Y$ 信号。图 7-13 就是数字解调器的原理框图。图中，延时器 T_H、T_S 及相加、相减电路分别构成分离 U、V 的梳状滤波器。对于 U 支路，滤波器的幅频特性为

$$|H_U(f)| = \left|1+\mathrm{e}^{-\mathrm{j}2\pi f(T_H+T_S)}\right| = 2\left|\cos\pi f\left(\frac{1}{f_H}+\frac{1}{f_S}\right)\right| \tag{7-22}$$

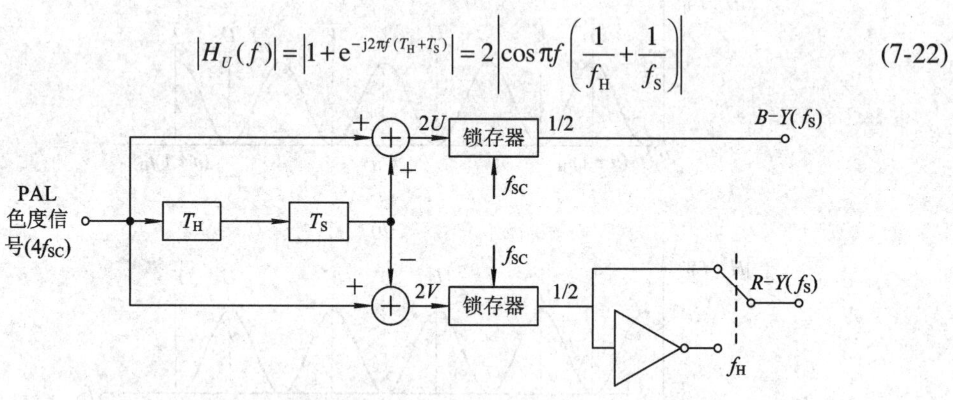

图 7-13　PAL 色度解调器

同理

$$|H_V(f)| = 2\left|\sin\pi f\left(\frac{1}{f_H}+\frac{1}{f_S}\right)\right| \tag{7-23}$$

对于副载波频率 $f=f_{SC}$，考虑 $f_{SC}=(284-1/4)f_H$ 及 $f_{SC}=f_S/4$，代入式(7-22)、式(7-23)可知，$|H_U(f_{SC})|=1$，$H_V(f_{SC})=0$。式(7-22)、式(7-23)还可以用 f_H 表示为

$$|H_U(f)| = 2\cos\left(1+\frac{1}{1135}\right)\pi\frac{f}{f_H}$$

$$|H_V(f)| = 2\left|\sin\left(1+\frac{1}{1135}\right)\pi\frac{f}{f_H}\right|$$

它们近似以 $f_H/2$ 为周期。因此，对以 f_{SC} 为中心，$f_{SC}\pm nf_H$ 的 U 信号，处于 $H_U(f)$的峰部；

而对于 $f_{SC}\pm(2k+1)f_H/4$ 的 V 信号，处于 $H_U(f)$的谷部。对于$|H_V(f)|$来说，U 处于谷部，V 处于峰部。这样就实现了 U、V 的分离。

分离后的 U、V 信号都是取样频率为 $f_S=4f_{SC}$ 的数字信号，分别送入锁存器。因为它们又是代表频率为 f_{SC} 的色度信号，因此在时域上看必然是周期性信号，是以每 4 个取样周期重复。当以 $f_{SC}=f_S/4$ 的定时信号重新取样，就取得 U、V 的幅值(设取样点在信号幅值处)，这样就同时完成了解调。考虑到 U、V 间差 90°，即正好差 $T_S=T_{SC}/4$，两个取样信号时间差为 T_S。由于 V 信号是逐行倒相，V 支路还要经数字倒相及 PAL 开关取出。最后得到 $B-Y$ 和 $R-Y$ 的色差信号(数字化取样频率为 f_S)。我们知道取样过程相当于相乘作用，它可以完成副载频信号至视频信号的频率变换。

7.3.3　电视信号的时基处理

数字电视信号的一个重要特点是它可以进行存储。存入、取出由外部的定时信号决定。若在存储过程中，采用不同的存入和取出定时信号，就可以将电视信号在时间上进行变换，这种变换称为时基处理。数字信号的时基处理可以完成许多重要的功能。

数字时基校正器(DTBC)是一种典型的时基处理设备。它主要用于校正视频磁带录像机(VTR)重放时输出信号的时基误差(TBE)。

磁带录放像是通过机电结合的方式，将电视信号记录在磁带上或从磁带上取出视频信号。由于转速、传动误差等原因，重放视频信号在时间上与原来信号有误差，这就表现为时基误差。这表现在图像上或者因同步误差产生图像抖动，或者由于时间变化引起色度信号相位变化，从而产生彩色失真等。要消除或减小时基误差及影响，对录放像中的机电伺服系统有更高的要求，或者采取时基校正方法。由于数字时基校正的出现，大大缓解了这一矛盾。

图 7-14 就是数字时基校正器(DTBC)的原理框图。从放像机来的重放视频信号，一路经同步分离电路取出行同步或色同步信号，再经过写时钟产生电路，产生数字编码的取样脉冲($f_S=4f_{SC}$)。此脉冲也供给写地址发生器，产生随时间变化的写地址信号(包括行地址和行内样点地址)。重放视频信号在 A/D 变换器中编为 8 位数字，在写地址的控制下写入存储器(RAM 或 SR)中。由于时间误差，写入的时间是不均匀的，但在存储器中的排列是均匀的(即顺序的取样点数据存在顺序地址的单元中)。数字信号的读出是受读地址发生器的信号控制，此信号是由本台基准同步而来，也就是精确的时钟信号。这样从存储器读出的视频信号在时间上是均匀的。因此，信号经 D/A 解码恢复的视频信号就是无时基误差(无 TBE)的信号。用于 DTBC 的存储器容量一般为 10 余行以上，而校正的时基误差可达几十微秒甚至更大。

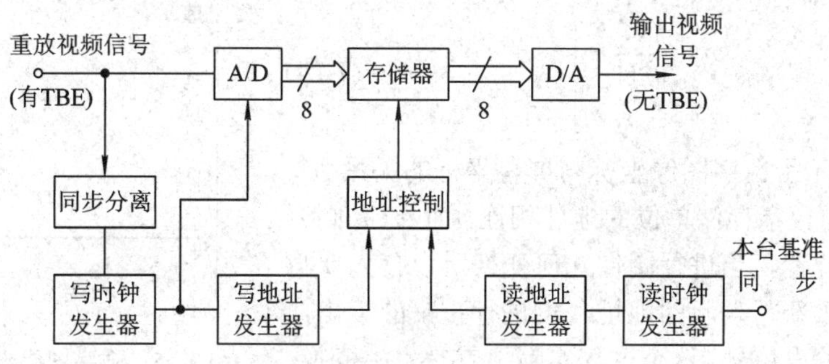

图 7-14　DTBC 原理框图

由于 DTBC 的出现，放宽了对时基误差的要求。使得一些伺服精度低、时基误差大但价廉、轻型、节省磁带的螺旋扫描录(摄)像机能用于电视演播中心，从而促进了电子新闻采访(ENG)和电子现场节目制作(EFP)的发展。

上述时基变换和处理的原理，还可用于其他方面。例如，下面讲述的倍行频或倍场频显示技术。将电视信号以正常的取样时钟写入存储器。通过数据内插方法(即将相邻行的数据平均，得到内插行的数据，或者相邻帧的数据平均得到内插帧的数据)进行数据扩展。再以双倍取样频率取出数据。同时显示时以倍行频扫描，即每场 625 行显示，这是倍行频显示技术。也可以重新排列扫描顺序，由隔行扫描改为逐行扫描(两者扫描行频都加倍，只是数据的读出顺序不同)。倍行频可以消除行间的闪烁现象。倍场频显示是保持隔行扫描不变，而使场频加倍(每秒由 50 场提高到 100 场，当然行频也加倍)。倍场频显示既能消除行间闪烁，也能消除场间大面积的闪烁。

一种将 525 行和 625 行两种制式转换的数字制式转换器(DSC)，也是利用上述时基变换，行、场内插等技术实现的。通常还要进行彩色编、解码处理，完成不同彩色制式间的变换。

7.3.4　图像的几何变换与数字视频特技(DVE)

数字电视信号若以帧进行存储，则存储地址和图像在显示时的空间位置有确定的对应关系。若将这种关系人为地作某种变换，就会产生显示图像的几何变换。若在空间变换的同时，对图像内容(数字信号本身)也进行变换，就可以产生很多图像特技效果，甚至会产生各种近似光学处理的三维空间特技效果。目前，用于演播室中的数字视频特技(DVE)设备，充分应用了各种数字信号处理技术和微机控制技术，可以完成上百种特技节目的制作，大大提高了演播室节目制作质量，同时可以缩短节目制作周期和降低成本。下面简单介绍图像几何变换的原理和几种常见的数字视频特技。

1. 图像几何变换的原理

在 DVE 中，图像处理是逐场进行的，信号以场进行存储，设存储位置以整数值的水平和垂直坐标表示。设垂直坐标为 V，在 PAL 制中，一场的正程的扫描行数为 288 行。图像垂直的空间坐标设为 h(高度)，坐标取值从 0～288。数字图像水平坐标以行正程的取样点表示，坐标设为 H(水平)，正程的取样点数设为 TPN，坐标取值从 0 至 TPN。屏幕水平坐标设为ω(宽)，其刻度按屏幕 4∶3 宽高比，并取与屏幕垂直同样刻度，则最大值为 $288\times4/3=384$。这样选取坐标时，图像水平坐标与屏幕坐标不相等，而有

$$\left.\begin{aligned}\omega&=\frac{384}{\mathrm{TPN}}H\\ h&=V\end{aligned}\right\}\qquad(7\text{-}24)$$

在图 7-15 上表示了数字图像坐标与屏幕坐标的关系。H、V 的坐标直接与数字存储单位的地址相连，而 ω、h 则表示在屏幕上的位置。当进行图像几何变换时，首先要将输入数字信号重新写入新的地址，再进行正常的读出，作为变换后的输出信号。这个过程实际上就是坐标变换，

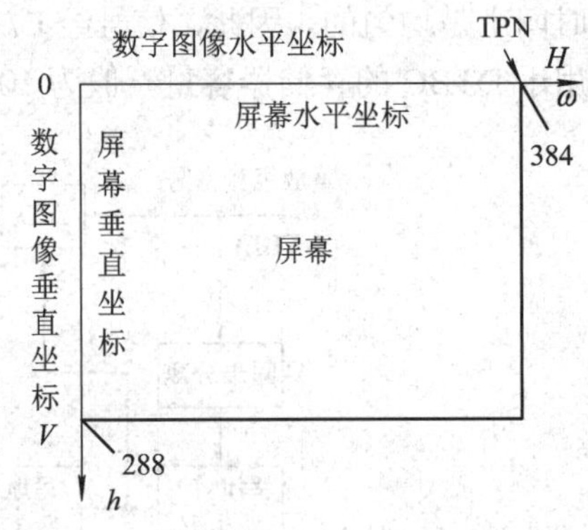

图 7-15　数字图像坐标与屏幕坐标

设变换后的数字图像坐标为 X、Y，则一般情况下输出与输入坐标间的关系可由下式表示

$$\left.\begin{aligned} X &= S_{\mathrm{H}}H + k_1V + X_0 \\ Y &= S_{\mathrm{V}}V + k_2H + Y_0 \end{aligned}\right\} \tag{7-25}$$

式中，S_{H} 和 S_{V} 分别为水平方向和垂直方向的尺寸变换系数，k_1 和 k_2 为交错运算系数，X_0、Y_0 为水平和垂直的固定位移量。设对应输出数字信号的屏幕坐标系为 ω' 和 h'，则它和未作变换坐标的 ω 和 h 间的关系由式(7-24)、式(7-25)可得

$$\left.\begin{aligned} \omega' &= S_{\mathrm{H}}\omega + \frac{384}{\mathrm{TPN}}k_1h + \frac{384}{\mathrm{TPN}}X_0 \\ h' &= S_{\mathrm{V}}h + \frac{\mathrm{TPN}}{384}k_2\omega + Y_0 \end{aligned}\right\} \tag{7-26}$$

从 ω、h 到 ω'、h' 的变换可直接看出图像的几何变换。选择和变化式(7-26)中的参数 S_{H}、S_{V}、k_1、k_2、X_0、Y_0 就可以完成各种几何变换。具体变换时就是根据几何变换的要求按场计算这些参数，在场的逆程将它们送入专门的地址运算器，在场的正程计算读、写的地址并控制读、写操作。参数及地址运算都是由微处理器控制完成的。

2. 图像的几何变换

(1) 图像的移位。当选择 $S_{\mathrm{H}} = S_{\mathrm{V}} = 1$，$k_1 = k_2 = 0$，给出每场的移位值 X_0、Y_0，图像就在屏幕上移位，X_0、Y_0 的变化决定了图像移位的轨迹。

(2) 图像的扩大和缩小。选择 $k_1 = k_2 = 0$，$X_0 = Y_0 = 0$，并选择 $S_{\mathrm{H}} = S_{\mathrm{V}} < 1$，就可以使图像缩小；若使 S_{H}、S_{V} 有规律地递减，就会得到连续缩小的图像。反之，若选择 $S_{\mathrm{H}} = S_{\mathrm{V}} > 1$，则可以使图像扩大。若 S_{V}、S_{H} 不相等，图像的宽、高将作相应的变化。

这里要指出的是，图形缩小时，几何面积减小，表示要进行数据压缩。压缩的方法就是进行水平和垂直方向的数据抽删。

比如，水平方向压缩为一半($S_{\mathrm{H}} = 0.5$)时，就要将水平方向样点数减半。若压缩比不是整数倍，即若 $S_{\mathrm{V}}/S_{\mathrm{H}}$ 不是 1/2，1/3，…，$1/n$ 时，则没有准确的取样点，则还应用数字内插的方法，以邻近样点的数字计算出内插点的数字值。数据的抽删，相当于取样频率降低。原来满足取样定理的数字信号，取样频率降低后会产生频谱混叠，恢复为模拟信号时会产生失真。为避免这种失真，当进行图像缩小前，应对原数字信号进行压缩滤波。当图像连续缩小时，滤波器的带宽通常要分步减小。

在水平方向扩大图像时，相当于提高取样频率，不会产生频谱混叠现象。这时要解决的问题是确定这些新样点的数值，这也是根据前、后邻近的数据用线性内插方法来解决。图 7-16 就是水平扩大时，数据内插的原理图。图中，n 为 0，1，2，…，是输出样点的累进值，$(n/S_{\mathrm{H}})_{\mathrm{S}}$ 为 n/S_{H} 的小数部分。

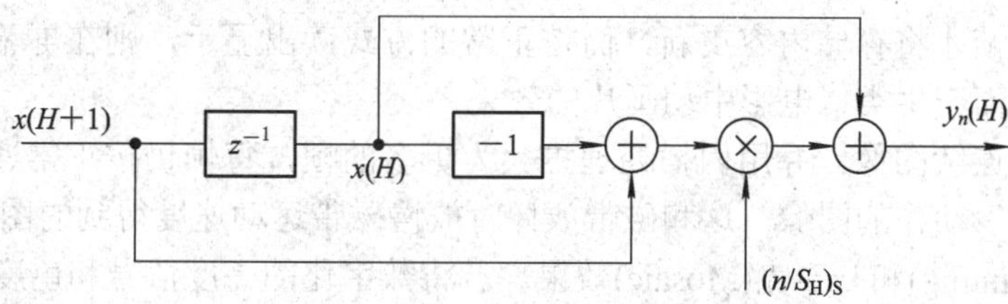

图 7-16　内插电路的一般形式

对于垂直压缩或扩大，原理基本相同，延迟时间不是一个输入样点，而是行周期。

(3) 图像的旋转。图 7-17 表示图形可进行围绕 Z 轴、Y 轴、X 轴的三种旋转。在进行图 7-17(*a*)的旋转时，只要以 X_1、Y_1 为原点进行坐标变换(根据旋转角 θ，作直角坐标至极坐标变换)，就可以求出两坐标系中对应点的关系。同时，可以求出式(7-26)中 S_H、S_V、k_1、k_2、X_0、Y_0 各参数。微机根据 θ 的变化计算出这些参数值，并相应地计算出读、写的新地址，就可以得到在水平面上的旋转图像(绕 Z 轴)。对于图 7-17(*b*)、(*c*)，虽然也是在 X、Y 平面旋转，但不同位置的几何尺寸同时变化，形成远近感觉，就产生图像绕“Y”轴或“X”轴的立体旋转感觉。当然，这时的坐标变换将更加复杂。

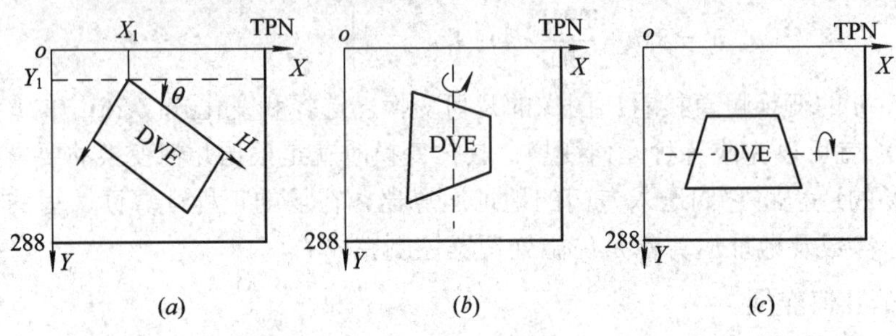

图 7-17 图像的旋转

(*a*) 绕 Z 轴旋转；(*b*) 绕 Y 轴旋转；(*c*) 绕 X 轴旋转

3. 其他各种数字视频特技

应用图像几何变换原理及图像内容的变化可以产生许多电视特技。下面举出一些例子。

(1) 图像的镶嵌和画中画。将存储的两个不同画面图像，通过取舍、缩小，组合成一个帧并最后显示出来，就产生电视图像的镶嵌。

镶嵌的一种应用就是电视中的多画面、画中画特技。同一图像缩小后，在屏幕上重复排列，就产生多画面显示。若将两个电视信号镶嵌在屏幕上就是画中画。目前，高性能电视机中，在显示一主频道节目的同时，还将副频道的图像压缩并镶嵌到屏幕的边沿，这种画中画功能可以使观众在欣赏一节目的同时，监视有兴趣的节目，便于及时转换频道。

(2) 电视墙(video wall)。电视墙实现图像的扩大和一幅图像在多个屏幕上显示。其方法是将存储的一帧图像分为 $M\times N$ 个单元($M\times N$ 个屏幕)，从这些单元中同时读出视频数据，通过内插处理，将每一单元的数据扩展为一个屏幕显示所需的数据。并在相应的扫描时刻分别经 D/A 变换送到对应的屏幕。从而组合成一整幅放大的电视图像。

(3) 图像的冻结和动画效果。在数字电视中，若固定某一帧的存储图像而不随时更新，并反复读出显示，就在屏幕上得到静止的图像。这一特技称为图像的冻结(freeze)。冻结可以只对图像中的一部分内容进行，周围背景仍可以是运动的。

若每隔若干帧才将存储内容更新，而按正常的方式读出显示，则在屏幕上得到不连续变化的图像，从而产生类似电影中动画片的效果。

当存储多帧连续图像，并用内插处理扩大为更多的帧，每帧仍按正常速度扫描显示，则得到的是“慢”动作的图像。这和磁带放像时放慢磁带运动速度得到的图像类似。

(4) 油画(Painting)和马赛克(Mosaic)效果。若将数字化的亮度信号和色度信号的 n 个低位强制为零，即故意使图像进行粗量化，这样因图像失去细节，形成类似油画的效果。

若将存储器的水平和垂直读地址的 n 个低位比特强制为零，那么在图像 $n\times n$ 个像素的方块内将显示同一地址的内容，这相当于减小了空间取样率，从而使图像如同用许多小方块拼接而成。这种图像类似于由许多小瓷砖构成的马赛克瓷砖的形状。

(5) 图像的叠加和类似电影特技。将两个不同的电视节目信号分别按帧存储，然后轮流读出显示，则在屏幕上看到的是两个图像的叠加。若连续地改变读取帧数的比例，一直到从一种图像转换到另一节目图像，则可得到类似电影中的淡入、淡出的镜头切换。利用图像叠加、镶嵌及图形的几何变换还可以得到许多类似电影特技的效果，如远近镜头的变换，散焦至聚焦的变换等。

需要指出，以上仅是一些常用的电视特技，目前先进的 DVE 系统所能产生的特技效果远不止这些。

7.4　数字电视传输技术

传输系统是数字电视系统的重要组成部分。由于数字电视信号是数字信号，因此数字电视的传输系统是一种数字通信系统。数字电视系统的传输信道(通道)有有线、卫星、地面无线和 IP 网络四种形式，其中，IP 网络是一种特殊的基带传输系统，在此不予讨论。而有线电视系统和卫星电视系统虽然有专门的传输系统，但与地面无线数字通信系统相比，除了信道调制方式有所不同外(卫星数字电视采用 QPSK 调制方式，有线数字电视的调制方式大多都采用 QAM 方式或 VSB 方式)，其他部分基本一致。本节重点讨论地面无线数字电视传输技术，其关键技术有信道编解码和数字调制解调。

7.4.1　数字电视的复用/解复用

数字电视系统中对视音频数据在传输中进行打包、解包处理，称为复用、解复用，它为系统具备可扩展性、可分级性与互操作性奠定了基础。在发送端复用设备将视频、音频和辅助数据等信源编码器送来的数据比特流经处理复合成单路的串行比特流，送给信道编码系统及调制系统，接收端与发送端正好相反。

不同的数字电视标准，其复用时采用的帧结构大同小异。一般地，视频基本码流(ES)经打包器输出的是打包的基本码流(PES)，它是编码器与解码器的直接连接形式。通常 PES 包的长度固定，视频一般一个帧一个 PES 包，音频不超过 64 kb。其中，版权说明(是原始的节目还是复制节目)加入解码时间和显示时间的时间标志，表达时间印记和显示时间印记 PTS 和 DTS，说明数字存储媒体(DSM)的特殊模式等。

PES 经过复用再打成 188 比特的固定长度包便形成 TS 流或 TS 包。TS 流是各传输系统之间的连接形式，是传输设备间的基本接口。其结构如图 7-18 所示。TS 由带有一个或多个独立时基的一个或多个节目组合而成，注意：TS 不是由节目码流 PS 构成，而由 PES 复接而成。每一个打包在 TS 中的 PES 都伴有一个包标识符(PID)。一个特定节目的所有 TS 包不管它是视频、音频还是数据，都能借助于它们的 PID 从复合的码流中提取出来。一个或几个节目被加进(复接)TS 中，也可被提取(解复用)出来。

一个 TS 中的每一个节目关联到一个独立的时钟。TS 侧重于传输方面的结构和说明，如加入同步、说明有无差错、有无加扰等。其中包的识别对解码有着重要作用，是识别码流和信息的标签。

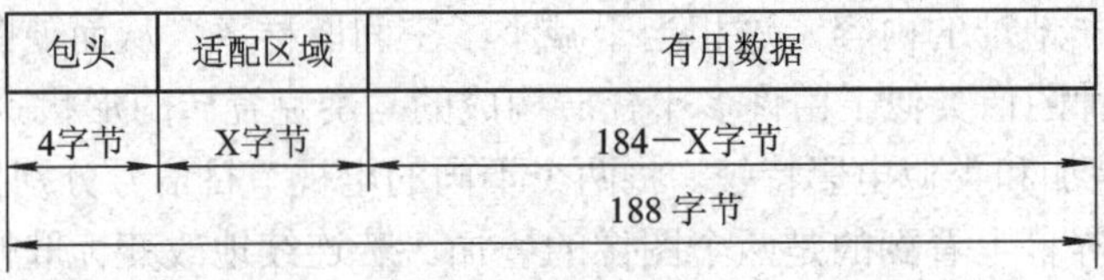

包头	适配区域	有用数据
4字节	X字节	184－X字节
188 字节		

图 7-18　传输码流的结构

MPEG-2 在系统传输层定义了两类数据流，即节目流(PS)与传送流(TS)，H.264 采用与MPEG-2 相同的系统传输层。

在数字电视复用传输标准方面，美国、欧洲、日本均采用 MPEG-2 标准，其中规定 HDTV数据分组长度为 188 字节，正好是 ATM 信元的整数倍，因此，可以用 4 个 ATM 信元来传送一个完整的 HDTV 数据包，从而可方便地实现 HDTV 与 ATM(异步传输模式)的接口，这对今后实现电信网、电视网、计算机网三网融合，构建基于 ATM 宽带交换以及大容量光纤传输的多媒体通信网具有重要意义。

7.4.2　数字电视的信道编解码技术

信道编码是实现信号可靠传输的重要保证，其目的就是通过纠错编码、数据交织、网格编码和均衡等技术来提高数字电视信号的抗干扰能力。纠错编码在信道编码中占据重要地位，其本质是通过按照一定规则重新排列信号码元或加入辅助码来防止码元在传输过程中出错，并进行检错和纠错处理，以保证信号的可靠传输。纠错检错码有线性分组码(如奇偶检验码)、循环冗余检测码、里德—所罗门(Reed-Solomon)码(外码)、交织器、去交织器、卷积编码、维特比解码和 TCM 格状编码调制技术等。

信道编码之后的基带信号经调制实现频谱搬移之后即可送入卫星、地面和有线传输信道中进行传输。

1. 数据随机化

在数字电视中还经常使用扰码技术，即数据随机化，又称能量扩散或误码扩散，其目的是分散 TS 码流分组中可能出现的长“1”与长“0”，使频谱主要能量向上移动，避免信号在低频段频谱上有较大能量，以适应信道传输特性，并有利于提取定时信息。

扰码器和解扰器一般用反馈移位寄存器构成，可以产生所需长度的伪随机序列。通常收发两端的伪随机序列相同且用帧同步来控制初始状态而同步工作。只要帧同步系统可靠，经扰码和解扰后无误码扩散。

2. 差错控制技术

差错控制技术包括两部分功能，即差错控制编码与差错控制解码，其中差错控制编码是指在信源编码数据的基础之上增加一些冗余码元(又称监督码元)，使监督码元与信息码元之间建立一种确定关系，而差错控制解码是指在接收端，根据监督码元与信息码元之间已知的特定关系，来实现检错及纠错。

1) *差错控制方式*

在数字通信系统中，利用纠错检错码进行差错控制的基本方式大致可分为前向纠错(FEC)、反馈重发(ARQ)与混合纠错(HEC)三类。

(1) 前向纠错(FEC，Forward Error Correction)。信息在发送端经纠错编码后送入信道，接收端通过纠错解码自动纠正传输中的差错，这种方式称为前向纠错。前向表示差错控制过程单向，不存在差错信息反馈，因此，无需反向信道、时延小、实时性好，既适用于点对点通信，又适用于点对多点组播或广播式通信，其缺点是解码设备比较复杂、纠错码必须与信道特性相匹配、为提高纠错性能必须插入更多监督码元致使码率下降。最为关键的一点是：FEC 纠错能力有限，当差错数大于纠错能力时就无法纠正，而且出现这种情况时系统没有任何指示，收信者无法判断差错是否已经纠正，因而 FEC 通常不用于数据通信，而用于容错能力较强的语音、图像通信，它在数字电视领域应用广泛。随着编码理论与大规模集成电路技术的不断成熟，性能优良的实用编解码方法不断涌现，编解码器件成本不断降低，前向纠错的应用已从语音、图像扩展到计算机存储系统、磁盘、光盘、激光唱机等存储领域。

(2) 反馈重发(ARQ，Automatic Repeat Request)。发送端发送检错码，接收端通过解码器检测接收码组是否符合编码规律，从而判决该码是否存在传输差错，若判定码组有错，则通过反向信道通知发送端重发，如此反复直至接收端认为正确为止，这种方式称为反馈重发或后向纠错。ARQ 系统有两类：一类是等待式，即发送端每发一码字或一帧，就停下来等待接收端响应，响应分 ACK(认可)与 NAK(有差错)两种，发送端如收到 ACK 反馈信息则继续发送下一帧，收到 NAK 则重发上一帧；另一类是连续式，对帧或码字进行顺序编号后连续发送，接收端对所有帧的正确与否按顺序号给出反馈信息，发送端根据信息决定重发与否。其中连续式效率高，但接收端的帧序有可能颠倒，它要求更大的缓存空间、更复杂的电路设备，时延也较大。

ARQ 的优点是编解码设备简单，在冗余度一样的情况下，检错码的检错能力比纠错码的纠错能力要高许多。通过采用 ARQ 可大大降低整个系统的误码率，可靠性极高。此外，ARQ 系统检错码的检错能力与信道干扰基本无关，因此系统适应性强，特别适用于短波、散射以及多种信道混合而成的通信网中。其缺点是需要一条反馈信道来传输反馈信息，并要求收发端均装备有大容量存储器以及复杂的控制设备。ARQ 是一种自适应系统，由于反馈重发次数与信道干扰密切相关，当信道误码率很高时，重发将过于频繁而使效率大为降低，甚至使系统出现阻塞，此外信息传输的连贯性与实时性也较差，因而信道的高速特性会使节点 ARQ 处理成为瓶颈。

(3) 混合纠错(HEC，Hybrid Error Correction)。混合纠错是前向纠错与反馈重发二者的结合，发送端发送的码字兼具有检错及纠错两种能力，接收端解码器收到码字后首先校验错误情况，如果差错不超过误码纠错能力，则自动进行纠错，如果差错数量已超出误码纠错能力，则接收端通过反馈信道给发送端一个要求重发的信息。HEC 性能及优缺点介于 FEC 与 ARQ 之间，误码率低、设备不太复杂、实时性与连贯性也比较好，它在卫星通信中得到了广泛应用。

由此可知，差错控制码可分为检错码与纠错码两类，前者重在发现差错，后者要求能够自动纠正差错，它们在理论上并无本质区别，只是应用场合不同而侧重的性能参数有所不同。

2) *差错控制编码*

根据信道噪声干扰的性质，可将差错分成随机差错(由信道中的随机噪声干扰所引起，误码发生相互独立，不会出现成片错误)、突发差错(由突发噪声干扰引起，如电火花等脉冲干扰，会使差错成群出现)和混合差错(既有随机差错又有突发差错，因此既会出现单个错误，也会出现成片错误)三类。因此，可将差错控制编码分为纠随机差错码和纠突发差错码两种(也有介于二者之间的纠随机/突发差错码)。

按照对信息序列的处理方法，纠错码可划分为分组码和卷积码。分组码(Block Code)是将信息序列每 k 位分为一组，编码器对每组的 k 位信息按照一定规律产生 r 个校验位(监督元)，输出长度为 $n=(k+r)$的码字，每一码组的$(n-k)$个校验位仅与本码组的七个信息位有关，而与其他码组的信息无关；卷积码(Convolutional Code)是编码器给每 k_0 位信息加上(n_0-k_0)位校验后得到长度为 n_0 的码字，与分组码不同，该码字的编码运算不仅与本段 k_0 位信息有关，而且还与位于其前面的 m 组 k_0 位信息有关，这种码称为(n_0，k_0，m)卷积码。

(1) RS 编码。RS 码由 Reed 和 Solomon 两位研究者发明，故称为里德—所罗门(Reed-Solomon)码，简称 RS 码，它是广泛应用在数字电视传输系统中的一种纠错编码技术。RS 码以字节为单位进行前向误码纠正(FEC)，它具有很强的随机误码及突发误码纠正能力。

从结构上看，RS 码是一种码元长度为 n、信息位长度为 k 的(n，k)型线性分组码，其中分组码是指在 k 位信息码元的后面按编码规则附加 r 位校验码元而构成码长为 n 的码字，并用(n，k)表示，而线性分组码是指分组码中的校验码元与信息码元之间满足线性变换关系。在纠错编码中，码字距离，特别是码字最小距离，是衡量一种码抗干扰能力大小的标准，码字最小距离越大，说明任何两个码字之间的最小差别越大，抗干扰能力越强。在所有的线性分组码中，RS 码的汉明距离最大，因此 RS 码纠错能力最佳。

RS 编码是一种非常有效的块编码技术，与其他以单个码元为基础的块编码技术不同，RS 码以码组为基础，码组又称为符号，RS 码只处理符号，即使符号中只有一个比特出错，也认为是整个符号出错。在 RS(n，k)编码中，输入信号分成 km 比特一组，每组包括 k 个符号，每个符号由 m 比特组成，因此总码长 $n=k+r$ 个符号，共有 k 个信息符号、r 个监督符号，最小码距 $d_0=2t+1$ 个符号，RS 码能够纠正 $t=r/2$ 个符号的错误，通常一个可纠错 t 个误码字节的 RS 码可表示为(n，k，t)。

在数字电视系统中，信道编码可采用(204，188，t=8)的 RS 码，其中 n=204 字节、k=188 字节，即每 188 个信息符号要用 16 个监督符号，总码元数为 204 个符号，m=8 比特(1 字节)，监督码元长度为 $2t$=16 字节，纠错能力为一段码长为 204 字节内的 8 个字节。此 RS 码的长度在原理上应为 $n=2^m-1=255$ 字节，实施上述 RS 编码时，先在 188 字节前加上 51 个全 0 字节，组成 239 字节的信息段，然后根据 RS 编码电路在信息段后面生成 16 个监督字节，即得到所需的 RS 码。

(2) 卷积编码。卷积编码又称内码或循环码，它是一种非分组码，其前后码字或码组之间有一定约束关系。在数字电视信道编码系统中，卷积编码是 RS 编码与数据交织的有效补充，当信道质量较差时，通常采用 RS 码与卷积码相级联的形式作为信道编码方案，卷积编码器可有 k_0 个输入，n_0 个输出，通常 $k_0<n_0$，且皆为小整数。在任意给定的时间单元内，编码器的 n_0 个输出不仅与本时间单元的 k_0 个输入有关，还与前面 m 个输入单元有关。

卷积码的解码可分为代数解码与概率解码两大类。代数解码方法完全基于其代数结构，利用生成矩阵和监督矩阵来解码，大数逻辑解码也是代数解码方法。概率解码利用了信道统计特性，因此能用增加解码约束长度来减少解码的错误概率。概率解码比较实用的有两种方法，即序列解码与维特比(Viterbi)解码，其中维特比解码在数字电视信道编码中应用非常广泛。维特比解码分为硬判决解码与软判决解码两种，若解调器输出给解码器的是二元信号，称为硬判决解码，此时解码器中信号之间的差别用汉明距离表示；当解码器输出的是多电平信号时，称解调器为软判决解码，此时解码器中信号之间的差别用欧氏距离表示。软判决充分利用接收信号的信息，比硬判决性能优越，但实现难度也较大。数字电视接收中针对卷积码解码，主要采用维特比软判决的解码。

(3) Turbo 编码。Turbo 码是一种基于广义级联码的新型纠错编码，它代表着纠错编码技术的重大进展，其编码端由两个或更多的卷积码并行级联而成，译码端采用基于软判决信息输入/输出的反馈迭代结构，其理论性能已经非常接近于香农信道编码的极限。

传统信道编码采用串行级联码结构，其基本特征是由两个子码即内码与外码级联而成，这两个子码取自不同的域并通过交织器串接而成，其中内码主要用于检错及判别错误位置，并纠正少量错误，外码则主要用于纠错，即通过外码的译码来纠正内码未能纠正的全部错误，这些差错可能具有独立的或突发差错的统计性质。在接收端，首先是信道解调，然后依次进行内码译码、外码译码。

串行级联码的性能也是简单级联，即取决于内码的输出误码率和外码的纠错能力之级联，由于软判决译码比硬判决译码从理论上要好 2 dB，因此，采用维特比软判决译码的卷积码作为纠错编码内码。在数字电视系统中，通常采用 RS 编码、卷积编码、TCM 编码的串行级联码作为信道编码方案，在接收端再采用软判决的维特比算法，当信道误码率小于 10^{-5} 时，这种方案可使传输质量大为改善，但是当信道误码率为 10^{-4} 甚至 10^{-3} 以上时，采用这种纠错编码方案则不会使系统性能发生明显改善，在一定程度上反而浪费了传输效率。

利用译码简单的卷积码作为级联码外码，对内码进行软译码输出，使用并行级联卷积码对外码也进行软译码输出，并反馈到内码译码。由于两个码可以交替地互不影响地译码，并通过系统码信息位的软判决输出相互传递信息进行迭代译码，因此，可更进一步提高其性能。

Turbo 码编码器结构如图 7-19 所示，D 是寄存器，其基本编码过程是：未编码的数据信息即输入信息流 u=(u_1，…，u_N)直接进入编码器 1，同时，未编码信息流 u 经交织后进入编码器 2。此后的过程与图 7-19 类似。Turbo 码译码器结构如图 7-20 所示，它采用一种称为迭代译码的全新译码思想。

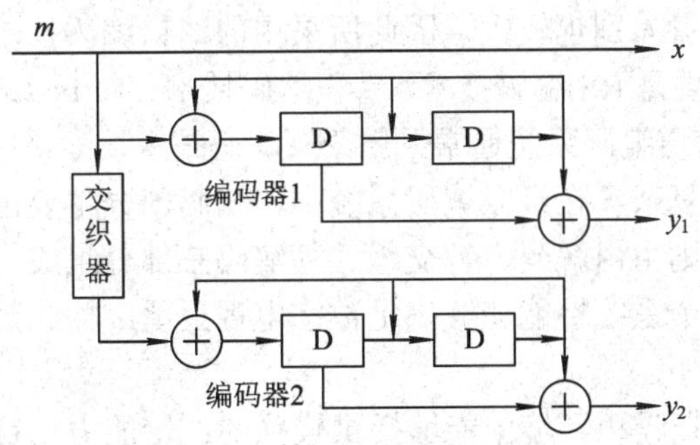

图 7-19　Turbo 码编码器结构

在图 7-20 中，x_k 为信息符号序列，z_k 为外信息，y_{1k} 和 y_{2k} 为校验序列，译码器 1 和译码器 2 都采用软输出译码算法，且译码器 2 的软输出信息经解交织后反馈至译码器 1，其目的是去除已用过的本支路输出符号中的自身信息，从而准确无误地实现判决译码。

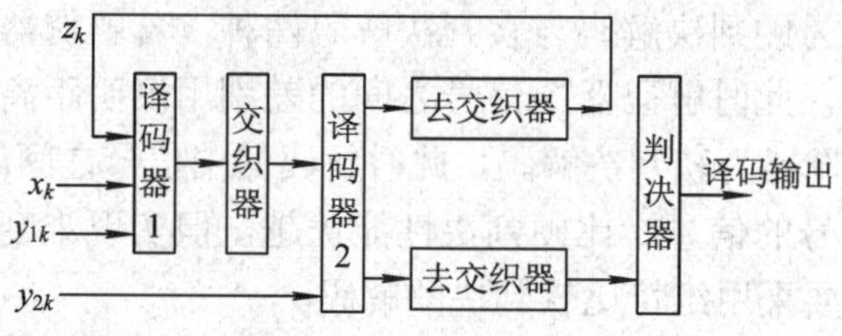

图 7-20　Turbo 码译码器结构

Turbo 码也有一些不足，编解码器中的交织器长度比较大，其延时不可忽视。此外，减少迭代次数可大大缩短译码延时，但会带来译码性能下降。

(4) 网格编码调制(TCM)。网格编码调制(TCM，Trellis Coding Modulation)是指将多电平、多相位调制技术与卷积纠错编码技术相结合，采用欧式距离进行信号空间分割，在一系列信号点之间引入依赖关系，仅对某些信号点序列允许可用，并模型化为格状结构。TCM 技术的本质是在频带受限的信号中，在不增加信道传输带宽的前提下，将编码技术与调制技术相结合，以实现进一步降低误码率。

在 TCM 系统中，内编码采用卷积编码，其输出符号序列经映射器后输出至数字调制器，使符号序列映射到信号空间，并使产生的路径之间的最小欧氏距离最大。与通常的数字传输系统相比，采用 TCM 调制技术的传输系统降低了对系统工作信噪比的要求，同时采用外码 RS 编码，可进一步降低系统误码率，从而提高系统抗干扰能力。

在网格结构中，通常把信号点之间的距离称为欧氏距离，其中最小欧氏距离是影响差错率的重要因素，当编码调制后的信号序列经过一个加性高斯白噪声(AWGN，Additional White Gaussian Noise)信道后，可用维特比算法寻找最佳网格状态路径，并以最小欧氏距离为准则，得出接收信号序列。经过 TCM 调制后的信号，在没有增加传输带宽的情况下，信号空间中所用信号点的数目比无编码调制情况下多，这些附加的信号点为纠错编码提供了冗余度；采用卷积编码规则，使相继的信号点之间引入某种依赖关系，仅有某些信号点序列允许使用，并可将这些信号模型序列化为网格状态。

(5) 级联编码。数字电视系统由于采用卫星传输、有线传输、地面无线传输三种方式进行单向广播，因而只能采用正向纠错编码技术(FEC)进行纠错编码。由于实际的传输信道非常复杂，不同信道的质量差别也较大，因此所采用的纠错编码技术也不尽相同，数字电视信道编码的关键技术主要是 RS 编码技术、卷积编码技术、Turbo 编码技术、数据交织技术、TCM 技术等。实际的信道编码系统通常采用级联编码技术，即采用两级纠错编码来实现高性能，其解码系统也不复杂。在级联编码系统中，编码部分主要由外编码、交织、内编码三部分组成，解码部分则由内解码、解交织、外解码三部分组成。级联编码系统的各部分需要联合设计，以使整个系统性能能够满足数字电视卫星广播、数字电视有线广播及数字电视地面广播的需要。

级联码在加性白高斯噪声环境中能够提供较强的纠错能力，目前阶段，网格编码是用做内编码的最合适、最通用的选择，可采用 1/2、3/4 或 7/8 形式，外码编码则一致看好 RS 码。在接收端用 Viterbi 解码器作为内码，常会输出一串误码，长度为 10～15 比特，RS 解码器很适合纠正这种短脉冲形式的突发误码，在内码与外码之间需要交织，因为从 Viterbi 解码器输出的误码经解交织后能够跨越两个或更多的 RS 码，所以 RS 解码器对不相关符号内的误码更容易纠正。

3) *数据交织*

RS 码具有强大的抵御突发差错的能力，在对数据进行交织处理后，则可进一步增强其抵御能力。数据交织是指在不附加纠错码字的前提下，利用改变数据码字传输顺序的方法，来提高接收端去交织解码时的抗突发误码能力。通过采用数据交织与解交织技术，传输过程中引入的突发连续性误码经去交织解码后恢复成原顺序，此时误码分散分布，从而减少了各纠错解码组中的错误码元数量，使错误码元数目限制在 RS 码的纠错能力之内，然后分别纠正，从而大大提高了 RS 码在传输过程中的抗突发误码能力。

数据交织技术纠正突发误码的原理如图 7-21 所示，其中，*mn* 个数据为一组，按每行 *n* 比特，共 *m* 行方式读入寄存器，然后以列的方式读出用于传输，接收端把数据按列的方式写入寄存器后再以行方式读出，得到与输入码流次序一致的输出，由此实现了交织与解交织。当在传输过程中出现突发差错时，差错比特在解交织寄存器中被分散到各行比特流中，从而易于被外层的 FEC 纠正。在上述数据交织中，每行的比特数 *n* 被称为交织深度，交织深度越大则抗突发差错能力就越强，但交织的延迟时间也越长，因为编解码都必须将数据全部送入存储器后才能开始，ATSC 标准中交织深度为 52，DVB-T 标准中交织深度为 12。

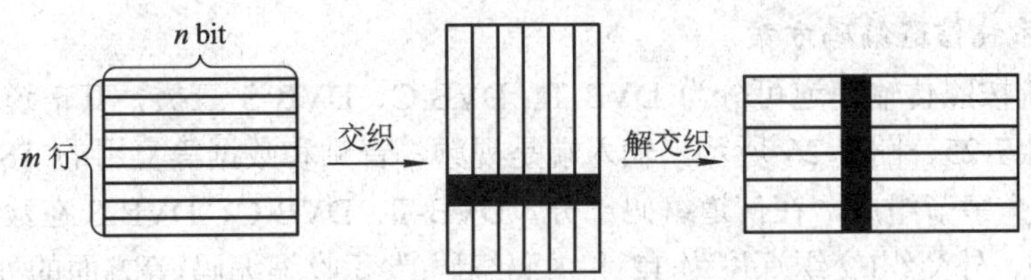

图 7-21　数据交织原理

数据交织技术在数字电视信道编码中应用广泛，例如在数字电视有线传输系统中，为提高系统抗干扰能力，必须进行 RS 编码，但是信道突发干扰会造成连续码元错误，会超出 RS 编码的纠错能力，致使大量误码无法纠正。在这种情况下，必须使用数据交织技术来对抗突发差错，以使错误码元能够分散分布，使错误码元数量控制在 RS 编码纠错范围之内，再利用 RS 编码技术进行纠错。由于有线信道质量较好，可不必采用内码卷积编码，其信道编码方案是 RS 外码编码+数据交织，如图 7-22 所示。而在地面传输信道中，必须采用 RS 外码编码+数据交织+内码卷积编码的信道编码方案。

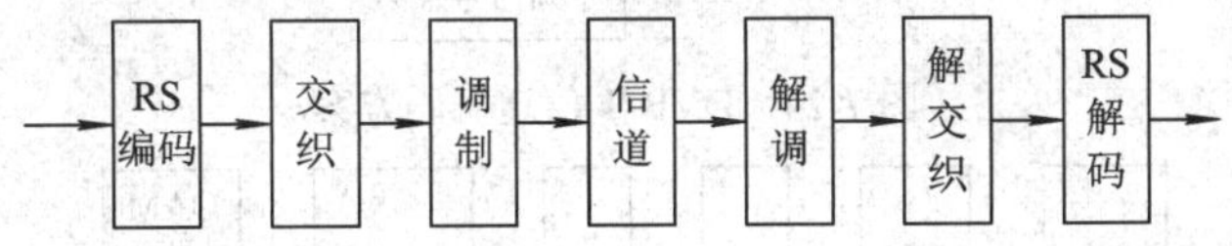

图 7-22　数字电视有线传输信道编解码与交织方案

3. 数字电视系统的信道编码方案

1) *ATSC 系统信道编码方案*

ATSC 信道编码方案如图 7-23 所示，包括数据随机化、RS 编码、数据交织、网格编码等几部分。

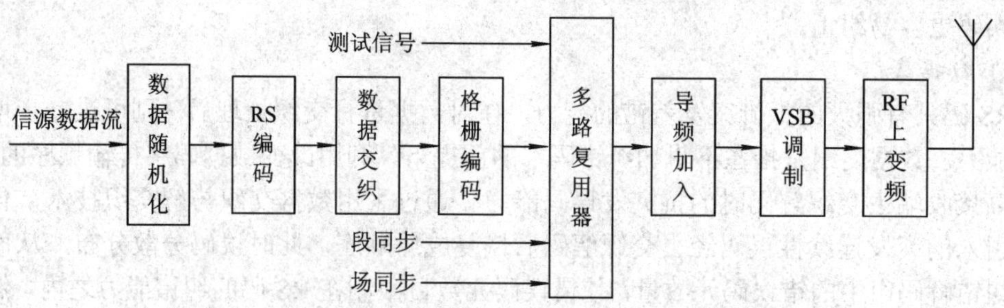

图 7-23　ATSC 系统信道编码方案

编码方案中，RS(207，187，$t=10$)编码为外编码，其中信息位长度 $k=187$ 符号，每字节 $m=8$ 比特，监督码元为 $2t=20$ 字节，其纠错能力为一段码长为 207 个字节码元中的 10 个字节。RS 码长原理上应为 $n=2^8-1=255$ 个字节，实施 RS 编码时，在 187 个字节前加上 48 个全 0 字节，组成 235 个字节的信息码元，再根据 RS 编码电路在信息码元后生成 20 个监督字节，即得到所需 RS 码。数据交织为字节交织，交织深度为 52，交织深度越大，抗突发误码能力就越强。

内编码采用将卷积编码与调制技术结合在一起的网格编码调制(TCM)，它可在不增加信道带宽及不降低信息速率下获得 3～4 dB 的编码功率增益。

2) DVB 系统信道编码方案

DVB 系统按照传输信道可分为 DVB-T、DVB-C、DVB-S 三类，其信道编码方案分别如图 7-24、图 7-25、图 7-26 所示。输入端是视频、音频和数据等复用的 TS 流，每个 TS 分组包由 188 个字节组成，在信道编码部分，DVB-T、DVB-C、DVB-S 在数据加扰、外码编码(RS 编码)、外交织(交织深度为 12)和内码编码(卷积收缩编码)等方面的处理方法相同，这有利于编解码设备的生产制造及信号处理。

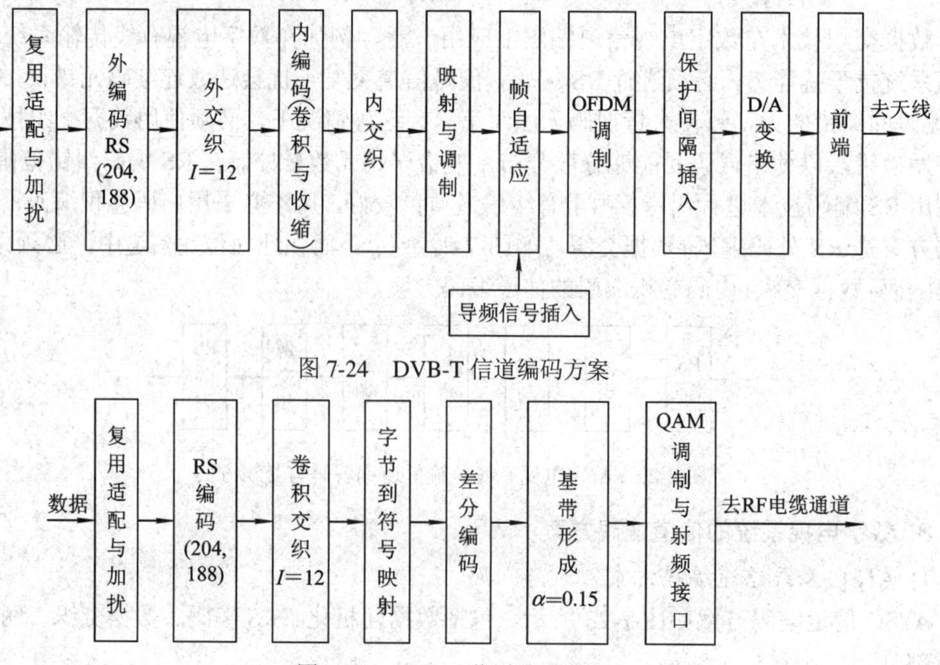

图 7-24　DVB-T 信道编码方案

图 7-25　DVB-C 信道编码方案

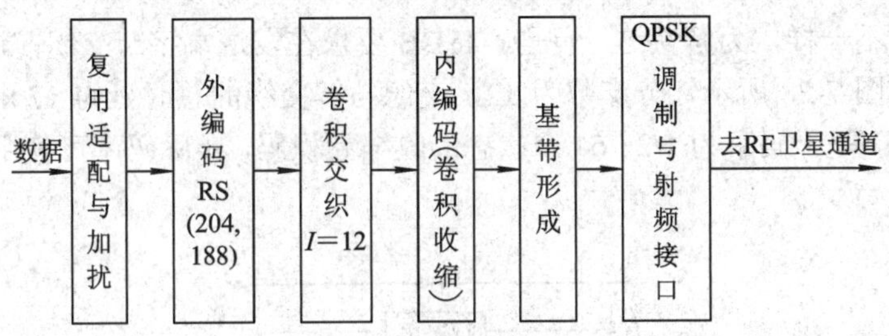

图 7-26　DVB-S 信道编码方案

输入的 TS 流是 188 字节的 TS 分组包，每个 TS 分组包的第一字节是 SYNC 同步字节，数值为 47rmx(01000111)。在 DVB-T 中，先将每 8 个 TS 分组包形成一个 TS 大分组包，之后再对输入码流进行随机化处理，以实现能量扩散。加扰器采用 15 个移位寄存器构成的发生器，即利用伪随机二进制序列实现，其生成多项式 $G(x)=1+x^{14}+x^{15}$，每隔第一个 TS 大包初始化一次。为区别初始化点，TS 大包中第一个 TS 包的同步字节被取反码即 B8HEX(10111000)，随机序列发生器从取反的同步字节后开始作用，经过 $8\times188-1=1503$ 字节 = 12 024 比特后，又重新初始化，其余 7 个 TS 包的同步字节虽然参与运算，但输出仍取 0X47，实现中利用使能信号切断与门，使这些同步字节不被加扰。

外码编码采用截短的 RS 编码(204，188，$t=8$)，它由 RS(255，239，$t=8$)作用于 188 个字节的传输包，后面加入 51 个全“0”字节，然后截短得到。RS 编码后采用以字节为单元的外交织，交织深度为 12。内码编码采用(2，1，7)卷积码。当传输信道质量较好时，为提高编码效率，可采用收缩截短卷积码。DVB 中给出了多种编码效率的收缩卷积码，编码效率包括 $\eta=1/2$、2/3、3/4、5/6、7/8 五种情况，η 越高则一定带宽内可传输的有效比特率就越大，但纠错能力也越差。

实践证明：如果内层纠错编码能将传输误码纠正到 10^{-3} 的水平，则经过外层纠错编码后，误码率一般可降至 10^{-5} 的水平；如果内层纠错编码能将传输误码纠正到 10^{-4} 的水平，那么经过外层纠错编码后，误码率一般可降至 10^{-8} 的水平。

3) ISDB 系统信道编码方案

ISDB-T 系统的信道编码方案如图 7-27 所示，其中外编码采用 RS(204，188，$t=8$)截短码，按照分层需要，经过外编码的 TS 包要按照相应层次分离开，空包将被去除。经分层后，使用伪随机码对数据进行能量扩散，不同层在使用不同调制方式时，它们在做字节交织和

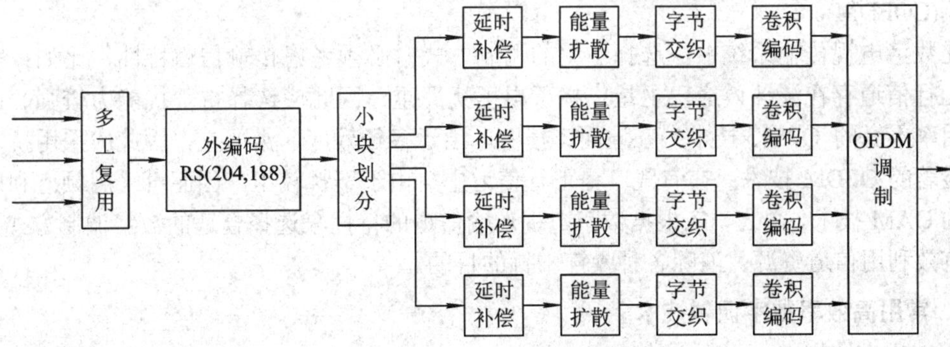

图 7-27　ISDB-T 系统的信道编码方案

解交织时的延时不一样，为解决这一问题，ISDB 要求在发送端字节交织前进行延时调整。字节交织方法如图 7-28 所示，分支数为 12，交织与解交织的总时延为 17 × 11 × 12 字节。内码采用卷积码，基于码率为 1/2、64 个状态的收缩卷积码，实际码率可使用 1/2、2/3、3/4、7/8 等。

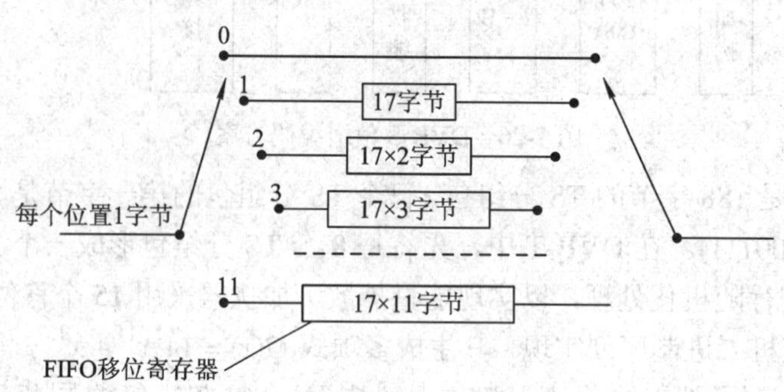

图 7-28 ISDB-T 系统字节交织原理

7.4.3 数字电视的调制解调技术

调制解调技术是数字电视传输系统的又一关键技术。数字高清晰度电视的图像信息速率接近 1 Gb/s，要在实际信道中进行传输，除应采用高效的信源压缩编码技术、先进的信道编码技术之外，采用高效的数字调制技术来提高单位频带的数据传送速率也极为重要。

根据数字电视信道特点，要进行地面信道、卫星信道、有线信道的编码调制后，才能进行传输。调制技术分为模拟调制技术与数字调制技术，由于在数字电视系统中传送的是数字电视信号，因此必须采用高速数字调制技术来提高频谱利用率，从而进一步提高抗干扰能力，以满足数字高清晰度电视系统的传输要求。数字调制有幅度键控(ASK)、移频键控(FSK)和移相键控(PSK)三种基本方式，由于它们传输效率低而无法满足数字电视的要求。抗干扰性能强、误码性能好、频谱利用率高得多进制数字调制主要有 QPSK 调制、QAM 调制、OFDM 调制、VSB 调制、扩频调制五种，目前在数字电视传输系统中采用的调制技术主要包括正交相移键控调制(QPSK)、多电平正交幅度调制(MQAM)、多电平残留边带调制(MVSB)以及正交频分复用调制(OFDM)。例如，在欧洲 DVB 系统中，数字卫星广播(DVB-S)采用 QPSK，数字有线广播(DVB-C)采用 QAM，数字地面广播(DVB-T)采用编码正交频分复用调制(COFDM)。

在数字电视传输系统中，选择不同的调制方式时必须考虑传输信道特性，比如：有线广播上行信道存在漏斗效应，卫星广播天电干扰严重，因此应选择抗干扰能力较强、而频谱利用率不高的 QPSK 技术；在地面广播中，由于多径效应非常严重，因此应采用抗多径干扰显著的 OFDM 技术；在有线广播下行信道中，由于干扰较小，因而可采用频谱利用率较高的 QAM 技术。总之，应根据数字电视传输信道的特性来选择合适的数字调制方式，以实现有效利用信道资源、消除各种噪声干扰的目的。

1. 常用高效率数字调制技术

1) 四相相移键控(QPSK)调制技术

在相移键控(PSK)技术中，通过改变载波信号的相位来表示二进制数 0、1，且相位改变的同时，最大振幅和频率则保持不变。根据被调制信号中使用的不同相位的个数又分为2PSK、4PSK(QPSK)、8PSK等。图7-29给出二相、四相MPSK信号的矢量图。

理论上，不同相位差的载波越多，可以表征的数字输入信息越多，频带的压缩能力越强，可以减小由于信道特性引起的码间串扰的影响，从而提高数字通信的有效性。但在多相调制时，相位取值数增大，信号之间的相位差也就减小，传输的可靠性将随之降低，因而实际中用得较多的是四相制(4PSK)和八相制(8PSK)。

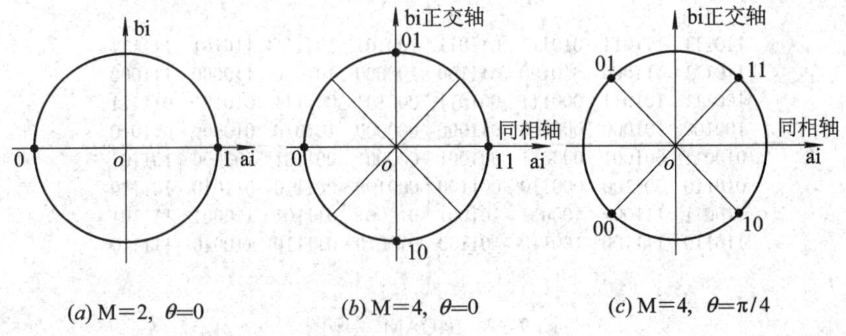

图7-29　MPSK信号矢量图

QSPK正交调制器方框图如图7-30所示。它可以看成是由两个BSPK调制器构成，输入的串行二进制信息序列经串/并变换，分成两路速率减半的序列，电平发生器分别产生双极性二电平信号I(t)和Q(t)，然后对正交载波进行调制，相加后即得到QPSK信号。

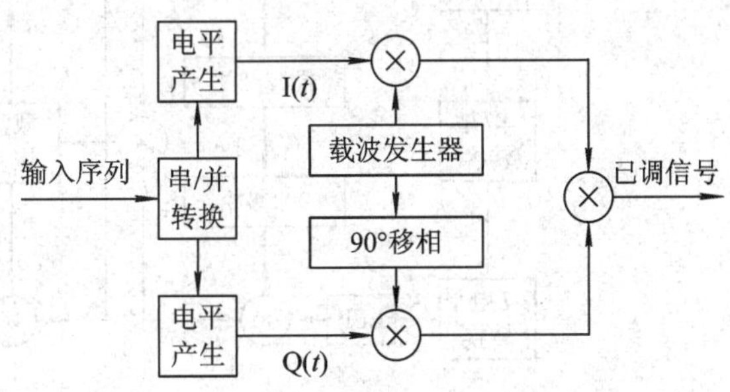

图7-30　QPSK正交调制器

2) 正交幅度调制(QAM)技术

正交幅度调制(QAM)是一种矢量调制，它将输入比特先映射(一般采用格雷码)到一个复平面(星座)上，形成复数调制符号，然后将符号的I、Q分量(对应复平面的实部和虚部)采用幅度调制，分别对应调制在相互正交(时域正交)的两个载波上。这样与幅度调制(AM)相比，其频谱利用率提高1倍。QAM是幅度、相位联合调制的技术，它同时利用了载波的幅度和相位来传递信息比特，因此在最小距离相同的条件下可实现更高的频带利用率。常用的QAM有四进制QAM(16QAM)和八进制QAM(64QAM)等，对应为空间信号矢量端点图(也称为星座图)，目前QAM最高已达到1024QAM(1024个样点)。样点数目越多，其传输效率越高。图7-31(a)和(b)分别是16QAM和32QAM的星座图。

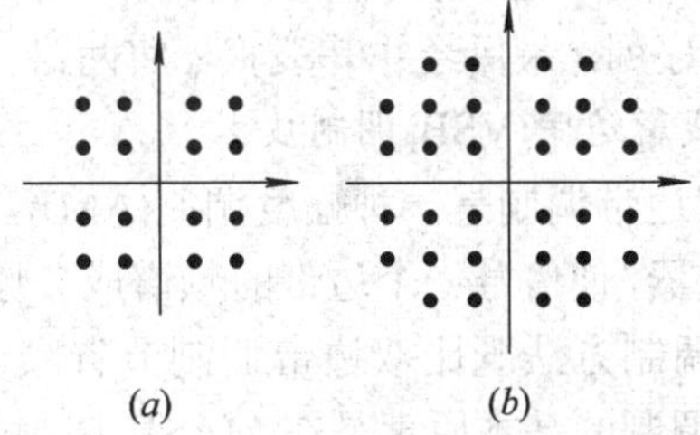

图7-31　16QAM和32QAM的星座图

由图可见，在同相轴和正交轴上的幅度电平不再是2个而是4个(16QAM)和6个

(32QAM)，所能传输的数码率也将是原来的 4～5 倍(不考虑滚降因子)。但是并不能无限制地通过增加电平级数来增加传输数码率，因为随着电平数的增加，电平间的间隔减小，噪声容限减小，则同样噪声条件下的误码增加。在时间轴上也会如此，各相位间隔减小，码间干扰增加，抖动和定时问题都会使接收效果变差。图 7-32 是 64QAM 的星座图，64QAM 和 256QAM 用于下行数字电信号的传送。64QAM 的频带利用率可达每赫 6 b/s。QAM 调制器的一般方框图如图 7-33 所示。

110111	111011	010111	011011	100101	101111	110101	111111
110111	111000	010100	011100	100000	101010	110000	111000
100111	101011	000111	001011	000101	001111	010101	011111
100100	101000	000100	011000	000000	101010	010000	011010
010011	001001	000011	001001	000001	001101	100000	101101
010110	001100	000110	001100	000100	001110	011010	101110
110011	111001	100011	101001	010001	011101	110001	111101
110110	111100	100110	101100	010010	011110	110010	111110

图 7-32　64QAM 星座图

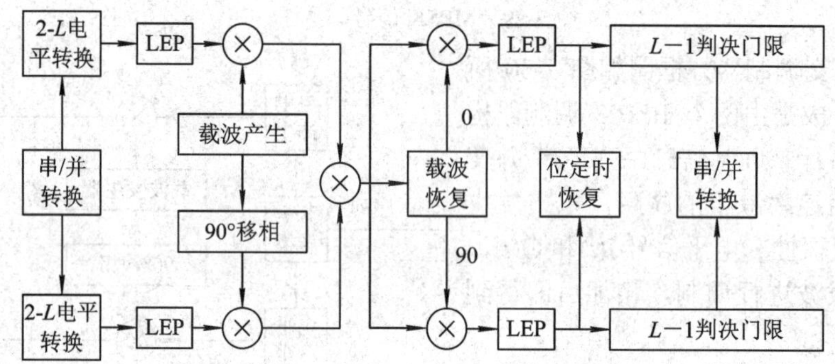

图 7-33　QAM 调制器与解调器框图

在图 7-33 中，串/并变换器将速率为 R_b 的输入二进制序列分成两个速率为 $R_b/2$ 的两电平序列，2-L 电平变换器将每个速率为两电平序列变成速率为 $R_b/\log_2 M$ 的 L 个电平信号，然后分别与两个正交的载波相乘，相加后即产生 MQAM 信号(在 64QAM 调制时 M=64)。

MQAM 信号的解调同样可以采用正交的相干解调方法，其方框图也画在图 7-33 中。同相路和正交路的 L 电平基带信号用有 L–1 个门限电平的判决器判决后，分别恢复出速率等于 $R_b/2$ 的二进制序列，最后经并/串变换器将两路二进制序列合成一个速率为 R_b 的二进制序列。

3) *残留边带(VSB)调制技术*

残留边带调制是一种幅度调制(AM)法，它是在双边带调制的基础上，通过设计适当的输出滤波器，使信号一个边带的频谱成分原则上保留，另一个边带频谱成分只保留小部分(残留)。该调制方法既比双边带调制节省频谱，又比单边带调制易于解调。多电平残留边带(MVSB)调制的基本原理是在 MASK 调制的基础上再进行残留边带滤波。根据调制电平级数的不同，MVSB 可分为 4VSB、8VSB、16VSB 等，其中的数字表示调制电平级数。如 8VSB 表示有 8 种调制电平，即 +7，+5，+3，+1，−1，−3，−5，−7 等 8 种电平(和八进制的 8 个符号相对应)，这样每个调制符号可携带 3 比特信息。

由于 VSB 抗多径能力差，在移动接收方面，即使采用 4 VSB，其效果也不令人满意。

但残留边带调制的优点是技术成熟，便于实现，对发射机功放的峰均比要求低。

4) 正交频分复用(OFDM)调制技术

正交频分复用(Orthogonal Frequency Division Multiplexing，OFDM)是一种多载波调制方式。编码的正交频分复用就是将经过信道编码后的数据符号分别调制到频域上相互正交的大量子载波上，然后将所有调制后信号叠加(复用)，形成 OFDM 时域符号。

由于正交频分复用采用大量(N 个)子载波的并行传输，在相等的传输数据率下，OFDM 时域符号长度是单载波符号长度的 N 倍，这样其抗符号间干扰(ISI)的能力可显著提高，从而减轻对均衡的要求。

由于 OFDM 符号是大量相互独立信号的叠加，从统计意义上讲，其幅度近似服从高斯分布，这就造成 OFDM 信号的峰均功率比高，从而提高了对发射机功放线性度的要求，降低了发射机的功率效率。

编码正交频分复用 (Coding Orthogonal Frequency Division Multiplex，COFDM)是 OFDM 与 TCM 的级联，属于多载波系统。日本的 ISDB-T 调制系统采用 BST-OFDM(Band Segmented Transmission-OFDM)，即分段传输的 OFDM 技术，它将信道分割成多个 OFDM 段，在每段内使用相同的载波结构。欧洲数字电视地面传输标准 DVB-T 中采用的是 COFDM 调制方法，它最早成功应用在数字音频广播(Digital Audio Broadcasting，DAB)中，后来被移植到数字电视中。

2. 高效数字调制技术比较

在比较数字系统效率时，只看传送速率是不行的，因为采用不同的调制方式，即使传送速率相同，所占用的带宽也不相同，如表 7-2 所示。

表 7-2　几种调制方式的性能比较

调制方式	16QAM		32QAM		64QAM		128QAM		256QAM	
传输速率(Mb/s)	20	28	25	35	30	42	35	49	40	56
占用带宽(MHz)	5.75	8.05	5.75	8.05	5.75	8.05	5.75	8.05	5.75	8.05

从频谱利用率和抗干扰能力上看，MVSB 调制与 M^2QAM 相当，如图 7-34 所示。

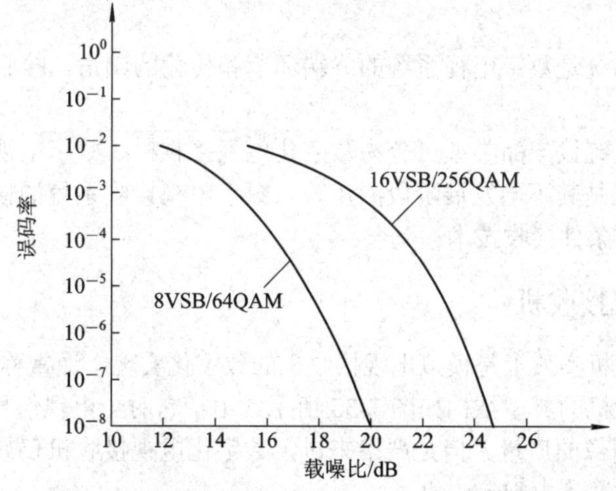

图 7-34　VSB 与 QAM 的误码性能比较

3. 数字电视系统中的调制方案

1) ATSC 系统调制方案

ATSC 地面数字电视广播系统是应用于美国、加拿大、墨西哥、巴西和韩国等国的数字电视系统，其频道规划的 6 MHz 高频频带内传输的符号速率为 10.762 MSymbol/s，有效码率为 19.28 Mb/s，高频调制采用 8VSB 方式，载波位置距频道下端 0.31 MHz，有效带宽 5.38 MHz，滚降系数为 0.1152。8VSB 调制中 3 bit 对应 1 个调制符号。

2) DVB 系统调制方案

DVB-S 系统采用 QPSK 调制，工作频率为 11/12 GHz。使用 MPEG-2 格式，用户端达到 ITU-R601 演播室质量的码率为 9 Mb/s，达到 PAL 质量的码率为 5 Mb/s。1 个 54 MHz 的转发器传输速率可达 68 MHz。

DVB-C 有 16QAM、32QAM 和 64QAM 三种调制方式。采用 64QAM 调制方式时，1 个 PAL 通道的传送码率为 41.34 Mb/s，还可供多套节目复用。

DVB-T 采用 COFDM 调制方式，在 8 MHz 射频带宽内设置 1075(2k 模式)或 6817(8k 模式)个子载波。将高速率的数据流相应地分解成 2k 或 8k 路低码率的数据流，分别对每个子载波进行 QPSK、16QAM 或 64QAM 调制。在 OFDM 调制中，由每个 m bit 的符号对每个子载波进行相应的调制，m=2 对应 QPSK 调制，m=4 对应 16QAM 调制，m=6 对应 64QAM 调制。M bit 映射成相应的星座图。

3) ISDB-T 系统调制方案

日本的 ISDB-T 系统每频道 6 MHz，其调制方案采用分段传输的 OFDM 技术。它将每个频道的传送带宽内以每 432 kHz 作为一段独立的 OFDM 频带，6 MHz 带宽内共设置 13 段，为(432 kHz × 13 + 4 kHz) = 5.62 MHz 或(432 kHz × 13 + 1 kHz) = 5.617 MHz。每个 OFDM 段由数据段和导频信号组成，对每个数据段可独立指定其载波调制方式(QPSK、16QAM 或 64QAM)、内码编码率、保护间隔比和时间交织深度等。

7.5 数字电视接收技术

数字电视接收系统是数字电视系统的终端环节和传输的归宿，接收与显示的质量决定了整个电视系统的命运。

数字电视接收系统按产品类型可分为数字化电视接收机、数字电视机顶盒、一体化数字电视接收机，这也是其不同发展阶段的反映。数字电视接收系统的核心与关键是数字电视信号的数字处理和条件接收技术。

7.5.1 数字化电视接收机

数字化电视接收机实质上是模拟电视接收机的数字化实现，通常称为“数码电视”。

数字化电视接收机的典型结构如图 7-35 所示。由于它对全电视信号和伴音信号进行数字化处理，提高了图像的质量。但是严格来讲，数字化电视接收机仍属于模拟电视接收机范畴，并不是真正的数字电视接收机。

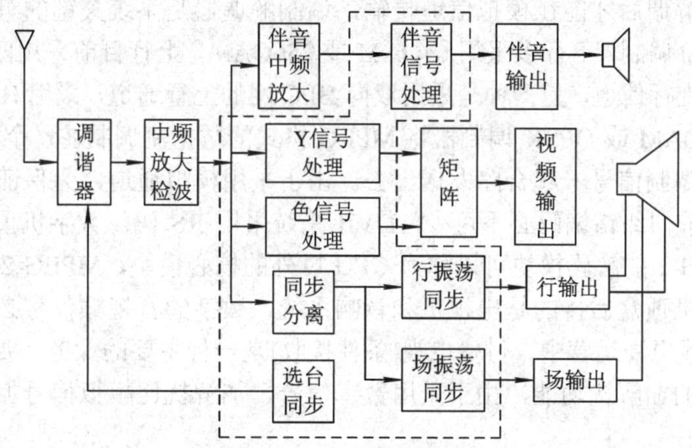

图 7-35　数字化电视接收机的典型结构

7.5.2　数字电视机顶盒(STB)

前端配数字电视机顶盒(Set Top Box，STB)，后面接普通电视机或数模兼容的电视接收系统，就构成了过渡阶段的数字电视接收系统(这一阶段估计会有相当长的时间)，一种典型的结构如图 7-36 所示。其中，机顶盒为各种信源接收器，它可以是模拟的，也可以是数字的。这种形式最终的图像质量决定于机顶盒后接的电视接收系统。电视机顶盒通常用于有线电视系统。

各种接收器输出的是视音频信号，经过 AV 转接插座箱，输出全电视信号 FBAS，也可输出 Y/C 信号或 RGB 信号。除前端外，整机电路主要分四个部分：一是视频数字处理；二是音频数字处理；三是同步及偏转信号数字处理；四是中央控制信号输出。

数模兼容电视接收系统中，从各种前端信源接收器来的视频及音频信号将被数字化并进行数字处理，其核心是数字电视机顶盒。

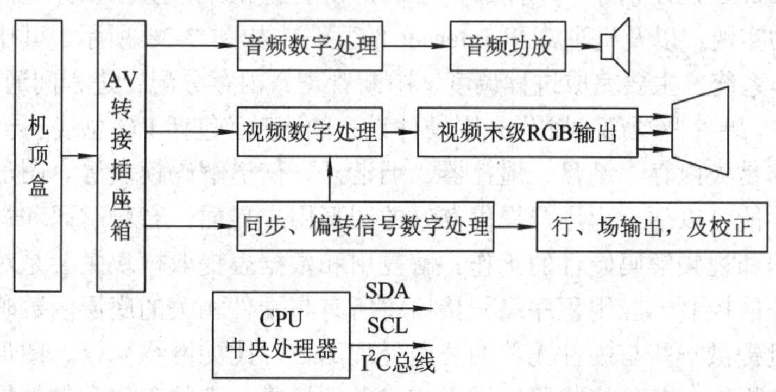

图 7-36　一种典型的数模兼容的数字电视接收系统结构

机顶盒是一种能提供模拟音频和视频接口，使现在的模拟电视机能正常接收节目；同时，还能提供数字电视、数字广播接口，提供交互式功能接口的装置。它一头接有线电视网的同轴电缆，一头接用户家里的电视机。

数字机顶盒工作在有线电视网络状态下，有线电视网采用模拟传输，因此必须对数字信号进行调制和解调后才能在模拟信道传输，调制解调器是系统关键的组成部分。数字机顶盒通常采用高阶调制，下行多采用 64QAM 或 256QAM，上行目前采用两种方式，一种是采用电话线作为上行信道，另一种是采用双向 HFC 网的上行通道，采用 HFC 网时用 QPSK 作为调制方案。QAM 或 QPSK 调制器将 MPEG 格式的数据流调制在一个标准的 PAL 信道内，与其他视频调制信号一起合路发送出去。由于采用模拟通道，为保证数据传输的可靠性和低误码率，前向纠错编码必不可少，DVB 系统采用 RS 码。数字机顶盒的核心是数字视频技术，MPEG-2 的解码模块可以称为 CPU 以外的核心模块，MPEG-2 数字传输中采用交织编码。数字机顶盒后接的是电视机和音响系统，数字的音视频信号必须转换为模拟音视频信号。在有线电视运营中，付费电视(条件接收)是一种主要的业务，要求数字机顶盒必须具备电视信号的加解扰功能，由于采用数字信号，加解扰比模拟信号加解扰容易和保密度高。

数字电视机顶盒接收数字电视节目，处理数据业务和完成多种应用的解析。各类信源在进入有线电视网络之前经过信源编码和信道编码两级编码。相应地，数字电视机顶盒首先从传输层提取信道编码信号，完成信道解调，接着还原压缩的信源编码信号，恢复原始视音频流，同时完成数据业务和多种应用的接收、解析。数字电视机顶盒的工作过程：数字电视机顶盒通过网络接口模块选择频道，并进行解调和信道解码处理，输出 MPEG-2 多节目传输流数据，送给解复用器，解复用器从 MPEG-2 传输流数据中抽出一个节目的已打包的视音频基本流(PES)数据，包括视频 PES、音频 PES 和辅助数据 PES，解复用器中包含一个解扰引擎，可在传输流层和 PES 层对加扰的数据进行解扰，解复用器输出的是已解扰的视音频 PES。视频 PES 送入视频解码器，取出 MPEG-2 视频数据并对其解码后，输出到模拟编码器，编码成模拟视频信号，再经视频输出电路输出。音频 PES 送入音频解码器，取出 MPEG-2 音频数据并对其解码，输出 PCM 音频数据到音频 D/A 变换器，音频 D/A 变换器输出模拟立体声音频信号，经音频输出电路输出。

数字电视机顶盒包括硬件和软件两部分。硬件提供数字电视机顶盒的硬件平台，实现音视频的解码，如图 7-37 所示。软件部分用来完成电视节目内容的重现、操作界面的实现、数据广播业务的实现，以及机顶盒和 Internet 的互联，如图 7-38 所示。其中，操作系统一般采用实时操作系统，主要完成进程调度、中断管理、内存分配、进程间通信、异常处理、时钟提取等工作。硬件驱动部分提供外围硬件设备的驱动，包括 I^2C 总线、异步串行通信口、并行通信口、非易失内存、键盘、遥控器、调谐器、信道解码模块等。图形接口主要用于完成图形显示功能，以便于为用户提供友好的图形用户界面。音频解码和视频解码驱动用于控制音频解码和视频解码硬件的工作。解复用和数据表提取模块主要是对码流解复用和数据表提取操作的控制。应用程序编程接口将所有与硬件相关的底层函数映射到一个统一的接口上，并且提供一些与硬件无关的公用处理函数，比如网络协议、图形格式分析、业务信息数据表分析等。条件接收驱动用于完成条件接收处理的工作和软件接口。应用程序编程接口为应用程序提供了一个公共的编程接口，把应用程序与硬件屏蔽开，使得应用程序与硬件无关。中间件是数字电视接收系统的软件平台，为数字电视应用提供运行环境和软件接口。中间件作为数字机顶盒中的一个独立的软件层，将应用软件与底层硬件和操作系统隔离开，对操作系统和驱动程序定义了统一接口，同时对应用程序也定义了统一接口，另外对常规数字广播电视业务和增值业务也提供统一接口。

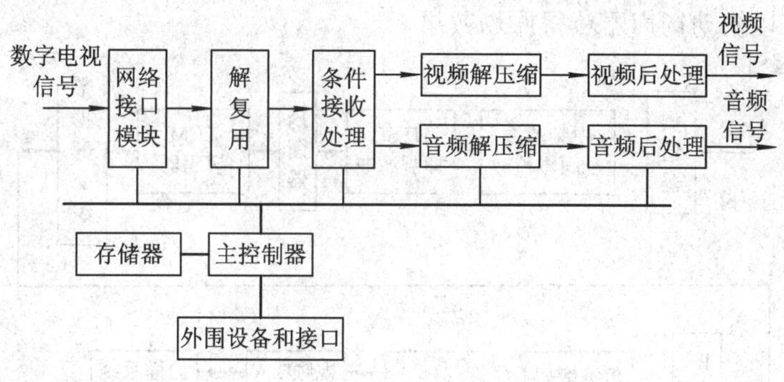

图 7-37　数字电视机顶盒硬件组成

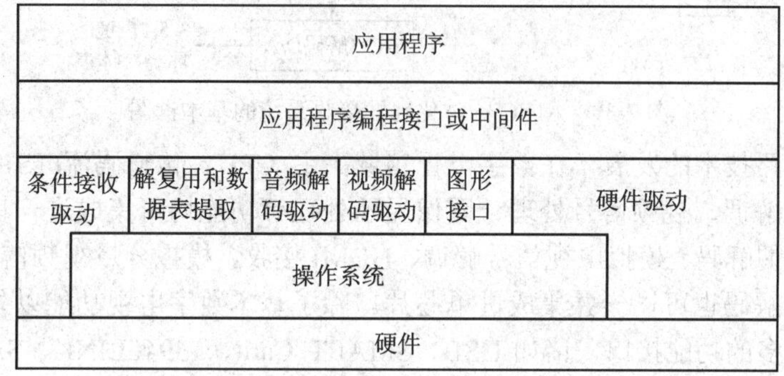

图 7-38　数字电视机顶盒软件结构

目前的数字电视机顶盒能够接收 MPEG-2 数字电视传输流和各种数据信息，通过解调、解复用、解码和视音频编码，在模拟彩色电视机上观看数字电视节目和各种数据信息。其基本功能是接收数字电视广播节目，同时具有所有广播和交互式多媒体应用功能，如电子节目指南、准视频点播、视频点播、互动游戏、高速数据广播、因特网接入和电子邮件、软件在线升级、有条件接收等。

随着数字电视和网络技术的发展，数字电视机顶盒的功能将更加完善，尤其是单片 PC 技术的发展，将促使数字电视机顶盒在物理结构上将各部分硬件高度集成，形成 STB 核心芯片，从而减小体积，降低成本，提高性能。外部接口将更加丰富，通过 USB 接口可以和数码相机连接，通过 IDE 接口可以挂接硬盘实现节目存储等。交互式机顶盒将成为数字电视机顶盒的主流，用户在模拟彩色电视机上不仅能收看数字电视，还能实现娱乐和上网。

7.5.3　一体化数字电视接收机

一体化数字电视接收机是数字电视接收系统的最终形式，它将数字电视接收处理和数字电视机结合起来，图 7-39 是 ATSC 一体化地面接收系统的基本框图。由图可知，它是一个在中央控制器控制下的数字处理机，类似计算机，其电路主要分为视频信号数字化处理、音频信号数字化处理和扫描信号数字化处理三大部分(也可分信道解码和信源解码两大部分)。视频信号数字化处理部分主要有视频解码、数字梳状亮/色分离、数字图像的多功能处理等。在数字化扫描处理电路中，由总线送入的数字视频信号先由数字化处理的同步分离电路分离成数字行和场同步信号，以实现扫描同步，其最大优点是提高了场频，减少了图像的闪烁。在数字化音频处理电路中，利用人耳的掩蔽效应和现代音响处理技术形成环绕立体声和丽音，以推动扬声器获得原场效果。

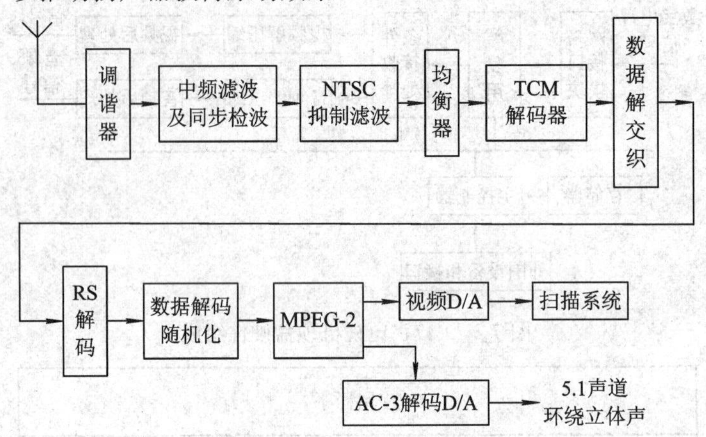

图 7-39　ATSC 一体化地面接收系统的基本框图

随着集成电路技术的发展，在数字电视领域，主 CPU、传输码流(TS)解复用、MPEG 解码、模拟彩色解调、视频信号处理、图像显示处理等功能均可集成进一块芯片中，甚至数字电视信号解调解码、模拟电视信号解调、HDMI 接收、模拟分量视频信号(YPbPr)/RGB 接收、音频信号解码也可以一并集成进单芯片。除了基本数字电视功能以外，高清数字电视还将集成进更多的功能接口，诸如 USB、SMART Card、1394/iLINK、SATA、网络接口以及 H.264/VC1 解码功能。图 7-39 是一款单片数字电视一体机的原理框图。

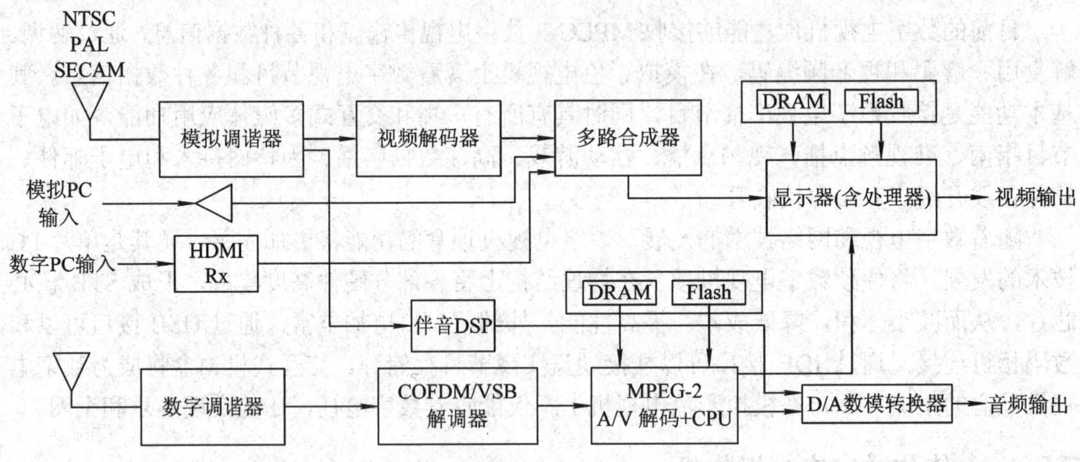

图 7-40　单片数字电视一体机的原理框图

7.5.4　数字电视有条件接收(CA)

所谓数字电视有条件接收(Condition Access，CA)或接入，就是谁支付了费用谁就可以接收或接入。条件接收系统是数字电视收费运营机制的重要保证。收费电视系统的基本特点是所提供的业务仅限于授权用户使用，即在节目供应单位、节目播出单位和收视用户之间建立起一种有偿服务体系。

条件接收系统集成了数据加扰/解扰、加密/解密及智能卡等技术。同时也涉及用户管理、节目管理及收费管理等信息应用管理技术，还能实现各项数字电视广播业务的授权管理及接收控制。有条件接收系统的组成如图 7-41 所示。

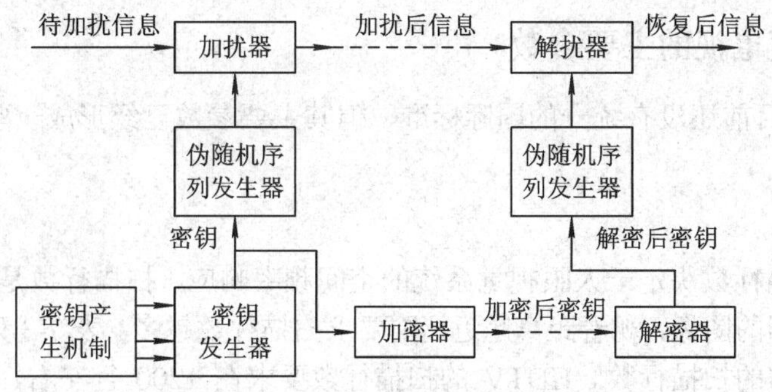

图 7-41　有条件接收系统的组成框图

有条件接收系统的基本原理是在发送端利用某些节目参数和限制条件，根据特定的算法随机生成一个密钥(key)，用这个密钥去初始化随机序列发生器，产生一个随机序列，利用该随机序列对要传送的节目信息进行加扰，得到加扰后的节目信息，送往接收端。在传送节目信息之前，要利用特定的加密算法对密钥进行加密，生成加密后的密钥，并将其提前送给接收端，在接收端有一个解密装置，它可以将加密的密钥解密出来，并利用该密钥对接收到的加扰节目信息进行解扰，将节目信息恢复出来。

7.6　高清晰度电视

7.6.1　高清晰度电视概述

高清晰度电视(HDTV)是继黑白电视、彩色电视的新一代电视，它给人们更高级的视听享受、更清晰的图像、更逼真的色彩、更优美的音质，并能带给人们身临其境的真实感。

按照 ITU-R 的定义，高清晰度电视应是这样一个系统，即一个具有正常视觉的观众在距该系统显示屏高度的 3 倍距离上所看到的图像质量应具有观看原始景物或表演时所得到的质量。这就要求 HDTV 图像的水平与垂直分解力较常规电视都提高 1 倍以上，其图像扫描线在 1000 行以上，每行 1920 个像素，信息是常规电视的 5 倍多。其显示屏宽高比为 16∶9，水平视角为 30°，更符合人们的视觉特性。其伴音则采用多个声道，如 5.1 声道(左、中、右、左后、右后和一个重低音)。

日本 NHK 于 1984 年提出 MUSE 制 HDTV 系统，采用时分复用和频带压缩技术传送亮度信号和色度信号，仅在一个普通电视频道上就能传送 5∶3 幅形比的 1125 行 HDTV 信号，并利用卫星实现了广播。但这个系统与日本的普通(NTSC)电视不兼容。欧洲在 1986 年提出 1250 行/50 Hz 高清晰度电视标准 HD-MAC(高清晰复用模拟分量)系统，成为 NHK 开发的 1125/60 系统的直接竞争对手。随着数字技术的迅猛发展，特别是高压缩比的数字压缩编码技术和数字传输技术的突破，使宽带 HDTV 信号可以压缩，能够在一个原有 6 MHz、7 MHz 和 8 MHz 频道的带宽中传送 HDTV 节目。美国在 20 世纪 90 年代初开始了数字高清晰度电视的研究，1994 年 4 月发表了“大联盟高清晰度电视系统规定 1.0”，接着在同年 12 月份通过 2.0 版本。1995 年 4 月通过了 ATSC 标准。1992 年欧洲放弃了 HD-MAC，将目标转向全数字式的 HDTV 上，随后提出 DVB 标准。

7.6.2 高清晰度电视的主要参数

虽然 HDTV 目前还没有统一的国际标准，但其主要参数已经形成一些共识，这些参数主要有：

1. 扫描行数

HDTV 的扫描行数决定于人眼视觉系统的空间频率响应，扫描行数是观看距离的函数。主观评价质量相同的图像，观看距离越近，则要求扫描行数越多。表 7-3 列出了在几种不同的观看距离时所需的扫描行数。HDTV 的扫描行数要求在 1200 行左右，目前已提出 1050 行、1125 行和 1250 行。

表 7-3 观看距离与扫描行数的关系

观看距离与图像高度之比	扫描行数
3.9	951
3.3	1125
2.8	1351
2.3	1601

2. 图像尺寸及宽高比

主观评价实验表明，画面尺寸越小，图像质量主观感觉越好。图像尺寸越大，重现图像的真实感越强。HTDV 的图像宽高比一般为 16∶9 或 5∶3，宽屏幕显示时图像的真实感及临场感好。

3. 信号带宽

人眼视觉系统的彩色感觉特性与亮度感觉特性相比较，前者频带比后者窄得多。同时考虑到传输彩色图像信息方便起见，采用亮、色分离的传输方式是最好的方法。当要求图像的分辨率越高时，则亮度信号的频带越宽。根据人眼视觉系统的特性，不同扫描行数及宽高比的图像信号，其带宽也不同，表 7-4 列出了扫描行数与信号带宽的关系。

表 7-4 扫描行数与信号带宽的关系

扫描行数		951	1125	1351	1601
亮度信号带宽/ MHz		15	20	28	40
色度信号带宽/ MHz	R	5.0	7.0	10	14
	G	3.5	5.5	7.0	10
	B	4.7	6.5	9.4	13.3

7.6.3 液晶高清晰度数字电视

随着近几年液晶技术的发展以及第八代液晶屏生产线的投入使用，液晶屏已突破了视角、响应速度、对比层次、色彩鲜艳度及大屏幕价格的发展瓶颈，加之独有的高分辨率、低功耗、长寿命的特点，液晶电视以其完美的图像质量和可接受的价格成为目前发展最快的电视种类。

在电视技术平板化和数字化的大趋势下，液晶高清数字电视技术正朝着高集成度、高性能、多功能的方向发展。在系统单芯片集成方面，主 CPU、传输码流(TS)解复用、MPEG 解码、模拟彩色解调、视频信号处理、图像显示处理等功能可集成进一块芯片中，甚至能将数字电视信号解调解码、模拟电视信号解调、HDMI 接收、模拟分量视频信号(YPbPr)/RGB 接收、音频信号解码等也一并集成进单芯片，而芯片工艺可达到 90 纳米，甚至 65 纳米技术水平。高性能主要表现为更快的信号处理速度、更先进的图像伴音处理技术、更高清晰度显示(1080P)。除了基本数字电视功能以外，液晶高清数字电视还将集成进更多的功能接口，诸如 USB、SMART Card、1394/iLINK、硬盘、网络接口以及 H.264/VC1 解码功能，众多功能使其成为真正的未来家庭多媒体娱乐中心。

液晶高清数字电视通常由数字电视接收通道、模拟电视接收通道、音频信号处理放大通道、视频信号输入处理及显示输出通道、微控制系统以及电源系统组成，如图 7-42 所示。

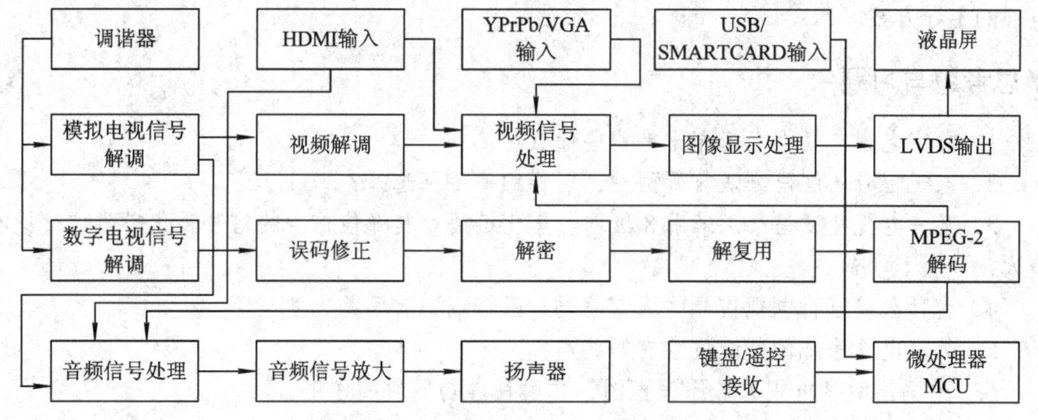

图 7-42　液晶高清数字电视系统组成

数字电视接收通道由调谐器接收数字电视信号，将数字中频信号输出到数字电视信号解调单元，解调出数字信号，经过误码修正(FEC)、解密(DES)、解复用(Demux)、MEPG-2 解码，一路输出解压后的标准的数字视频分量信号到视频信号处理及显示输出通道，另一路输出解压后的数字伴音信号到音频信号处理放大通道。

模拟电视接收通道由调谐器接收模拟电视信号，将模拟中频信号输出到模拟电视信号解调单元，一路解调输出复合视频信号经视频解调将标准的数字分量信号输出到视频信号输入处理及显示输出通道，另一路解调输出音频信号或伴音第二中频信号到音频信号处理放大通道。PAL/SECAM/NTSC 3D 亮色分离技术的应用实现了完全的亮色分离。

音频信号处理放大通道由音频信号处理及音频信号放大单元构成，负责电视伴音解调、I2S 数字伴音变换、环绕声处理、音频控制及放大输出。SRS、杜比环绕、自动音量调整(AVL)、多段均衡、伴音延时、I2S 信号(来自 HDMI 和数字电视伴音)接收等都是液晶数字电视常用的音频处理技术。

视频信号输入处理及显示输出通道由 YPbPr/VGA 输入、HDMI 输入、视频信号处理、图像显示处理、LVDS 输出和液晶屏构成，承担标准分量信号的输入变换、图像处理及质量改善、图像显示格式变换控制以及 LVDS 调制输出等任务。而图像噪声检测及自动 3D 图像降噪技术、带运动预测和补偿的去隔行变换(De-interlacer)技术及图像质量改善技术(LTI、

CTI、对比度加强、清晰度加强、多维色彩修正、GAMMA 校正)的应用又确保在液晶屏上显示出完美的图像。

目前液晶高清数字电视解决方案可分为数字电视接收嵌入式(add-on)解决方案和单芯片解决方案。其中，嵌入式解决方案是在已有的模拟液晶电视基础上附加数字电视接收功能，数字电视接收通道经 MPEG-2 解码及编码后输出分量视频信号(YPbPr)，再输入到模拟液晶电视单元，构成完整的数字高清液晶电视。现在的数字电视接收嵌入式解决方案成熟度高、开发周期短，但总体成本偏高，系统设计及图像处理显示性能不够优化。而单芯片解决方案则是以包含 MPEG 解码、复合视频信号解码、视频信号处理、图像显示处理以及微控制单元的单芯片为主构成。这种方案内置 3D 梳状滤波器和图像加强等高性能处理系统，具有集成度高，成本低的优点，但开发技术难度大，开发周期长，成熟度有待提高。不过，随着单芯片集成度、成熟度的不断提高，单芯片解决方案将成为未来液晶高清数字电视的主导方案。

▼思考题与习题

1．数字电视与模拟电视相比有哪些优点?

2．电视信号的编码方法有哪两种，取样频率如何选择?

3．某一电视亮度信号，采用 8 位均匀量化编码，其峰值信号的信号量化噪声信噪比有多大?

4．为什么要进行电视信号的压缩编码? 压缩编码有哪些方法?

5．数字电视系统的关键技术有哪些?

6. 请画出数字电视系统原理框图，并解释各功能块的作用。

7. 数字电视的国际标准有哪些? 它们各有何特点?

8. 在数字电视中，LDTV、SDTV、HDTV 各代表什么? 它们有何异同?

第 8 章　电视系统的调测与维修

8.1　概　　述

电视信号从产生、发送、传输到重现，在这个过程中不可避免地会产生失真或畸变，即信号质量发生恶化。从使用者角度来看，希望尽量减小这种失真或畸变，减弱信号质量的恶化。

对信号的质量和电视系统性能的评价有两个方面，即主观评价和客观评价。主观评价是按照规定的标准和评价办法，由评价者对信号质量以某种方式(单独地、对比地)做出评价。它既可着眼于图像质量，也可着眼于图像质量的受损程度。按图像质量的受损程度对图像信号划分为五个等级，参见表 8-1。主观评价受环境等诸多因素的影响，客观评价就是利用各种仪器、仪表对信号质量、电视设备或系统性能进行检测。它能真实、客观地反映信号质量或系统性能。对电视信号或系统的调测，通常要综合主、客观评价的结果。对电视信号或系统进行评价或调测，其目的是尽量减小失真和便于维护与检修。

表 8-1　图像信号质量主观评价的五个等级

图像等级	主观评价	干扰和杂波的可见度	相应信噪比/dB
5	优等	觉察不到杂波干扰	45.5
4	良好	可觉察，但不讨厌	36.6
3	可以	有点讨厌	29.9
2	差	讨厌	25.4
1	很差	很讨厌	23.1

信号失真主要有线性失真和非线性失真两种，它们分别如下所示：

- 线性失真
  - 频域
    - 幅频特性失真
    - 群时延特性失真
  - 时域
    - 亮度信号波形失真
    - 色度信号波形失真
    - 亮度不均匀性失真

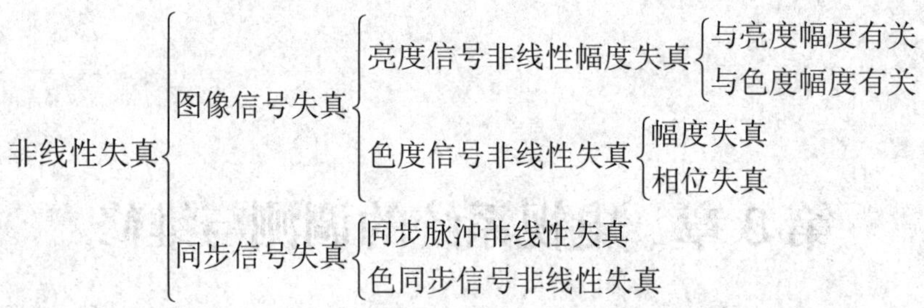

由上可知，非线性失真与信号电平有关。对信号失真的测量方法请参阅参考文献[1]。

信号失真按产生的部位，主要是发生在发送部分、传输部分和接收部分。在一般情况下，前两部分产生的失真较小，主要失真产生在接收部分，尤其是接收部分的电视接收机，包括高频头、通道、解码器等。电视系统的调测主要是在这一部分进行的。

8.2 测试设备

8.2.1 扫频仪

扫频仪也称频率特性测试仪，它是一种测试频率特性——幅频特性的专用仪器。在彩电的测试与维修中，它是很常用的仪器。

扫频仪实际上是一种把扫频信号发生器与示波器相结合的仪器，电路的频率特性可以直接从示波器上获得。

使用扫频仪时要注意：

(1) 用前检查。主要检查亮度、聚焦是否合适，频标是否正常，幅度是否可均匀调整。要求严格时要进行相应的调整和校准。

(2) 用时要注意电路间的匹配。扫频仪的输出阻抗为 75 Ω，为使电路匹配，连接电缆的特性阻抗和被测电路的输入阻抗应均为 75 Ω。若被测电路的输入阻抗不为 75 Ω，就必须加接匹配网络，否则，不易进行调测或调测不准。

(3) 连接方法。扫频仪与被测电路的连接通常是：扫频仪输出信号接至被测电路输入端，扫频仪的输入信号取自被测电路的输出端。当被测电路输出信号未经检波时，要使用检波探头与电路相连接；若被测信号在原电路中已经过检波，则不用检波探头，而用 75 Ω 特性阻抗的开路电缆，且在串接一个 1～10 kΩ 以上的隔离电阻后，与被测电路连接，以减小被测电路与扫频仪间的相互影响。

此外，在调测过程中，各种连接电缆或连接线应尽量短，以减小对高频信号的衰减或减少连接线上杂波信号的感应。

(4) 扫频仪的选择。扫频仪一般用于电视机下述各部分的调测：高频头输入电路和高放频率特性的调测；本振频率的粗测；中放频率特性及增益的调测；高放、中放综合频率特性和增益的调测；伴音中频和鉴频器频率特性和增益的调测；视放、色差放大器频率特性和增益的调测；AFT 频率特性的调测。在使用扫频仪时，要根据被测电路的特点，合理选择扫频仪。例如，调测高放及其输入电路、中放、AFT 电路、本振电路时，可选用 BT—3

型扫频仪；在调测伴音中频通道、鉴频器、视放、色度通道时可选用 BT—5 型扫频仪；而在调测视放、色度通道和矩阵电路时，宜选用视频扫频仪。特别要指出的是，扫频仪的示波器部分使用了钳位电路，用扫频仪测鉴频器的频率特性时，要断开钳位开关。

8.2.2　示波器

在电视机的调测过程中，经常用到两种示波器，即普通示波器和专用示波器。普通示波器就是常见的简单示波器，根据其带宽不同来选用。电视专用示波器除具有一般示波器的功能外，还具有其他电视机测试所需的特殊功能，如同步分离、钳位、选行、选场、时基扩展等。图 8-1 为矢量示波器原理框图。矢量示波器是一种可将正交平衡调幅制彩色电视信号显示于极坐标中的专用示波器。图 8-2 为 PAL 制彩条信号在矢量示波器上的矢量光点图。其中，不带括号的各点为 NTSC 行各色的矢量光点，带括号的各点为 PAL 行各色的矢量光点。矢量光点到原点的距离表示饱和度(故黑、白光点重合)；光点和原点的连线与 $(B-Y)$轴的夹角表示色调，与彩色钟对比，可调整解码器。

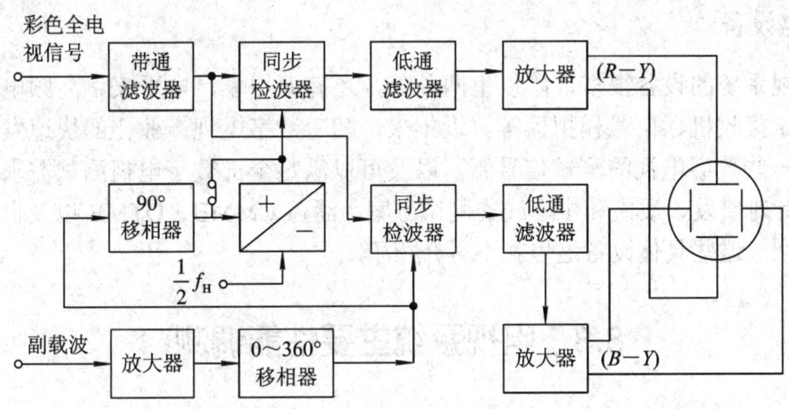

图 8-1　矢量示波器原理框图

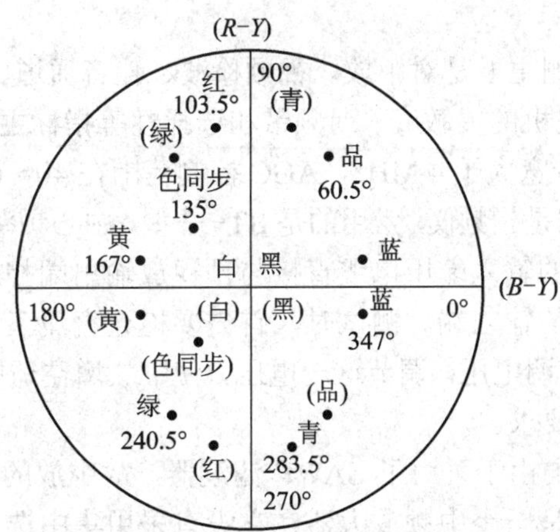

图 8-2　PAL 制彩条信号矢量显示

目前，示波器正向宽带、多功能和小型化方向发展，存储示波器、智能示波器等都在电视机调测中占有一席之地。

用示波器可以观察电路的动态工作情况，检查电路各点信号的波形、幅度、频率和相位等是否正常，检查是否有杂波或寄生振荡等掺入正常波形之中。在电视机调测中，用示波器可以测量和检查以下各项：

① 稳压电源；

② 行、场扫描电路；

③ 视放、同步分离各级电路；

④ 伴音鉴频器、音频放大器各级电路；

⑤ 色度和色同步通道(含分离、解调)；

⑥ 矩阵电路、显像管电路；

⑦ 副载波电路等。

在示波器的使用过程中，也要注意阻抗匹配，同时还要注意接地与屏蔽，以防引入干扰。

8.2.3　其他设备

测量电视系统的设备很多，除以上两种外，还有万用表、电平表、高频电压表、频谱分析仪、测试接收机、信号模拟器等。近年来，随着数字电视产业化的快速发展，市场上逐步出现了一些数字电视的测试信号源，以及可以满足全部数字电视测试需求的综合测试系统和专门针对研发、质检和生产线的测试方案，涵盖 CMMB、DTMB 以及世界各种其他数字电视标准。这些具体设备这里就不再介绍了。

8.3　电视系统主要性能调测

8.3.1　电视接收机的调测

1. 通道调测

电视机通道部分的调测主要是对中放、视频检波、伴音通道、AFT 电路等的调测。

(1) 中放的调测。电视机的灵敏度、通频带和选择性等指标主要取决于中放。通常要求中放增益不小于 60 dB，带宽大于 4 MHz，AGC 控制范围在 40～60 dB。

对中放调测的主要仪器是扫频仪，常用的是 BT—3 型，中心频率可调范围为 1～300 MHz。测试中放时一般把扫频仪的输入端用电缆直接与预视放输出端相连，而不用检波探头。把扫频仪的输出端接到中放的输入端。测试时，首先要检查直流工作点。若正常，则断开原机上 AGC 电压，外加一可调电压，调节这一电压，使中放增益适中。然后，调节中频回路，使之满足中放特性曲线的要求。

在集成电路电视机中，由于采用了 SAWF 滤波器，故中放的频率特性一般不需调整。高频头中的混频器可认为是一个中频放大器，它没有采用集中选频放大技术，因此，其调谐不正确会影响中放特性。调测方法与上类似，只需将扫频仪的输出接到混频管的基极，调节混频器的输出回路即可。

(2) 伴音通道的调测。伴音通道主要调测鉴频特性。IC 彩色电视机的伴音鉴频电路一般都采用双差分峰值鉴频电路，选用陶瓷滤波器或 *LC* 电路作鉴频回路，前者只可测试，后者可以调整。若要观察或调整鉴频器的 S 曲线，可用 BT—3 型扫频仪。

(3) AFT 电路的调测。由于环境温度或电源电压的变化会使高频头中本振电路的振荡频率漂移，导致输出 IF 频率偏离标准值(38 MHz)，从而影响图像质量。AFT 电路是一个负反馈电路，它输出的负反馈电压可改变变容二极管的电容，使本振频率回到准确值，从而使 IF 频率恢复到标准值。调测 AFT 电路的原理是：在 AFT 电压未加到本振时，输出 IF 频率是准确的，AFT 电压加上后，本振和 IF 频率应不受影响。若加上 AFT 电压后，输出 IF 变化，就需要调整。调整方法如下：

① 接收彩条信号(强度为 80 dBμV 左右)，调节 RF AGC 电位器，使画面上无异常现象。

② 将 AFT 开关拨至 OFF(关)的位置，将 38 MHz 的标准中频信号通过 1 pF 电容加到图像中频输入端，将示波器接至视频输出端。

③ 调节输入中频信号幅度，在示波器上可看到差拍信号。

④ 调节预选器上的调谐电位器，使示波器上显示的差拍信号成为零差拍状态，如图 8-3 所示。这样在未加 AFT 电压时，输出 IF 为标准值。

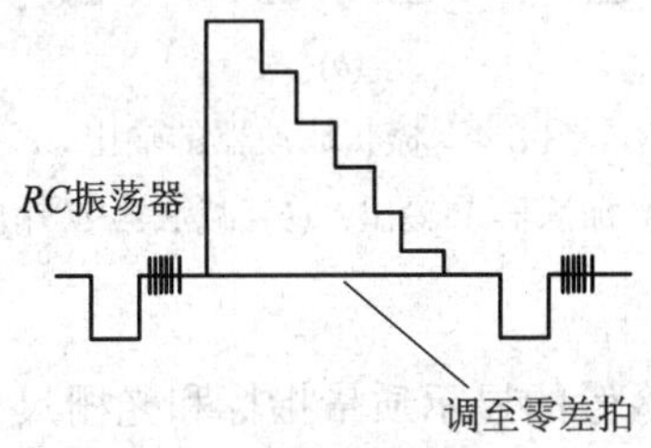

图 8-3　零差拍状态

⑤ 把 AFT 开关拨到 ON(通)的位置，调节 AFT 线圈，使示波器上的差拍仍成为零差拍，从而使 AFT 电压加上时输出的 IF 不变化。

2. 解码电路的调测

(1) 副载频的调测。在无色同步信号作用时，副载波振荡器的频率应为标准值 4.433 618 75 MHz。但由于自动相位控制 APC 鉴相器(PD)的静态误差及晶振自由振荡频率的偏差，使得在无色同步信号时，副载频偏离标准值。因此，必须调整 APC 平衡电位器和振荡回路元件，使副载频达到标准值。调整方法如下：

① 接收彩条或彩色信号，跨接消色开关，并切断色同步选通的输入信号(可以把色同步选通管输入端的耦合电容断开或用一个 0.01 μF 的大电容把色同步选通管输入端对地短路)，使副载波振荡器失去色同步信号的控制。

② 调整副载波振荡器频率和 APC 平衡电位器，使屏幕上的彩色图像由不同步到同步(彩条竖直且稳定)。

③ 接通色同步选通信号，并使消色电路恢复正常。

(2) 色同步相位的调测。色同步信号的相位偏差，会使同步解调器输出的色差信号产生偏差，显示的色调不正确。调整色同步相位调整电感(色相电感)或电位器，使同步解调输出的色差信号最强，且无色调失真。

(3) 梳状滤波器的调测。若梳状滤波器存在幅度、相位或延时误差时，在其相加、相减输出端的 F_U、$\pm F_V$ 分量分离不彻底，会出现串色、爬行等现象。由于红色度分量逐行倒相，而 F_V 非逐行倒相，若用示波器观察一行波形，则会出现双重轮廓。调整方法如下：

① 接收彩条信号。

② 调整高频头频率微调旋钮和色饱和度电位器，使视频检波器输出正常的全电视信号。

③ 用示波器观察梳状滤波器的加法器和减法器输出端，或者观察 *R*(或 *R*−*Y*)和 *B*(或 *B*−*Y*)信号。

调整梳状滤波器的相位和幅度(先相位、后幅宽)，使加、减法器输出的波形分别如图 8-4(*a*)、(*b*)所示，或者使 *R*、*B* 信号的双重轮廓消失。

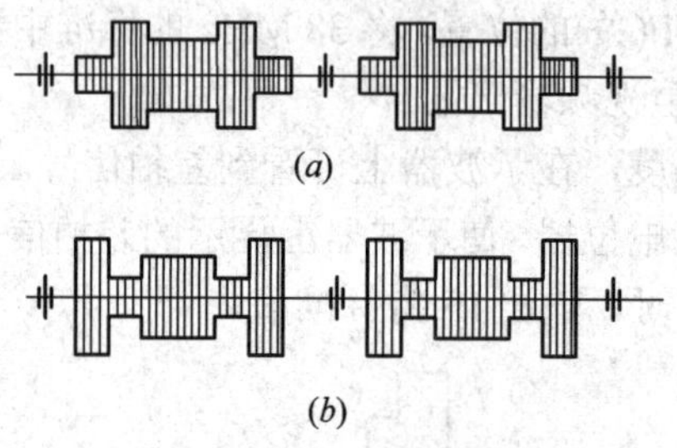

图 8-4　梳状滤波器的输出

(*a*) 加法器 *V* 输出；(*b*) 减法器 *U* 输出

3. 整机调试

整机调试主要指对彩色显像管的显示质量指标和光栅尺寸等的调整。

(1) 行调整。在切断行同步信号情况下(用 10 μF/50 V 电容将同步分离输入端对地短路)，调节行频控制电位器，使图像瞬时稳定，即可使行频为 15 625 Hz。

调节行中心调整电位器，即可使图像中心处于水平几何中心位置。

改变逆程电容或 S 校正电容可调整行幅。

(2) 场(或帧)调整。改变帧振荡电路中的时常数可调整帧频。通过改变交流负反馈的大小可调整帧幅。改变帧偏转线圈中的直流电流的大小可调整帧中心位置。

4. 色纯度与会聚调整

这部分调整主要是由显像管生产厂家完成，一般不必自行调整。若需调整，可参阅有关文献。

8.3.2　有线电视系统的调测

有线电视系统的调测主要包括接收天线、前端、传输与分配系统的调测以及系统的统调。

1. 接收天线的调测

对接收天线的要求是在避免重影和干扰的基础上，输出信噪比愈高愈好。由于天线为无源网络，其输出信号愈强，对提高信噪比越有利。因此，若天线输出电平不够(例如，低于 57 dBμV)，则需加接天线放大器或采用天线阵。但要注意，后者可提高信噪比，前者却只能提高输出电平。若输出电平过高，易使天线放大器过载，通常要在天线放大器输入端加衰减器以调整输入电平。

由天线系统产生的重影主要由三个因素造成：第一，建筑物产生的反射波；第二，天线受其前面建筑物的阻挡(阴影)；第三，天线与馈线的连接和匹配状态。若由天线产生重影，要根据具体情况加以排除。

调测天线系统的设备主要是场强仪(或选频电平表)与彩色电视接收机(或图像监视器)。在调整天线时，要观察是否有重影或其他干扰。

2. 前端系统的调测

前端系统调测的主要任务是将前端的输出电平调整到设计要求。只要设计合理，主放大器良好，输出电平留有裕量，一般不会产生交、互调失真。

前端设备的调测，要根据具体设备的技术说明书进行。

天线和前端系统的调测十分重要，它决定着整个系统的质量，因此，要花费相当的精力把它调测好。

3. 传输分配系统的调测

干线的调试着重于放大器和均衡器等的调试。传输系统调测的关键是应保证干线放大器的输出电平达到设计要求，并注意各个频道电平的相对关系。

使用干线放大器的传输系统的一般调试步骤如下：

① 明确干线放大器的斜率方式。

② 明确导频信号的频率与导频信号电平以及电视信号电平之差，使前端供给合适的导频及电视信号。

③ 给放大器正常供电。

④ 确定自动增益控制 AGC 导频信号的输入幅度，加模拟线路衰减器(BON)电路。

⑤ 确定自动斜率控制 ASC 导频信号的输入幅度，插入均衡器(EQ)。

分配系统调测的主要任务是检查分配网络的工作状态是否良好，各用户终端的信号电平是否达到设计要求。

调测分配系统时，要注意同时观察信号电平和信号质量。首先，把放大器的输出电平调整到设计要求的值；然后，分别检查用户电平。测电平时，选择在 UHF 频段调测较可靠。检查的顺序为从前向后，从线路放大器到分支器、分配器。也可以直接选取分配系统末端和中间几个输出口做重点检查。

4. 系统的统调

系统的统调就是在天线、前端、传输和分配系统分别调试后，为协调各部分之间的关系，对整个系统进行的统一调测，并排除出现的故障。系统调测是一个反复多次的过程，一定要耐心、细致地进行。

系统统调主要是调整系统内各放大器的输出电平，所使用的设备主要是场强仪。在统调过程中出现的主要问题有重影、交调和各种干扰。下面分别简单讨论。

(1) 重影。这里的重影是指在用户端看到的重影，而不是指在前端产生的重影。造成这种重影的主要原因是强的直接波串扰(形成左重影)或系统内的不匹配。

克服左重影的方法主要有：确保系统内连接良好，加强屏蔽措施，提高用户电平，实在不行时采用变频方案。

系统内不匹配的原因有：电缆接头不好，驻波比过大；分支电缆终端未接匹配电阻；器件(分支器、分配器、放大器、均衡器、衰减器)质量有问题。

(2) 交调。众所周知，交调、互调干扰均由放大器非线性产生，若不存在交调，则互调也不会存在。因此，在统调中可主要注意交调。

减小交调的方法是降低放大器输入、输出电平，使之退出非线性工作区。用电视机可很方便地看出交调的大小。在电视台播放较暗图像时，仔细观看电视机屏幕上有无一条灰色竖带，其亮度比背景要亮一些，宽度约为显像管横向尺寸的 1/10，且缓慢地向左或向右移动。若有，就表明系统内有交调存在；若在屏幕上看到两幅重叠的画面，就表明交调非常严重。

对放大器及输出电平的确定要掌握这样的原则：

① 输出电平尽量不超过放大器标称最大输出电平；

② 输出电平较高的放大器串接不要超过三个。

(3) 干扰。在有线电视系统中，常见的干扰大致有以下几种：

① 重影；

② 滚道干扰；

③“雨刷”或串台影像；

④ 网纹与条纹；

⑤ 雪花干扰及斑痕、拉道干扰；

⑥ 彩色失真等。

有关这些干扰的成因及排除方法参见 8.4 节。

8.3.3　数字电视系统的调测

有线数字电视系统包括编解码、复用和传输等多个环节，整个过程涉及的技术指标较多，其中的关键参数影响着数字信号质量和整个系统的稳定性，所以必须对关键技术参数进行测试。

在有线数字电视系统中，模拟视音频信号按照 MPEG-2 标准经过抽样、量化及压缩编码形成基本码流 ES(为不分段的连续码流)。把基本码流分割成段，并加上相应的头文件打包形成打包的基本码流 PES(包和包之间可以是不连续的)。在传输时将 PES 包再分段打成有固定长度 188B 的传送包码流 TS。TS 流经系统复用加入 PSI/SI 及加密信息形成多路节目传输流，最后经过 64QAM 调制及上变频形成射频信号在 HFC 网中传输，在用户终端经解码恢复模拟音视频信号。因此，在有线数字电视系统中，TS 码流参数和系统传输网络参数是测试的重点内容。

1. 传输码流参数及测试

对 MPEG-2 TS 流参数的测试，不依赖于任何商用解码器及芯片，主要是依据“DVB 系统测试指导”文件 ETR290，使用 MPEG-2 TS 系统目标解码器(T-STD)的标准解码程序。

MPEG-2 TS 流参数的监测和特性分析包括 TR101290 测试标准 3 级错误检测、PSI/SI 信息分析、TS 流语法分析、PCR 分析及缓冲区分析等。一般采用码流分析仪对 TS 流进行检测分析。

2. 系统传输网络参数及其测试

1) 数字电视的信号电平及其测量

QAM 调制的数字电视信号，没有图像载波电平可取，整个限定的带宽内是平顶的，无峰值可言。所以，QAM 数字频道的电平是用被测频道信号的平均功率来表达的，称为数字频道平均功率。在用户端电缆信号系统出口处要求：信号电平为 47～67 dBμV(比模拟电视信号的要求低 10 dB)，数字相邻频道间最大电平差为≤3 dB，数字频道与相邻模拟频道间最大电平差为≤13 dB。

对数字电视的信号电平的测量，首先是对整个频道进行扫描、抽样。由于每一个随机抽样点的功率是随机分布的，因此需要把每一个抽样点的功率值取平均。这种测量功能需要用数字表测量数字频道平均功率电平，测量时应当把频率设定在该频道的中心频率处。

2) 数字电视的噪声电平及其测量

由于数字电视的频谱分布类似白噪声，因此，测量数字频道噪声不能使用模拟频道的测量方法。数字频道内有用能量也像噪声，没有什么特点把它们与其他噪声分开，所以测量噪声，要到被测频道的邻频道去取样，并且这个邻频道应当是空闲的。具体可以采用频谱分析仪或者矢量分析仪和误比特率(BER)分析仪测量数字信号电平和数字系统的噪声电平。

3) 误码率及其测量

数字电视信号是离散的信号，接收到的数字电视信号要么是稳定、清晰的图像，要么就是中断(包括马赛克、静帧)的，具有“断崖效应”的特点。信号的这种变化，只与传输的误码率有关，所以把误码率作为衡量系统信号质量劣变程度的最重要的指标。在 RS 解码前的 TS 流的误码率规定为不小于 10^{-4}，其他参数(如载噪比、调制误差率、噪声容量)的限额值都是为了保证该误码率的。具体可用伪随机二进制序列(PRBS)发生器、带 PRBS 码流串行接口的 QAM 调制器、频谱分析仪和误比特率(BER)分析仪来测量误码率。

4) 信噪比及其测量

信噪比 S/N 指传输信号的平均功率与噪声的平均功率之比。载噪比 C/N 指已调制信号的平均功率与噪声的平均功率之比，载噪比中的已调制信号的功率包括了传输信号的功率和调制载波的功率。在调制传输系统中，一般采用载噪比指标；而在基带传输系统中，一般采用信噪比指标。数字调制信号对网络参数的要求主要反映在载噪比上，载噪比越大，信号质量越好，反之信号质量就差，模拟电视会出现“雪花干扰”，数字电视会出现马赛克，严重时会造成图像不连续甚至不能对图像解码。只要满足 GY/T 106-1999《有线电视广播系统技术规范》要求的有线网，在用户端电缆信号出口处数字频道载噪比达到 31 dB 以上，就可传送 64QAM 信号。具体可以采用适当的频谱分析仪或者矢量分析仪测量系统的信噪比。

5) 调制误差比及其测量

数字调制信号的损伤通常用星座图来观察。在星座图中，噪声呈云状，差拍干扰呈环状，IQ 不平衡的星座图不是正方形。

调制误差比(MER)包含了信号的所有类型的损伤，如各种噪声、载波泄漏、IQ 幅度不平衡、IQ 相位误差、相位噪声等。MER 的测试结果反映了数字接收机还原二进制数码的能力，它近似于基带信号的信噪比 S/N。在用户端电缆信号出口处调制误差比 MER 要求达到 30 dB 以上，可以采用 QAM 星座图分析仪和基准接收机来测量系统的调制误差比 MER。

8.4 电视维修

8.4.1 基本维修技术

1. 基本方法

(1) 排除法。利用机内外的各种旋钮、开关、测试设备以及屏幕，观察故障现象，分析判断并排除与观察到的现象无关的部分，把故障原因压缩在较小范围内。这是一种常见的故障分析方法。

(2) 寻迹法。把信号(由信号产生器产生)或干扰(如感应电压等)逐级加入，然后观察输出现象，从而分析判断故障所在。

(3) 测试法。通过用万用表、示波器等设备测试有关测试点或电路节点的电阻、电压、电流或波形来分析判断故障所在。用测试法维修时要注意各种仪器仪表的正确使用方法及安全问题。

(4) 替换法。用正常元、部件替换可疑元、部件，或把无故障机与有故障机(同一型号、同一部位)做比较，然后分析、判断故障原因及所在部位。

(5) 观察法。利用人的五官来感觉判断故障所在。

2. 注意事项

在检查、维修电视机时要注意以下事项：

(1) 不能用手触摸带市电和高压部位，如消磁线圈、电源开关(常兼做音量电位器)、行输出管、高压嘴(或高压帽)等。此外，要判别彩电底盘是否带电(直接整流的开关电源通常可能使底盘带电)；若带电时，要使用隔离变压器并注意电源插头的方向。

(2) 调换元器件、测试电阻或焊接时要切断电源。

(3) 在未找到故障原因时，对机内可调元器件或各种磁片切勿乱动。

(4) 当屏幕出现一条亮线或一个亮点时，应立即关机，以保护显像管。

(5) 若保险丝(管)或保险电阻烧坏，换上后又烧断，则必须在找出故障后，再换元件，然后开机，以免扩大故障。

(6) 替换元部件时要注意参数。更换大功率管时要注意散热装置的安装。

(7) 开关放大电路的阻尼电阻、电容不可开路，以免损坏晶体管。

(8) 禁止用直接短路、停振、打火等方法进行检查。

3. 元器件故障的检查

(1) 电容器。电容器的故障一般是漏电、击穿、内部开路或短路以及电容量减小等。检查电容器是否漏电，可用万用表测其阻值，除电解电容外，一般都应在几十或几百兆欧以上，否则说明电容器漏电。大容量的电解电容器(通常在 0.01 μF 以上)都可用万用表的高阻挡(×10 k)测量，当两支表笔接触电容器两端时，若表针跳动一下，然后又逐步退回到电阻无穷大方向，说明电容器完好；否则电容器漏电。

(2) 整流硅堆(整流桥)。硅堆的常见故障是二极管击穿、开路或部分桥臂开路或短路。可用万用表检查其好坏。通常用 R×1 k 挡测各臂的正向电阻，用 R×10 k 挡测各臂的反向电阻，结果如表 8-2 所示。

表 8-2　整流桥好坏判别表

电　阻	阻值/Ω	判　别
正向电阻	4 千欧左右	正常
	很小或零	损坏
	>几千欧、几十千欧	一管开路
反向电阻	>几十千欧	正常
	>几千欧	漏电
	<几千欧或为零	击穿、短路

(3) 集成电路。集成电路部分的故障分两种情况：一是集成电路本身的问题；二是外围元件的问题。确认是集成电路本身故障还是外围元件故障，需从多方面判断，通常的方法有：

① 直流电压检查。用万用表测量集成电路各管脚的直流电压，并与正常值相比较，从而找出可能的故障部位。

实际上，由于各管脚电压变化很小，因而会错过不正常的部位，或几个脚的电压都变化了，使检修者难以判断。为此，最好能事先了解集成块的内部框图或电路原理图，并了解各管脚电压的输入、输出方向。

② 输入、输出波形检查。用示波器测集成块的输入、输出信号波形，并将此波形与正常波形比较。检查时，要注意波形的形状、频率、振幅等。

③ 对地电阻检查。用万用表测量集成块各管脚对地间的直流电阻，并与正常值比较，从而找出可能的故障部位。测量时要用表笔正、反两次测量各管脚电阻，并分别与正常值比较。

④ 外围元件的检查。若检查集成块不能确定故障部位时，还要逐一检查其外围元件。外围元件的检查可在线测试，但最好还是拆下来测量。如若仍然查不出故障，则要更换集成块。

8.4.2　CRT 电视机常见故障检修

1. 故障部位判断

修理电视机故障时，必须熟悉电视机电路和电视系统的构成、各部分电路(或各系统)的功能以及信号在电路或系统中的流动情况等。然后，根据故障现象进行逻辑推理，逐步找出故障部位并排除故障。电视机常见故障现象与故障部位的对应关系如表 8-3 所示。

表 8-3　电视机故障症状与故障部位关系表

故障症状	故障部位
无伴音、无光栅	电源电路、行扫描电路
有伴音、无光栅	高压电路、行扫描电路、视放电路、显像管电路、场扫描电路
一条水平亮线	场扫描电路、显像管电路、电源电路
无伴音、无图像	高频调谐器、图像中频放大器、AGC 电路
有伴音、无图像	视频检波电路、视频放大电路、同步分离与放大电路、AFC 电路、行振荡电路
不同步	积分电路、场振荡电路、AGC 电路
无彩色	色带通放大电路、消色电路、AGC 电路、4.43 MHz 振荡电路、色同步选通电路
色不同步	4.43 MHz 振荡电路、色同步选通电路、鉴相器电路
色调不正确	色解调电路、色矩阵电路
无伴音、有图像	伴音中频电路、伴音鉴频器、低频放大电路
接收黑白电视信号时有彩色	显像管电路、白平衡电路、基色矩阵电路

在有线电视系统中，不同的故障现象也有不同的故障部位。比如，都是重影，前(左)重影主要是由于系统中接收机受到比传输的主信号提前到达的空间信号干扰的结果；而后(右)重影则是由于系统中连接与匹配不良或由于反射造成的。

2. CRT 电视机常见故障检修

电视机的故障类型很多，检修方法也不少，不可能一一列举。这里采用画检查流程图的办法，根据表 8-3，对电视机的常见故障进行分析与检修。

(1) 无光栅、无图像、无伴音故障检修流程如图 8-5 所示。

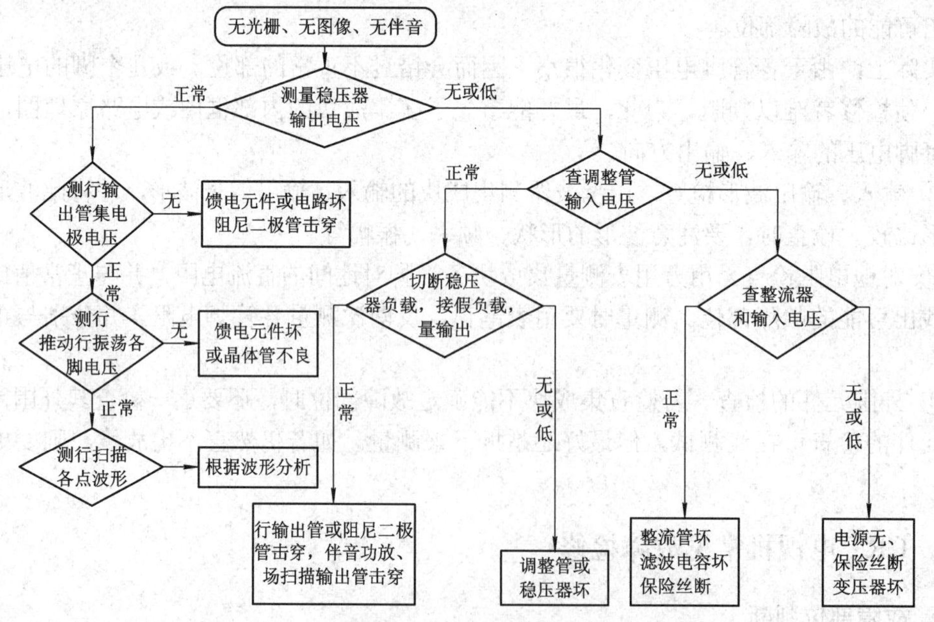

图 8-5　无光栅、无图像、无伴音故障检修流程图

对“三无”现象的检修，要注意开机后是否烧保险丝。若不烧保险丝，可按上图步骤检修；若烧保险丝，说明电源中电流很大，通常是开关电源中部分元件损坏造成的，如整

流管(一个或几个)击穿、滤波电容击穿、调整管击穿等。检修时不要轻易更换保险丝，要待查出原因并排除故障后再更换保险丝，然后加电。

(2) 无光栅、无图像、有伴音故障检修流程如图 8-6 所示。

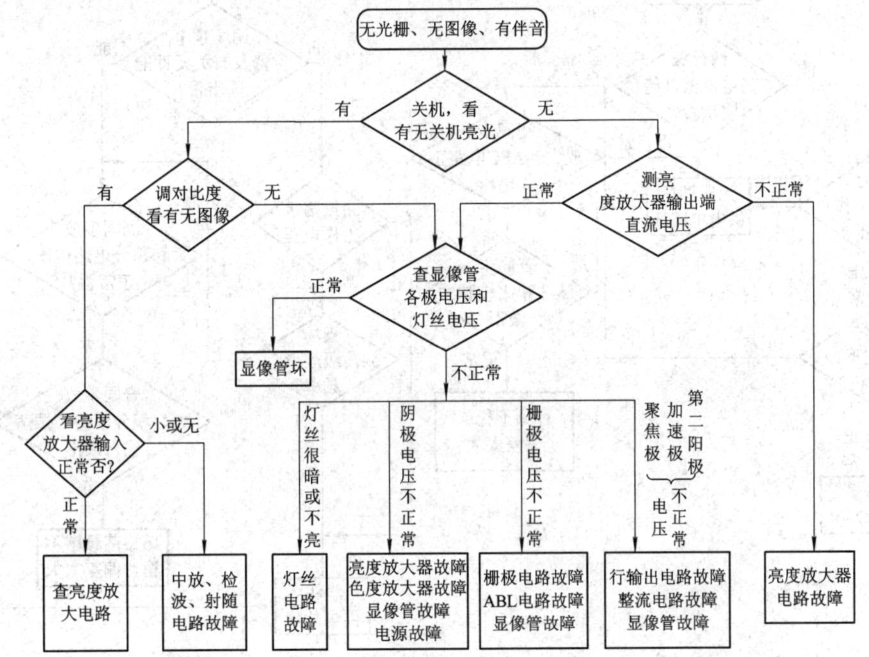

图 8-6　无光栅、无图像、有伴音故障检修流程图

(3) 无图像、无伴音、有光栅故障检修流程如图 8-7 所示。

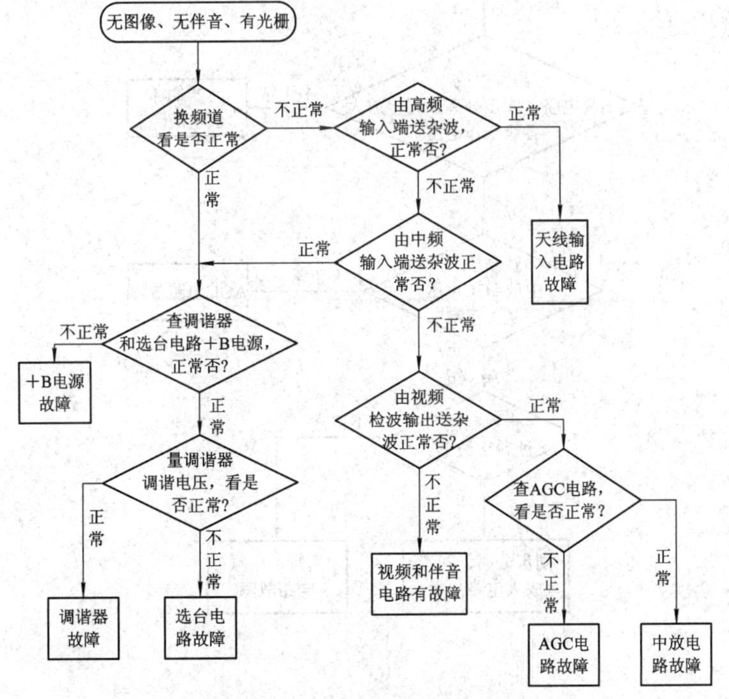

图 8-7　无图像、无伴音、有光栅故障检修流程图

(4) 行、场同步不好时的故障检修流程如图 8-8 所示。

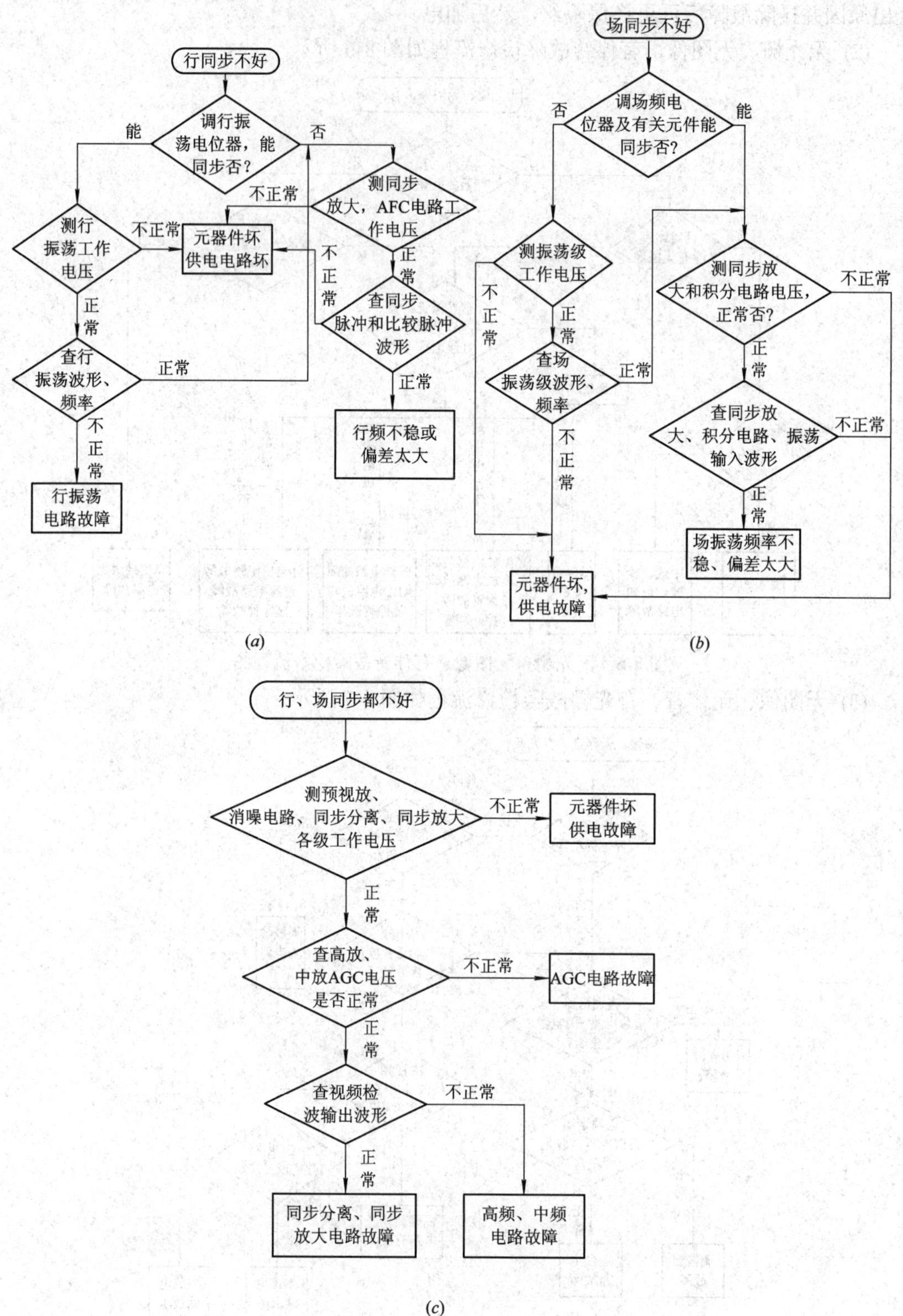

图 8-8　行、场同步不好时的故障检修流程图

(5) 无图像、有光栅、有伴音故障检修流程如图 8-9 所示。

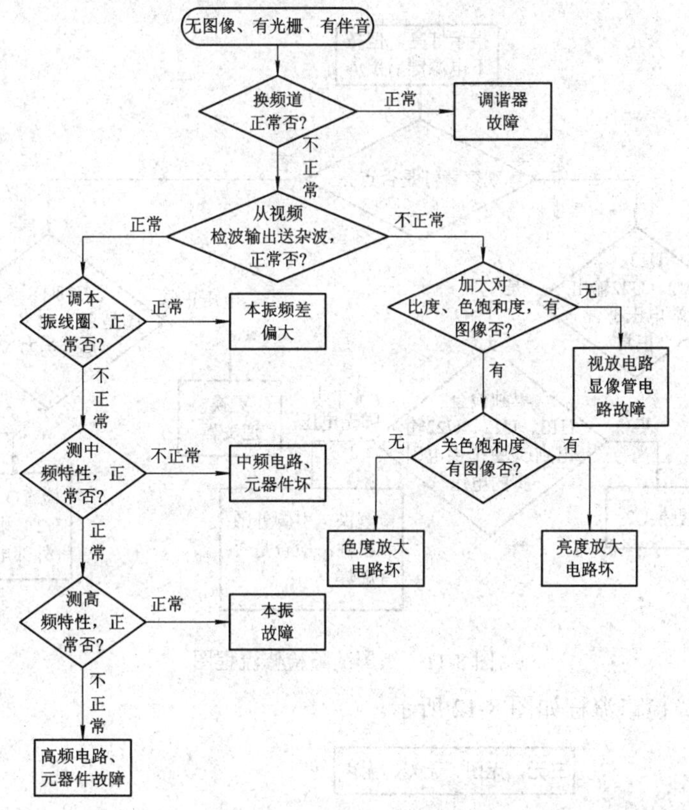

图 8-9　无图像、有光栅和伴音故障检修流程图

8.4.3　平板电视机常见故障检修

平板电视机型虽有不同，但维修方法有相同之处，这里结合长虹 20 吋以上机芯举例说明故障检修方法和步骤。

(1) 白屏故障检修流程如图 8-10 所示。

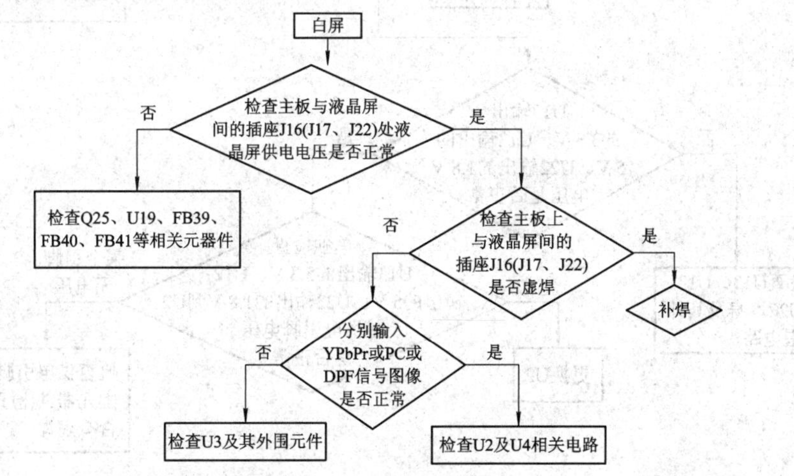

图 8-10　白屏故障检修流程图

(2) 指示灯亮，但按下电源键呈黑屏故障检修流程如图 8-11 所示。

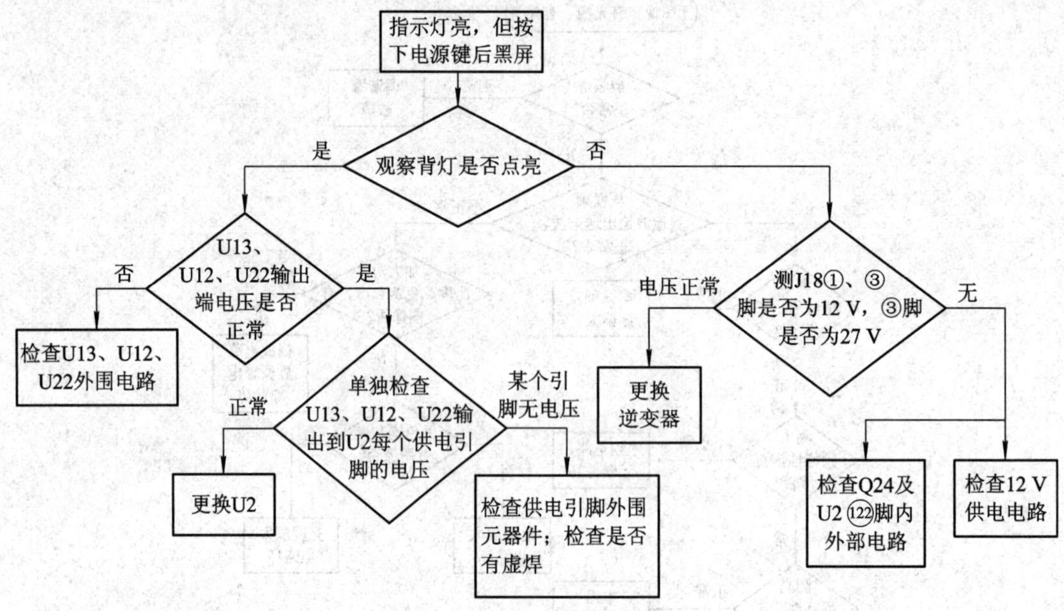

图 8-11　黑屏故障检修流程图

(3) 三无故障检修流程如图 8-12 所示。

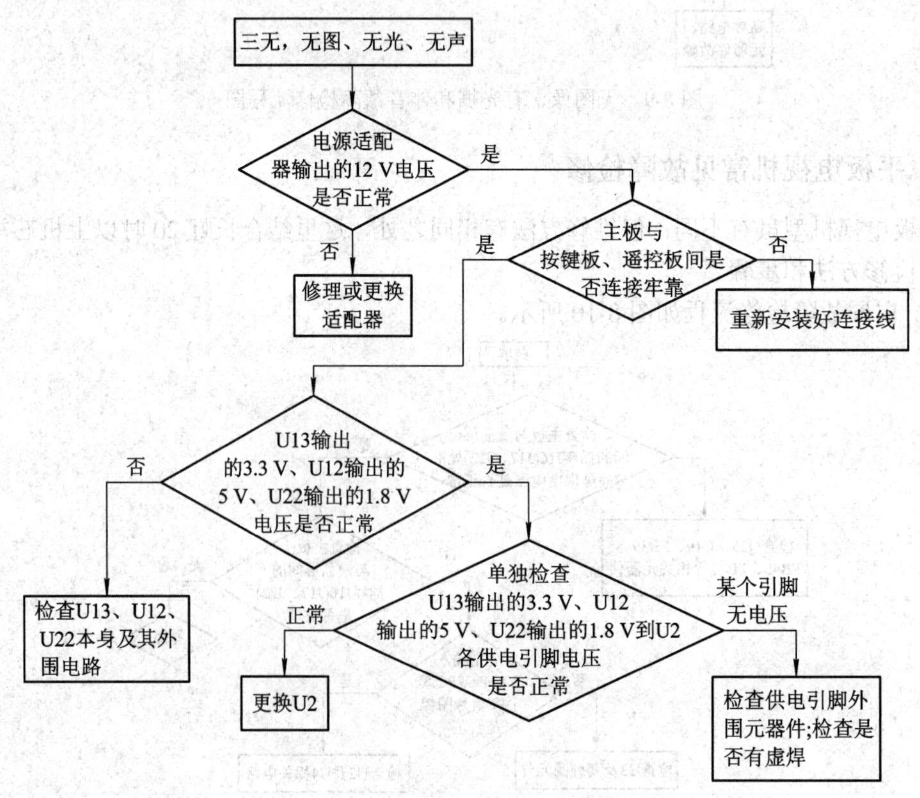

图 8-12　三无故障检修流程图

(4) 图像正常，无主伴音故障检修流程如图 8-13 所示。

图像正常，无主伴音
将外部音频信号分别耦合到U8及U2的③脚，扬声器是否有声音
否
有
测U8及U21③的脚电压是否为低电平
是
否
分别断开C66、Q27、Q16、Q3、Q5，伴音是否正常
否
正常
查换R161、R30、U8、U21
分别查换C66、Q27、Q16、Q3、Q5
查换U8、U21
将电视机置于AV状态并输入AV音频信号，扬声器是否有声音
有
无
查换C62、C63 C91、C92
将U2 ⑯脚对地短路，扬声器是否有声音
有
无
查换耳机插座
查换C87、C98、U2

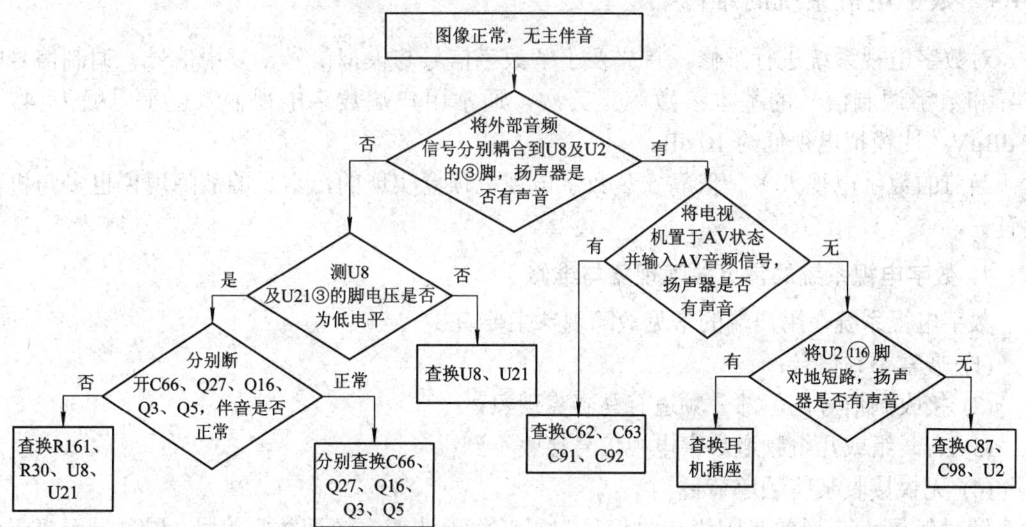

图 8-13　图像正常，无主伴音故障检修流程图

(5) 伴音正常，无图像故障检修流程如图 8-14 所示。

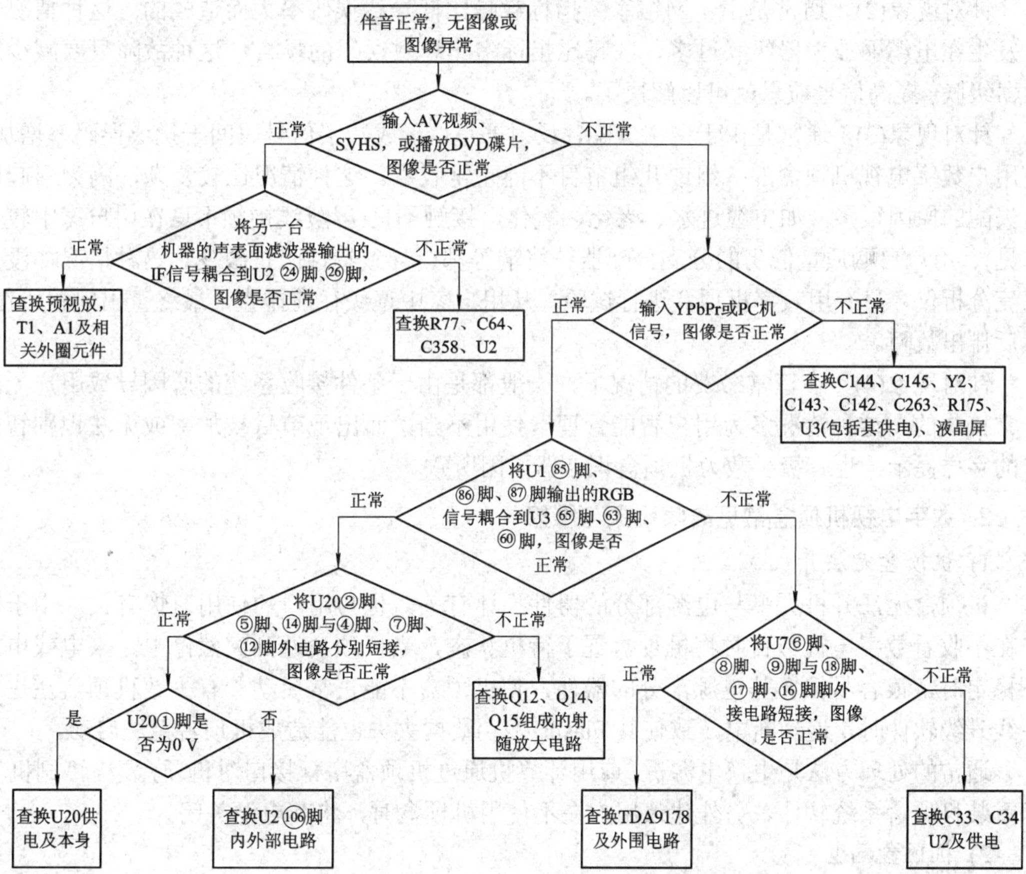

伴音正常，无图像或图像异常
输入AV视频、SVHS，或播放DVD碟片，图像是否正常
正常
不正常
将另一台机器的声表面滤波器输出的IF信号耦合到U2 ㉔脚、㉖脚，图像是否正常
正常
不正常
查换预视放，T1、A1及相关外圈元件
查换R77、C64、C358、U2
输入YPbPr或PC机信号，图像是否正常
正常
不正常
查换C144、C145、Y2、C143、C142、C263、R175、U3(包括其供电)、液晶屏
将U1 ㊽脚、㊾脚、㊿脚输出的RGB信号耦合到U3 ⑮脚、⑬脚、⑩脚，图像是否正常
正常
不正常
将U20②脚、⑤脚、⑭脚与④脚、⑦脚、⑫脚外电路分别短接，图像是否正常
正常
不正常
查换Q12、Q14、Q15组成的射随放大电路
U20①脚是否为0 V
是
否
查换U20供电及本身
查换U2 ⑯脚内外部电路
将U7⑥脚、⑧脚、⑨脚与⑱脚、⑰脚、⑯脚脚外接电路短接，图像是否正常
正常
不正常
查换TDA9178及外围电路
查换C33、C34 U2及供电

图 8-14　伴音正常，无图像故障检修流程图

8.4.4 数字电视系统的维修

对数字电视系统进行维修，首先要了解数字信号与模拟信号、复用信号、调制信号的差异和数字调制信号的基本参数等。其次，通常用户端数字电视输入电平一般为 47～67 dBμV，比模拟电视低约 10 dB。

当前的数字电视大多是依靠安装数字电视机顶盒实现的，常见的故障现象也多与机顶盒有关。

1. 数字电视系统的常见故障现象与维修

数字电视系统在用户端的常见故障现象主要有：

(1) 搜索不到信号；

(2) 接收到信号，但部分频道有马赛克现象；

(3) 有一组或几组频道数字电视信号接收不到；

(4) 无权接收某些频道节目。

针对现象(1)，通常是因为接收信号电平低而无法正常解调数字信号，屏幕显示“无信号”。这种情况一般发生在网络的末端或用户家中分路太多，导致信号电平达不到要求。对于这种现象，只需加大信号电平就可以解决。

针对现象(2)，通常是由于网络系统指标载噪比低导致误码率大而造成的。这种情况一般发生在电缆网放大器级联过多，载噪比指标劣化导致误码的场合。这种故障只要减少放大器级联，提高信号质量就可以解决了。

针对现象(3)，通常是由于网络失配，反射严重，形成数字信号码间干扰或误码率增加，使用户数字电视机顶盒的一组或几组节目不能正常收看。这种情况比较复杂，因为引起网络失配的原因很多，如电缆进水、老化、氧化、接触不良(屏蔽线接触不良在用户家中较为常见)、用户自购质量低劣的分支分配器、终端等都会导致特性阻抗改变。这种情况如没有码流分析仪，只有用数字机顶盒进行试验，从用户家中逐级往前排查，最终查出问题所在，然后排出故障。

针对现象(4)，在正常缴费的情况下，一般都是由于条件接收系统的原因导致用户无法正常接收的。这种情况多为用户智能管理卡使用不当，而出现节目被加密或无法识别智能卡的字样提示，也有极少数为机顶盒识卡器原因所致。

2. 数字电视机顶盒常见故障现象与维修

1) 机顶盒无法开机

机顶盒无法开机大多与电源部分的器件损坏有关，也与用户的使用习惯有关。由于用户在不收看数字电视节目时将机顶盒置于待机状态，当机顶盒遇到突然停电、来电或电压不稳定时，很容易损坏其电源部分的器件，使机顶盒不能正常启动。有少数机顶盒在进行在线升级软件时，遇到断电，致使其 Flash(闪存)数据丢失也能造成机顶盒无法启动。

通常的处理方法是更换电源板，或用计算机通过机顶盒串行接口对机顶盒进行“刷机”，即重装机顶盒系统软件。另外建议用户在不使用机顶盒时，将其电源关闭。

2) 机顶盒漏电

在安装机顶盒过程中，时常会出现机顶盒“电人”的现象，这是由于电视机的地线为参考地线，而 HFC 网的地线为真正的地线，因此，当两者相互接触时会产生不至于对人体产生危害的几十伏的电位差。当电视机与已连接 RF 信号线的机顶盒在带电状态接拔 AV 插头时，就会引起放电现象。

通常的处理方法是避免在机顶盒与电视机带电的情况下连接其 AV 信号线，若需带电操作时，应先连接 AV 信号线，后接机顶盒的 RF 信号线。

3) 机顶盒画面滚屏

安装机顶盒后电视机画面有自下而上的快速翻滚或上下往返跳动现象，这是由于机顶盒主板与机顶盒前面板数码管的数据线连接不良引起的。处理方法是打开机顶盒机盖，将该数据线重新插拔，使其完全接触且不得松动。

4) 机顶盒空频道

在 HFC 网用户终端的数字电视信号无异常的情况下，机顶盒出现有节目表而无图像和伴音的现象。这种现象大多发生在前端 CA 系统中的节目信息发生改变时，机顶盒由于处于待机状态，未能及时检索到新的信息，即机顶盒存储的信息未能及时升级。通常的处理方法是将机顶盒恢复默认设置后，设置好机顶盒的升级主频点，重启机顶盒即可。

5) 机顶盒缺频点

机顶盒中缺少的节目以频点为单位。这种现象是由于系统输出口的信号电平过低或 HFC 网络线路严重老化，分支分配器接反、损坏等导致信号电平过低引起的。通常的处理方法是测量系统输出口的信号电平是否在正常工作范围，检查分支分配器是否异常，更换老化线路。

6) 机顶盒交流声

此现象多发生于带有接地线的液晶电视上，这是由于液晶电视的地线为参考地线，而有线电视网络的地线为真正的地线，但电视机与机顶盒连接后，两者之间就会存在电位差(悬浮电)，该电位差的频率点落在电视机的中频信号上，对其产生干扰，使得电视机图像上出现一道或两道横杆，伴音出现“嘟嘟”的交流声，影响用户收看电视节目。

一般的处理方法是在机顶盒与用户终端盒之间的 RF 信号线上加装隔离端子，将为此提供信号的放大器作良好的接地。

7) 死机现象

机顶盒画面停滞，无伴音及遥控失灵。该现象类似于计算机的死机，这是由于机顶盒的 CPU 或 RAM 在处理数据时发生阻塞造成的。这时只需关闭机顶盒电源片刻后重启即可。

8) 马赛克现象

在数字电视中马赛克是最为常见的故障，导致马赛克的原因很多，如反射、信号电平过低、接口连线接触不良等。针对不同原因需要采取不同的处理措施。

(1) 由信号源引起的马赛克。此类马赛克是由于卫星的下行信号受到干扰(日凌或星蚀)或前端系统的设备不良造成的。其特点是：图像瞬间出现马赛克，伴有“咔咔”声，在出现马赛克的频点节目信息中无误码提示，通过场强仪测量，其信号质量达标：即 MER≥28 dBV，BER≥1E-9，C/N≥43 dBV，平均功率为 65±4 dBV。

对这种现象的处理方法是查找干扰源，检查前端系统中与之相关的设备，并加以更换。

(2) 线路接触不良引起的马赛克。此类马赛克是因 HFC 网中用户分配网的线路接头或用户暗线分支接头连接不良导致阻抗不匹配而引起的，严重时，将导致机顶盒的节目不全。

其特点是：机顶盒的一个或两个频点的节目图像出现连续的马赛克，伴音有“咔咔”声，触接线路接头时，马赛克和伴音均有强烈变化，在出现马赛克的频点节目信息中有误码提示，通过数字场强仪测量用户端的信号，发现该频点的 MIR < 28 dBV，BER > 1E – 3，C/N <43 dBV，平均功率<50 dBV。

对这种现象的处理方法是重做线路连接不良处，去除用户暗线的不规则接头，必要时另铺用户线，尽可能做到一户一线。

(3) 高频头损坏引起的马赛克。此类马赛克较易判断，通过数字场强仪测量其用户端信号各项指标达标，线路无异常，但图像仍有马赛克存在(更换机顶盒后马赛克消失)，则说明是机顶盒的高频头损坏。其特点是：机顶盒的节目图像均有马赛克存在，无缺频点现象，在出现马赛克的频点节目信息中无误码提示。

对这种现象的处理方法是更换机顶盒，或更换机顶盒主板。

(4) 信号电平过低引起的马赛克。此类马赛克是由于系统输出口电平正处于临界点，即“虚信号”引起的，同时伴有机顶盒缺频点现象。其特点是：类似于线路接触不良引起的马赛克现象，但它们之间有本质的区别：线路接触不良，尤其是用户暗线存在问题，HFC 网用户终端的出口电平是正常的；而信号过低是 HFC 网中放大器输出口电平过低或分支分配器损坏或传输距离过远造成的，它与用户暗线或线路接头无关。

对这种现象的处理方法是根据实际情况，提高用户端输出口电平；或者更换损坏的分支分配器。

(5) 网络中非线性产物引起的马赛克。HFC 网中的有源设备是非线性产物产生的根源，当传输通道中存在非线性失真时，数字频道间或数字频道和模拟频道间的非线性产物呈白噪声性质，以均匀分布的噪声干扰数字频道。其特点是被干扰频道的电平并无降低，但图像上有马赛克频繁出现。

对这种现象的处理方法是调整有源设备的工作电平，使其非线性指标在正常范围内工作。

▼思考题与习题

1．如何对电视系统进行评价?

2．电视测试信号通常有哪些？其作用是什么?

3．对电视系统的调测主要有哪几方面？如何进行?

4．电视维修的方法有哪些？维修时要注意哪些事项?

5．判断下列现象的故障所在，并排除。

(1) 有一集成电路彩色电视机，光栅和图像均正常，但伴音时有时无，有伴音时伴音失真严重。

(2) 有一集成电路彩色电视机，图像、光栅、伴音及彩色均正常，但收看一段时间(有时长有时短)后，出现“三无”现象。若关闭电源 10 分钟左右，重新开机，图像、伴音及彩色等均恢复正常。此现象会反复出现，经检查电视机的行、场、电源部分均正常。

参考文献

[1] 俞斯乐，等．电视原理．5版．北京：国防工业出版社，2001.
[2] [德]H．舍恩费尔德．图像通讯原理．张琦译．北京：电子工业出版社，1987.
[3] 张振文．液晶显示器与液晶电视原理与维修．北京：国防工业出版社，2008.
[4] 张万书，等．电缆电视．北京：电子工业出版社，1992.
[5] 陈洪诚．小型电视台转发设备．北京：科学技术文献出版社，1993.
[6] 黄子强．液晶显示原理．2版．北京：国防工业出版社，2008.
[7] 叶后裕，等．卫星电视接收技术．西安：西安电子科技大学出版社，1992.
[8] 罗凡华，等．两片集成电路彩色电视机原理与维修．北京：电子工业出版社，1991.
[9] 王锡胜，等．彩色电视机遥控电路分析、检修．北京：电子工业出版社，1992.
[10] 姜秀华，等．数字电视原理与应用．北京：人民邮电出版社，2003.
[11] 毕厚杰，等．图像通信工程．北京：人民邮电出版社，1993.
[12] 张吉．应用电视的设计安装与调试．太原：山西科学技术出版社，1993.